《中国工程物理研究院科技丛书》第 078 号

装药化爆安全性

刘仓理 等 编著

科学出版社

北 京

内 容 简 介

本书针对异常事故环境中武器装药系统响应下的装药化爆安全性问题，从武器装药系统安全性的角度出发，重点关注结构对环境刺激及炸药的响应。全书共分为7个章节，首先指出装药化爆安全性不是单个部件的安定性或安全性，而是整个装药系统对环境响应所体现出的系统安全性。在试验方法、诊断技术方面，主要介绍典型的结构装药安全性试验方法，随后针对性地介绍结构与装药响应的光电测试诊断技术。最后，在机制研究、物理认识方面，分别介绍了在机械刺激和热刺激两类主要环境载荷刺激下的结构装药点火响应，及装药点火后的燃烧反应演化等机制。

本书旨在为从事装药化爆安全性的相关研究人员及研究生提供参考，同时也适合对爆炸力学、含能材料和化爆安全性工程技术感兴趣的读者阅读。

图书在版编目(CIP)数据

装药化爆安全性 / 刘仓理等编著. — 北京：科学出版社，2021.1
（中国工程物理研究院科技丛书；78）
ISBN 978-7-03-067752-5

Ⅰ.①装… Ⅱ.①刘… Ⅲ.①装药–化学爆炸–安全性–研究 Ⅳ.①TQ038

中国版本图书馆 CIP 数据核字 (2020) 第 263923 号

责任编辑：张　展　黄　嘉 / 责任校对：彭　映
责任印制：罗　科 / 封面设计：墨创文化

科 学 出 版 社 出版
北京东黄城根北街16号
邮政编码：100717
http://www.sciencep.com

成都锦瑞印刷有限责任公司印刷
科学出版社发行　各地新华书店经销

*

2021 年 1 月第 一 版　　开本：787×1092 1/16
2021 年 1 月第一次印刷　　印张：27 1/2
字数：656 000
定价：296.00 元
（如有印装质量问题，我社负责调换）

《中国工程物理研究院科技丛书》
出 版 说 明

中国工程物理研究院建院50年来，坚持理论研究、科学试验和工程设计密切结合的科研方向，完成了国家下达的各项国防科技任务。通过完成任务，在许多专业领域里，不论是在基础理论方面，还是在试验测试技术和工程应用技术方面，都有重要发展和创新，积累了丰富的知识经验，造就了一大批优秀的科技人才。

为了扩大科技交流与合作，促进我院事业的继承与发展，系统地总结了我院50年来在各个专业领域里集体积累起来的经验，吸收国内外最新科技成果，形成一套系列科技丛书，无疑是一件十分有意义的事情。

这套丛书将部分地反映中国工程物理研究院科技工作的成果，内容涉及本院过去开设过的20多个主要学科。现在和今后将开设的新学科，也将编著出书，续入本丛书中。

这套丛书自1989年开始出版，在今后一段时期还将继续编辑出版。我院早些年零散编著出版的专业书籍，经编委会审定后，也纳入本丛书系列。

谨以这套丛书献给50年来为我国国防现代化而献身的人们！

《中国工程物理研究院科技丛书》
编审委员会
2008年5月8日修改

《中国工程物理研究院科技丛书》
公开出版书目

前　言

随着科学技术的发展，武器装备的寿命越来越长。在全寿命周期内，武器装备面临勤务和训练过程中的各种异常事故场景。无论是战略武器还是常规武器，其战斗部一般包含结构装药系统，在具备强大杀伤力的同时，也有因异常刺激导致结构装药燃烧、爆炸的安全风险，一旦发生严重事故可能造成己方人员伤亡、武器系统损坏甚至特殊材料大面积污染等灾难性后果。装药作为武器的重要部件，在受到意外事故载荷刺激时，会造成内部装药局部损伤，可能形成局部高温区产生热分解点火反应，进而引发燃烧、爆燃等不同程度的反应，甚至可能引发较高能量快速释放的化学爆炸。因此，武器装药的安全性，特别是在环境变化和异常事故条件下的安全性，一直是各国重点关注的问题。以美国为首的西方军事强国已逐步形成了对装药事故起源和反应过程的科学认知，走出了一条从科学认知、创新设计、系统评估到全面装备的装药安全性发展路线。而我国对装药化爆安全性的研究起步较晚，基础相对薄弱。随着武器装药安全形势日趋严峻，着力装药化爆安全性研究，深化对装药化爆安全机理的科学认知，提高武器系统的安全性设计与评估技术水平显得尤为紧迫。

本书首次明确提出要以"系统安全性"的角度来研究装药化爆安全性问题，并认为装药化爆安全性是整个装药系统对环境响应所体现的系统安全性，而不是单个材料的安定性或部件的安全性。装药的响应实际上是事故环境载荷作用于结构，经过结构的耦合再将载荷传递到内部炸药，炸药的响应又受到结构的重要影响。因此，以"系统安全性"的理念来看待装药化爆安全性，更加符合该问题的本质特征。本书不仅关注炸药材料自身的响应行为，还着重考虑了装药在结构耦合下的响应。书中总结和凝练了我国(特别是中国工程物理研究院)相关研究团队数十年的研究成果，同时相应地吸收融合了国内外的最新研究成果，涉及许多热点问题，对我国相关研究的开展具有一定指导意义。

本书共分为7章，全书的编写思路、结构框架、内容范围由刘仓理提出。其中，第1章由刘仓理撰写，第2章和第5章由傅华、刘仓理共同撰写，第3章和第7章由李涛撰写，第4章由翁继东撰写，第6章由张家雷、刘仓理共同撰写。全书由刘仓理负责统稿和定稿。本书的资料收集、图表制作、排版由中国工程物理研究院流体物理研究所化爆安全性研究团队部分科研人员完成。

特别感谢中国工程物理研究院科技丛书编委会的大力支持。感谢北京理工大学黄风雷教授、国防科技大学卢芳云教授在百忙之中审阅本书内容并提出了许多宝贵意见。感谢科学出版社在本书出版过程中的支持与帮助。

由于作者水平有限，难免有疏漏和不妥之处，敬请读者批评指正。

刘仓理

2020年5月1日

目　　录

第1章 绪 论

鉴于一次次武器装药事故的惨痛教训，世界各国都非常重视对武器装药化爆安全性的研究，特别是对在环境变化和异常事故条件下的化爆安全性的研究正持续不断地投入大量的人力物力，逐步积累了对装药事故起源和反应过程的认知。但随着现代军事的迅猛发展，武器装药化爆安全性的形势仍然非常严峻。一是随着平台技术的不断发展，新材料的不断使用，在各种异常事故条件下的安全性问题越来越复杂；二是随着对平台性能要求的大幅提升、武器装药毁伤威力的不断提高，战斗部装药等危险品不断增加，对平台自身安全的威胁进一步加大；三是装药种类繁多、装药数量极为庞大，可能引发安全事故的因素增多；四是武器装药训练课目日益增多、转运环节增加，引发安全事故的概率提高。以上任何风险，一旦演变为装药爆炸及连锁爆炸事故，必将造成灾难性后果。因此，为预防武器装药安全事故的发生，必须着力对装药化爆安全性研究，深化对装药事故响应机理的科学认识，提高基于科学认知的安全性设计及评估技术水平。在可预见的未来较长一段时期内，现役武器装药的安全升级和新型安全弹药的研发必将是武器装备发展的重大需求。因此，装药化爆安全性研究具有重要的军事应用前景。

现代战争环境的日趋复杂和武器装备的迅猛发展，对化爆安全性研究提出了越来越高的要求。传统"打打试"的工程验证模式已经远不能满足当前武器装备发展的需求，基于事故响应本质的科学认知模式是未来发展的趋势。当前，化爆安全性研究正在从工程验证模式向科学认知模式转变，未来还面临从物理机理到工程设计层面的诸多挑战。

1.1 装药化爆安全性的内涵

1.1.1 系统安全性

装药化爆安全性主要关注武器装药在外界环境刺激，特别是异常事故环境刺激下，引起的含能材料反应释能行为。

武器装药包含结构部件、含能材料(炸药、火工品、推进剂等)和电子系统等，如图1-1所示，是典型的多部件、多界面和多材料的复杂系统，其安全性不但与炸药、火工品、电子系统等的安全性有关，而且与结构，特别是与结构对环境刺激的响应密切相关。武器装药系统中不同部件既有不同的独立功能，同时外界环境刺激下又具有相互作用。在火烧、振动、撞击、冲击、电磁等外界环境刺激下，系统中不同部件之间的多物理非线性耦合作用可能产生超出装药设计条件的刺激，导致装药局部能量汇聚或放大，引发化学能快速释放，造成严重事故。因此，装药化爆安全性不仅是单个部件或材料的安定性、安全性，而是整个装药系统对外界环境刺激响应所体现出的系统安全性。

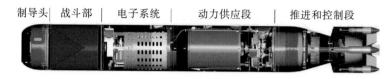

图1-1　武器装药系统

　　这里的系统安全性研究是指分析系统部件与结构对外界环境的响应及其导致装药点火反应的机制、过程，通过确定引发装药点火的临界条件或反应烈度转变条件，最终提出避免装药发生意外点火或降低装药反应危害的技术措施，从而控制系统的安全风险。系统安全性研究主要涉及环境载荷的输入与传递、结构响应、炸药响应，以及基于系统响应机制的安全设计与评估，如图1-2所示。

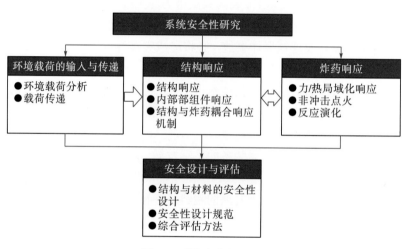

图1-2　系统安全性研究

1. 环境载荷的输入与传递

　　环境载荷输入是装药系统非受控反应放能的外因，因此环境载荷分析是系统安全性研究的前提。武器装药在其全任务剖面中可能遭受的环境复杂多变，包括力学环境，如振动、跌落、撞击、破片、射流等各类机械刺激作用；热学环境，如恶劣的高温环境、燃油火烧、密闭空间长时闷烧等各类热刺激作用；电磁环境，如大功率辐射源、强电磁脉冲等复杂的电磁环境；智能攻击，如元器件、软件后门，信息、导航劫持误导等。本书仅关注力、热及力热耦合下的安全性研究。系统安全性研究需要针对正常使用环境、异常事故环境，尤其是概率大、风险高的异常事故环境进行载荷分析和等效设计，尽可能量化表征力、热、电磁及复合刺激下的环境载荷。

　　外界环境载荷作用于系统涉及复杂的载荷传递过程。例如，对于力学载荷，载荷作用起始自外向内，由武器装药外壳经连接结构传递至内部部组件、最后传递至炸药；炸药点火反应后,燃烧产物的压力、冲击波及热等反应形成的载荷又将自内向外传递。整个载荷的传递过程涉及几何非线性、材料非线性和界面非线性的高度耦合,更为复杂的是,载荷的传递过程并非简单的自外向内或自内向外的单向传递,而是结构与结构、结构与炸药的多物理强非线性耦合。对于热载荷传递过程则更为复杂。

2. 结构响应

结构响应是系统安全性的核心关注点。外界环境载荷作用于武器装药系统,首先激发结构的动力学响应,响应经由连接结构传递至内部的部组件,激发部组件的响应。部组件响应一方面反馈至外部结构,形成结构与结构的耦合响应,另一方面传递至炸药,激发炸药的响应,炸药响应自内而外反馈,形成结构与炸药的耦合响应。这些不同空间和时间尺度的复杂响应的耦合,最终构成系统对外界环境载荷的响应。

由于武器装药是多部件、多界面和多材料的复杂系统,因此结构响应是一个涉及几何非线性、材料非线性和界面非线性强耦合的非线性过程。当环境载荷强度较高时,结构发生大变形,这可能导致炸药的局部大变形,从而引发强烈的局域化温升,且温升可能因结构缺陷而加剧,最终在较短时间内引发炸药点火;当环境载荷强度较低时,结构响应以长时振动为主,形成对炸药的多次激励作用,这可能引起炸药的局域化温升,经过长时积累也可能引发炸药点火。尤其是当结构响应的非线性特性与环境载荷相互耦合时将产生结构局部的非线性放大效应,此时可能出现"小载荷大响应"的情形,进而引发炸药点火。

在热载荷作用下,由于武器装药外壳、连接结构、内部组件和炸药材料的不同,热膨胀系数、热传导率等热物理性质具有较大差别,系统不同部件将产生不同程度的热膨胀,从而引发拉伸、弯曲、扭曲等各种变形,导致系统内部产生结构间隙。由于间隙中的空气热导率很低,这使得系统内部的热传导、热辐射和热对流呈现出不连续和非均匀的特征,这进一步加剧了系统不同部位温度和温度变化的非均匀性。当温度较高时,外壳、连接结构和内部部组件将产生较大的热变形、热软化甚至熔化相变,这不仅影响系统的空间连接状态,同时还影响系统的热物理性质和热交换过程,从而导致异常复杂的时间、空间尺度变化的结构热响应。

3. 炸药响应

炸药材料的响应是导致装药反应放能的根本原因,这是系统安全性的另一个核心关注点,其涉及炸药力/热局域化响应、非冲击点火和反应演化三个关键过程。常用压装高聚物黏接炸药是由炸药晶体颗粒和黏结剂等复合而成的非均质材料,力/热刺激下的响应表现出典型的局域化特性,产生局域化温升,可能引发非冲击点火。非冲击点火泛指除高速碎片撞击和射流侵彻外,各类不经由冲击波直接引发爆轰的炸药反应行为起始,是绝大多数异常事故的起源。点火后的初始反应以炸药表面的亚音速层流燃烧为主,当燃烧面在高压下进入炸药缝隙或炸药与壳体间的小尺度间隙时,可能形成对流燃烧,导致压力和燃速剧增,并驱动炸药基体的动态破碎,使燃烧表面积剧增从而引发高烈度反应,进程演化特征时间转向亚毫秒甚至微秒,引起热爆炸,呈现转爆轰倾向。非冲击点火反应过程与炸药动态断裂、结构缝隙、约束强度等强非线性耦合。

4. 安全设计与评估

安全设计与评估是有效控制和评估装药反应放能行为的技术措施。基于系统响应(包括结构响应、炸药响应及两者的耦合)过程及机制的科学认知,进行针对性的结构与材料安全性设计,可降低异常事故环境下的装药点火风险或装药反应烈度,从而控制危害程度,提出了安全性设计规范。通过建立系统响应试验与诊断技术,发展系统响应的数值模拟方法,构建装药事故起因追溯和后果危害量化表征的全过程试验与数值模拟能力,建立系统安全性评估方法。

1.1.2　系统安全性与炸药安定性的区别

炸药是武器装药中的重要释能源,从能量释放来源的角度看,人们容易把武器装药的安全性简单地与炸药的安定性联系起来,但实际上,武器装药所体现的系统安全性与炸药安定性之间具有显著区别。

首先,系统安全性具有整体性,强调的是由结构、各部组件、装药等相互作用、相互依存的有机整体对于外界环境的响应。系统安全性不是系统内部各部组件安定性或安全性的简单叠加,而是系统内部各部组件相互作用所产生的整体的安全性。而炸药安定性是指在一定环境条件下,炸药保持其物理、化学性质不发生可察觉的或者发生在允许范围内变化的能力,对其更多关注的是炸药作为单一元素对于外界环境的响应。对于武器装药安全性的研究,如果忽略系统安全性和系统各部组件之间的相互作用,而仅关注炸药本身的响应,将难以揭示主导安全性的物理机制,也就难以有效提高武器装药的安全性。

例如,某炸药虽然经过了苏珊(Susan)试验、枪击试验、火烧试验、隔板试验、大隔板试验等多种模拟安全性试验的考核,但以该炸药作为主装药的某战斗部在侵彻多层靶板后却发生爆炸解体。通过对试验数据和数值模拟结果的解读,分析发现装药发生意外点火的可能原因在于战斗部内部结构发生大变形,导致装药局部发生严重的局域化剪切变形,从而引发点火。经过针对性的改进设计,战斗部成功通过后续的考核试验。这一装药化爆安全性案例说明,即使安定性较好的炸药,由于结构对环境的响应,也可能导致装药发生意外点火。

再例如,B炸药具有易于生产和成型、高能、高爆压等优点,但是B炸药本身的安全性能较差,直接装填B炸药的战斗部在受到子弹、破片、射流冲击和火烧时容易发生爆炸、爆轰等高烈度反应。但是,当战斗部采用复合壳体、包覆涂层等载荷缓解设计时,其安全性可显著提升。这说明,即使是安定性较差的炸药,如果从系统安全性角度出发,通过优化设计,也可提高装药的安全性。

其次,系统安全性所包含的响应机制更为复杂。由于武器装药系统的安全性需要从武器结构、各部组件、装药及它们的相互作用进行综合研究,关联结构动力学、材料动力学、损伤断裂、热物理和化学等多个学科,涉及更为复杂的响应机制,如结构动力学响应、结构非线性响应放大、炸药非冲击点火(non-shock initiation of explosive)、反应烈度转变等过程机制。外界环境的变化可能触发不同的机制，系统内部各部组件将呈现出不同的响应，同时响应之间相互耦合，最终导致复杂的系统响应。

例如，中国工程物理研究院流体物理研究所的赵继波等发现，撞击条件下不发生点火的构型钝感装药，在先火烧后撞击的热、力复合加载下，却发生点火、燃烧，并最终演化成轻度爆炸。这说明，不同的环境刺激会触发不同的系统响应。

再例如，美国洛斯阿拉莫斯国家实验室(Los Alamos National Laboratory，LANL)的Holmes等开展的不同约束结构下球形装药中心点火试验，发现含结构约束的反应烈度明显高于裸炸药的情形。这说明，即使是相同的炸药，如果置于不同的结构中，由于结构响应与炸药响应的耦合作用，也会导致不同的系统响应，表现出完全不同的反应烈度。

1.1.3　系统安全性的主要问题

安全性研究涉及两类环境，即正常使用环境和异常事故环境。正常使用环境是武器装药设计时所预期的环境，如装配时的轻微碰撞或静电刺激、运输时的振动、储存时周围温度变化等，在这样的环境中武器装药原则上是必须安全的；异常事故环境具有非预期性与很大的不确定性，如装配、运输、储存、使用及敌对过程中可能遭遇的跌落、撞击、针刺、火烧、枪击、高速碎片冲击等，这很可能超出武器装药设计时所考虑的环境范围，给武器装药安全性带来巨大挑战，可能导致武器失效及其他灾难性后果。无论是正常使用环境还是异常事故环境，武器装药既可能面临单一刺激的作用，也可能面临多种刺激的复合作用。

正常使用环境下的系统安全性问题，其研究目的是确保安全性，同时给出正常使用环境下的安全裕度。目前主要通过分析环境的主要特征，开展模拟环境试验和模拟试验进行研究。例如，战斗部的安全性环境试验、特殊环境条件下的模拟试验(如钻地战斗部模拟试验)等。目前这类问题主要从装药、火工品、炸药结构设计、试验和验证等方面入手解决。

异常事故环境条件下的系统安全性问题，其研究目的不是确保安全性，而是揭示系统响应机理，明确在某种环境条件下的可能后果，为安全性设计及改进指明方向，同时给出不可接受后果的边界，从而通过设计和使用控制达到安全。异常事故环境条件下的系统安全性问题，尤其关注环境条件并没有超出炸药或火工品的安定性范围，而是由于系统对异常事故环境的响应使得炸药或火工品发生非受控反应释能的意外后果。这类问题的研究难度大、评估非常复杂，目前主要通过对异常事故场景进行统计分析，遴选可能发生的典型事故场景，确定场景下的环境条件，并选择特定模拟环境条件，进行单一影响因素的分解性研究。最终，基于各种影响因素的参数化系统分析研究，对可能发生的异常事故环境条件下的安全性作出判断。

1.2   装药化爆安全性的研究现状

装药化爆安全性的研究是一个涉及力学、热学、物理和化学等多学科交叉的系统性问题，目前研究的理论和方法还主要集中在炸药材料本身及一些简单装药(即具备一定简单结构特性的装药系统)的点火/燃烧行为上，复杂武器系统的安全性研究还尚未开展起来。

炸药材料安全性研究方面，如经典的基于化学动力学的热分解理论，Tarver等[4]同时考虑了炸药本身及黏结剂的热分解特性，给出了不同温度下含吸、放能黏结剂对HMX基炸药点火行为的影响规律。关于宏观炸药材料点火行为的研究，提出了经典的基于F-K近似的热爆炸临界理论[5]。该理论将炸药复杂的多步化学反应热分解过程简化为一个自然对数关系(即Arrhenius率)，然后将其植入热传导方程中，在不同边界条件(等温边界、冷却边界等)[6]下给出以炸药本身材料参数及边界条件表征的炸药热爆炸临界条件。局域化点火方面，Field[7-9]总结了10种在炸药中可能出现的热点机制(如气泡压缩、绝热剪切、摩擦温升、孔洞塌缩等)，并对每种热点机制的出现条件及引发的特征点火时间进行了分析。炸药材料燃烧方面，一般采用经典压力-燃速关系来描述炸药材料的宏观传导及对流燃烧行为[10,11]。

简单装药安全性研究方面，简单装药同炸药材料的安全性研究有一定区别，它具有一定的结构特性，在热力刺激下的响应行为会呈现出不同特征。热刺激方面，如经典的快烤试验，Gross等[12]对HMX基炸药的快烤点火行为进行了研究，他发现由于壳体和间隙的存在，间隙内部空气的热传导效率很低，这使输入到装药壳体火烧载荷的热功率远大于内部炸药实际承受的热功率，从而导致点火时间延迟；中国工程物理研究院流体物理研究所的张家雷[13]发现，由于存在热传导和热阻效应，带壳装药的激光辐照点火行为同裸炸药有很大差别。机械刺激方面，如经典的斯蒂文(Steven)试验，Gruau[14]的工作发现，圆饼高聚物黏结炸药(polymer bonder explosive，PBX)炸药随着周围组件结构的不同，如炸药表面加金属壳、周围加软材料保护环等，其Steven试验撞击点火时间和速度阈值存在较大差别，点火区形貌也会呈现出中心点火或环形点火的不同；Holmes等[15]的工作发现，对于尺寸为25.4mm×25.4mm的PBX-9501炸药，当表面覆盖不同尺寸、不同材料的金属壳体时，会极大地影响其局部撞击点火阈值，在特定的壳体材料和尺寸下，低至1.5m/s的撞击速度都可能导致点火。燃烧烈度方面，大量工作表明，简单装药的最终反应烈度和装药的尺寸、壳体的强度有很大关系，小于毫米级的装药将不可能发生最高烈度的爆轰反应，而尺寸达到地球量级的巨型炸药即使没有壳体包覆，在点火后也必然发生爆轰[16-18]。

从前面的分析看出，前人关于武器安全性的研究基本集中在炸药和一些简单的装药结构，他们给出炸药材料本身的点火/燃烧特性，以及组件结构对装药点火/燃烧行为的影响规律。然而，真实武器不可能由一个裸炸药或者简单结构组成，目前还没有针对复杂武器构型系统安全性的研究工作。此外，现有的研究针对不同对象采用不同的理论分析手段，如一维热爆炸(one dimensional thermal explosion，ODTX)试验采用化学动力学多步热分解进行分析，而在热爆炸和热点临界条件研究中又采用单步热分解模型，其单步和多步热分解参数无法进行对应，研究理论不成体系。

试验测试方面，现有工作仅针对特定装药结构开展响应测试。例如，Steven 试验中将重点瞄准射弹弹速和点火位置的测试，而这无法表征样品的内部温度；在慢/快烤试验中，虽然可以测得炸药的内部温度，但由于点火时间很长，很难同时表征点火前炸药内部压力的突增过程，无法给出由压力、温度耦合导致的炸药点火行为的变化。因此，急需发展集成量化诊断技术来表征装药系统整体的响应行为，弥补现有测试方法的不足。

试验考核标准体系方面，北大西洋公约组织、美、法、英、德等先后建立了常规导弹弹药安全性考核试验标准体系，如北大西洋公约组织的 4439 标准体系、美国的 DOD-STD-2105 非核弹药危险评估试验标准体系、法国的 DGA/IPE 弹药需求测试试验标准等。在这些考核体系中，它们将弹药可能的响应标准分成 6 级，即 I (爆轰)、II (部分爆轰)、III (爆炸)、IV (爆燃)、V (燃烧)、VI (无响应)。然后，对于不同的试验类型设置不同的通过准则。例如，在跌落试验中，将通过等级设置为 VI，即必须无响应才算通过；在快烤试验中，将通过等级设置为 IV，即发生不高于爆燃的反应即算通过。这种考核方法虽能在一定程度上反映武器系统在不同环境下的安全性水平，但由于只是定性分析，并没有制定一个定量标准(如怎样精确界定燃烧和爆燃)，这使该考核体系无法实现武器系统安全性的量化评估。

综上分析，目前国内外均没有建立起装药化爆安全性的系统研究及评估体系。尽管欧美国家已经在装药安全性研究方面取得了大量进展，但其在研究过程中并未引入系统理念，其大多着眼于装药材料及个体部件，因而无法实现装药安全性的整体量化评估。此外，欧美国家建立起的评估标准仍为定性考核，并没有考虑事故环境下的环境载荷特性，以及环境载荷同武器系统结构、内部炸药的多物理非线性耦合，故无法反映武器系统整体的结构动力特性、热传递特性及气动特性，更无法反映环境载荷同内部组件、炸药之间的相互作用及热流、应力传递的规律。因此，需要从系统安全性的角度，着眼于武器系统整体而非局部组件和炸药材料本身来研究武器装药的安全性问题，为事故环境下武器系统安全性的评估提供支撑。

1.3　装药化爆安全性的研究内容

武器装药系统安全性不但与炸药、火工品、电子系统等的安全性有关，而且与结构特别是与结构对环境的响应密切相关。大量实践表明，结构对环境的响应对于系统安全性的作用尤其关键。如图 1-3 所示，在异常事故环境下，外界载荷首先激发系统的结构响应，响应传递至炸药，这可能引发炸药的非冲击点火，后续反应与结构耦合作用后可能呈现温和燃烧、爆燃、爆炸甚至爆轰等不同烈度后果。以上过程涉及结构和炸药的多物理非线性耦合，如图 1-4 所示。

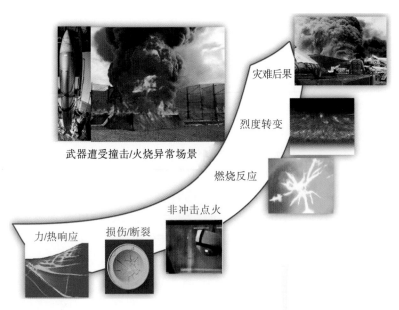

图1-3　装药化爆安全性的关键过程

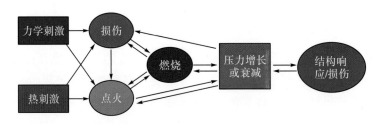

图1-4　结构与炸药响应关键过程的相互耦合

本书重点关注结构响应与炸药响应两个部分。

1. 结构响应

在外界环境刺激下，组成结构的材料可发生塑性变形，结构中的连接界面可发生滑移与失效，结构阻抗可能失配并导致波在传播过程中发生反射、透射甚至形成间隙产生物理间断等，进而引发结构系统产生界面击拍、摩擦生热、碰撞振动等，造成强烈的非线性与奇异性，从而导致结构响应的强非线性特性。

结构响应的非线性特性与环境载荷的耦合可能导致结构响应发生变化，产生局部非线性放大效应。例如，在武器侵彻过程中，部组件之间的间隙使得结构在冲击作用下发生碰撞、摩擦等，诱导结构产生非线性刚度、阻尼特性，这可能导致局部响应放大。

结构响应对于系统安全性的影响主要体现在两个方面：①结构响应影响炸药的局域化响应，从而影响其非冲击点火行为，例如，在战斗部穿靶过程中，内部结构大变形导致装药局部发生严重的局域化剪切变形，从而引发点火；②结构响应决定了炸药的约束状态，从而影响其点火后的反应演化行为。结构响应对于炸药形成的约束，将会显著影响炸药的变形和断裂行为特性；结构响应可能会使结构与炸药之间产生缝隙、约束强度的变化。这些影响与炸药的燃烧速率特性相互耦合,将影响事故反应烈度的演化走向和整体反应释能。

2. 炸药响应

炸药响应直接关系到武器装药的释能行为,是系统安全性的另一个核心关注点,其涉及炸药力/热局域化响应、损伤断裂、非冲击点火、燃烧反应、烈度转变等关键过程,面临炸药本构与损伤、局域化响应与温升、热传导/热分解耦合、非冲击点火机制、层流与对流燃烧、反应烈度演化等诸多科学问题。

炸药材料具有高度非均质颗粒-黏结剂复合、脆性/黏塑性特征,其力/热响应与非均匀性、晶体颗粒、损伤断裂等强关联,表现出典型的局域化特性,涉及热力载荷下炸药晶体黏结剂的响应特性、晶体相变动力学、组分界面效应与失效强度、细观损伤与断裂破坏、基于炸药细观结构的本构等关键问题。

除极端的射流、高速碎片刺激外,绝大多数武器装药事故的起源都可归因于炸药的非冲击点火反应。炸药非冲击点火是指不通过冲击波直接激活炸药基体内部热点的其他力、热点火方式,通常包括加热、碎片撞击、火花、摩擦或者其他类似过程,点火不是即时的而是包括了可能导致稳态爆轰的一系列过程。非冲击点火与传统冲击起爆(shock to detonation transition, SDT)存在显著区别,如表1-1所示。

表1-1　非冲击点火与冲击起爆的区别

	非冲击点火	冲击起爆
加载条件	低压长脉冲(10^2MPa、ms)或烤燃	高压短脉冲(GPa、μs)
主要机制	摩擦、剪切、加热	孔洞塌缩
温升特点	断口或表面温升(点、线、面)	基体内部"热点"(点、微米)
自持条件	环境温、压,自持条件差	高温高压,自持条件优越
结构影响	显著	几乎不

非冲击点火反应的特点可概括为以下几个方面。

(1)炸药局域温升达到特定值时的热点火及燃烧传播。

(2)点火后亚音速本质的燃烧反应主要以传导燃烧模式在固体炸药件表面进行,炸药燃速依赖于燃烧面附近的压力(对HMX基PBX,常压下燃速仅数毫米每秒,GPa压力下可升高至米每秒,但远低于爆轰传播速度≪8km/s!)。

(3)当燃烧面在高压下进入炸药缝隙或炸药与壳体间的小尺度间隙时,可能会因燃烧产物无法及时排泄而增压,在间隙中形成高速推进,表现出传播速度可高达数千米每秒的对流燃烧;缝隙中燃烧产物形成的瞬时高压即便幅度有限也会使炸药基体快速破碎,引发燃烧表面积剧增进而引发高烈度反应,进程演化特征时间转向亚毫秒甚至微秒,引起热爆炸,呈现转爆轰倾向。

非冲击点火反应目前面临的具体问题包括:晶体化学分解及反应动力学、晶体颗粒挤压温升机制、剪切/摩擦点火机制、约束下炸药热/力耦合效应、能量累积-耗散的细微观机制、非冲击点火模型、炸药裂纹扩展与燃烧反应的耦合、炸药燃速-压力特性、层流燃烧到对流燃烧的模式转变、反应烈度转变机制等。

本书重点阐述异常事故环境下武器结构响应、炸药响应及两者耦合的相关研究进展：

第1章，主要介绍装药化爆安全性的背景和内涵，提出系统安全性的概念、特征及其主要研究内容；

第2章，主要介绍装药化爆安全性研究涉及的基本理论，包括结构响应与炸药响应方面的理论、试验和模拟方法，并以此作为后续章节的理论基础；

第3章，主要介绍机械刺激、热刺激和力热复合刺激下的装药安全性试验方法，包括与结构安全相关的材料及试验方法；

第4章，主要介绍装药安全性试验方法中结构响应与炸药响应的光电测试诊断技术，包含速度、结构应变、温度、压力及层间间隙等测量技术；

第5章和第6章，分别介绍在机械刺激、热刺激两类主要环境载荷刺激下的装药点火响应机制，包括力热复合刺激下的装药响应特性；

第7章，主要介绍装药点火后的燃烧反应演化，包含结构约束高压环境条件下炸药材料的燃烧特性、结构约束对装药反应演化的影响及结构装药反应的烈度表征。

参 考 文 献

[1] 刘志良. 美国核武器事故启示录[J]. 世界军事, 2014, 13: 80-83.

[2] 陈广南, 张为华. 固体火箭发动机撞击与热安全性分析[M]. 北京: 国防工业出版社, 2008.

[3] Asay B W. Non-Shock Initiation of Explosives[M]. Heidelberg: Springer, 2010.

[4] Tarver C M, Tran T D. Thermal decomposition models for HMX-based plastic bonded explosives[J]. Combustion and Flame, 2004, 137: 50-62.

[5] 孙承玮, 卫玉章, 周之奎. 应用爆轰物理[M]. 北京: 国防工业出版社, 1999.

[6] Thomas P H. On the thermal conduction equation for self-heating materials with surface cooling[J]. Transactions of the Faraday Society, 1958, 54: 60-65.

[7] Field J E. Hot spot ignition mechanisms for explosive[J]. Accounts of Chemical Research, 1992, 25: 489-496.

[8] Field J E, Bourne N K, Palmer S J P, et al. Hot-spot ignition mechanisms for explosives and propellants[J]. Philosophical Transactions of the Royal Society A: Mathematical, Physical and Engineering Sciences, 1992, 339: 269.

[9] Field J E, Swallowe G M, Heavens S N. Ignition mechanisms of explosives during mechanical deformation[J]. Proceedings of the Royal Society A: Mathematical, Physical and Engineering Sciences, 1982, 382: 231-244.

[10] Maienschein J L, Wardell J F, DeHaven M R, et al. Deflagration of HMX-based explosives at high temperature and pressures[J]. Propellants, Explosives, Pyrotechnics, 2004, 29(5): 287-295.

[11] Esposito A P, Farber D L, Reaugh J E, et al. Reaction propagation rates in HMX at high pressures[J]. Propellants, Explosives, Pyrotechnics, 2003, 28(2): 83-88.

[12] Gross M L, Meredith K V, Beckstead M W. Fast cook-off modeling of HMX[J]. Combustion and Flame, 2015, 162: 3307-3315.

[13] 张家雷. 激光辐照下约束炸药热爆炸机理研究[D]. 绵阳: 中国工程物理研究院, 2017.

[14] Gruau C, Picart D, Belmas R, et al. Ignition of a confined high explosive under low velocity impact[J]. International Journal of Impact Engnineering, 2009, 36: 537-550.

[15] Holmes M D, Parker G R, Dickson P, et al. Low-velocity impact ignition of thin metal-cased charges of PBX 9501[J]. Shock Compression of Condensed Matter, 2017, 15: 1519-1536.

[16] Price D, Wehner J F. The transition from burning to detonation in cast explosives[J]. Combustion and Flame, 1965, 9(1): 73-80.

[17] Macek A. Transition from deflagration to detonation in cast explosives[J]. The Journal of Chemical Physics, 1959, 31: 162-167.

[18] Holmes M D, Parker G R, Heatwole E M, et al. Center-ignited spherical mass explosion (CISME)[R]. FY2018 Report, Los Alamos, 2018: LA-UR-18-29651, 2018.

第2章 基本理论方法

本章介绍结构装药在热力刺激下运动、变形、损伤/破坏、温升、点火及燃烧反应的基本理论。结构装药在热力刺激下发生整体响应，炸药作为整体的一部分也参与并影响系统的响应。以系统运动和热量传递为基础，炸药会发生变形和温升，在一定的载荷和温升水平下，炸药将发生破坏、点火和燃烧演化。为获取意外刺激下装药结构的复杂热力响应行为，本章采用从整体到局部的分层理论方法开展研究，将系统的响应分成3个基本层次，即"结构装药整体响应→炸药与结构相互作用→炸药材料响应"。

第一层次，研究热力刺激下装药的整体响应，其中机械刺激下采用振动力学方法[1-12]研究结构装药的力学响应；热刺激下采用传热学方法[13-15]研究结构装药热量传递过程及温升行为。研究过程中，获取在不同热力载荷作用下系统内部各组件的变形、运动、温升和热量传递特征。第二层次，以炸药及其附近组件作为研究对象，获取热力刺激下炸药与结构的相互作用规律，包括机械刺激下组件对炸药的局部侵入作用，以及热刺激下壳体/炸药界面热阻、壳体厚度等因素对传热过程的影响规律等。最后一层，以炸药材料本身作为研究对象，获取热力刺激下炸药材料的响应特性，包括炸药材料的损伤、点火及燃烧反应演化模型等。

本章分成5节，2.1节介绍热力刺激下结构装药整体响应理论体系；2.2节介绍热力刺激下炸药材料响应理论；2.3节介绍炸药与结构相互作用理论；2.4节介绍装药安全性的试验方法；2.5节介绍数值模拟方法。

2.1 结构装药系统响应理论

本节主要从整体结构而非局部响应的角度来分析装药系统在热力刺激下的载荷传递、运动、变形、温升和点火反应过程。为便于分析，在机械刺激和热载荷作用下，本书采用不同的理论方法进行研究。

机械刺激方面，通常采用应力波[16-18]或振动力学分析方法[1-3]研究结构的响应行为。应力波分析方法着眼于运动状态的传播，波的追赶、叠加、反射等通常在系统的某个局部发生，不利于把控系统整体的运动行为。振动分析方法则不同，它将装药系统看成一个整体，将系统整体的物理特性等效成质量、刚度和阻尼矩阵，求解特征方程给出的固有频率和振型，反映的是系统整体而非局部的动力特性。此外，在振动分析方法中，结构模态空间构成一个完备正交组[1]，系统实际容许的任何位移模式都能用适当幅值的振型叠加得到，物理含义清晰，分析过程方便。因此，对于结构装药在机械刺激下的响应行为，可采用振动力学方法进行研究。

　　热刺激方面，结构装药在火烧等热载荷环境下，由于组成系统的壳体、连接件、炸药等具有不同尺寸、比热容和热导率，所以在系统内部形成不定常的温度及温度梯度分布。根据傅里叶传热定律，温度梯度将产生传导换热，导致系统内部存在复杂的热量流动。对于结构装药外部，由于装药壳体与空气相接触，根据牛顿冷却定律[13-15]，壳体与空气之间温度差将产生对流换热，故装药系统壳体与空气接触部分也产生了复杂的热量流动。因此，对于热加载下装药的响应行为，可采用传热学方法进行研究。

　　实际应用中还有更复杂的情况，即机械和热载荷发生耦合。例如，炸药的力学性能通常也是受温度影响的，在热刺激下，结构装药的各个组件还将产生非均匀的热应力和热致变形，各组件变形的不协调导致系统内部出现间隙。由于间隙内部存在空气，空气热阻很大，间隙的存在反过来又影响系统热传导。由此可见，热载荷影响系统变形，变形产生的间隙又反过来影响热传导过程，热力耦合作用下结构装药的响应是一个变形不协调、热量传递不连续的复杂物理过程，当前还没有成熟的理论和研究方法。本节第一部分介绍机械刺激下装药系统响应理论，包含典型的振动力学系统建模及固有频率、模态计算方法等；第二部分介绍热载荷作用下装药系统响应理论，包括典型的系统热路分析[13]建模及节点温度、热流量的计算方法等。

2.1.1　机械刺激下装药系统响应理论

　　结构装药在机械刺激下，一方面，输入壳体上的载荷传递到内部炸药上，导致炸药发生变形破坏；另一方面，炸药及其附近组件作为整体结构中的一个组成部分，其运动情况也会反馈到其他组件及装药壳体上，导致系统的运动情况发生改变。这种机械刺激下装药结构与内部炸药耦合联动响应导致的炸药受载，同炸药材料直接受载有很大区别。此外，装药壳体的受载也不能直接等效到内部炸药上，装药壳体承受的载荷强度同内部炸药受载之间也没有一个简单的联系。例如，装药壳体受载高，但由于增加了缓冲、整形器等设计，内部炸药的受载可能很低；装药壳体受载低，但由于壳体缺陷、结构缝隙、装配间隙等敏感因素的存在，炸药同这些敏感结构之间发生挤入、摩擦等相互作用，其受载反而很高；外载荷幅值虽低，但其频率成分同装药系统某阶固有频率接近，产生共振放大效应[1-3]，炸药受载也可能很高。

　　为获取机械刺激下结构装药的整体动力响应行为，首先需建立装药系统所遵循的控制方程。令 u_i 为位移，σ_{ij} 为应力，ε_{ij} 为应变，ρ 为质量密度，c 为阻尼系数，t 为时间，T 为温度，g_i 为体积力，则系统控制方程为

平衡方程：
$$\sigma_{ij,j} + g_i = \rho u_{i,tt} + c u_{i,t} \tag{2-1}$$

几何方程：
$$\varepsilon_{ij} = \frac{1}{2}\left(u_{j,i} + u_{i,j}\right) \tag{2-2}$$

物理方程：
$$\sigma_{ij} = f\left(\varepsilon_{ij}, \dot{\varepsilon}_{ij}, T\right) \tag{2-3}$$

边界条件为

$$u_i = \overline{u}_i\left(\text{在}S_u\text{边界上}\right), \qquad \sigma_{ij}n_j = \overline{F}_i\left(\text{在}S_\sigma\text{边界上}\right) \tag{2-4}$$

式中，$\overline{u}_i$ 为边界位移；$\overline{F}_i$ 为边界力。根据不同的物理问题及计算精度的需要，可以选择不同的方法对控制方程进行离散和求解，这里介绍两种常用的处理方法，即有限单元法和集中质量法。

1. 有限单元法

有限单元法是工程中计算复杂结构广泛使用的方法。该方法将复杂结构分割成有限个单元，单元的连接点称为节点，将节点的位移作为广义坐标，并将单元的质量和刚度集中到节点上，某弹体的有限元建模如图2-1所示。

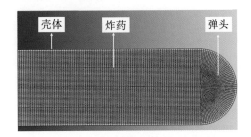

图2-1　装药系统的有限元法建模

由于只对空间域进行离散，所以单元内位移u、v、w的插值分别表示为

$$u\left(x,y,z,t\right) = \sum_{i=1}^{n} N_i\left(x,y,z\right)u_i\left(t\right)$$

$$v\left(x,y,z,t\right) = \sum_{i=1}^{n} N_i\left(x,y,z\right)v_i\left(t\right) \tag{2-5}$$

$$w\left(x,y,z,t\right) = \sum_{i=1}^{n} N_i\left(x,y,z\right)w_i\left(t\right)$$

写成矩阵形式为

$$\boldsymbol{u} = \boldsymbol{N}\boldsymbol{a}^e \tag{2-6}$$

其中，

$$\boldsymbol{u} = \begin{Bmatrix} u\left(x,y,z,t\right) \\ v\left(x,y,z,t\right) \\ w\left(x,y,z,t\right) \end{Bmatrix}, \quad \boldsymbol{N} = \begin{bmatrix} N_1 & N_2 \cdots N_n \end{bmatrix}, \quad \boldsymbol{a}^e = \begin{Bmatrix} \boldsymbol{a}_1 \\ \boldsymbol{a}_2 \\ \vdots \\ \boldsymbol{a}_n \end{Bmatrix}, \quad \boldsymbol{a}_i = \begin{Bmatrix} u_i\left(t\right) \\ v_i\left(t\right) \\ w_i\left(t\right) \end{Bmatrix}$$

平衡方程和边界条件等效积分形式的Galerkin表示为[19]

$$\int_V \delta u_i\left(\sigma_{ij,j} + g_i - \rho u_{i,tt} - c u_{i,t}\right)\mathrm{d}V - \int_{S_\sigma} \delta u_i\left(\sigma_{ij}n_j - \overline{F}_i\right)\mathrm{d}S = 0 \tag{2-7}$$

假定物理方程可以写成 $\sigma_{ij} = D_{ijkl}\varepsilon_{kl}$ 的形式，对上式第一项 $\int_V \delta u_i \sigma_{ij,j} \mathrm{d}V$ 进行分部积分并代入物理方程，可得

$$\int_V \left(\delta\varepsilon_{ij} D_{ijkl}\varepsilon_{kl} + \delta u_i \rho u_{i,tt} + \delta u_i c u_{i,t} \right)\mathrm{d}V = \int_V \delta u_i g_i \mathrm{d}V + \int_{S_\sigma} \delta u_i \bar{F}_i \mathrm{d}S \tag{2-8}$$

将位移离散后的表达式(2-6)代入式(2-8)，并注意到节点位移变分 δa 的任意性，可最终得到有限元离散后的系统运动控制方程：

$$M\ddot{a}(t) + C\dot{a}(t) + Ka(t) = Q(t) \tag{2-9}$$

式中，$\ddot{a}(t)$ 和 $\dot{a}(t)$ 分别为系统的节点加速度和节点速度；M、C、K 和 $Q(t)$ 分别为系统的质量、阻尼、刚度矩阵和节点载荷向量，具体形式可参见文献[19]。

下面的问题是求解方程式(2-9)，一般来说，求解方程式(2-9)的方法有直接积分法和振型叠加法[20-22]，直接积分法又可以分为显示算法(如中心差分法)和隐式算法(如 Newmark 方法[23])。由于我们关注的是系统整体的运动特性而非运动状态的传播(如果关注运动状态的传播，则可以采用中心差分法)，因此采用振型叠加法求解方程式(2-9)。

振型叠加法在应用过程中，需要求解系统的固有频率和振型，不考虑阻尼影响的系统自由振动方程为

$$M\ddot{a}(t) + Ka(t) = 0 \tag{2-10}$$

该方程的解可以假设为

$$a(t) = \boldsymbol{\varphi}\sin\left[\omega(t-t_0)\right] \tag{2-11}$$

式中，$\boldsymbol{\varphi}$ 为 n 阶向量；ω 为频率；t 为时间；t_0 为由初始条件确定的时间常数。将式(2-11)代入式(2-10)，可得到一广义特征值问题：

$$K\boldsymbol{\varphi} - \omega^2 M\boldsymbol{\varphi} = 0 \tag{2-12}$$

求解方程式(2-12)，可得到 ω^2 的 n 次代数方程组，即

$$\left(\omega^2\right)^n + a_1\left(\omega^2\right)^{n-1} + a_2\left(\omega^2\right)^{n-2} + \cdots + a_{n-1}\omega^2 + a_n = 0 \tag{2-13}$$

求解式(2-13)可得到 ω^2 的 n 个根，开方后得到的 $\omega_1, \omega_2, \cdots \omega_n$ 就是系统的固有频率。把固有频率代回方程式(2-12)，可求得模态向量，即

$$\boldsymbol{\varphi}^{(j)} = \left\{ \varphi_1^{(j)} \quad \varphi_2^{(j)} \cdots \varphi_n^{(j)} \right\} \tag{2-14}$$

式中，$\boldsymbol{\varphi}^{(j)}$ 为第 j 阶振型向量。对于一个 n 自由度系统，一般可以找到 n 个固有频率及响应的 n 个主振型。需要注意的是，上述分析方法是针对线性系统的，如果出现非线性，如塑性(材料非线性)或者大变形(几何非线性)，则可将载荷步进行分段处理，将每个小分析步看成一个线性系统，即非线性系统可以当成刚度发生变化的线性系统的叠加。

在得到系统的模态向量后，采用振型叠加法获取系统的运动规律。振型叠加分析的基本运算就是把几何位移坐标变换为振型幅值或正则坐标，这个变换可以表示为

$$\boldsymbol{u} = \sum_{j=1}^{n} \boldsymbol{\varphi}^{(j)}(x, y, z) Y_j(t) \tag{2-15}$$

式中，$\boldsymbol{u}$ 为位移向量；$\boldsymbol{\varphi}^{(j)}$ 为第 j 阶振型向量；Y_j 为对应的广义坐标。把公式 (2-15) 代入控制方程 (2-9) 并利用主振型的正交性[1-3, 19]，可以对控制方程进行解耦，获得 n 个相互独立的运动方程。令第 j 阶阻尼 $C_j = 2\omega_j \zeta_j$，广义力为 $P_j(t)$，则有

$$\ddot{Y}_j(t) + 2\omega_j \zeta_j \dot{Y}_j(t) + \omega_j^2 Y_j(t) = P_j(t) \tag{2-16}$$

采用杜哈梅积分[3]求解方程式 (2-16)，可得

$$\begin{aligned} Y_j(t) = \mathrm{e}^{-\zeta_j \omega_j t} &\left\{ Y_{j0} \cos(\omega_d t) + \frac{1}{\omega_d}\left(\dot{Y}_{j0} + \zeta_j \omega_j Y_{j0} \right) \sin(\omega_d t) \right. \\ &\left. + \frac{1}{\omega_d} \int_0^t P_j(\tau) \mathrm{e}^{\zeta_j \omega_j \tau} \sin\left[\omega_d(t - \tau) \right] \mathrm{d}\tau \right\} \end{aligned} \tag{2-17}$$

式中，$\omega_d = \omega_j \sqrt{1 - \zeta_j^2}$。将式 (2-17) 代入式 (2-15)，则可得位移解。位移解对时间和位置求导，可分别得到速度和应变场。在本书的第 5 章，我们将应用上述方法对弹体系统的运动特性进行分析。

2. 集中质量法

采用另外一种方式对装药系统进行空间离散，即集中质量法。该方法将连续分布的质量集中在系统内的某些点上，各集中质量之间只有无质量的弹簧和阻尼连接，这样就将系统简化为含有有限个集中质量的多自由度系统。实际应用中，当出现一些特殊情况时，仅使用少数几个集中质量就可以足够精确地描述系统运动。例如，当载荷的持续时间比应力波传播一个周期的时间长很多 (对于大多数梁/壳结构在外载荷作用下的响应就属于这种情况[24,25])，一段时间后，系统内部大量质点的运动状态将非常接近，所以可以将这些运动状态接近的质点绑定在一个集中质量上，而忽略该质量块内部质点的运动速度差别。某弹体的集中质量建模如图 2-2 所示。

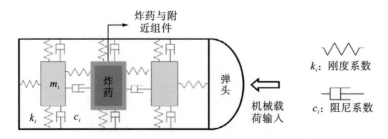

图 2-2　装药系统的集中质量法建模

图 2-2 中，系统第 i 个集中质量块的质量为 m_i，刚度系数为 k_i。一般来说，$k_i = E_i A_i / L_i$[26]，其中，E_i 为弹性模量，A_i 为接触面积，L_i 为长度。系统第 i 个集中质量块的阻尼系数为 c_i。

假定机械输入载荷为 $F(t)$，则第 i 个集中质量块 x 方向的运动方程为

$$m_i\ddot{x}_i - c_{i+1}\left(\dot{x}_{i+1} - \dot{x}_i\right) + c_i\left(\dot{x}_i - \dot{x}_{i-1}\right) - k_{i+1}\left(x_{i+1} - x_i\right) + k_i\left(x_i - x_{i-1}\right) = F_i(t) \tag{2-18}$$

其y、z方向的运动方程可类比写出。把三个方向的运动方程写成矩阵形式，有

$$M\ddot{u} + C\dot{u} + Ku = F \tag{2-19}$$

式中，$u = \{x_1,\ x_2,\ \cdots,\ x_n;\ y_1,\ y_2,\ \cdots,\ y_n;\ z_1,\ z_2,\ \cdots,\ z_n\}^{\mathrm{T}}$、$F = \{F_{x1},\ F_{x2},\ \cdots,\ F_{xn};$ $F_{y1},\ F_{y2},\ \cdots,\ F_{yn};\ F_{z1},\ F_{z2},\ \cdots,\ F_{zn}\}^{\mathrm{T}}$分别为$3n$维的位移、载荷向量，$M$、$C$、$K$为$3n \times 3n$维度的质量、阻尼和刚度矩阵，其具体形式为

$$M = \begin{bmatrix} M_x & 0 & 0 \\ 0 & M_y & 0 \\ 0 & 0 & M_z \end{bmatrix}, \quad M_x = M_y = M_z = \begin{bmatrix} m_1 & \cdots & & 0 \\ & m_2 & & \\ \vdots & & \ddots & \vdots \\ 0 & \cdots & & m_n \end{bmatrix}$$

$$C = \begin{bmatrix} C_x & 0 & 0 \\ 0 & C_y & 0 \\ 0 & 0 & C_z \end{bmatrix}, \quad C_x = C_y = C_z = \begin{bmatrix} c_1 + c_2 & -c_2 & & \cdots & & 0 \\ -c_2 & c_2 + c_3 & -c_3 & & & \vdots \\ \vdots & & & \ddots & & \\ & & & -c_{n-1} & c_{n-1} + c_n & -c_n \\ 0 & & & & -c_n & c_n \end{bmatrix}$$

$$K = \begin{bmatrix} K_x & 0 & 0 \\ 0 & K_y & 0 \\ 0 & 0 & K_z \end{bmatrix}, \quad K_x = K_y = K_z = \begin{bmatrix} k_1 + k_2 & -k_2 & & \cdots & & 0 \\ -k_2 & k_2 + k_3 & -k_3 & & & \vdots \\ \vdots & & & \ddots & & \\ & & & -k_{n-1} & k_{n-1} + k_n & -k_n \\ 0 & & & & -k_n & k_n \end{bmatrix}$$

对比公式(2-19)和公式(2-9)发现，它们具有类似的形式，因此，在后续求解方程式(2-19)及固有频率、振型的计算中，可采用式(2-10)～式(2-17)的方法。

上述振型叠加法是基于线性系统的。实际应用中，系统内部不可避免地存在间隙、摩擦等非线性因素[27-35]，当非线性效应存在时，也可以用集中质量法进行分析。图2-3显示了某含间隙结构的集中质量法建模[36]。

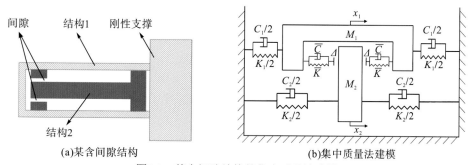

(a)某含间隙结构　　　　　　　　　　(b)集中质量法建模

图2-3　某含间隙结构的集中质量法建模

图2-3中M_1、M_2分别为子结构1、2的质量，K_1、K_2为弯曲刚度，C_1、C_2为阻尼系数，$\overline{K}$、$\overline{C}$分别为间隙附近的接触刚度和阻尼，Δ为间隙尺寸，x_1、x_2分别为质量块1、2偏离

平衡位置的位移。该系统在受到基础位移激励$A\sin(\omega t)$和简谐力激励$B\sin(\omega t)$下的控制方程为

$$M_1\ddot{x}_1 + C_1\dot{x}_1 + \overline{C}(\dot{x}_1 - \dot{x}_2) + K_1 x_1 + \mathrm{sgn}(x_1 - x_2)\overline{K}(|x_1 - x_2| - \Delta) = F_1(t)$$
$$M_2\ddot{x}_2 + C_2\dot{x}_2 + \overline{C}(\dot{x}_1 - \dot{x}_2) + K_2 x_2 + \mathrm{sgn}(x_1 - x_2)\overline{K}(|x_1 - x_2| - \Delta) = F_2(t) \tag{2-20}$$

在基础位移和强迫简谐力激励下分别取取$F_1(t) = M_1 A\omega^2 \sin(\omega t)$、$F_2(t) = M_2 A\omega^2$ $\sin(\omega t)$，取$F_1(t) = B\sin(\omega t)$、$F_2(t) = 0$。与式(2-19)对比可看出，公式(2-20)是一个非线性微分方程，一般不具有解析解。采用数值计算的方法求解式(2-20)，可得基础位移和简谐力激励下质量块1、2的幅频响应曲线，如图2-4和图2-5所示[36]。

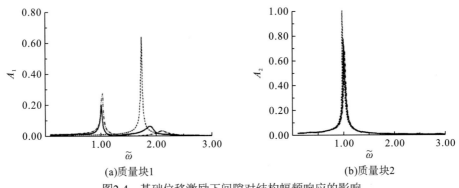

(a)质量块1   (b)质量块2

图2-4 基础位移激励下间隙对结构幅频响应的影响

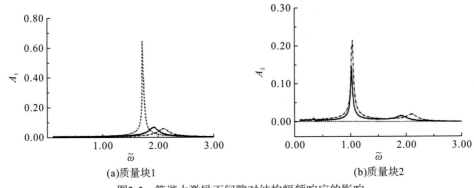

(a)质量块1   (b)质量块2

图2-5 简谐力激励下间隙对结构幅频响应的影响

图2-4和图2-5中，点化线、实线和虚线分别表示无间隙、间隙$\Delta = 0.01$和间隙无穷大时的计算结果。从图中看出，对于基础位移激励，间隙的存在使系统的共振频率向低频段偏离，且使响应峰值增大；对于简谐力激励，间隙的存在使质量块2的响应峰值大幅降低。在本书的第5章，我们将应用集中质量法对落锤系统的运动特性进行分析。

2.1.2 热刺激下装药系统响应理论

结构装药在热刺激下输入到壳体上的热载荷通过热传导方式传递给内部组件(如连

接、隔断、包覆等)，内部组件再传递到炸药上，导致炸药发生温升。此外，炸药及其附近组件作为整体结构中的一个组成部分，其变形、温升情况也会对系统传热产生影响。例如，炸药温升导致其热导率发生改变或炸药变形使炸药与附近组件之间产生间隙，间隙的存在增加了系统的热阻，从而影响系统热量的传递过程。这种热载荷下装药系统历经复杂传热路径导致的炸药温升，同炸药材料直接承受热载荷产生的温升有很大区别。此外，装药壳体承受的温度载荷也不能直接等效到内部炸药上，外部环境温度水平同内部炸药温升之间也没有一个简单的联系。例如，装药壳体承受高温火烧载荷，但由于系统内部增加了间隙、隔热层等设计，增加了系统热阻，内部炸药的温升可能很低；装药壳体承受激光辐照载荷，但由于系统内部没有增加隔热层，且各组件之间配合良好不产生间隙，则系统热量传递的效率反而会较高。

为获取热刺激下结构装药的热量传递及温升行为，首先需建立装药系统所遵循的控制方程。令 T 为温度，ρ 为质量密度，λ_x、λ_y、λ_z 为 x、y、z 方向的热传导系数，t 为时间，c 为比热容，Q 为物体内部热源密度，则系统控制方程为

$$\frac{\partial}{\partial x}\left(\lambda_x \frac{\partial T}{\partial x}\right) + \frac{\partial}{\partial y}\left(\lambda_y \frac{\partial T}{\partial y}\right) + \frac{\partial}{\partial z}\left(\lambda_z \frac{\partial T}{\partial z}\right) + \rho Q = \rho c \frac{\partial T}{\partial t} \tag{2-21}$$

边界条件为

$$T = \bar{T} \qquad\qquad (在 \Gamma_1 边界上)$$

$$\lambda_x \frac{\partial T}{\partial x} n_x + \lambda_y \frac{\partial T}{\partial y} n_y + \lambda_z \frac{\partial T}{\partial z} n_z = q \qquad\qquad (在 \Gamma_2 边界上)$$

$$\lambda_x \frac{\partial T}{\partial x} n_x + \lambda_y \frac{\partial T}{\partial y} n_y + \lambda_z \frac{\partial T}{\partial z} n_z = h(T_a - T) \qquad\qquad (在 \Gamma_3 边界上)$$

式中，$\bar{T} = \bar{T}(\Gamma, t)$ 为 Γ_1 边界上的给定温度；$q = q(\Gamma, t)$ 为 Γ_2 边界上的给定热流量；T_a 为 Γ_3 边界上的环境温度；h 为换热系数。

原则上，也可以采用有限单元法对系统进行离散从而求解方程式(2-21)，传热问题有限单元法可以参见文献[19]。事实上，对于很多传热问题，物体内部的导热热阻远小于其表面的换热热阻，物体内部的温度梯度很小，以至于可以认为物体各部分在同一时刻都处于同一温度下，这种忽略物体内部温度梯度只考虑整个物体温度随时间变化的分析法称为集总参数法[13-15]。在获取系统各组件的集总参数后，可以建立系统热路分析模型[37-49]，下面将看到，热路分析法将使结构的系统传热问题大为简化。

1. 热电类比理论

在建立系统的热路模型前，首先需要获取系统的集总参数，即系统内部各组件的热容和热阻。本节以一个金属锻件在水中的冷却问题为例，来介绍热阻和热容的求法及传热问题和电路分析问题的共同之处。图2-6给出了一个热的金属锻件放入水中的传热分析示意图。其中，T_i 为金属锻件初始温度，T_∞ 为水池温度，β_c 为对流换热系数，ρ、c、A_s、V 分别为金属锻件密度、比热容、表面积和体积。

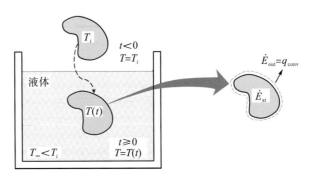

图2-6　热的金属锻件冷却

根据能量守恒，有

$$-\beta_c A_s \left(T - T_\infty \right) = \rho V c \frac{\mathrm{d}T}{\mathrm{d}t} \qquad (2\text{-}22)$$

引入温度差$\theta = T - T_\infty$，$\theta_i = T_i - T_\infty$，注意到水池温度$T_\infty$为常数，则方程式(2-22)可变形为

$$\frac{\rho V c}{\beta_c A_s} \frac{\mathrm{d}\theta}{\mathrm{d}t} = -\theta \qquad (2\text{-}23)$$

在初始条件$T(t=0)=T_i$下对方程进行积分，并令$R_t = 1/(\beta_c A_s)$，$C_t = \rho V c$，可得

$$\frac{\theta}{\theta_i} = \frac{T - T_\infty}{T_i - T_\infty} = \exp\left[-\frac{t}{R_t C_t} \right] \qquad (2\text{-}24)$$

由此可见，式(2-24)表示的金属锻件温度衰减行为和电路理论中RC电路[50]电容器通过电阻放电而发生的电压衰减行为类似。根据模拟理论[39]，若描述两种物理现象的微分方程遵循同一形式，且两个载体的几何形状和边界条件也类似，那么这两个方程将具有相同形式的解。热路和电路就具有上述特性，式(2-24)中的R_t和C_t可类比电路理论中的电阻和电容，称为热阻和集总热容，电路分析的相关方法可以应用到热路分析中。

电场与热场各参量的对应关系如表2-1所示。

表2-1　热路和电路参数类比关系

热路参数	电路参数
热流量 q/W	电流 I/A
温度 T/℃	电压 U/V
热阻 R/(℃/W)	电阻 R/Ω
热容 C/(J/℃)	电容 C/F

根据电路中欧姆定律$I = \Delta U/R$，将热流q同电流进行类比，可知热路中存在以下关系：

$$q = \frac{\Delta T}{R_t} \qquad (2\text{-}25)$$

由线性电容的伏安特性关系$I = C\mathrm{d}U/\mathrm{d}t$，可知热路中存在：

$$q = C_{t} \frac{dT}{dt} \tag{2-26}$$

在获取结构各组件热阻、热容的基础上，将温度和热流类比为电压和电流，则电路理论中的KVL定律和KCL定律[50]可适用于热路分析中。因此，对于热路中任意回路和节点，如下公式成立：

对于闭合回路：
$$\sum_{i=1}^{n} T_{i} = 0$$

$$\tag{2-27}$$

对于节点：
$$\sum_{i=j}^{m} q_{j} = 0$$

式中，T_{i} 为热路中闭合回路节点 i 处的温度；n 为热路中该闭合回路中的总节点数；q_{j} 为热路中与节点相连的第 j 条支路的热流量；m 为与该节点相连接的总支路数。

一般来说，随着传热方式（传导、对流和辐射）及材料构型（平壁、圆筒壁和球壁）的不同，热阻的具体形式也不同，表2-2列举了一些常见的热量传递方式（传导传热、对流传热和辐射传热）下热阻的计算式。

表2-2　不同热量传递过程的热阻计算式

热量传递方式	热传导			热对流	热辐射
	平壁	圆筒壁	球壁		
热阻计算公式	$\dfrac{\delta}{\lambda}$	$\dfrac{\ln(r_{2}/r_{1})}{2\pi\lambda}$	$\dfrac{1}{4\pi\lambda}\left(\dfrac{1}{r_{1}} - \dfrac{1}{r_{2}}\right)$	$\dfrac{1}{\beta_{c}}$	$\dfrac{1}{\beta_{r}}$

式中，δ 为平壁厚度，单位为m；λ 为导热系数，单位为W/(m·℃)；r_{1}、r_{2} 分别为圆筒、球体的内、外径；β_{c} 和 β_{r} 分别为对流和折合的辐射换热系数，单位为W/(m²·℃)。后面将在上述理论的基础上介绍装药系统的热路分析方法。

2. 热路分析建模

为对热载荷作用下结构装药的整体传热行为进行研究，需要建立热路分析模型。假定热载荷作用于结构装药的尾部，输入的热流功率为 q，系统内部第 i 个组件的热阻、热容分别为 R_{i}、C_{i}，节点温度为 $T_{i}(i>1)$，炸药温度为 T_{0}，建立的热路分析模型如图2-7所示。

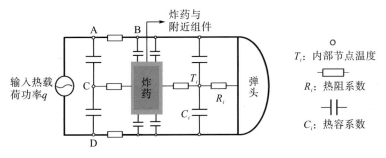

图2-7　装药系统的动态热路分析

下面利用公式(2-27)对该热路进行分析。在图2-7中标记了A、B、C、D四个节点，输入热载荷功率已等效为一个电流源q。假定A、B、C、D四节点的温度分别为T_A、T_B、T_C、T_D，AC之间的热容值为C_A，DC之间的热容值为C_D，AB之间热阻值为R_A，C到炸药之间热阻值为R_C，利用流入、流出节点A、C的电流守恒，有

$$q = C_A \frac{\mathrm{d}\left(T_A - T_C\right)}{\mathrm{d}t} + \frac{T_A - T_B}{R_A} \tag{2-28}$$

$$0 = C_A \frac{\mathrm{d}\left(T_A - T_C\right)}{\mathrm{d}t} - \frac{T_C - T_0}{R_C} - C_D \frac{\mathrm{d}\left(T_C - T_D\right)}{\mathrm{d}t}$$

将节点电流守恒应用于弹体内所有节点，可得到一个矩阵微分方程组，求解该微分方程组可得系统的动态热流及温度分布。

当传热时间足够长后，系统各个部位的温度随时间变化很小或基本不变化，即系统进入稳态，此时可以在图2-7中忽略热容的影响，即稳态传热下只考虑系统热阻，因此可建立稳态传热下的热路分析模型，如图2-8所示。

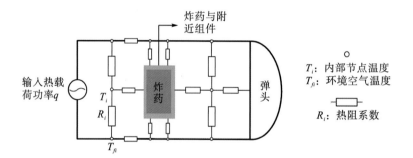

图2-8　装药系统的稳态热路分析

图2-8中系统第i个组件的节点温度为T_i，热阻为$R_i(i>1)$。假定热输入载荷导致弹尾附近的气体温度为T_{f1}，弹头附近的气体温度为T_{f2}，炸药温度为T_0，设沿弹体轴向的热流量为q，则可通过如下两个方程解出炸药内部温度和热流量：

$$\frac{T_{f1} - T_0}{\dfrac{1}{\beta_c} + \sum_i \dfrac{\delta_i}{\lambda_i}} = q$$

$$\frac{T_0 - T_{f2}}{\sum_j \dfrac{\delta_j}{\lambda_j} + \dfrac{1}{\beta_c}} = q \tag{2-29}$$

公式(2-29)左侧的分母由两项构成，其中$1/\beta_c$表征的是弹体壳体与周围空气的换热，求和项表征的是弹体内部各组件之间的传导换热。当求出系统总热流q之后，由于系统内部各组件的热阻R_i是已知的，因此可以利用公式$\Delta T_i = qR_i$求得系统内部各部分的温度。本书第6章将应用热路分析方法对热加载情况下弹体内部的传热行为及温度分布进行分析。

2.2　炸药响应理论

本节以炸药材料为研究对象，分 3 个部分介绍炸药在热力加载下的材料特性，即炸药的损伤、热爆炸和燃烧反应理论。

2.2.1　损伤理论

炸药材料在受载过程中由于其结构的非均匀性，常会产生损伤及裂纹(图2-9)。以常见炸药PBX-1为例，在准静态压缩下，其割线模量会随着应力水平的升高而降低[51]，割线模量的下降意味着材料内部可能发生损伤的累积及缺陷的演化。由于热点常在缺陷周围产生，因此研究炸药的损伤及其演化规律具有重要意义。

图2-9　炸药典型损伤的细观图像

材料的损伤机制主要分为两类。一类是微裂纹的萌生、扩展和汇合，最后形成宏观裂纹，这类损伤不会引起明显的塑性变形，因而称为脆性损伤机制；另一类是微孔洞的形核、长大和汇合，这类损伤常伴随明显的塑性变形，因而称为韧性损伤机制[52]。材料内部的缺陷种类众多，从几何上可以大致分为点缺陷(空穴、异质原子等)、线缺陷(位错等)、面缺陷(滑移面、微裂纹、晶界等)和体缺陷(微孔洞、夹杂等)。PBX炸药内部包含多种类型的缺陷，在不同加载条件下响应行为可能呈现出不同的形式。为描述材料在受载过程中呈现出的不同损伤特征，提出了损伤理论。损伤理论主要有两个部分的内容：损伤变量的定义与损伤变量的演化。损伤变量主要描述材料损伤的程度，损伤变量的演化主要描述损伤随时间的演化特征。

损伤变量的提出可以追溯到Kachanov的工作[53]，他在1958年提出连续度Ψ的概念，定义为材料横截面上的有效承载面积A_{eff}与总面积A之比$\Psi = A_{\text{eff}}/A$。一般情况下，炸药的损伤可以表达为

$$D = f\left(D_0, \varepsilon, \dot{\varepsilon}\right) \tag{2-30}$$

式中，D_0 为炸药的初始损伤；ε 和 $\dot{\varepsilon}$ 为应变和应变率。根据不同的炸药和缺陷类型，函数 f 可具有不同的形式。在定义了损伤变量的基础上，可构造材料本构关系。

为建立含损伤的本构模型，Lemaitre[54, 55]提出了著名的应变等效假设，即认为受损材料在应力 σ 作用下与无损材料在有效应力 σ' 作用下将产生相同的变形。换言之，损伤材料的本构关系可以采用无损的形式，只需将其中的Cauchy应力 σ 换为有效应力 σ'。有效应力（或净应力）是Kachanov[53]和Rabotnov[56]最先提出的，在一般情况下定义为

$$\sigma' = M : \sigma \tag{2-31}$$

式中，M 为四阶损伤效应张量，不同的损伤效应张量对应于不同的损伤本构关系。与应变等效假设相对应的还有应力等效假设和能量等效假设[57]。应力等效假设中，首先定义有效应变张量 ε'，并用 ε' 代替无损伤材料本构关系中的应变张量 ε，即可得到损伤材料的本构关系；能量等效假设中，损伤材料和无损材料的应变能表达式在形式上是一样的，只要将其中的Cauchy应力张量换为有效应力张量。

例如，对炸药这种非均匀材料而言，加载过程中材料应力载荷超过某一阈值后切线模量开始减小。利用公式(2-31)，令损伤张量 $M = 1 - D$，可定义有效切线模量为

$$E = \left(1 - D\right) E_0$$

式中，$D = 0$、1分别为材料的无损伤状态与破坏状态；E_0 为材料无损伤状态的模量。从中可以看出，通过这样的定义，该公式具备描述炸药切线模量随损伤的增长而减小的性质。

中国工程物理研究院流体物理研究所的李英雷等[58]将式(2-30)的损伤变量定义为 $D = D_0 \dot{\varepsilon}^{\delta-1} \left(\varepsilon - \varepsilon_{th}\right)$，其中，$D_0$ 为材料的初始损伤；δ 为应变率对损伤的影响；ε_{th} 为损伤应变阈值。结合ZWT黏弹性模型[59-61]，他对TATB(三氨基三硝基苯)炸药在SHPB(分离式Hopkinson压杆)加载下的试验动态应力-应变关系进行了拟合，结果如图2-10所示。

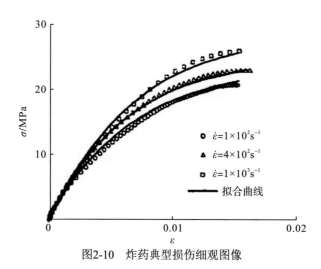

图2-10　炸药典型损伤细观图像

从图2-10可看出，对于应变率为 $1 \times 10^2 s^{-1}$、$4 \times 10^2 s^{-1}$ 和 $1 \times 10^3 s^{-1}$ 的三条曲线，拟合数据与试验曲线符合得很好。本书第5章将会对其他形式的损伤变量及本构模型进行介绍。

2.2.2 热爆炸理论

热爆炸是一种处理炸药对热刺激的响应及反应性态的简化理论模型[62]，它考虑系统反应放热同热损失之间的竞争，通常关注两方面的问题，即热临界条件问题和热点火时间问题。对于热临界条件问题，需要给出系统在什么条件下反应是稳定的，在什么条件下反应是不稳定的；对于热点火时间问题，需要在假定系统不稳定的前提下，给出点火时间同加载条件之间的关系。因此，针对热爆炸关注的这两个问题，在此分两个小节进行介绍。

1. 热临界条件理论

热临界条件理论不关注反应时间的问题，只给出系统温度无限上升(即发生点火)的临界条件。通常需研究两类热临界条件问题，即反应系统的热临界条件和热点临界条件，如图2-11所示。对反应系统热临界条件问题，系统边界为惰性材料，内部为含能材料，含能材料的温度低于边界温度，以此研究边界温度满足什么条件，样品将发生热爆炸；对热点临界条件问题，整个系统都由含能材料构成，在这个无限大含能材料内部有一个高温区域，称为热点，其温度高于环境温度，以此研究热点温度和环境温度满足何种条件，热点温度将无限升高，发生热爆炸。

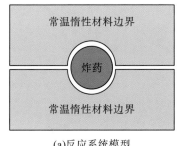

(a)反应系统模型　　　　　　　　　(b)热点模型

图2-11　两种热临界条件模型

两类问题的控制方程是类似的，但是初始和边界条件不一样，控制方程为

$$\rho c \frac{\partial T}{\partial t} = \lambda \nabla^2 T + \rho Q Z e^{-\frac{E}{RT}} \tag{2-32}$$

式中，T为炸药温度；t为时间；E为激活能；R为气体常数；ρ为炸药密度；c为比热容；λ为热导率；Z为频率因子；Q为单位质量炸药释放的能量。假定系统尺寸为$2a$，系统形状为平面、圆柱体或球体，半径为a。下面对两种情况下的热临界条件进行介绍。

1)反应系统热临界条件

反应系统热临界条件问题可分为零维和一维反应系统两种情况。

I. 零维系统热临界条件

正如本章2.1.2节介绍集总参数法中阐述的，如果炸药内部的导热热阻远小于其表面的换热热阻，那么炸药内部的温度梯度很小，以至于可以认为炸药内部各部分都处于同一温度下，此时的炸药可等效为一个零维系统。根据Arrhenius律，体积为V的炸药在单位时间的产热量为

$$\dot{Q}_G = VQZe^{-\frac{E}{RT}} \tag{2-33}$$

式中，Q为单位体积的反应热；Z为频率因子；E为活化能；T为温度；R为气体常数。假定系统表面失去的热量满足牛顿冷却定律，则系统在单位时间的散热量为

$$\dot{Q}_L = hS(T - T_a) \tag{2-34}$$

式中，S为炸药表面积；h为表面单位面积换热系数；T_a为环境温度。

公式(2-33)为产热曲线(heat generation curve)，它对温度T是非线性的；公式(2-34)为热损失曲线(heat loss curve)，它对温度T是线性的。将两条曲线画在一张图中，如图2-12所示。

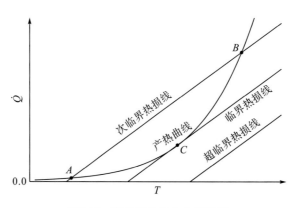

图2-12　产热和热损失曲线对比

从图2-12可看出，产热和热损失曲线存在3种关系，即相交、相切和无交点。对于相交的情况，一般存在两个交点A和B。其中，交点A是稳定的，如果炸药的初始温度低于A点温度T_A，那么由于产热大于热损，炸药温度会上升到T_A并保持不变；如果炸药的初始温度高于T_A，那么由于热损失大于产热，炸药温度会降低到T_A并保持不变。交点B是不稳定的，如果炸药温度高于B点温度T_B，那么由于产热大于热损失，温度会持续升高，直至发生热爆炸。综合来看，产热和散热曲线相交属于次临界情况(subcritical loss line)，即炸药可能发生热爆炸，也可能达到稳态。

对于产热和热损失曲线无交点情况，即图2-12中最右侧那条超临界热损线，无论炸药初始温度如何都必然发生热爆炸，因为产热曲线永远位于热损失曲线上方。图2-12中产热和热损失曲线相切即是我们要找的临界条件，又称为Semenov临界条件，记此时的切点为C。在C点，两条曲线不仅值相等且斜率也相等，即$\dot{Q}_G = \dot{Q}_L$和$\mathrm{d}\dot{Q}_G / \mathrm{d}T = \mathrm{d}\dot{Q}_L / \mathrm{d}T$。联立这两个等式可得临界条件为[62-64]

$$\frac{VQZE}{hSRT_a^2}\mathrm{e}^{-\frac{E}{RT_a}} = \mathrm{e}^{-1} \tag{2-35}$$

也就是说，环境温度 T_a 和表面换热系数 h 之间满足公式 (2-35)，即达到临界条件，此时的临界温度为

$$T_c = T_a(1+T_aR/E)$$

Ⅱ. 一维系统热临界条件

若在公式 (2-32) 中考虑温度梯度的存在，则变为一维反应系统热爆炸问题。该类问题的初始条件为

$$T(r,0) = T_0, \quad 0 < r < a \tag{2-36}$$

边界条件为

$$\begin{aligned}
\frac{\partial T}{\partial r} &= 0, & r &= 0 \quad \text{（对称条件）} \\
\lambda\frac{\partial T}{\partial r} + h(T - T_0) &= 0, & r &= a \quad \text{（冷却条件）}
\end{aligned} \tag{2-37}$$

式中，h 为边界上的冷却系数。对控制方程进行化简，假定环境温度为 T_a，定义无量纲量如下[62,65]：

$$\delta = \frac{a^2QEZ\mathrm{e}^{\frac{E}{RT_a}}}{kRT_a^2} = \frac{\rho ca^2}{kt_{ad}}, \qquad \theta = \frac{E(T - T_a)}{RT_a^2}$$

$$\tau = \frac{t}{t_{ad}}, \qquad \xi = \frac{r}{a}, \qquad \varepsilon = \frac{RT_a}{E} \tag{2-38}$$

式中 $t_{ad} = \frac{\rho cRT_a^2}{QEZ}\mathrm{e}^{\frac{E}{RT_a}}$，表示系统绝热时的热爆炸感应时间[66]。应用上述无量纲量，则控制方程 (2-32) 可化为

$$\delta\frac{\partial\theta}{\partial\tau} = \nabla^2\theta + \delta F(\theta) \tag{2-39}$$

式中 $F(\theta) = \mathrm{e}^{\frac{\theta}{1+\varepsilon\theta}}$。边界条件变为

$$\begin{aligned}
\frac{\mathrm{d}\theta}{\mathrm{d}\xi} &= 0, & \xi &= 0 \quad \text{对称条件} \\
\frac{\mathrm{d}\theta}{\mathrm{d}\xi} + \alpha\theta &= 0, & \xi &= 1 \quad \text{冷却条件}
\end{aligned} \tag{2-40}$$

式中，$\alpha = ha/\lambda$，为 Biot 数，用以衡量冷却程度。当 $\alpha = 0$ 或 ∞ 时，可化为两种特殊情况，即温度分布无梯度或等温边界。

对 $\alpha = 0$ 的情况，Thomas[67,68]建议此时令 $\nabla^2\theta = -(1+N)\alpha\theta$，$N = 0$、$1$、$2$ 分别对应平面、圆柱和球体的情况。将 $\nabla^2\theta = -(1+N)\alpha\theta$ 代入式 (2-39) 并假定可以达到稳态，即

$\partial\theta/\partial\tau=0$，于是方程(2-39)变为

$$(1+N)\alpha\theta=\delta F(\theta) \tag{2-41}$$

利用F-K近似$F(\theta)\approx e^{\theta}$，再代入式(2-41)，则有$\delta=(1+N)\alpha\theta/e^{\theta}$。令$d\delta/d\theta=0$，可得

$$\theta_{cr}=1,\quad \delta_{cr}=\frac{(1+N)\alpha}{e} \tag{2-42}$$

式中，$N=0$、1、2分别对应平面、圆柱和球体情况。注意到θ和δ的定义式(2-38)，再结合平面、圆柱和球体情况时公式(2-35)中的V/S分别等于a、$a/2$和$a/3$，可以发现式(2-42)和零维系统临界条件(2-35)是等价的。

对$\alpha\to\infty$的情况，相当于恒温边界。此时的边界条件变为

$$\frac{d\theta}{d\xi}=0,\qquad \xi=0 \text{ 对称条件} \atop \theta=0,\qquad \xi=1 \text{ 恒温条件} \tag{2-43}$$

假定系统不发生热爆炸，则温度可以达到定常分布，此时控制方程中温度对时间的导数为零，于是控制方程化为

$$\nabla^2\theta+\delta F(\theta)=0 \tag{2-44}$$

式中，$\nabla^2\theta=\dfrac{d^2\theta}{d\xi^2}+\dfrac{N}{\xi}\dfrac{d\theta}{d\xi}$，在平面、圆柱和球体的情况下，$N$的取值分别为0、1和2。

Boddington等[69]利用级数展开，给出了使上述方程有解的δ和样品中心温度θ的临界值为

$$\delta_{cr}=\frac{2(N+1)(N+3)}{N+7},\quad \theta_{cr}=2\ln\left(\frac{N+7}{4}\right) \tag{2-45}$$

通过计算可知，对于平面、圆柱和球体的情况，δ_{cr}的值分别为0.8785、2和3.322。

对$0<\alpha<\infty$的情况，热临界条件没有解析解，Thomas[67]计算了其数值解，结果如图2-13所示。从中可以看出，一般情况下δ_{cr}是α的函数，且δ_{cr}随α的增加而增加。此外还可以看出，当$\alpha\to\infty$时，δ_{cr}的数值逼近Boddington给出的公式(2-45)的结果。

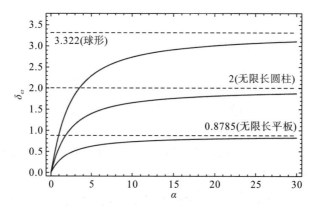

图2-13　反应系统在冷却边界条件下的热爆炸临界条件

需要注意的是，上述关于零维、一维反应系统热临界条件问题的工作，均未考虑反应物浓度的变化。事实上，炸药在点火前的消耗是很少的，不考虑反应物浓度的变化不会对结果带来很大的影响。关于反应物浓度的变化对点火行为的影响，可以参见Zinn的工作[70]。

2) 热点临界条件

同反应系统热临界问题不同的是，热点临界问题没有一个由惰性材料构成的恒温或冷却边界，该问题认为所有区域都由炸药材料组成，只不过在$0<r<a$的区域存在一个高温热点，见图2-11(b)。这类问题的初始条件为

$$T(r,0)=T_0, \quad 0<r<a$$
$$T(r,0)=T_1, \quad r>a \tag{2-46}$$

边界条件为

$$\frac{\partial T}{\partial r}=0, \quad r=0 \quad \text{（对称条件）} \tag{2-47}$$

为对控制方程进行化简，同样需要定义无量纲量。将反应系统热爆炸问题公式(2-38)中的T_a替换为热点温度T_0即可完成定义。注意无量纲温度初值的定义为$\theta_0=\dfrac{E(T_0-T_1)}{RT_0^2}$。

无量纲化后，热点问题下的控制方程(2-32)变为

$$\delta\frac{\partial\theta}{\partial\tau}=\nabla^2\theta+\delta F(\theta) \tag{2-48}$$

初始条件变为

$$\theta=0, \quad \xi<1$$
$$\theta=-\theta_0, \quad \xi>1 \tag{2-49}$$

边界条件变为

$$\frac{\partial\theta}{\partial\xi}=0, \quad \xi=0 \quad \text{（对称条件）} \tag{2-50}$$

由于该问题没有解析解，因此前人在寻求热点问题临界条件的近似解上，做了很多有意义的工作。

Zinn[71]认为，在热爆炸发生前的一个较长时间内，炸药由化学反应导致的温度上升很小，因此可以将热点看成惰性的。假定$\gamma=\lambda/\rho c$，他发现在$0<t<0.1a^2/\gamma$这个时间段内，惰性球形热点中心($r=0$)的温度可以用下面的公式准确描述，即

$$T=T_1+(T_0-T_1)\exp\left[-2.02\exp\left(-0.2336a^2/\gamma t\right)\right] \tag{2-51}$$

他利用该公式进一步发现，当$0<t<0.04a^2/\gamma$时，热点中心温度基本保持不变。因此，如果系统绝热时的热爆炸感应时间$t_{\mathrm{ad}}<0.04a^2/\gamma$这个值，则热点将发生热爆炸。由此他给出球形热点热爆炸的临界条件为

$$\delta_{\mathrm{cr}}=25 \tag{2-52}$$

Boddington[72]基于类似的假定，认为热爆炸发生前，热点内部的温度分布可以用惰性

热点的温度分布来代替。利用惰性热点温度分布的解析解，可得热点边界上的温度梯度为

$\left(\dfrac{\partial \theta}{\partial \xi}\right)\Big|_{\xi=1} = -\dfrac{\theta_0}{2\sqrt{\pi \delta \tau}}$。然后假定对于真实热点，边界上的温度梯度也是这个值。他对控制

方程两边进行体积分平均，即 $\dfrac{1}{V}\iiint \mathrm{d}V$，再利用 Gauss 公式将 $\nabla^2\theta$ 的体积分转化为 $\nabla\theta$ 的

面积分，得到热点平均温度 $\overline{T}$ 的控制方程。由于该控制方程中 $\overline{T}$ 仅是时间的函数，具有解析解，由此得到热爆炸的热点临界条件为

$$\delta_{\mathrm{cr}} = \frac{(N+1)^2}{2\pi}\theta_0^2 \tag{2-53}$$

式中，$N = 0$、1、2 分别为平面、圆柱和球形热点。

Friedman[73]采用了另一种假定，认为热点在反应过程中满足两个条件。第一个是热点外部区域（$\xi > 1$）是惰性的，不产生吸放热；第二个是热点内部的所有区域具有相同的反应速率，化学反应产热均为 $B = \exp(-E/RT_0)$。在这两个假定下，对于平面状热点，控制方程具有解析解。利用该解析解，可获得热点中心温度随时间变化的规律，然后假定热点中心温度对时间的导数为零，可得平面状热点热爆炸的临界半径为

$$a_{\mathrm{cr}} = \sqrt{\frac{\lambda E}{\rho Q Z R}}\,(\eta_0 - \eta_1)^{\frac{1}{2}}\exp\left(\frac{1}{2\eta_0}\right) \tag{2-54}$$

式中，$\eta_0 = \dfrac{RT_0}{E}$，$\eta_1 = \dfrac{RT_1}{E}$。利用无量纲量的定义，可将该临界条件化为

$$\delta_{\mathrm{cr}} = \theta_0 \tag{2-55}$$

考虑到理论解的复杂性，Merzhanov[74]对热点临界热爆炸条件进行了数值计算，发现临界热爆炸条件可以用一个统一的公式描述，即

$$\delta_{\mathrm{cr}} = d_N\big[\ln(\theta_0)\big]^{m_N} \tag{2-56}$$

其中，对于不同形状热点，式(2-56)中参数取值为：平面，$N = 0$，$d_0 = 2.66$，$m_0 = 1.3$；圆柱，$N = 1$，$d_1 = 7.39$，$m_1 = 0.83$；球形，$N = 2$，$d_2 = 12.1$，$m_2 = 0.6$。

Thomas[75]的工作发现，若忽略热点外部区域炸药的反应热，将其当成惰性材料处理，再假定热点中心的产热和热损失平衡，那么对球形热点而言，可以得到一个简单的关系：

$$T_0 = T_1 + QZa^2\exp\left(-E/RT_0\right)/(2k)$$

根据无量纲量的定义，该关系为

$$\delta_{\mathrm{cr}} = 2\theta_0 \tag{2-57}$$

Thomas[75]对 Friedman 关于平面状热点的工作进行了拓展，使其适用于圆柱、球形热点的情况。他发现利用 Friedman 的两个假定，即热点外部区域（$\xi > 1$）是惰性且热点内部的所有区域具有相同的反应速率，可以得到一个线性热爆炸条件，即

$$\delta_{\mathrm{cr}} = \alpha_N\theta_0 \tag{2-58}$$

式中，平面 $N = 0$，$\alpha_0 = 1$；圆柱 $N = 1$，$\alpha_1 = 2.6$；球形 $N = 2$，$\alpha_2 = 4.7$。

Thomas[75]还将Zinn和Boddington的工作进行了结合，将绝热反应产生的温度当成Boddington控制方程的初始条件，给出如下形式的热爆炸条件，即

$$\delta_{\mathrm{cr}} = \frac{25}{1 + \dfrac{10\sqrt{\pi}}{\theta_0(1+N)} + \dfrac{50\pi}{\theta_0^2(1+N)^2}} \tag{2-59}$$

式中，$N=0$、1、2分别代表平面、圆柱和球形热点。我们发现，当$\theta_0 \to 0$时式(2-59)可化为Boddington的解式(2-53)；当$\theta_0 \to \infty$时可化为Zinn的解式(2-52)。Thomas对上述热点临界条件进行了总结，将球形热点的结果绘制在一张图中，如图2-14(a)所示。从图中可看出，不同临界条件的精度是不一样的，其中式(2-59)的结果与Merzhanov的数值模拟结果最接近。

为寻求更高精度热点临界条件的解析表达式，Thomas[76]和中国工程物理研究院流体物理研究所的章冠人[77]采用不同的近似方法，经过一系列复杂的数学处理，得到了同Merzhanov数值模拟结果更为接近的临界条件。其中Thomas[76]热点临界条件为

$$\ln(\theta_0) = \frac{\delta_{\mathrm{cr}}}{4} - \frac{N+1}{2}\ln(\delta_{\mathrm{cr}}) + \ln(N+2)\sqrt{\pi} \tag{2-60}$$

章冠人热点临界条件[77]为

$$\ln(\theta_0) = \frac{\delta_{\mathrm{cr}}}{4} - \frac{N+1}{2}\ln(\delta_{\mathrm{cr}}) + \ln\frac{2^{N+2}}{N+1} \tag{2-61}$$

将式(2-60)和式(2-61)临界条件绘制在一张图中，如图2-14(b)所示。

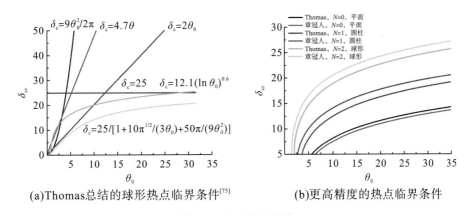

(a)Thomas总结的球形热点临界条件[75]　　　　(b)更高精度的热点临界条件

图2-14　热点临界条件

2. 热点火时间理论

与热临界条件理论不同的是，热点火时间理论假定热临界条件已经满足，以寻求初始、加载条件同点火时间的关系。热点火时间理论也分为两个部分进行介绍，即反应系统热点火时间问题和热点点火时间问题。

1)反应系统热点火时间

反应系统热点火时间问题将分为零维绝热系统和一维系统两种情况进行介绍。

Ⅰ. 零维绝热系统点火时间

零维绝热问题假定炸药内部既不存在温度梯度，也不存在热传导及散热效应。此时控制方程式(2-32)变为 $\mathrm{d}T/\mathrm{d}t=(QZ/c)\exp(-E/RT)$，初始条件为$T(0)=T_0$。该问题解的过程可以参见文献[62]和文献[66]，这里仅列出结果，即

$$\theta=-\ln(1-\tau) \tag{2-62}$$

式中，$\theta=(T-T_0)E/(RT_0^2)$，$\tau=t/t_{\mathrm{ig}}$，$t_{\mathrm{ig}}=cRT_0^2\exp(E/RT_0)/(QZE)$。容易看出，当$\tau\to1$时，温度$\theta\to\infty$，说明发生点火。根据$\tau$的定义，可得到点火时间$t_{\mathrm{ig}}$同初始温度$T_0$的关系。对$t_{\mathrm{ig}}$定义式两边取对数，有 $\ln t_{\mathrm{ig}}=(E/RT_0)-2\ln(E/RT_0)+\ln(cE/QZR)$。通常情况下由于$E/(RT_0)\geqslant1$，所以$\ln[E/(RT_0)]\leqslant E/(RT_0)$，因此可忽略，从而点火时间$t_{\mathrm{ig}}$同初始温度$T_0$的关系为

$$\ln t_{\mathrm{ig}}=\left(\frac{E}{R}\right)\frac{1}{T_0}+\ln(A) \tag{2-63}$$

式中，常数$A=cE/(QZR)$。公式(2-63)表明，对于没有温度梯度的零维系统，炸药初始温度的倒数$1/T_0$和点火时间的对数$\ln(t_{\mathrm{ig}})$之间满足线性关系。

Henson等[78,79]对HMX晶体开展了热爆炸、快速热分解、激光辐照、剪切摩擦和冲击起爆试验，在一个很宽的温度范围内测试了HMX晶体的温度和点火时间，从试验角度也发现了公式(2-63)描述的线性关系，如图2-15所示。采用公式(2-63)对图2-15中的试验数据进行拟合，可得公式(2-63)中的参数取值，Henson建议取$E=149\mathrm{kJ/mol}$和$A=\exp(29.35)$[78]。

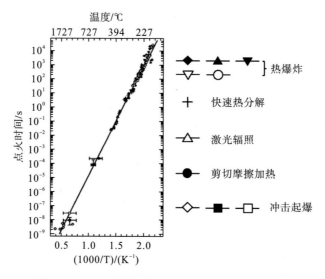

图2-15　HMX晶体的点火时间-温度倒数关系曲线

II. 一维系统点火时间

前面的分析证明了对于零维绝热系统，取对数后点火时间和温度倒数之间满足线性关系。一个很自然的问题是，如果考虑温度梯度，即系统是一维的，那么点火时间和温度之间是否也存在某种简单关系。回答是肯定的，不过对于一维系统而言，样品内部温度是不均匀的，因此这个温度就不再是样品温度，而是样品边界的加载温度。美国马里兰州海军军械实验室的Enig[80]研究了固定边界温度下炸药的点火时间问题，他假定样品为一维无限大，初始温度为T_0，边界条件为恒温T_s，如图2-16所示。

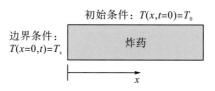

图2-16　一维系统热点火时间研究模型

Enig定义了一系列无量纲量，即$\theta = RT/E$，$\xi = \left(\rho QZR / \lambda E\right)^{1/2} x \exp\left(-\frac{1}{2}\theta_s^{-1}\right)$，$\tau = \left(RQZ / cE\right)t \exp\left(-\theta_s^{-1}\right)$，其中，常数$E$、$R$、$\rho$、$c$、$\lambda$和$Z$的物理意义与公式(2-32)中对应量相同，$t$、$T$和$x$分别为时间、温度和位置。在这种无量纲量定义下控制方程式(2-32)变成$\partial \theta / \partial \tau = \partial^2 \theta / \partial \xi^2 + \exp\left(-\theta^{-1} + \theta_s^{-1}\right)$。然后，Enig做了两个近似：①在点火前的很长一段时间内，炸药内部的温升和不考虑化学反应时的温升接近；②点火始终在靠近$\xi = 0$的边界处发生。基于这两个近似，再利用当$\left(\partial \theta / \partial \xi\right)_{\xi=0} = 0$时点火发生条件[81]，可得到无量纲点火时间的解析表达式为

$$\tau_{\mathrm{ig}} = \pi^{-1} \frac{\left(\theta_s - \theta_0\right)^2}{\theta_s^2} \tag{2-64}$$

把无量纲量变回原物理量再对公式(2-64)两边取对数，可得

$$\ln\left[\left(\pi QZR / cE\right)t_{\mathrm{ig}}\right] = \left(E / RT_s\right) + 2\ln\left(1 - T_0 / T_s\right) \tag{2-65}$$

对大多数情况而言，可认为$T_0/T_s < 0.8$。例如，炸药初始温度为室温$T_0 = 298\mathrm{K}$，为了让炸药在有限时间内发生点火，炸药表面温度T_s不能同T_0过于接近。考虑一个特定情况，即T_s只比炸药初始温度高80℃，此时有$T_0/T_s = 298/378 = 0.79 < 0.8$。在$T_0/T_s < 0.8$的前提下$\left|2\ln\left(1 - T_0 / T_s\right)\right| < 3.2$，而$E/R$在通常情况下可达$2.5 \times 10^4\mathrm{K}$这个量级[64]，因此可认为$E/RT_s$比$2\ln\left(1 - T_0 / T_s\right)$要大得多，从而公式(2-65)的右侧将主要受温度倒数项E/RT_s的影响。也就是说，一维情况下炸药边界加载温度的倒数同点火时间的对数之间也满足近似线性关系。

实际应用中通常遇到的情况并不是给定炸药边界温度，而是给定炸药边界输入功率（如炸药激光辐照试验[82-85]），研究输入功率对点火时间的影响。美国洛斯阿拉莫斯国家实

验室的Ali等[83]研究了这个问题。他首先给出一维半无限大惰性炸药在$x = 0$边界常输入功率q下温度分布的解析解[86,87]

$$T(x,t) = \frac{2q}{\lambda}\left(\frac{\beta t}{\pi}\right)^{\frac{1}{2}}e^{-\left(\frac{x^2}{4\beta t}\right)} - \frac{qx}{\lambda}\text{erfc}\left(\frac{x}{2\sqrt{\beta t}}\right) + T_0 \tag{2-66}$$

式中，λ为炸药的热导率；$\beta = \lambda/\rho c$为热扩散系数；ρ和c分别为密度和比热容；T_0为炸药的初始温度；x、t分别为位置和时间变量；函数$\text{erfc}(x) = \frac{2}{\sqrt{\pi}}\int_x^{\infty}e^{-s^2}\mathrm{d}s$。由于点火一般在靠近表面的位置发生，所以在公式(2-66)中令$x = 0$，可得表面温度T_s为

$$T_s = \frac{2q}{\lambda}\left(\frac{\beta t}{\pi}\right)^{1/2} + T_0 \tag{2-67}$$

Ali从HMX和TATB晶体的激光辐照试验结果发现，晶体表面需达到某临界温度T_{ig}才能发生点火[83]。他在公式(2-67)中令$T_s = T_{ig}$并移项，可得点火时间为

$$t_{ig} = \frac{\pi}{4\beta}\left[\frac{(T_{ig} - T_0)\lambda}{q}\right]^2 \tag{2-68}$$

对公式(2-68)两边取对数，可得

$$\ln(t_{ig}) = -2\ln(q) + \ln\left[\frac{\pi(T_{ig} - T_0)^2\lambda^2}{4\beta}\right] \tag{2-69}$$

从公式(2-69)可看出，在边界输入功率为常数的条件下，取对数后输入功率q同点火时间t_{ig}之间满足线性关系。事实上，大量炸药的激光辐照试验中也的确发现了输入功率同点火时间之间的对数线性关系[82, 88]。

2) 热点点火时间

同反应系统热点火时间问题不同的是，热点点火时间问题没有一个固定的温度或者功率边界条件，而仅存在初始条件，这个初始条件就是热点形成时的初始尺寸和温度，所以研究的问题转变成热点的初始尺寸、温度同点火时间之间的对应关系。

Tarver等[89]对HMX、TATB晶体的热点点火时间问题进行了研究。他首先用ODTX热爆炸试验的试验数据对HMX、TATB的多步化学反应模型参数进行标定，然后对标定后的HMX、TATB晶体参数进行延拓，使其可以应用到热点计算中的高温情况。Tarver首先在700～2000K的温度范围内计算了临界热点的尺寸-温度关系，又对平面、圆柱和球形热点三种几何构型，给出了HMX、TATB的热点尺寸-点火时间(或热爆炸时间)关系曲线，如图2-17所示。

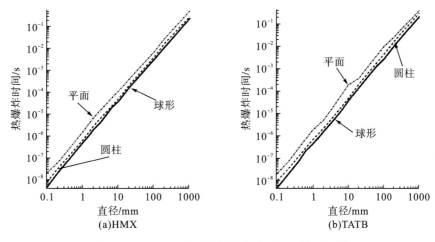

图2-17　不同几何构型的热点点火时间计算结果[89]

从图2-17可看出，无论是哪种几何构型，热点尺寸同点火时间之间均接近线性关系，且在相同的热点尺寸下，平面热点的点火时间最长，球形热点的点火时间最短。

2.2.3　燃烧反应理论

燃烧是一组原子或分子从具有较高化学势能的反应物状态到较低势能的产物状态的化学反应放热过程。反应物由亚稳态分子或燃料和氧化剂的混合物组成，燃烧反应必须是可燃物、氧化剂和点火源三个基本要素同时存在才能发生。燃烧过程可以有很多形式，包括丙烷-空气在室外的爆燃、高能炸药的爆轰、炽热煤炭的闷燃，甚至是细胞的呼吸过程等。

燃烧过程中释放的部分热量扩散到未反应物的表面，将其加热到着火点并发生燃烧。燃烧后所产生的高温气体再以相同方式将热量传给下一层未反应的含能材料，从而使燃烧持续下去，该燃烧过程称为表面燃烧。若燃烧过程中反应物首先遇热分解，再由热分解产物和氧化剂发生反应产生火焰，该燃烧过程则称为分解燃烧[90]。由于燃烧反应总是全部或部分在气相中进行，同时燃烧现象总是伴随火焰的传播和产物气体的流动，因此从连续介质力学的角度来看，燃烧问题也可以等效为多组分带化学反应的流体力学问题[91]。

关于炸药的燃烧特性，前人做了许多有意义的工作。Zenin和Finjakov[92,93]通过试验测量了在多种压力下(0.05～30MPa)RDX炸药的燃烧结构，包括反应区的厚度、温度分布剖面及热释放率等。试验结果表明，在压力大于常压(>0.1MPa)和小于常压($\leqslant 0.1$MPa)两种情况下，RDX炸药的燃烧呈现出不同机制。当压力大于常压时，反应区中的稠密相反应层以很高的热释放率向未反应的炸药传递大量的热，而气相区域的热释放率则相对较小。气相反应区的宽度比热容传导区大两个量级。当压力小于常压时，燃烧反应则主要通过炸药从气相反应区吸收热量来维持。Zenin提出了燃烧速率对压力波动的响应模型[94]，并考虑了炸药晶体熔化的影响。美国桑迪亚国家实验室(Sandia National Laboratories，SNL)的Margolis等[95]建立了孔隙含能材料的燃烧模型，该模型体现了对流燃烧中产物气体的预热作用及燃烧速率对压力敏感度由弱到强的转化过程。Kagan和Sivashinsky[96,97]提出了孔隙材料中传导燃烧与对流燃烧的转化模型，其预测结果与试验数据取得了定性上的一致。美国LANL的Son等[98]开展了PBX-9501炸药火焰传播速度的试验研究，发现火焰沿表面横向传播速度的量级与法向燃烧速率相同，水平表面火焰传播速度S_f随压力P的变化大致符合关系式$S_f = 2.59P^{0.538}$。由于熔化层跟随着燃烧表面向下运动，所以炸药竖直表面的火焰传播速度略大于水平表面。炸药表面粗糙度的增加使热量的传输更容易进行，这可导致火焰的传播速度增加2~3倍。

下面介绍两种最具代表意义的炸药燃烧反应理论，即炸药的传导燃烧和对流燃烧理论。

1. 传导燃烧

反应物和未反应物之间主要通过热传导的形式传递能量，这样的燃烧反应称为热传导燃烧。固体含能材料的稳定热传导反应区结构如图2-18所示[64]。

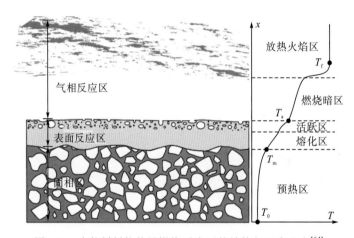

图2-18　含能材料热传导燃烧反应区的结构与温度分布[64]

从图2-18可看出，稳定传导燃烧结构中存在预热(preheat)、熔化(melt)、活跃(fizz)、燃烧暗区(dark zone)等分区，在每个区域中会发生不同的反应过程，下面分别进行介绍。

(1)预热区。固态炸药一般在环境温度下即发生反应，气相化学反应区释放的热量传递到未反应材料当中，热传导将主导整个过程，而辐射和对流只起很小的作用。固体炸药被加热但尚未发生反应或相变的区域称为预热区。这一区域内的炸药温度稳定上升，逐渐接近反应区温度。爆燃的固体炸药反应区的温度正好高于原材料的熔化和升华温度。一般而言，反应区温度都在3000K左右(如HMX和RDX)，而熔点大约为500K。许多材料在其汽化温度(沸点)附近已经发生明显的化学分解，如表2-3所示。

(2)熔化和活跃区。固体炸药在达到热分解反应温度之前通常会经历从固态到气态的相变。在此之前，某些炸药中还存在着中间过渡相，例如，HMX炸药晶体会在453K附近出现固态β相到固态δ相的转变。多数炸药在汽化之前都会形成液态熔化层。由于沸点附近的温度梯度比较大，该液态熔化层相对很小，所以难以通过试验进行观测。熔化的炸药中，也可能在活跃区中出现气泡。活跃区位于熔化区与气相区之间，在该区域内液态炸药蒸发或分解成气态。因为凝聚相的分解反应在熔化层和活跃区内进行，因此这两个区域又称为炸药表面反应区。

表2-3　常见炸药的熔化温度、热分解或汽化温度

炸药	熔化温度/℃	热分解或汽化温度/℃
ANFO	170	210
HMX(β 相)	246	280～290
HMX(α 相或 γ 相)	282	280～290
叠氮铅	—	320
LTNR	—	311
雷汞	—	165
硝化甘油	13	50
RDX	204	204
PETN	141	190
TATB	450	—
TATP	91	160
TNT	81	295

(3)燃烧暗区和放热火焰区。炸药完全分解或汽化，形成气相反应区。这一区域又可以分为2个部分。第1个分区紧邻浓缩(固体或熔化)相，使气态反应物蒸发之后受到扩散性加热，由于其不发光，故称为燃烧暗区。第2个分区是紧随暗区的放热火焰区(exothermic flame zone)，此时反应物达到足够的温度并且分解，然后重新结合生成具有较低化学势能的产物。这一分区内存在热辐射和化学发光，因而很容易观察到。这一分区产生的能量中一部分传递回未反应的混合物中继续促进燃烧的发展，而大部分热量则被高温气体产物通过对流从反应区内带走。

图2-19显示了固体高能炸药RDX-CMDB和RDX复合炸药的燃烧火焰图像，从图中可以清楚地看到上面描述的各个分区。

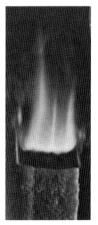

(a)RDX-CMDB　　　(b)RDX复合炸药
图2-19　固体高能炸药燃烧火焰图像

1）传导燃烧模型

Mallard和Le Châtelier利用热、层流火焰理论（thermal，Laminar-flame theory）首次确认了从反应区到预热区的热量输运过程，该输运过程被认为是燃烧能够持续传播的内在原因[64]。基于热量输运过程的炸药传导燃烧结构如图2-20所示。

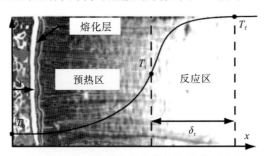

图2-20　基于热输运理论的燃烧结构示意图

从图2-20可看出，炸药燃烧结构由两个随炸药燃烧波阵面稳定传播的独立区域组成，即预热区和反应区。在预热区中，材料以室温T_0进入，被加热升温后以点火温度T_i排出。在本模型中，将温度T_i作为预热区和反应区分界线的温度，即假设在低于温度T_i时没有反应发生、高于温度T_i之后反应马上开始。假设反应区的厚度为δ_r，出口处气体温度为T_f，反应区炸药热传导系数为λ，燃烧表面积为A，则穿过界面的热流量可以按照傅里叶传热定律[13-15]表示为$\lambda\left(T_f - T_i\right)A / \delta_r$。利用热量输运理论，预热区内的能量平衡方程为

$$\dot{m}C_sT_0 + \frac{\lambda\left(T_f - T_i\right)A}{\delta_r} + \dot{m}Q_d = \dot{m}C_pT_i + \dot{m}Q_{pc} \tag{2-70}$$

式中，参数C_s和C_p分别为固体炸药和气体反应物的比热容；热源Q_d为预热区内分解反应所释放的热量；Q_{pc}为反应物从固态到气态相变所吸收的热量。方程左侧表示控制体能量的输入，右侧表示能量的输出。

$\dot{m}$为质量流率，与材料状态无关，满足关系，即

$$\dot{m} = \rho_s rA = \rho_g u_g A \tag{2-71}$$

式中，ρ_s和ρ_g分别为凝聚相反应物和进入反应区的气相反应物的密度，相应的流入和流出控制体的速度分别为r和u_g，r也称为固体炸药燃烧退移速率。

求解上述方程组可得

$$r = \frac{\lambda}{\rho_s}\left(\frac{T_f - T_i}{C_pT_i - C_sT_0 + Q_{pc} - Q_d}\right)\frac{1}{\delta_r} \tag{2-72}$$

公式（2-72）显示炸药燃烧退移速率与温度相关而与压力无关，但实际上压力的影响隐含在反应区宽度δ_r上。

为建立反应区宽度随压力的变化关系，假设气相中发生有限速率的反应，采用Kuo的理论[99]，假设反应区宽度是气体流入速度与化学反应时间的乘积，而化学反应时间又与反应速率呈倒数关系，因此可建立退移速率r同压力P的关系[64]，即

$$r^2 = \frac{\lambda}{\rho_s^2 RT_i}\left(\frac{T_f - T_i}{C_p T_i - C_s T_0 + Q_{pc} - Q_d}\right) A \mathrm{e}^{-E/RT_f} \omega^k P^k \tag{2-73}$$

式中，R 为气体常数；ω 为反应物浓度；E 为激活能；k 为有限化学反应的量级[64]。由式(2-73)可看出，固体炸药的退移速率 r 对初始温度 T_0 的依赖性较弱，而对压力的依赖性较强。对式(2-73)两边开方，可得退移速率对压力的依赖关系为

$$r \propto P^{\frac{k}{2}} \tag{2-74}$$

令 $k = 2n$，则式(2-74)变为 $r \propto P^n$，即Vielle定律[64]。该式表明炸药的退移速率依赖于压力，且压力指数 n 越大，退移速率对压力的变化越敏感。

2)压力对燃烧行为的影响

炸药燃烧过程中主要的化学反应都发生在气相区，气相压力的变化会显著影响反应区内的气相密度和空间尺度，因而传导燃烧行为对环境压力有很强的依赖性。一方面，气相压力的增大使反应区内分子碰撞得更加频繁，增加了其反应速率；另一方面，较快的反应速率可对气体反应区宽度进行有效的压缩(图2-21)，使反应产生的热量能够更快地传递至固体表面反应区，使炸药被更快地加热至气态且加快固体炸药的消耗速率。

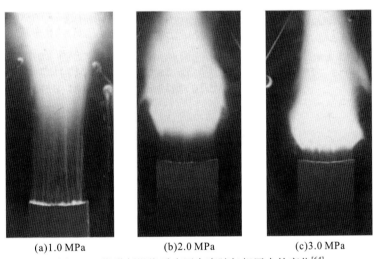

(a)1.0 MPa　　　　　　　(b)2.0 MPa　　　　　　　(c)3.0 MPa

图2-21　推进剂燃烧反应区宽度随气相压力的变化[64]

在相对密闭的装药结构中，由于约束结构的存在，燃烧反应形成的高压气体产物难以迅速逸出或突破约束形成压力释放。对于大部分装药非冲击点火反应的早期，炸药的燃烧反应是在一定压力条件下进行的，而炸药燃烧生成的气体产物又使气相压力继续得到增强。因此，炸药燃烧行为随气相压力的变化规律是装药非冲击点火反应烈度的重要影响因素之一。

在炸药燃烧过程中，压力的变化不仅影响固体炸药的退移速率，在极端条件下还可能使燃烧熄灭。一般来说，固态预热区的时间尺度为100ms，气态预热区的时间尺度为0.1ms，即气相的温度变化要比固相快得多，这种由压力变化导致的固相和气相之间预热时间尺度的不匹配是引发燃烧熄灭的重要原因。

图2-22显示了在两种不同压力下炸药内部的温度分布曲线。由傅里叶传热定律[13-15] $\mathrm{d}Q/\mathrm{d}t = -\lambda \nabla T$ 可知，温度梯度的增加会导致热流量增大和反应区宽度减小。热流量增大则能量向凝聚相传递的速度更快，在固相中将引起更大的温度梯度，使温度曲线变陡。压力的降低使燃烧速率下降，气相区宽度增大，流入固体的热量变慢，原料速度和能量输运速度降低让热量渗入固体的时间更长，温度曲线变缓。

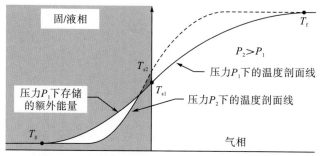

图2-22   不同热流量对固态炸药温度分布的影响[64]

通过对比两条温度曲线可以发现，低压时的固态炸药温度曲线比高压时具有更多的能量（图2-22中淡阴影与深阴影之间的差）。当压力上升时，固态材料被部分预热，燃烧速率暂时加快。当压力下降之后，固态反应物要吸收额外的能量以适应变慢的燃烧速率。因此，当压力缓慢下降时，固态反应物的吸能过程使燃烧速率变慢；而当压力快速下降时，气相反应物的突然减少则可能会使火焰熄灭。

2. 对流燃烧

对流燃烧利用高温气体产物通过多孔渗透传播，渗透过程中一部分对流热量可以预热未反应炸药，加快炸药整体的燃烧速率。很多形成对流燃烧的条件也是造成反应通过连通孔隙传播的原因。通常，一旦燃烧渗入炸药的孔隙中，它就会持续蔓延下去直至达到所有可能的空隙。试验现象表明，要发生对流燃烧，高温气体产物必须渗入炸药中的空穴或孔隙，点火也发生在这些孔隙之内，且渗入孔隙的高温气体必须持续对孔隙壁面进行点火来保证对流燃烧的进行。图2-23显示了典型的对流燃烧过程示意图。

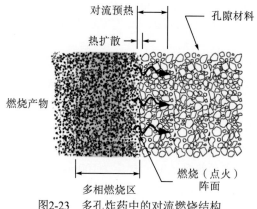

图2-23   多孔炸药中的对流燃烧结构

对流燃烧一般涉及4个主要过程,如图2-24所示[64]。首先,产物气体进入孔隙中并持续引燃孔隙壁面(图2-24(a)和(b))。然后,孔隙壁面燃烧产生的产物气体会增加孔隙内部压力,由于孔隙空间狭小,而增压速率一般较高,所以当孔隙内压力水平超过外部压力时,孔隙气流将会倒流,高温气体开始流出孔隙(图2-24(c))。在压力水平达到一定条件下,甚至会在孔隙入口处产生马赫数为1的壅塞流动。最后,通常情况下由于炸药的机械强度不高,故持续增加的孔隙压力将导致炸药发生进一步破坏,新裂纹和孔隙产生,裂纹发生扩展演化,孔隙形貌发生改变,孔隙尖端或侧面发生分叉(图2-24(d)),产物气体进入分叉后的新孔隙中并引燃新孔隙壁面,燃烧表面积急剧增加,更高烈度的反应发生。

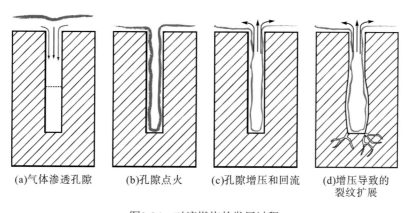

| (a)气体渗透孔隙 | (b)孔隙点火 | (c)孔隙增压和回流 | (d)增压导致的裂纹扩展 |

图2-24 对流燃烧的发展过程

本节分成3个部分介绍对流燃烧理论,即孔隙渗透及点火、燃烧产物流动及壅塞和燃烧产物驱动裂纹扩展。

1)孔隙渗透及点火

正如前面介绍的,对流燃烧能够进行下去需要燃烧阵面前方的未反应炸药裂缝或孔隙内部持续发生点火,而孔隙发生持续点火需要满足2个条件:①燃烧产物气体可以持续进入裂缝或孔隙中;②进入孔隙的高温气体可以对孔隙壁进行持续预热及点火。关于燃烧产物气体进入孔隙及引发孔隙点火,前人做了许多有意义的工作。

Bobolev[100]研究了简化气流进入长为L的单个封闭孔隙的临界条件。研究过程中,他假定产物气体的流入过程是准定常的亚声速流,孔隙内外的气体始终具有相同的压力p。在传导燃烧过程中,产物气体要进入燃烧阵面前方的孔隙,故产物气体的流入速度v_g必须大于炸药的退移速率r,即$v_g > r$。假定孔隙内外的气体温度和密度分别为T_0、ρ_0和T_g、ρ_g,孔隙横截面积为A,则孔隙内的质量流量为$v_g \rho_g A$。任意时刻孔隙内的气体质量为$\rho A L$。令孔隙内气体质量变化率同孔隙内质量流量相等,再结合理想气体状态方程,可得气体流速为

$$v_g = (L/p)(dp/dt)(T_g/T_0)$$

利用$v_g > r$并注意到退移速率同压力的关系$r = bp^n$,可得燃烧产物气体进入孔隙中的增压速率满足条件:

$$\frac{\mathrm{d}p}{\mathrm{d}t} > \frac{b}{L}\frac{T_0}{T_g}p^{n+1} \tag{2-75}$$

从公式(2-75)可看出，低的压力水平和高的增压速率有利于产物气体进入孔隙中。

然而正如前面所说，要产生对流燃烧，仅使产物气体进入孔隙是不够的，换句话说，气体渗透到孔隙中只是对流燃烧发生的必要条件，但不是充分条件。因此，还需要研究高温气体产物进入孔隙后其传递给孔隙壁面的热量是否会在有限时间内引燃孔隙壁面。

Margolin等[101]推导了孔隙壁面在对流预热下发生点火的临界条件。他假定流入孔隙的温度为T_g。在高温气体(流速为v_g)冷却至壁面温度T_w的过程中，传递给孔隙壁面的热量使壁面上长度为L_c的区域的温度从T_0升高到T_w。对于直径为d_p的圆形气孔，利用能量守恒可导出$L_c = (v_g - r)d_p^2/(4\mathrm{Nu}\alpha_g)$，其中，$r$为退移速率，$\alpha_g$为气体热扩散率，Nu为Nusselt数。在传导燃烧到达前有效加热气孔壁面的最大时间为$\tau = L_c/r$。假定炸药的热扩散率为α_s[70]，则经过时间τ后热层的渗透深度为$l = \sqrt{\alpha_s\tau}$[64]。稳态热层深度为$l_s = \alpha_s/r$。孔隙点火要求孔隙被燃烧消耗前形成稳定的热深度剖面，因此有$l \geqslant l_s$，将l和l_s的表达式代入可得孔隙点火判据[101]：

$$\frac{(v_g - r)d_p^2 r}{4\mathrm{Nu}\alpha_g\alpha_s} \geqslant 1 \tag{2-76}$$

从公式(2-76)可看出，该公式中包含大量的炸药气相和固相的物性参数，这给实际应用带来困难。Margolin等[102]在提出判据式(2-76)一年后对判据进行了简化。他首先指出气体流速v_g同退移速度r之间满足关系$v_g = \rho_s r F/\rho_g$，其中，ρ_s和ρ_g分别为炸药和产物的气体密度，F为依赖于一系列材料物性和试验条件的函数。注意到$l_g = \alpha_g/r$和$l_s = \alpha_s/r$，代入公式(2-76)中并移项，可得$d_p/l_s \geqslant 4\mathrm{Nu}r l_g/[(v_g - r)d_p]$。将$v_g = \rho_s r F/\rho_g$代入该不等式并假定$v_g \geqslant r$，可得到著名的Andreev判据，即

$$\frac{d_p}{l_s} = \frac{\rho_s c_s r d_p}{\lambda_s} = A_n \geqslant A_n^* \tag{2-77}$$

式中，$A_n^* = 4\mathrm{Nu}l_g\rho_g/(\rho_s d_p F)$；$A_n$为Andreev数。公式(2-77)表明，当$A_n$超过某一临界值$A_n^*$时将开始出现对流燃烧。

为估算A_n^*的值，可将$A_n = \rho_s c_s r d_p/\lambda_s$拆成两个部分，即$A_n = (\rho_s r d_p)/(\lambda_s/c_s)$，找寻$\rho_s r d_p$的最大值和$\lambda_s/c_s$的最小值，则可得到$A_n$的上限值。Margolin[102]通过对不同压力及孔隙直径下9种高能炸药(TNT、PETN、RDX等)和一种引爆药雷酸汞(mercury fulminate)的燃烧试验数据进行分析，得出传导燃烧转对流燃烧临界条件下$\rho_s r d_p$的平均值在$(0.84\sim0.9)\times10^{-2}\mathrm{g}/(\mathrm{cm\cdot s})$，取上限即$(\rho_s r d_p)_{max} = 0.9\times10^{-2}\mathrm{g}/\mathrm{cm\cdot s}$。此外，对于大多数炸药，$\lambda_s/c_s$的值在$(1.5\sim4)\times10^{-3}\mathrm{g}/(\mathrm{cm\cdot s})$[51]，取下限即$(\lambda_s/c_s)_{min} = 1.5\times10^{-3}\mathrm{g}/(\mathrm{cm\cdot s})$。因此，Andreev数的最大值为$(\rho_s r d_p)_{max}/(\lambda_s/c_s)_{min} = 6$[102]。实际应用中，只要炸药燃烧过程中的$A_n$值大于6，燃

烧模式就会发生传导到对流的转变。

假定气体热扩散率α_g同压力p成反比,并注意到:①$v_g \geqslant r$;②$v_g = \rho_s r F/\rho_g$;③$r = bp^n$,Belyaev[64]将孔隙点火判据式(2-76)简化成了如下形式,即

$$p^{2n+1}d_p^2 \geqslant \kappa \tag{2-78}$$

式(2-78)称为Belyaev判据。从式(2-76)~式(2-78)看出,3个判据都描述了孔隙直径随压力(或退移速率)的增加而减小的规律。

Godai[103]采用更简单的推导方式也得到了一个孔隙点火判据。对于长度为L、宽度为d_p的二维孔隙,Godai认为孔隙内部的产热率q_{gene}正比于燃烧面积$2L$、退移速率r、炸药密度ρ_s和单位质量炸药表面产热量Q_s四者的乘积,即$q_{gene} = 2Lr\rho_s Q_s$。同时他认为进入孔隙壁面的热损失q_{loss}正比于壁面面积$2L$、热导率λ和温度梯度$(T_f-T_p)/(d_p/2)$三者的乘积,即$q_{loss} = 2L\lambda(T_f-T_p)/(d_p/2)$,$T_f$和$T_p$分别为产物气体和孔隙壁面温度。令$q_{gene} \geqslant q_{loss}$可得Godai判据为

$$d_p \geqslant \frac{2\lambda(T_f - T_p)}{r\rho_s Q_s} \tag{2-79}$$

对比公式(2-77)和式(2-79)的Andreev和Godai判据可以看出,这两个判据都可以进一步写成

$$rd_p \geqslant C \tag{2-80}$$

式中,C为同炸药材料相关的常数,不同类型的炸药C值一般不同。式(2-80)描述了退移速率同孔隙尺寸的反比关系。如果炸药的燃烧速率与压力的关系$r = bp^n$中的指数$n \approx 1$,则式(2-80)可化为$pd_p \geqslant C$的形式。Belyaev等[104]在对硝化甘油(nitroglycerine)粉末和高氯酸铵(ammonium perchlorate)混合炸药的孔隙渗透点火试验中,发现了孔隙临界宽度d_p同渗透压力p之间很好地满足关系$pd_p \geqslant C$。

需要注意的是,在判据式(2-76)~式(2-80)的推导过程中,并没有考虑孔隙是盲孔(blind pore)还是通孔(open pore)。事实上,产物气体是否能渗透孔隙并引发点火,不仅同孔隙端口的闭合情况有关,同时也受到孔隙自身三维结构(如孔隙是拼缝型或圆柱孔型,以及孔隙是分叉型或U形等)的影响。

Godai[103]在高氯酸铵混合炸药的工作发现,对于拼缝型裂隙,在两端开口(open crack)的情况下,引发产物气体渗透及点火的裂隙临界尺寸d_p在0.18~0.23mm,而在一端开口一端闭合(blind crack)的情况下,d_p的临界范围增加到0.20~0.26mm,说明闭合裂纹比开口裂纹更难发生渗透点火。对于圆柱孔型孔隙,在两端开口的情况下(open pore),引发产物气体渗透及点火的孔隙临界直径d_p在0.4~0.8mm,而在一端开口一端闭合的情况下,即使孔隙直径增加到10mm也无法发生渗透点火,其机制为闭合端炸药壁阻碍了产物气体的流动及排出(venting),这将导致渗透点火无法进行。

Margolin等[105,106]研究了圆柱形孔隙下孔隙拓扑结构对渗透点火的影响,孔隙拓扑结构如图2-25所示。样品材料为硝化甘油,孔隙尺寸为1mm,孔隙拓扑结构分为单盲孔、分叉孔、U形孔和一端封闭U形孔。所有试验均从样品上表面开始点火,点火腔室压力控制

在0.5MPa左右。结果发现，对于单盲孔情况，不发生渗透点火；对于分叉孔，渗透点火仅发生在AB段；对于U形孔，发生不对称渗透点火；对于一端封闭U形孔，仅当燃烧阵面到达EF平面处渗透点火才开始发生。这些试验结果表明，对于圆柱形孔隙的渗透点火问题，无论孔隙拓扑结构如何，仅当孔隙存在一个同外界连通的出口时对流燃烧才可能发生。

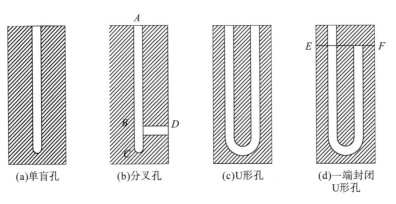

(a)单盲孔   (b)分叉孔   (c)U形孔   (d)一端封闭U形孔

图2-25   不同拓扑结构的圆柱形孔隙[105,106]

除炸药自身内部的孔隙、裂纹外，实际使用中还存在另一种情况，即黏结剂脱黏导致的黏结剂和炸药界面产生的孔隙。为研究含孔隙（由黏结剂脱黏造成）炸药的渗透点火行为，Prentice[107]制备了环形结构的孔隙炸药，获取了产物气体对环形盲孔的渗透及点火规律，如图2-26所示。图2-26（a）为环形盲孔结构炸药，图2-26（b）和（c）为采用VRS（vibrational response spectroscopy）技术得到的炸药燃烧过程中的声发射信号。从图中可看出，在燃烧压力为2.76MPa和4.14MPa下，VRS信号均在一段时间后显著增强（BC段），说明发生了渗透点火。

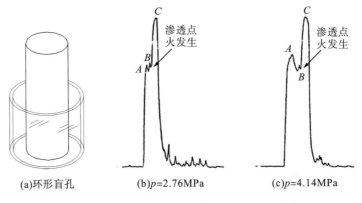

(a)环形盲孔   (b)p=2.76MPa   (c)p=4.14MPa

图2-26   环形盲孔炸药在不同压力下的渗透点火

对Godai[103]、Margolin[105,106]和Prentice[107]的工作进行总结可以看出，对于封闭型裂隙结构，拼缝和环形盲孔结构可以发生渗透点火，而圆柱形盲孔只发生传导燃烧；对于存在同外界连通的出口的孔隙结构，虽然在满足Andreev判据的条件下各种孔隙结构均可以发生渗透点火，但拼缝型裂隙的临界尺寸比圆柱形孔隙的临界尺寸要小。这进一步说明，不仅压力和孔隙尺寸影响渗透点火的发生，孔隙自身的三维结构也是影响渗透点火行为的重要因素。

前面介绍了单个孔隙的渗透点火理论及试验结果，在多孔炸药的渗透点火方面前人也做了一些工作。Bobolev[108]在三亚甲基三硝基胺(trimethylene trinitramine)多孔炸药的研究中观察到了对流燃烧传播速度的间断跳跃，发现若保持炸药的相对密度不变，发光中断的时间随粒子尺寸的增加而增加。Bobolev[109]研究了高氯酸铵基和RDX基多孔炸药的渗透点火行为，给出了多孔炸药发生渗透点火的临界条件。Bobolev的研究工作中用到了式(2-77)即Andreev判据，他假定Andreev判据中样品的热容同热导率的比值c_s/λ_s只在很窄的范围内改变，可视为常数，此时Andreev判据变为

$$\rho_s r d_p = \varphi \geqslant \varphi^* \tag{2-81}$$

需要注意的是，由于此时的研究对象是多孔炸药而非单一孔隙，因此需要对判据式(2-81)中的孔隙尺寸d_p进行重新定义。对于由非球形颗粒组成的多孔炸药，孔隙尺寸d_p定义为[102,109]

$$d_p = \frac{2}{3}\frac{1-\delta}{\delta}D\sqrt{0.205\frac{S_0}{V_0^{2/3}}} \tag{2-82}$$

式中，$\delta = \rho/\rho_{max}$为多孔炸药的相对密度[109]；D为同炸药颗粒体积相等的球形颗粒的直径；S_0和V_0分别为炸药颗粒的体积和表面积。此外，也可以采用试验的方式获取多孔炸药的孔隙尺寸d_p。假定试验获取的气体渗透率为k，则孔隙尺寸d_p可表达为[109]

$$d_p = \sqrt{\frac{2k}{1-\delta}} \tag{2-83}$$

因此，给定多孔炸药材料后，可以通过式(2-82)或式(2-83)事先获取孔隙尺寸d_p，然后在不同加载压力p下开展试验。试验中，缓慢增加压力p的值，直到可以发生渗透点火，依据燃烧速率急剧增加时的测量数据确定公式(2-81)中φ^*值。表2-4列出了不同颗粒大小纯高氯酸铵(AP)和纯RDX多孔炸药的试验测试结果。

表2-4 纯高氯酸铵和RDX多孔炸药的渗透点火试验结果

AP				RDX			
p/atm	d_p/μm	$(\rho_s r)^*$/ [g/(cm²·s)]	φ^*/ [mg/(cm·s)]	p/atm	d_p/μm	$(\rho_s r)^*$/ [g/(cm²·s)]	φ^*/ [mg/(cm·s)]
50	31	1.17	3.63	66	31	2.13	6.5
40	34	0.97	3.27	46	41	1.57	6.4
20	67	0.535	3.58	26	64	1.015	6.5
12	119	0.315	3.74	12	105	0.63	6.65
6	212	0.175	3.71	5	151	0.437	6.6

从表2-4可看出，对于AP和RDX多孔炸药，φ^*值几乎是一个常数，其均值分别为$(\varphi^*)_{AP} = 3.59$mg/(cm·s)和$(\varphi^*)_{RDX} = 6.53$mg/(cm·s)，说明判据式(2-81)可以描述单一成分

多孔炸药的渗透点火行为。

对于多组分炸药，Bobolev[109]研究了不同配比AP-C$_{12}$H$_{22}$O$_{11}$、AP-C$_6$H$_{12}$N$_4$、PP-C$_{12}$H$_{22}$O$_{11}$和PP-C$_6$H$_{12}$N$_4$多孔炸药的渗透点火行为。结果发现，对于AP-C$_{12}$H$_{22}$O$_{11}$混合炸药，φ^*值随C$_{12}$H$_{22}$O$_{11}$含量的增加而增加（从3.58mg/(cm·s)增加到4.43mg/(cm·s)；对于PP-C$_{12}$H$_{22}$O$_{11}$混合炸药，φ^*值随C$_{12}$H$_{22}$O$_{11}$含量的增加改变不大，始终稳定在9.0mg/(cm·s)附近；对PP-C$_6$H$_{12}$N$_4$混合炸药，φ^*值随C$_6$H$_{12}$N$_4$含量的改变也不敏感，稳定在10.0mg/(cm·s)附近。

上述工作主要介绍了孔隙的结构特性(如孔隙的尺寸、三维结构等)对渗透点火行为的影响。事实上，炸药组分的物理化学特性(如熔化温度等)也会对渗透点火产生重要影响。Taylor[110]的工作指出，由于燃烧波阵面前方存在一熔化层(图2-20)，如果熔化层的厚度与孔隙尺寸d_p的比值较大，则熔化层的存在将使产物气体同炸药孔隙发生分离，阻碍渗透点火的发生。对于PETN和HMX两种炸药，由于PETN的熔点(140℃)小于HMX的熔点(278℃)，在相同的炸药密度和燃烧条件下，PETN的熔化层比HMX的熔化层厚，因此理论上PETN需要更高的压力才能发生渗透点火，在试验上也确实发现了这种现象。对于颗粒尺寸为500～853μm的PETN多孔炸药，其发生渗透点火的临界压力为27.2atm(1atm = 101325Pa)，而相同颗粒尺寸的HMX多孔炸药的渗透点火临界压力却不到12.6atm[110]。Taylor还指出，对于硝化纤维(nitrocellulose)这种炸药，由于其在发生明显的热分解之前就已经熔化，因此其渗透现象并非因为产物气体流速超过传导燃烧速度，而是因为随着燃烧压力的增加熔化层变薄，当熔化层厚度同孔隙尺度的比值减小到一定程度，产物气体冲破熔化层才导致渗透发生[110]。

2) 燃烧产物流动及壅塞

前面介绍了单孔及多孔炸药的渗透及点火行为。发生渗透点火后，孔隙内部将发生复杂的气体流动。渗入孔隙的高温气体会持续引燃孔隙壁面，壁面的燃烧气体压缩孔隙内部原有气体到孔隙封闭端，导致孔隙封闭端增压，同时对孔隙入口处气体的流入形成阻碍作用。此外，孔隙壁面的燃烧气体会导致孔隙急剧增压，由于孔隙空间狭窄，当孔隙内部气体压力大于腔室气体压力时，还会发生气体的反向流动。如果孔隙内部增压继续进行，这种反向流动将在孔隙入口处达到最大流量，即发生马赫数为1的壅塞流动。

Krasnov等[111]研究了产物气体流入缝隙的流动速率问题，发现气体的流入速度大于孔隙壁点火阵面的传播速度，气体流入速度与孔隙壁点火速度之比随孔径的增大而减小，且在孔径大于2mm后达到一个恒定值。Kumar等[112]研究了含单条裂缝AP基固体炸药的对流燃烧行为，发现缝隙壁点火阵面在缝隙入口处发生加速，然后达到一个峰值，在靠近裂缝尖端处发生减速。随着燃烧腔室增压速率的提高，火焰传播速度提高，火焰对缝隙壁面的对流传热速率加快，缝隙壁点火阵面到达裂缝尖端的时间缩短。缝隙内部的压力峰值随缝宽与缝长比值的降低而增加。

Jackson等[113,114]建立了一个简化模型来描述拼缝炸药中的燃烧增压行为，如图2-27所示。图中L为裂缝长度，w为缝的宽度。该模型不考虑裂缝中的气体流动过程，认为裂纹内部任何位置的气体压力和密度都相等。设裂缝内气体压力为p，密度为ρ，流速为u；壁面处燃烧气体压力为p_{in}，密度为ρ_{in}，流速为u_{in}；裂缝出口处气体压力为p_{out}，密度为ρ_{out}，流速为u_{out}。

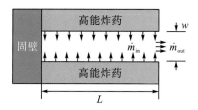

图2-27　裂缝燃烧增压模型

对裂缝内气体应用质量守恒，有

$$\frac{\mathrm{d}\rho}{\mathrm{d}t} + \frac{\rho}{w}\frac{\mathrm{d}w}{\mathrm{d}t} = \frac{2\rho_{in}u_{in}}{w} - \frac{\rho_{out}u_{out}}{L} \tag{2-84}$$

对燃烧壁面应用质量守恒和燃速压力关系，有

$$\rho_{in}u_{in} = \rho_e u_e$$

$$\frac{\mathrm{d}w}{\mathrm{d}t} = 2u_e \tag{2-85}$$

式中，ρ_e为未反应炸药密度；$u_e = c+bp$为燃烧阵面速度；c、b为与炸药材料性质相关的常数。利用气体动力学理论[115]中的滞止状态(裂缝内部气体处于流速$u = 0$的滞止状态)和一般状态的关系，可得出图2-27中出口处流量φ_{out}的表达式：

$$\varphi_{out} = \rho_{out}u_{out} = \rho a M_{out}\left(1 + \frac{\gamma - 1}{2}M_{out}^2\right)^{\frac{1+\gamma}{2(1-\gamma)}} \tag{2-86}$$

式中，$M_{out} = u_{out}/a$为裂缝出口处马赫数[115]；$a = \sqrt{\gamma RT}$为当地声速；γ为气体等熵状态方程参数；T为气体温度。图2-28显示了典型的出口处流量随马赫数的变化关系。

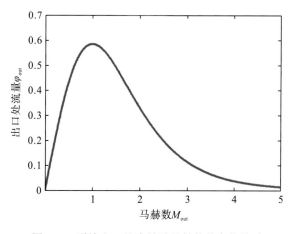

图2-28　裂缝出口处流量随马赫数的变化关系

从图2-28可看出，当达到最大流量时，出口处马赫数$M_{out} = 1$，即出口处发生壅塞流动，此时继续增加裂缝内压力p则不会增加出口流量。把$M_{out} = 1$代入流量表达式(2-86)，可得最大流量$(\varphi_{out})_{max}$，将$(\varphi_{out})_{max}$代入控制方程式(2-84)中，在不考虑裂缝宽度变化的条件下(即$dw/dt = 0$)，可得发生壅塞流动时裂缝内部压力随时间的变化规律为

$$\frac{dp}{dt} = \frac{2\rho_e RT(c+bp)}{w} - \frac{p}{L}\left(\frac{\gamma+1}{2}\right)^{\frac{1}{1-\gamma}}\left(\frac{2\gamma RT}{\gamma+1}\right)^{\frac{1}{2}} \tag{2-87}$$

在初始压力为$p(t=0) = 50$bar(1bar$ = 0.1$MPa)的条件下，Jackson[114]根据公式(2-87)计算了发生壅塞流动时裂缝内部的压力变化情况。计算中裂缝长度为$L = 190$mm，取3种宽度$w = 1.52$mm、1.09mm和0.78mm，传导燃烧系数为$b = 9.5\times10^{-10}$，$c = 3.4\times10^{-3}$，图2-29(a)显示了计算结果。从图中可看出，当$w = 1.52$mm($L/w = 125$)时，随着燃烧的进行缝隙内部压力没有升高反而降低；当$w = 1.09$mm($L/w = 174$)时，缝隙内部压力随时间增加，一段时间后趋于一个稳定值；当缝隙宽度降低到$w = 0.78$mm($L/w = 243$)时，缝隙内部压力无法达到稳定状态，会随时间的增加而趋于无穷。

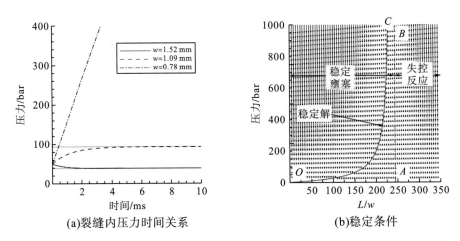

图2-29 裂缝增压模型的计算结果

由此可见，壅塞流动的发生也不一定总是使缝隙增压，当裂缝长宽比L/w很小时，壅塞流动反而起到快速泄压的作用。但是，当裂缝长宽比L/w增大到一定值时，缝隙内部不仅产生增压，且这种增压还可能无法稳定下来。为找寻缝隙稳定增压的临界条件，在式(2-87)中令$dp/dt = 0$，可得缝隙压力能达到稳态的临界长宽比L/w为

$$\left(\frac{L}{w}\right)_{cri} = \frac{ap}{2\rho_e(c+bp)} \tag{2-88}$$

式中，$a = \left(\frac{\gamma+1}{2}\right)^{\frac{1}{1-\gamma}}\left[\frac{2\gamma}{(\gamma+1)RT}\right]^{\frac{1}{2}}$。Jackson[114]给出了公式(2-88)描述的缝隙压力稳定变化的临界条件，如图2-29(b)中实线OC所示。在式(2-88)中令$p\to\infty$，可得$(L/w)_{steady} = a/(2\rho_e b)$，

如图2-29(b)中虚线 AB 所示。

　　图2-29(b)中裂缝压力的稳定条件可分成3个区域。①稳定降压区(实线 OC 上方)。该区域内裂缝压力只降低不升高,且一段时间后降低到一个稳定值;②稳定增压区(虚线 AB 左侧和实线 OC 下方)。该区域内裂缝压力随时间变化会增加到一个稳定值;③不稳定增压区(虚线 AB 右侧)。该区域内裂缝压力随时间的增加会趋于无穷。需要注意的是,上述结论是在不考虑裂缝宽度变化的条件下(dw/dt = 0)得出的,如果考虑裂缝宽度的变化,情况会变得更加复杂,具体可参阅文献[114]。

　　Jackson的工作虽然给出了裂缝内部发生壅塞流动的条件及增压规律,但其物理模型过于简单,认为裂缝内部压力和密度处处相等,并没有考虑裂缝内部产物气体的流动,和真实情况不符。中国工程物理研究院流体物理研究所的尚海林等[116]建立了考虑裂缝内部产物气体流动过程的理论模型,对拼缝HMX基PBX炸药的对流燃烧行为进行了计算,考虑产物气体流动的裂缝燃烧模型如图2-30所示。图中,L 和 w 分别为裂缝的长度和宽度。该模型假定缝隙壁燃烧阵面同高温气体的传播速度相同(实际上后者速度更快),用 v_x 表示缝隙壁燃烧阵面的传播速度,$\dot{m}_{in}$ 表示单位时间内由于壁面燃烧流入裂缝控制体(虚线标示内)的气体质量。当缝隙壁燃烧阵面到达裂缝固壁端后,整个壁面都发生燃烧,由于裂缝内部的空间狭小,此时在裂缝内部会形成急剧增压,导致缝隙内部压力超过腔室压力,从而发生气体产物从缝隙内部流向腔室的返流。本理论模型中,把缝隙壁燃烧阵面达到固壁端之间的阶段称为阶段 II (stage II),之后的阶段称为阶段 III(stageIII)。

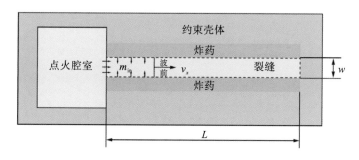

图2-30　拼缝HMX基PBX炸药对流燃烧的理论模型

　　将裂缝沿长度方向分成若干个长度为 ΔL 的微元体,假设微元体内部气体处于平衡状态,气体流动只发生在微元体之间的界面上,如图2-31所示。

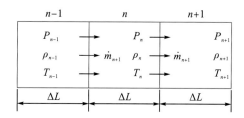

图2-31　裂缝中气体一维流动示意图

由于壁面燃烧产生的气体首先由壁面附近进入微元体，且速度较低，因此假设在每个时间步长dt内，壁面燃烧产生的气体对微元体状态的影响可忽略。假定产物气体满足理想气体状态方程，并注意到理想气体内能为$c_V T$[117]，其中c_V为定容比热，T为温度，则第n个微元体的质量变化Δm_n和能量变化ΔU_n分别为

$$\Delta m_n = \phi_n S dt - \phi_{n+1} S dt + 2\rho_e \Delta L u_e dt$$

$$\Delta U_n = c_V T_{n-1} \phi_n S dt - c_V T_n \phi_{n+1} S dt + 2\rho_e \Delta L u_e Q_c dt \qquad (2\text{-}89)$$

式中，ϕ_n为界面处的质量流量；S为裂缝横截面积；ρ_e为PBX固体炸药的密度；$u_e = c + bp$为壁面传导燃烧速率；Q_c为单位质量炸药燃烧的产热。计算中，裂缝长度$L = 200\text{mm}$，宽度$w = 200\mu\text{m}$，取燃烧阵面到达52mm位置的时刻为计算起始时刻，燃烧阵面的传播速度采用实测速度，产物气体的绝热系数为$\gamma = 1.3$，气体常数为$R = 243\text{J/(kg·K)}$，定容比热$c_V = 716\text{J/(kg·K)}$，固体炸药的密度为$\rho_e = 1830\text{kg/m}^3$，燃烧热为$Q_c = 2\times10^6\text{J/kg}$，点火药燃烧进入裂缝的气体初始温度$T = 2700\text{K}$，点火腔的体积为8.482cm^3。计算结果与试验结果的对比如图2-32所示。

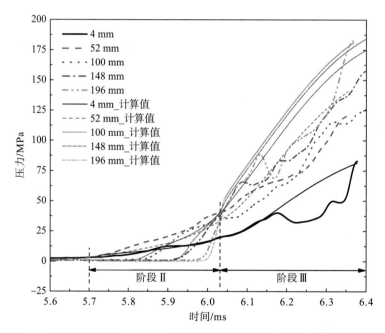

图2-32　理论计算宽度$w = 200\mu\text{m}$裂缝的不同位置燃烧压力与试验结果对比

从图2-32可看出，在裂缝燃烧的阶段Ⅱ和阶段Ⅲ，计算得到的压力增长趋势与试验结果大体符合，建立的考虑产物流动的一维理论模型能定性预测炸药裂缝燃烧的增压过程，这为炸药裂缝燃烧的增压行为提供了一种理论解释。

尚海林[116]的模型虽然考虑了产物气体的一维流动，但未考虑气体的黏性、摩擦阻力等因素。此外，模型中假定裂缝壁面在高温气体到来后直接发生点火，没有时间上的延迟，这也与实际情况不符。Kuo等[118]建立了同时考虑裂缝方向一维气体流动和垂直于裂纹方向固相点火的数值计算模型。计算过程中考虑气相和固相的耦合，认为高温气相通过对流

传热对固相壁面进行加热，传热功率为$h(T_g-T_s)$，h为对流换热系数，T_g为气相温度，T_s为固相温度。固相壁面的点火采用双温度点火模型(two-temperature criterion)进行描述。该点火模型认为当固相温度T_s达到T_{cri}时，炸药开始气化；当温度升高到T_{ign}时，点火开始发生。计算结果发现，裂缝对流燃烧过程中高温气体阵面领先壁面点火阵面一段距离，说明该模型可以描述裂缝壁面的点火延迟现象。裂缝内部的压力梯度及增压速率随缝宽的减小而增加。在火焰的早期传播过程中，裂缝增压速率主要受燃烧腔室压力的影响；在后期反应过程中，裂缝的增压速率受壁面炸药燃烧的影响较大。

Smirnov[119]建立了更为复杂的物理模型，用以描述固体推进剂的裂缝燃烧行为。该模型不仅考虑了气相与固相界面之间的摩擦效应、黏性效应及对流传热，同时还考虑了试验中存在的湍流效应、壁面燃烧产物气体的喷射效应等对气相与固相界面之间摩擦作用的影响。计算结果发现，对流燃烧波头的速度D呈现出先增加，然后趋于稳定(稳定传播速度为D_{st})，最后(在接近裂缝闭合端)下降的规律。在相同的腔室增压速率dp/dt下，由于壁面摩擦和热损失作用，在裂缝入口附近，对流燃烧波头的速度D随裂缝尺寸d_0的减小而降低。当对流燃烧波头传播到裂缝中间部分时，由于壁面炸药的燃烧，当能量流入效应超过摩擦和热损失效应时，对流燃烧波头的传播速度同裂缝尺寸的关系呈现出相反的趋势，即D随d_0的减小反而增加。当裂缝尺寸d_0在某一特定范围时，D随d_0单调变化。

上述工作介绍了裂缝对流燃烧中的气体流动及燃烧传播等过程，需要注意的是，尽管一般情况下裂缝壁面的点火是由高温燃烧气体的对流传热引发，但是在增压速率很高($\sim 10^5$atm/s)的情况下，裂缝闭合尖端气体的温升(由体积压缩和湍流能量输运导致)也可以引发壁面点火，从而在试验中发现两个相向传播的燃烧波[120](一个来自裂缝入口，一个来自裂缝尖端)。Kumar等[121]设计试验研究了裂缝尖端的点火行为。试验中在裂缝尖端放置一小块炸药，裂缝的其余部分由惰性材料构成。试验结果表明，裂缝尖端的压力变化呈现出典型的3个阶段特征，即压力开始增加，然后维持不变，最后压力降低。在大部分试验中，裂尖炸药的点火总是在压力增加阶段发生。

Kumar等[121]建立理论模型研究了裂缝尖端的点火机制。该理论模型同试验构型类似，即裂缝尖端为炸药，其余部分为惰性壁面。固相炸药的温度变化满足热传导方程，气相的状态采用质量和能量守恒方程描述，气固界面满足温度和功率连续条件，计算过程中考虑了裂缝尖端的湍流扩散效应和压缩波反射效应对热传导系数的影响。计算结果表明，裂缝尖端的点火时间随增压速率的升高而降低。当增压速率较低时，裂缝尖端的点火时间较长(>1ms)，因此，在裂尖炸药发生点火前对流燃烧波头就到达了裂尖处，宏观上呈现出常见的单燃烧波传播现象。当增压速率很高时，裂尖炸药在对流燃烧波头还未到达时就发生了点火，宏观上呈现出反常的双燃烧波传播现象。计算还发现，由于炸药固相的热导率较低，故气固界面的温度梯度在炸药固相一侧比气相一侧更高。裂尖炸药的点火机制为强压缩应力波驱动下气中增强的湍流能量输运。

3)燃烧产物驱动裂纹扩展

前面介绍了固定结构裂缝中对流燃烧的形成、传播和发展过程，没有涉及裂缝本身结构和形貌的改变。事实上，由于对流燃烧发展中裂缝压力水平较高(可达百兆帕量级)而炸药的机械强度不高，所以在裂缝燃烧过程中炸药很容易发生断裂破坏，这种破坏一方面导致新的宏观裂纹生成并扩展，另一方面也可能导致原有裂纹产生分叉和延伸。因此，研究裂缝分叉、扩展(即裂缝形貌变化)对对流燃烧和烈度演化行为的影响规律是一项很有意义的工作。

美国圣地亚国家实验室的Griffiths等采用自相似模型研究了楔形裂纹在燃烧压力驱动下的单向扩展行为[122,123]，如图2-33所示。其中p_0、ρ_0为燃烧腔室的气体压力和密度，u为气体速度，w为裂纹宽度，l为裂纹长度，σ为远场应力(far-field confined stress)。该模型假定，裂纹宽度的变化是由应力导致的弹性变形及壁面燃烧共同造成的，且忽略裂纹的断裂韧度，认为当裂纹尖端产生拉应力时裂纹即失稳扩展。裂纹内部气体的流动采用质量、动量、能量守恒方程描述，靠近裂尖处认为气体速度同裂纹扩展速度相同。

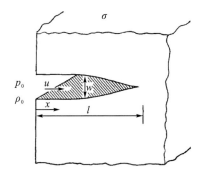

图2-33　楔形裂纹在燃烧压力驱动下扩展行为研究示意图

Griffiths定义了以下几个无量纲量作为影响裂纹扩展行为的关键物理量：

$$N = \frac{p_0}{\sigma}, \quad \alpha = \frac{\dot{l}}{u_0}, \quad B = \frac{2\rho_s r}{\rho_0 u_0 A} \tag{2-90}$$

式中，$A = 4(1-v)p_0/(\pi G)$；v为炸药泊松比，G为剪切模量；$u_0^2 = 2Ap_0/(f\rho_0)$，f为摩擦因子[122]；$\dot{l}$为裂纹扩展速度；ρ_s为炸药密度；r为炸药的传导燃烧速率。从公式(2-90)的定义看出，无量纲量N是裂纹附近燃烧压力同远场应力的比值，反映了裂缝附近燃烧压力的相对强度；无量纲量α反映了裂纹扩展速度同声速的相对大小；无量纲量B反映了炸药的传导燃烧行为。

图2-34(a)显示了不考虑壁面燃烧($B = 0$)计算得到的不同裂纹扩展速度($\alpha = 0.2 \sim 16$)下裂纹内部压力$p^* = p/p_0$沿长度方向$\theta = x/l(t)$的分布情况，注意对应$\alpha = 0.2 \sim 16$的燃烧腔室压力$N = 1.3$、1.8、2.9、5.0、9.0和30.0。从图中可看出，由于不考虑壁面燃烧，越靠近裂纹尖端处的压力水平越低。当燃烧腔室压力N很大时(如$N = 30$，$\alpha = 16$)，产物气体只需要进入裂纹内部很浅的深度便足以造成裂纹扩展，此时造成裂纹扩展的应力并非裂纹附近的气体压力(因为$p(\theta \to 1)$幅值很小)，而是裂纹入口附近的高压气体($p(\theta \to 0) \gg 1$)输入固相壁面的高幅值应力波传递到裂尖后所导致的。相反，当燃烧腔室压力N较小时(如$N = 1.3$，$\alpha = 0.2$)，产物气体需要进入裂纹内部很深的位置才能造成裂纹扩展。

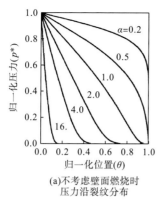
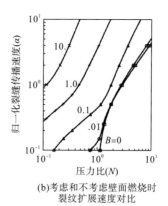

(a)不考虑壁面燃烧时　　　　　(b)考虑和不考虑壁面燃烧时
　　压力沿裂纹分布　　　　　　　　裂纹扩展速度对比

图2-34　楔形裂纹在燃烧压力驱动下扩展行为计算结果

图2-34(b)显示了考虑($B>0$)和不考虑($B=0$)壁面燃烧时裂纹扩展速度α随燃烧腔室压力N的变化关系。从图中可看出，当不考虑壁面燃烧($B=0$)时，腔室压力p_0必须要大于远场应力$\sigma(N>1)$裂纹才能扩展。当燃烧腔室压力很大时(如$N\rightarrow10$)，裂纹传播速度随N近似呈线性增加的趋势。当考虑壁面燃烧($B>0$)时，即使腔室压力小于远场应力($N<1$)裂纹也能扩展。中等大小的B值(如$B=1$)可导致裂纹内部每个位置($\theta=0\sim1$)的压力均大于腔室压力[122]。

Griffiths的工作将裂纹扩展速度$\alpha=i/u_0$视为恒定的可控输入参数，没有给出其物理定义。事实上，裂纹扩展速度同应力强度因子是密切相关的。根据断裂力学理论[124]，裂纹扩展速度i可表示为[125]

$$i=A_0K_{\rm I}^q \tag{2-91}$$

式中，A_0和q为材料常数；$K_{\rm I}$为I型(张开型)应力强度因子。Swanson的工作[125]表明，公式(2-91)可以对PBAN推进剂的裂纹扩展行为进行较好的描述。

Schapery[126]将J积分理论[124]应用到了黏弹性材料裂纹扩展行为的研究中，发现J积分是影响裂纹扩展速度的重要特征参数。美国宾夕法尼亚州立大学的Lu[127]从试验和数值模拟两个角度研究了固体推进剂燃烧驱动下的裂纹扩展行为。试验结果表明，燃烧驱动下的裂纹扩展行为随增压速率的变化呈现出显著的差异。对推进剂P而言，当增压速率小于0.8GPa/s时，裂纹发生稳定燃烧和增压，不发生扩展；对于中等增压速率($\mathrm{d}p/\mathrm{d}t=2\sim15\mathrm{GPa/s}$)，裂纹发生单向扩展，不产生分叉；对于高增压速率($\mathrm{d}p/\mathrm{d}t>16\mathrm{GPa/s}$)，裂纹在扩展过程中将产生分叉(crack bifurcation)，推进剂的整体损伤程度比不产生分叉时要高。试验还发现，对不产生分叉的情况，裂纹扩展速度i同增压速率$\mathrm{d}p/\mathrm{d}t$满足如下关系，即

$$i=53.83\left(\frac{\mathrm{d}p}{\mathrm{d}t}\right)^{0.089} \tag{2-92}$$

对推进剂G而言，由于两种推进剂(P和G)力学性能的不同(推进剂G的延伸率更高)，所以推进剂G的裂纹扩展行为更加复杂。试验中发现了4种不同的裂纹扩展模式：①单线裂纹；②Z字形单裂纹；③主裂纹伴随局部分叉；④多次分叉裂纹。这4种裂纹中分叉裂纹同初始裂纹表面之间的夹角近似为45°。

Lu[127]建立模型对在燃烧压力驱动下的增压及裂纹扩展行为进行了数值模拟，该数值

程序框架如下。

(1)气相采用质量、动量和能量守恒方程描述，裂纹尖端的气体流速设置为同裂纹扩展速度相等，气相和壁面界面之间的切应力τ_w同流速u之间满足关系$\tau_w = 0.5c_f\rho u^2$，$c_f = 0.25f$，其中ρ为气体密度，f为Darcy摩擦因子。对于层流，$f = 64/\text{Re}$，其中Re为雷诺数（Reynolds number）[115]。如果出现湍流，则f采用Haaland方程描述。

(2)壁面固相的温度变化满足热传导方程，固相点火采用双温度点火模型（two-temperature criterion）进行描述，一旦发生自持点火，那么表面温度保持在临界值不变。壁面固相的燃烧采用考虑温度、压力耦合的燃烧模型描述，认为燃烧速率满足关系$r = ap^n\exp[\sigma_p(T-T_{ref})]$，其中$r$为燃速，$a$、$n$为压力项系数，$\sigma_p$为温度敏感因子，$T_{ref}$为参考温度。模型同时考虑了壁面燃烧的喷射（injection）效应和交叉流动（cross flow）效应，对燃速方程进行了修正。

(3)固相的本构行为采用黏弹性模型描述。

(4)对于非线性材料，一般采用J积分[124]而非应力强度因子来描述裂纹尖端附近的力学状态。模型认为裂纹扩展速度l同增压速率dp/dt和J积分之间满足关系，即

$$l = \left(a + b\frac{dp}{dt}\right)J^q \tag{2-93}$$

式中，a、b、q为模型参数。

上述(1)中介绍的关于气相的数值程序称为CDCA（crack/debond combustion anomaly）。(2)~(4)中固相的温升、变形及破坏采用Ansys有限元程序计算。Lu将CDCA和Ansys程序耦合起来，该耦合算法LINK包括了一系列气相、固相之间的物理量状态数据和边界条件的转换。Lu采用CDCA-Ansys-LINK程序对发动机排气口（motor port）燃烧驱动的裂纹扩展行为进行了计算，取得了不错的效果[127]。

前面介绍了在燃烧产物驱动下单条裂纹的扩展行为。事实上，炸药由于结构和组成的非均匀性，在燃烧压力驱动下其内部容易产生多条裂纹甚至生成裂纹网络，该裂纹网络的发展和演化对对流燃烧的发展有着重要影响。美国LANL（Los Alamos National Laboratory）国家实验室的Smilowitz等[128]采用质子照相技术，研究了PBX-9501炸药在烤燃加载下的对流燃烧行为。图2-35显示了圆柱形PBX-9501炸药边界加热到205℃（加热时间大于1h）的条件下径向截面的点火及裂纹扩展情况，3张图片的时间间隔为20μs。图中黑色圆圈代表了裂纹前沿的运动轨迹，利用黑色圆圈的尺寸变化除以时间间隔，可得到裂纹扩展速度约为350m/s。

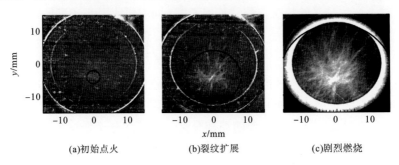

     (a)初始点火   (b)裂纹扩展   (c)剧烈燃烧

图2-35　PBX-9501炸药对流燃烧及裂纹扩展的质子照相试验结果

图2-35全面反映了炸药点火后在燃烧压力驱动下的对流燃烧及裂纹扩展过程。为研究炸药点火后的裂纹扩展及燃烧增压机制，美国LANL国家实验室的Hill[129]建立了含裂纹网络的约束装药理论模型，如图2-36(a)所示。为便于分析，该模型假定裂纹宽度处处相同，忽略燃烧产物气体进入裂纹的时间延迟，裂纹内部所有位置的压力一致，忽略压力在裂纹内部的非均匀性。利用体积不变的结论，Hill首先导出了裂纹宽度随装药体积模量、压力 p 和裂纹表面积(或燃烧表面积) S 的理论关系式，然后分两种情况讨论了约束装药的增压规律。

(1)低增压速率的情况。此时由于压力水平较低，裂纹尖端应力强度达不到临界条件，因此不扩展，裂纹表面积 S 不随压力变化。此时可导出压力随时间变化的关系为 $P = P_0\left[1 + (2 - \beta)zt\right]^{1/(2-\beta)}$ ，其中 P_0 为初始压力， β 为传导燃速压力关系中的指数项， z 是一个同固相炸药密度、产物气体温度及约束装药体积模量相关的常数。

(2)高增压速率情况。此时裂纹内部气体压力水平较高，裂纹发生类似图2-35所示情况的扩展。结合公式(2-78)的Belyaev判据，Hill导出了燃烧压力驱动下裂纹表面积 S 同压力 P 的关系：

$$\frac{S}{S_{ac}} = \left[1 - \left(\frac{P}{P_{cr}}\right)^{-\left(\beta + \frac{1}{2}\right)^a}\right]^b \tag{2-94}$$

式中， S_{ac} 为饱和裂纹表面积； P_{cr} 为临界压力(低于该压力气体无法进入裂纹)； β 为传导燃速压力关系中的指数项； a 、 b 分别为大于零的材料常数。公式(2-94)表达的 S-P 关系见图2-36(b)。

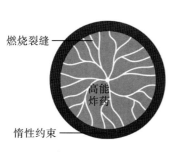

(a)约束装药中的裂纹网络模型

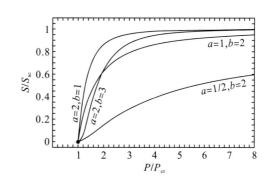

(b)裂纹表面积随压力变化的规律

图2-36　含裂纹网络约束装药燃烧行为研究[129]

研究结果表明，在考虑裂纹扩展(高增压速率)的情况下，压力随时间迅速上升，压力时程曲线呈现出典型的3阶段特征，即初始感应阶段、指数规律增压阶段及线性增压阶段。模型计算给出的压力时程曲线同试验给出的应变片数据换算得到的压力曲线一致。

2.3 炸药与结构相互作用的理论

2.2节介绍了炸药材料的响应理论，包括力学损伤、热爆炸及燃烧反应响应行为。本节不将重点放在炸药的材料响应上，主要关注炸药与结构的相互作用行为。通常情况下主要有力学刺激和热刺激两种方式，因此本节将炸药与结构的相互作用分成两个部分进行介绍，第一部分介绍机械刺激下炸药与结构的相互作用，包括炸药与附近组件的弹性局部侵入和弹塑性局部侵入相互作用；第二部分介绍热刺激下炸药与结构的相互作用，包括炸药与壳体之间的热传导相互作用及界面热阻效应。

2.3.1 机械刺激下炸药与结构的相互作用

意外事故下，结构装药通常承受局部撞击，如装药在勤务搬运、运输、吊装过程中的意外跌落、磕碰，战斗机带弹着陆时武器意外坠落等，因此研究局部侵入下撞击杆同炸药的相互作用过程及机理对装药安全性的研究具有重要意义。

1. 弹性侵入理论

武器常用的PBX炸药是由晶体颗粒、黏结剂、塑化剂等按一定配比组成，呈典型脆性，在力学加载下炸药发生脆性破坏之前会经历弹性响应，因此研究局部侵入下炸药的弹性响应过程具有重要意义。英国格拉斯哥大学(Glasgow University)的Sneddon发现，利用积分变换理论，可求出样品在弹性侵入作用下的解析解，且该解析解可以表达为一组n阶贝塞尔函数的组合[130]。Sneddon[131]和Harding[132]给出了平头压头三维轴对称侵入作用下样品表面位移和内部应力的显示表达式。规定径向坐标为r，深度方向为z。对于半径为a的压头，当侵深为ε时，样品表面z方向的位移场u_z为

$$[u_z(r)]_{z=0} = \begin{cases} \varepsilon, & 0 \leqslant r \leqslant a \\ \dfrac{2\varepsilon}{\pi}\sin^{-1}\left(\dfrac{a}{r}\right), & r \geqslant a \end{cases} \tag{2-95}$$

假定样品的拉梅常数(Lame)[133]为λ、μ，定义$\rho = r/a$，$\zeta = z/a$，则样品内部的三维应力分布为[132]

$$\begin{aligned}
\sigma_z &= -\frac{4\mu(\lambda+\mu)}{\lambda+2\mu}\left(\frac{\varepsilon}{\pi a}\right)\left(J_1^0 + \zeta J_2^0\right) \\[2mm]
\tau_{rz} &= -\frac{4\mu(\lambda+\mu)}{\lambda+2\mu}\left(\frac{\varepsilon}{\pi a}\right)\left(\zeta J_2^1\right) \\[2mm]
\sigma_\theta &= -\frac{4\lambda\mu}{\lambda+2\mu}\left(\frac{\varepsilon}{\pi a}\right)J_1^0 - \frac{4\mu^2}{\rho(\lambda+2\mu)}\left(\frac{\varepsilon}{\pi a}\right)\left(J_0^1 - \frac{\lambda+\mu}{\mu}\zeta J_1^1\right) \\[2mm]
\sigma_r + \sigma_\theta &= -\frac{4\mu}{\lambda+2\mu}\left(\frac{\varepsilon}{\pi a}\right)\left[(2\lambda+\mu)J_1^0 - (\lambda+\mu)\zeta J_2^0\right]
\end{aligned} \tag{2-96}$$

式中，$J_n^m = \int_0^\infty p^{n-1}\mathrm{e}^{-p\zeta}\sin(p)J_m(\rho p)\mathrm{d}p$，$J_m$为第$m$阶贝塞尔函数[134]。中国工程物理研究院流体物理研究所的胡秋实根据公式(2-95)计算了刚性平头压头侵入弹性体的表面形貌线，如图2-37所示。

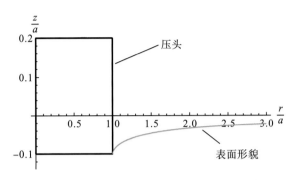

图2-37　平头压头局部侵入样品的表面形貌

从图2-37可看出，在$0 \leqslant r \leqslant a$的区域，表面位移为常数$\varepsilon$；在$r \geqslant a$的区域，表面位移从$\varepsilon$逐渐减小。胡秋实采用公式(2-96)，取参数$\lambda = 8\mathrm{GPa}$、$\mu = 4\mathrm{GPa}$和$\varepsilon/a = 0.01$，绘制了刚性平头压头侵入弹性体时内部不同深度的应力分布，结果如图2-38所示。

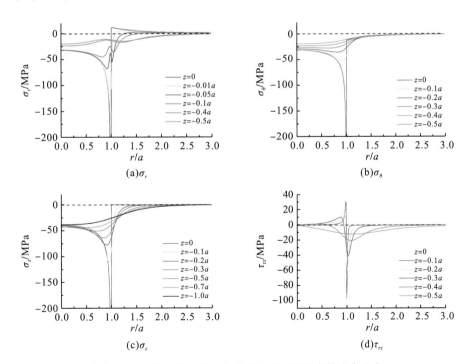

图2-38　平头压头局部侵入样品内部不同深度的应力分布

从图2-38可看出，各应力分量在$z = 0$表面$r = a$处都取最大值，且该值的大小趋于无穷，说明在$z = 0$、$r = a$处存在奇点。随着深度的增加，最大值从$r = a$处不断向对称轴处移动，当深度z大于某临界值时，各应力分量的最大值在对称轴$r = 0$处取得。从图2-38（d）可看出，由于切应力τ_{rz}在对称轴上的值为0，所以对称轴上各点的应力状态恰好为主应力状态。从图2-38（a）可看出，样品表面处σ_r在r大于a时为拉应力，由于PBX炸药的抗拉强度远小于抗压强度，因此拉应力的峰值在r大于a处出现，这决定了压入过程中容易产生以对称轴为中心的放射状裂纹，在本书第5章中，将看到这种放射状裂纹的具体试验实例。

前面介绍了轴对称局部侵入下样品的弹性响应。结构装药在事故环境下，还常遭遇另一种局部侵入场景，在该侵入场景中，侵入体一个方向的尺寸远大于另外两个方向，称为平面应变侵入。由于平面应变侵入下z方向（厚度方向）的位移和变形可忽略，其x、y方向满足的控制方程与二维问题相同。因此，忽略厚度方向运动的平面应变问题可等效为一个二维问题。引入无量纲量$\xi = x/a$，$\eta = y/a$和$s = \eta+\xi \mathrm{i}$（s为复数），设二维平头压头半宽度为a，压入深度为ε，Sneddon[135]给出了二维局部弹性侵入下样品的表面位移场和全场应力场解析解（注意此处的x、y坐标取法和文献[135]中不同，此处的y方向为深度方向）。

表面y方向位移场的解u_y为

$$[u_y(\xi)]_{y=0} = \begin{cases} \varepsilon, & 0 \leqslant x \leqslant a \\ \varepsilon\left[1 - \dfrac{\ln(2\xi^2 -1)}{2\ln(2)}\right], & x \geqslant a \end{cases} \tag{2-97}$$

应力场的解[135]（R为取实部）：

$$\sigma_x = -\frac{kE}{\pi} R\left[\left(1+s^2 - \eta s\right)\left(1+s^2\right)^{-1.5}\right]$$

$$\sigma_y = -\frac{kE}{\pi} R\left[\left(1+s^2 + \eta s\right)\left(1+s^2\right)^{-1.5}\right] \tag{2-98}$$

$$\tau_{xy} = \frac{kE\eta}{\pi} R\left[s\left(1+s^2\right)^{-1.5}\right]$$

式中，$k = \varepsilon\big/\left[2a(1-v^2)\ln 2\right]$；$v$为泊松比。中国工程物理研究院流体物理研究所的胡秋实根据式（2-98）绘制了二维侵入下各应力分量随深度变化的图像，结果如图2-39所示。计算中采用的弹性常数为：$E = 5.6\mathrm{GPa}$，泊松比$v = 1/3$，压入深度ε和压头半宽度a的比值为$\varepsilon/a = 0.1$。

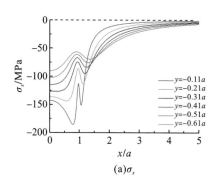

(a)σ_x

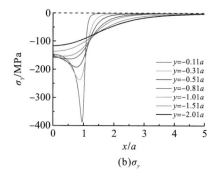

(b)σ_y

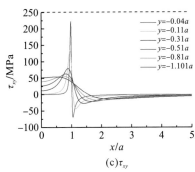

图2-39 二维局部弹性侵入下样品内部不同深度的应力分布

从图2-39可看出，各应力分量均在$y=0$表面$x=a$处取最大值，且该值的大小趋于无穷，说明在$y=0$、$x=a$处存在奇点。随着深度的增加，最大值从$x=a$处不断向中心移动，当深度y大于某临界值时，应力最大值在$x=0$中心处取得。从图2-39的二维情况同图2-38的三维轴对称情况的对比可看出，二维情况下的横向应力σ_x在x大于a处依然为压应力，而三维轴对称情况下径向应力σ_r在r大于a时为拉应力，由于炸药的抗拉强度远小于抗压强度，因此三维轴对称情况比二维情况更容易产生放射状裂纹，我们将在本书5.3节的试验结果中看到这种差别。

上述工作介绍了平头压头作用下三维轴对称和二维局部侵入下材料的位移和应力响应。事实上，除侵深与压头尺寸的比值ε/a外，压头的形貌(平头、球形、锥形等)也是影响侵入效果的重要因素。关于压头形貌对局部侵入下材料弹性响应的影响规律，可参见文献[132]和文献[136]的工作。

2. 空腔膨胀理论

前面介绍了局部侵入下材料的弹性响应行为，事实上，对于通常情况下呈现出脆性的PBX炸药，当加载过程中出现围压且围压达到一定强度时，炸药的应力-应变行为将发生显著改变，使炸药呈现出明显的塑性和延性特征[137]。对于弹塑性材料在局部侵入下的力学响应问题，通常采用空腔膨胀理论[138,139]进行研究。

空腔膨胀模型的基本思想可以类比为一个体积平衡问题，即压头侵入导致的体积变化将被空穴的膨胀所补偿。Alehossein等[140]建立了描述顶端截平的楔形压头局部侵入行为的空腔膨胀模型(cavity expansion model)，如图2-40所示。

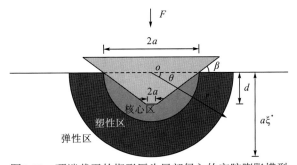

图2-40 顶端截平的楔形压头局部侵入的空腔膨胀模型

对图2-40建立以(r, θ)为自变量的极坐标系统，空穴膨胀模型将导致三类主要的变形区域，即核心区 (core)、塑性区 (plastic zone) 和弹性区 (elastic zone)。

（1）核心区。核心区中由于材料发生破坏，从而只能承受静水压，内部应力状态满足$\sigma_{ij} = -\delta_{ij} p$，$p$为核心区静水压力，$a$为核心区半径，截平顶端半径为$a_0$。

（2）塑性区。在核心区的下方，其形状为半球形，半径为r^* ($r^* = a\,\xi^*$)，该区域的材料始终位于屈服面上。一般情况下，塑性区半径r^*随侵深d的增加而增加。

（3）弹性区。位于塑性区以下，其尺寸在径向方向是无限的，其中的解由弹塑性界面的边界条件及胡克定律[133]决定。

Alehossein[140]给出了无量纲塑性区半径ξ^* ($\xi^* = r^*/a$) 随侵深d同截平顶端半径a_0之比$\delta = d/2a_0$变化的关系式：

$$\frac{\mathrm{d}\xi^*}{\mathrm{d}\delta} = \frac{2}{\tan(\beta) + 2\delta}\left[-\xi^* + \frac{\gamma}{(1+\mu)\xi^{*1/K_d} - \mu\xi^{*-1/K_p}} \right] \tag{2-99}$$

式中，β为楔形体的楔角；$\gamma = 2\tan(\beta)/(\pi\kappa)$；$\kappa$、$K_p$和$K_d$为同材料模量、压缩强度、摩擦角、膨胀角相关的常数。取摩擦角 = 膨胀角 = 楔角 = 30°，Alehossein[140]根据公式 (2-99) 绘制了塑性区半径ξ^*随δ变化的曲线，如图2-41所示。从图中可看出，无量纲塑性区半径ξ^*随δ的增加而增加，在截平顶端半径a_0不变的条件下，无量纲塑性区半径随侵深的增加而变大。当$\delta \to \infty$时，无量纲塑性区的半径趋近于一个常数。

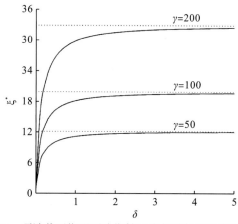

图2-41　顶端截平楔形压头塑性区半径随侵深的变化曲线

需要注意的是，δ的变大也可以通过另一种途径实现，即减小截平顶端半径a_0。事实上，对于楔形压头$a_0 \to 0$（相当于图2-41中的$\delta \to \infty$），此时的ξ^*为一常数，其不随侵深的增加而改变，仅同样品的材料常数有关。

楔形压头 ($a_0 \to 0$) 的ξ^*表达式为

$$(1+\mu)\xi^{*(K_d+1)/K_d} - \mu\xi^{*(K_p-1)/K_p} = \gamma \tag{2-100}$$

Chen等[141]对砂岩开展了楔形压头局部侵入加载试验，利用公式 (2-100) 计算了塑性区半径的理论值$r^* = a\,\xi^*$。结合电子散斑和声发射技术，Chen等[141]开展了砂岩在两种工况，

①楔角$\beta = 30°$，3MPa围压；②无围压条件下的局部侵入试验，$\beta = 60°$，结果如图2-42所示。从图2-42可看出，电子散斑和声发射试验给出的损伤区域大小r^*约为10mm，同空腔膨胀模型的预测结果一致，这说明空腔膨胀模型可以对岩石的弹塑性侵入行为进行较好描述。

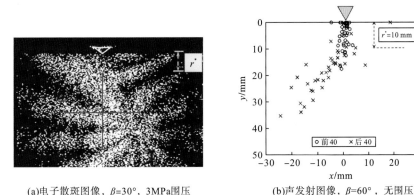

(a)电子散斑图像，$\beta=30°$，3MPa围压   (b)声发射图像，$\beta=60°$，无围压

图2-42　砂岩在楔形压头侵入下塑性区演化行为的空腔膨胀理论计算和试验结果

由于PBX炸药的力学性能同岩石相似，因此空腔膨胀模型可在岩石侵入研究中成功应用，这对PBX炸药弹塑性局部侵入研究具有借鉴意义。

2.3.2　热刺激下炸药与结构相互作用

意外事故下结构装药常承受热载荷作用，热载荷首先作用在装药壳体上，然后由壳体传递给内部组件和炸药。Gross的工作发现[142]，快烤加载下输入装药壳体上的热功率达到7.58W/cm²，但内部炸药感知到的热功率仅为1.8W/cm²，由此可见，此为通过壳体和炸药之间热量传递过程造成的炸药热响应，同热载荷直接输入裸炸药上的热响应有很大不同。热载荷作用下，炸药与结构相互作用产生的温升与结构特征、材料性质、热载荷特征都密切相关。以常规导弹战斗部为例，战斗部主要由壳体、炸药装填物和传爆序列等组成，战斗部外部还有蒙皮、热防护层等，壳体形状一般为圆柱形、鼓形和截锥形，壳体材料根据毁伤要求的不同可选用金属合金或复合材料。将战斗部的结构简化为蒙皮/壳体/炸药三层圆柱结构，如图2-43所示。

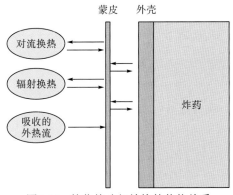

图2-43　简化战斗部结构的传热关系

从图2-43可看出，意外事故下，外部热载荷对蒙皮进行加热，蒙皮发生快速升温，蒙皮与外部环境之间发生对流和辐射换热作用，蒙皮与壳体之间、壳体与炸药之间发生热传导相互作用。如果温度导致的形变达到一定水平，那么蒙皮与外壳之间还会产生间隙，炸药由于热分解产生的气体在间隙之间流动，因此蒙皮与外壳之间也会发生对流换热。由此可见，热刺激下结构装药内部组件同炸药之间将经历复杂的热量传递过程，所以，研究热刺激下炸药与结构的热相互作用过程及机理，对装药安全性的研究具有重要意义。

1. 界面热阻对传热行为的影响

热刺激下，有多种因素影响着炸药与结构之间的传热相互作用，如壳体、炸药、包覆材料的材料物性、尺寸、结构装药的拓扑结构及各组件的连接方式等。这里重点关注炸药与结构相互作用过程中的界面(或接触)热阻这一因素，研究界面热阻对炸药温度分布及传热行为的影响规律。

固体与固体之间接触热阻的大小受诸多因素影响，如接触材料的力学性能(弹性模量、表面硬度等)、热学性质(热导率、比热容和热膨胀系数等)、接触面几何形貌(粗糙度)及所处环境(界面压力、界面温度、间隙填充材料等)。通常将这些因素共同影响下的热阻表达为R_c。中国工程物理研究院流体物理研究所的张家雷[143]研究了在热流$q(t)$作用下带壳装药的热量传递及温升问题，他建立的一维理论模型如图2-44所示。

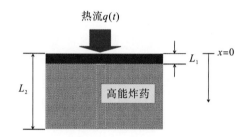

图2-44　热流作用下装药温升行为的研究建模

热流$q(t)$作用下，壳体/炸药双层结构的控制方程为

$$k_1 \frac{\partial^2 T_1}{\partial x^2} = \rho c_1 \frac{\partial T_1}{\partial t}, \qquad 0 < x < L_1$$
$$k_2 \frac{\partial^2 T_2}{\partial x^2} = \rho_2 c_2 \frac{\partial T_2}{\partial t}, \qquad L_1 < x < L_2 \tag{2-101}$$

式中，T_1、T_2分别为壳体温度、炸药温度；k_i、ρ_i和c_i分别为热传导系数、密度和比热容，$i=1$、2分别为壳体和炸药；L_1为壳体厚度；L_2-L_1为炸药厚度。由于此处研究的是传热行为，所以不考虑炸药的热分解，因此在方程式(2-101)中不出现表征炸药热分解的源项。

初始条件为

$$T_1(x,0) = T_0, \qquad 0 < x < L_1$$
$$T_2(x,0) = T_0, \qquad L_1 < x < L_2 \tag{2-102}$$

式中，T_0为室温。

边界条件为

$$-k_1 \frac{\partial T_1}{\partial x} + h_{\mathrm{f}}\left(T_1 - T_0\right) = q(t), \qquad\qquad x = 0$$

$$-k_1 R_{\mathrm{c}} \frac{\partial T_1}{\partial x} = T_1 - T_2 \ , \ \ k_1 \frac{\partial T_1}{\partial x} = k_2 \frac{\partial T_2}{\partial x}, \qquad x = L_1 \qquad (2\text{-}103)$$

$$k_2 \frac{\partial T_2}{\partial x} = 0, \qquad\qquad\qquad\qquad x = L_2$$

式中，h_f 为壳体表面的对流换热系数；R_{c} 为壳体/炸药界面的接触热阻。从 $x = L_1$ 处的边界条件可看出，在存在热阻 R_{c} 的情况下，壳体/炸药界面的热流连续但温度不连续。

中国工程物理研究院流体物理研究所的张家雷[143]利用积分变换法联立并求解了方程组式（2-101）～式（2-103），得到了接触热阻 R_{c} 对装药传热及温升行为的影响规律。研究中设定壳体材料为30CrMnSiA钢，样品为压装的RDX炸药，钢壳和RDX的热物性参数如表2-5所示。壳体厚度为10mm，炸药厚度为2mm，输入热流功率密度为 $q(t) = 500\mathrm{W/cm}^2$，加载时间为10s，初始温度 $T_0 = 20$℃，对流换热系数 $h_{\mathrm{f}} = 25\mathrm{W/(m^2 \cdot K)}$，接触热阻 R_{c} 设定在 $0.0001\,(\mathrm{m^2 \cdot K})/\mathrm{W} \sim 0.006\,(\mathrm{m^2 \cdot K})/\mathrm{W}$。

表2-5　钢壳和RDX的热物性参数

性能参数	30CrMnSiA	RDX
热导率 $k/\left[\mathrm{W/(m \cdot K)}\right]$	27.63	0.2
比热容 $c/\left[\mathrm{J/(kg \cdot K)}\right]$	473.1	1570
密度 $\rho/(\mathrm{kg/m^3})$	7750	1800

图2-45给出了不同接触热阻 R_{c} 下钢壳后表面 $(x = L_1-)$ 和炸药（惰性材料，不考虑热分解）前表面 $(x = L_1+)$ 的温升曲线。从图2-45(a)中可看出，接触热阻对壳体后表面温度的影响较小，接触热阻越大，壳体后表面温度越高。在热加载结束时刻，不同热阻情况下壳体后表面温度最高相差约50℃。从图2-45(b)可看出，接触热阻对炸药表面温度的影响非常明显，接触热阻越大，炸药表面温升率越低，表面温度水平也越低。由此可见，接触热阻显著影响着热刺激下炸药与壳体的传热相互作用，如果壳体/炸药界面的接触热阻很大，将阻碍外部热流对炸药的加热进程，从而导致炸药温度维持在一个较低水平。

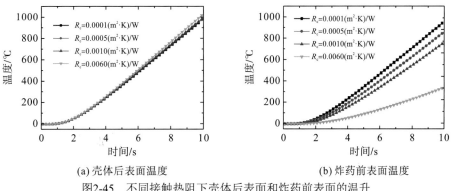

(a) 壳体后表面温度　　　　　　　　　　(b) 炸药前表面温度

图2-45　不同接触热阻下壳体后表面和炸药前表面的温升

图2-46给出了在不同接触热阻条件下，$t = 10$s加载结束时刻壳体($x<0.01$m)和炸药(0.01m$<x<0.012$m)内部温度的分布。

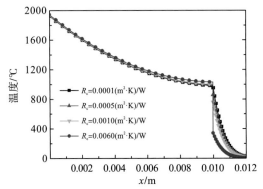

图2-46　不同接触热阻下壳体、炸药的温度分布($t = 10$s)

从图2-46可看出，壳体和炸药接触界面处的温度场发生了间断，温度场的间断值随接触热阻的增大而增大。炸药内部(0.01m$<x<0.012$m)的温度梯度很大，热扩散深度在1.0mm以内。炸药内部受到明显加热影响的区域很小，厚度大概在0.2mm以内，所以热流作用下受到影响的炸药区域是一个薄层。

2. 传热相互作用对点火行为的影响

从前面的分析看出，壳体与炸药之间的传热相互作用会显著影响炸药的温度分布，当炸药的温度水平和温升时间达到一定阈值时，必然会引发点火。

Cook[144]研究了带壳装药在热流加载下的点火行为。研究中，壳体厚度为d，材料为钢，炸药厚度为无穷大，炸药材料为RDX，初始温度为T_0。加载热流的函数形式为$\Phi(t) = A\exp(-at)$，其中，A、a是描述热流形状的常数，t为加载时间。考虑到金属存在对热量的吸收效应，假定吸收系数为b，则装药壳体单位时间实际吸收的热量为$b\Phi(t)$，总吸能为

$$S = \int_0^\infty b\Phi(t)\mathrm{d}t = \frac{bA}{a^2} \tag{2-104}$$

Cook的研究结果发现：①对于固定的初始温度T_0和热流形状(即固定bA、a的值)，存在一个临界壳体厚度d^*，若实际壳体厚度$d>d^*$，则炸药不发生点火；②对于固定的初始温度T_0和壳体厚度d，存在一个临界总吸能S^*，当实际吸能$S<S^*$，则炸药不发生点火；③炸药的点火行为对热流形状不敏感，仅同总吸能S有关；④对于RDX炸药而言，当总吸能S位于$130\sim260$cal/cm^{2}时(1cal $= 4.185$J)，壳体临界厚度d^*同S之间呈线性关系。

中国工程物理研究院流体物理研究所的张家雷[143]研究了带壳装药在激光辐照下的点火行为。带壳装药在激光辐照下炸药的温升满足方程式(2-32)，一般来说惰性加热的时间很长，而炸药点火快反应时间很短，从而在研究炸药的点火问题时可以将表面输入功率看作常数。张家雷[143]假定公式(2-32)中的$\lambda\nabla^2 T$项为常数且取惰性加热时的值，并结合FK近似[64]，得到炸药表层的温升控制方程为

$$\frac{\mathrm{d}\theta}{\mathrm{d}\tau} = g + \delta \mathrm{e}^{\theta} \tag{2-105}$$

式中，无量纲温度 $\theta = E\left(T - T_{\mathrm{m}}\right) / \left(RT_{\mathrm{m}}^{2}\right)$，$T_{\mathrm{m}}$ 为炸药熔化温度，E 为活化能，R 为气体常数；$\delta = QZE / \left(cRT_{\mathrm{m}}^{2}\right) \exp\left(-E / RT_{\mathrm{m}}\right)$，$c$ 为比热容，Z 为频率因子，Q 为单位质量炸药分解释放的能量；$g = Eg_{0} / \left(RT_{\mathrm{m}}^{2}\right)$，$g_{0}$ 为惰性加热阶段炸药表面达到熔点时刻的升温率。需要注意的是，炸药与壳体的传热相互作用效应，如界面热阻、壳体和炸药的尺寸效应、材料效应等均体现在常数 g_{0} 中了。

在初始条件 $\theta\left(\tau = \tau_{\mathrm{m}}\right) = 0$ 下求解方程式 (2-105)（τ_{m} 为惰性加热阶段炸药的熔化时刻）得到温度 θ，取 $\theta \to \infty$ 的时刻定义点火时间，可得点火时间为

$$\tau_{\mathrm{ign}} = \tau_{\mathrm{m}} + \frac{1}{g} \ln\left(\frac{g}{\delta} + 1\right) \tag{2-106}$$

根据公式 (2-106) 计算了不同壳体厚度 RDX 装药的点火时间，结果如图 2-47 所示。计算中，RDX 炸药的活化能 $E = 1.97 \times 10^{5} \mathrm{J/mol}$，频率因子 $Z = 2.02 \times 10^{18} \mathrm{s}^{-1}$，分解释放的能量 $Q = 2.47 \times 10^{6} \mathrm{J/kg}$，激光功率密度在 $200 \sim 700 \mathrm{W/cm}^{2}$，吸收率为 0.25，接触热阻设定为 $0.006\ (\mathrm{m}^{2} \cdot \mathrm{K}) / \mathrm{W}$。从图 2-47 中可看出，随着激光功率密度的提高，热起爆时刻缩短。在相同的激光功率密度下，点火时间随壳体厚度的增加而增加，说明壳体的存在阻碍了热量的传递过程和效率，导致点火时间延长。

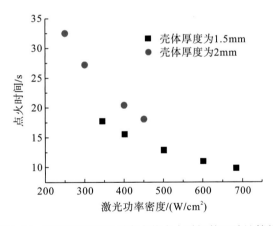

图2-47 RDX装药不同厚度壳体点火时间的理论计算值

2.4 试验方法

已有的事故案例分析表明，在全寿命周期内经历操作、运输、吊装、贮存、值班、作战等多种环节的过程中，武器装药存在遭受各种外界刺激的可能性，当刺激载荷超过临界条件时，会引发装药意外点火反应的安全性问题。

2.4.1　事故类型

机械刺激事故是武器装药存在概率较大的一类事故，是国内外装药安全性研究的重点问题。具体来说，机械刺激事故又可分为以下两种。

一种是低速撞击事故。例如，由于操作失误，装药部件会出现与不同材质的地面碰撞或受尖锐异物刺入等情况，对应撞击速度在0～5m/s；在吊装或陆地运输事故中，武器装药出现意外跌落撞击或遭受落石冲砸等情况，对应撞击速度在5～30m/s；在空运或发射失败时，武器装药出现撞击大变形等情况，对应撞击速度在40～400m/s。以上事故场景中，一般涉及大质量体的低速撞击，如全尺寸武器的跌落撞击，在装药中可产生幅值较低、持续时间较长的压力脉冲。这类刺激可引发装药发生不同烈度的反应，其载荷强度明显低于传统冲击起爆阈值，属于典型的非冲击点火反应过程。

另一种是高速撞击事故。例如，子弹撞击对应的撞击速度在300～1000m/s；破片撞击对应的速度在1000～2500m/s；射流冲击对应的速度在5000～9000m/s。这些事故通常出现在敌对攻击场景中，包括士兵失控、恐怖袭击和作战对抗等，涉及的大多是小质量体较高速度的撞击，在装药中可产生幅值较高、持续时间较短的压力脉冲。这类刺激可能直接引发冲击起爆，也可能引发低烈度的反应。

热刺激事故是武器装药可能遭遇的另一大类事件，也是国内外装药安全性研究的热点，主要与作战平台或弹药库发生火灾有关，具有可分为两种情况。

一种典型的情况是武器装药处于火焰包覆中，一般燃料燃烧的火焰温度超过800℃。此时，火焰热量以热传导、辐射和对流的方式扩散，火焰中的武器装药在很高的环境温度下温升速率较快，一般超过10℃/min。由于加热速快，入射热流较高，所以在装药中形成明显的温度梯度，温度最高位置为装药表层，根据常用炸药的化学特性，一般的点火时间在数十分钟内。

另一种情况是武器装药没有直接处于火焰环境中，而是邻近火源，在周围形成的高温气流环境对其进行持续加热。此时，所处环境温度是在不断变化的，武器装药的温升速率相对较慢，一般小于10℃/h。由于加热缓慢，入射热流较低，所以在装药中形成的温度梯度较小，又由于装药热分解的自热特性，温度最高位置通常在装药的内部，一般的点火时间超过10h。

2.4.2　安全性试验方法

装药安全性研究较为复杂，涉及装药结构的热力响应、材料损伤断裂及局域化温升点火、裂纹对流燃烧反应演化及曲面冲击起爆等问题，开展试验结合诊断分析是当前研究最重要的手段。从已有事故诱因来看，主要的刺激可归结为机械、热的单独或复合作用，国内外的研究者们已针对性地发展了多种装药安全性试验方法，其中部分面向事故工况的试验方法已形成了通用标准，在武器装药安全性评估中发挥了重要作用。

针对低速撞击事故，国内外的研究者建立了多种安全性试验方法，具体方法详见第3章。

其中，落锤试验、滑道试验、Steven试验、Susan试验可以对应于不同的低速撞击事故场景，在不同的装药安全性问题研究中得到了广泛的应用。在上述试验中，研究者主要通过确定"点火和不点火"的临界阈值条件，不断深入理解装药点火的响应过程。

以落锤试验为例，在认识到剪切机制的重要性后，研究者大都以剪切应变率作为点火阈值条件的量化表征参数。试验中，根据薄层圆柱的基本变形理论，由圆柱尺寸参数可确定剪应变率，即[145]

$$\frac{\mathrm{d}\gamma}{\mathrm{d}t} = \frac{r_0}{h^2} \cdot \sqrt{\frac{h_0}{h}} \cdot \frac{\mathrm{d}h}{\mathrm{d}t} \tag{2-107}$$

式中，r_0、r分别为样品的初始半径和实时半径；h_0、h分别为样品的初始高度和实时高度；γ为剪应变；t为时间。

依赖于试验获取的单一变量，虽可在相同试验条件下对比不同装药的点火特性，但在回答点火共性机理的问题上仍显不足。已有研究表明，装药非冲击点火较为复杂，不仅与局域化响应特征相关，还与加载历程相关。其原因主要是复杂结构响应下的局域化会导致局部剪切增强，装药发生脆性断裂，细观尺度下颗粒的相互作用具有随机性特征，导致试验结果呈现出分散性。另外，在低速撞击的较长响应历程下，装药内部的热传导因素也不可忽略。已有试验结果显示[64]，由于装置结构和加载条件的不同，同种装药也会表现出迥异的点火阈值，例如，PBX-9501装药在Steven试验中的阈值速度为43m/s，在Susan试验中的阈值速度又为62m/s，在落锤试验中H50却为55cm（对应速度约为3.3m/s），如图2-48所示。

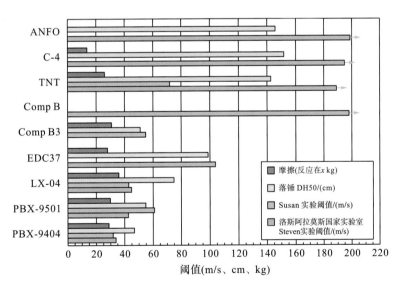

图2-48　不同装药在不同低速撞击试验中阈值条件的对比

针对高速撞击事故，目前已建立的安全性试验方法主要以直接模拟事故场景为主，包括子弹撞击、破片撞击和射流冲击试验等，具体方法详见第3章。

对于此类装药的高速撞击响应的早期研究，主要考虑在稀疏波的影响下冲击波诱发反应的增长与衰减过程，并将其归结于曲面冲击起爆问题。对应的试验装置一般只考虑局部效应，大多采用装药加单侧隔板的方式进行设计。随着研究的深入，研究者发现在某些撞击条件下，初始冲击波无法直接引发装药反应，而只是导致装药损伤或断裂，撞击体侵彻进入装药内部时，其他生热机制可能导致局部温升反应。最为典型的例子就是子弹撞击场景，这种情况又应归类于非冲击点火研究范畴。对应的试验装置应考虑整体结构响应的影响，采用完整壳体装药或真实结构件进行设计。

国内外已建立的装药热刺激安全性试验方法的类型不多，主要用来分析和评价装药在各类热刺激事故中的安全性能，包括一维热爆炸（one-dimension thermal explosion，ODTX）试验、慢烤试验、快烤试验和激光辐照的超快烤试验，具体方法及介绍详见第3章。

其中，ODTX试验是最早建立的热刺激安全性试验方法，通过将空间结构简化为球形一维，极大地简化了相关分析的难度，除了可直接用于球形装药在恒定高温环境下的热响应特性研究，还可通过数值计算推算炸药材料的活化能和指前因子等热分解模型参数。

目前，已建立的快烤试验方法主要针对典型的工程事故场景，多是利用油料燃烧产生的高温火焰对特定的装药结构进行加热，从而对装药的热刺激响应行为进行研究。快烤环境下的装药点火行为，与外热流强度和界面都有密切关系，相对高的热流密度通常使点火发生在气相，当界面存在填充物或者气隙尺寸较大时，输入装药表面的热流密度会减小，使得温升率降低，点火时间延迟。在快烤试验中，如何准确测量复杂变化的外热流的分布和强度，一直是个难题。为了定量研究装药的热刺激响应，研究者还采用激光辐照建立了超快烤试验方法，相比传统的加热方式，激光辐照能够提供精确可测的热流。

此外，已有的慢烤试验方法，还考虑了慢速加热事故场景中复杂多变的工程因素，包括温升速率、药量、约束强度等，这些都会对装药点火和反应过程产生不同程度的影响。慢烤条件下的热流密度较低，气体很难达到气相点火温度，点火发生在凝聚相。相比于快烤，壳体/炸药界面接触热阻对慢烤燃的影响不大。

对于装药反应演化问题，研究者也建立了多种试验方法，包括侧重于材料特性研究的燃速测量试验、拼缝对流燃烧试验、反应裂纹扩展试验等，侧重于结构影响研究的爆燃管试验、厚壁中心点火试验、DDT（deflagration to detonation transition）管试验和构型装药点火试验等，具体方法介绍详见第7章。这类试验主要针对非冲击反应演化主控机制及其影响因素，包括热传导燃烧和裂纹对流传热、结构和惯性约束的影响等，通过人为给定高温热源的方式，再结合多种诊断技术，对装药复杂的燃烧、爆燃和爆炸行为进行研究。

2.5　数　值　模　拟

装药化爆安全性研究是一个典型的多尺度问题。工程应用中关注构型装药宏观尺度的点火边界、烈度等级、事故后果，但装药点火反应与后效演化的主控机制与敏感因素又多存在于介观与微观尺度。因此，在安全性数值模拟中，通常的模式是利用宏观尺度计算软件模拟结构装药的力、热响应，在软件中嵌入描述介观局域化过程与微观化学反应的点火反应模型，以实现跨尺度计算。

　　装药化爆安全性涉火灾环境、振动工况、撞击事故、敌对攻击等众多场景，每类场景中的过程机制与规律特征差异较大，对应的时间尺度也从小时级到微秒级不等。因此，目前尚没有一款软件可以统一模拟安全性的各种场景与工况，只能针对不同问题的主控机制与时间尺度选择相适应的计算软件与点火反应模型。

2.5.1　结构响应的模拟方法

1. 结构振动响应模拟方法

　　振动工况中的安全性模拟，需要考虑复杂武器构型中的间隙、隔板、垫层带来的多体相互作用，及其与振动耦合后的非线性放大效应；还需要具有长时振动情况下的高效显式-隐式结合算法。代表性的工作是Sierra平台中的Salinas力学程序。Salinas是一种海量并行隐式结构力学/动力学代码，作为加速战略计算倡议（ASCI）下的一个研发项目，由圣地亚国家实验室于20世纪90年代开始研发[146]。《2003年SNL的ASC成就》称，Salinas是唯一一种设计用来解决低频冲击和随机振动事件（如发射、再入诱发的振动及爆炸响应）的ASC代码[146]。Salinas的应用范围非常广泛，在武器领域主要用于模拟W76-1延寿、W80系统在正常（发射和再入）和敌方环境下的结构响应，用以为它们的设计和鉴定提供分析能力，如图2-49所示。Salinas模拟辅助了W76-1系统部件的初期结构体系设计工作。2003年，Salinas用于为W76-1延寿计划下库存到靶序列（STS）的敌方环境与正常环境，以及为W80延寿计划下STS正常环境的系统级力学鉴定相关问题提供模拟能力支撑。

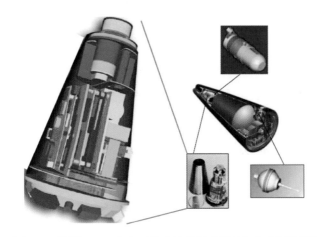

图2-49　美国W76-1中电子学系统的振动模拟与鉴定评估[146]

2. 结构冲击响应模拟方法

　　结构冲击载荷主要包括意外事故中跌落、翻滚、落石、撞击等形成的低压长脉冲载荷，以及敌对攻击中射流、射弹、高速破片、子弹和爆炸波等高压瞬态载荷两大类。其中，低压长脉冲响应主要利用有限元拉格朗日方法进行模拟，常用软件包括Ls_dyna、Auto_DNYA、Abqus、Adams等；高压瞬态响应中通常可忽略强度效应而将装药视作流体，故可采用欧拉程序、任意拉格朗日-欧拉程序等流体动力学方法进行模拟，代表性软件包括Sandia国家实验室的CTH（CHART squared to the three-halves），Lawrence Livermore国家实验室的ALE3D，Los Alamos 国家实验室的Pagosa、xRage，中国工程物理研究院的LSFC等。图2-50为CTH的典型计算结果[147]。CTH由Sandia国家实验室于20世纪80年代开始开发的，采用两步(拉格朗日步和重映射步)、二阶精度欧拉算法求解质量、动量和能量守恒方程。CTH程序中包含了材料强度、断裂、多孔性及高能炸药爆轰和冲击起爆等多种模型，可用于求解不同材料结构的大变形与强冲击复杂多维问题。CTH的应用涉及许多方面，如炸药冲击起爆与爆轰传播计算、爆炸设计(武器效应、反装甲和导弹防御)、威胁评估、事故研究(美军舰船Iowa和哥伦比亚航天飞机)、天体物理学(Chelyabinsk小行星和Shoemaker彗星撞击事件)、压裂(侵彻预测)、医学(炸药爆炸导致的大脑损伤和伤口创伤力学)等[147]。

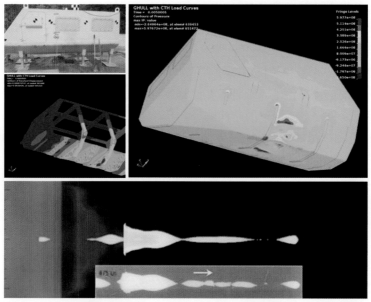

图2-50　CTH的爆炸与冲击典型算例[147]

3. 结构热响应的模拟方法

对火灾场景中的安全性模拟的难点在于，既需要考虑火焰热动力学演化及其热传导、热对流、热辐射效应，又需要描述战斗部壳体中的薄弱环节(如盖板、维修孔等)在长时高温作用下的熔化、气化、脱落行为及由此导致的火焰窜入弹体内部等过程。代表性的工作是美国Sandia国家实验室Sierra平台中的Fuego、Syrinx、Calore等共同构成的异常热刺激计算工具包[148]。它们由SNL SIERRA多力学软件研发项目于2006年开发，主要应用于ASC计划的异常热/火灾环境模拟。在该工具包中，Fuego代码用于求解湍流、浮力驱动的低马赫数流、热传输、质量传输、燃烧及烟灰模型；Syinx用于求解多方参与的介质热辐射力学；Calore用于求解密封辐射模块的热传导力学。Fuego、Syrinx、Calore程序包相结合，可用于模拟预测复杂几何结构中系统的热响应，以鉴定武器系统在如火灾这样的异常热环境中的安全性(图2-51)[148]。

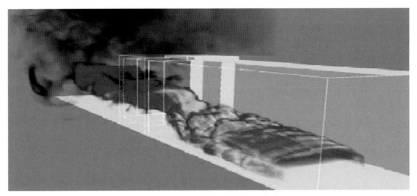

图2-51 火灾模拟的典型算例

2.5.2 炸药响应的模拟方法

1. 炸药变形与断裂的模拟方法

撞击事故的安全性模拟要求计算方法能够有效描述构型、装药的断裂、破碎、粉化等非连续性行为，这对传统使用的有限元等基于网格的连续介质力学计算方法带来挑战。开展相关过程的可靠模拟需要无网格/粒子类计算方法，如图2-52所示。适用的代表性方法包括近场动力学 (PD)[149-151]、最优输运无网格 (OTM)[152-154]、离散元方法/格子模型 (DEM/LM)[155-158]、物质点法 (MPM)[159-161]等。2000年，美国Sandia国家实验室提出了近场动力学 (peridynamics，PD) 计算模拟方法[149]。和有限元等基于网格的算法相比，PD方法最重要的特点是能够自然描述裂纹、孔洞等非连续性的演化，而不必引进额外的边界条件。这种特点是由于PD方法不再基于材料的连续性建模和空间微分方程求解，而是将宏观的材料离散为具有一定物理性质的物质点的集合。物质点相互作用使整个系统在给定的初始条件下发生动力学演化。材料内部裂纹等不连续性的出现不会对计算模拟过程产生影响。目前，PD方法已经在混凝土、陶瓷、玻璃等脆性材料及纤维增强复合材料的动态断裂研究中广泛应用。相关研究推动了脆性材料中裂纹萌生、传播及相互作用等断裂力学基础问题的研究进展。中国工程物理研究院邓小良等[162]对近场动力学在PBX动态响应中的应用进行了初步探索，如图2-52(a)所示。他们开发了三维键基近场动力学计算程序，建立了PBX近场动力学计算模型，研究了不同撞击速度下PBX的动态损伤响应过程，得到了PBX穿晶断裂、沿晶断裂等典型的损伤模式。这些结果加深了对PBX动态响应问题的理解和认识，显示出该方法在含能材料安全性研究方面的应用潜力。

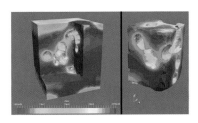

(a)近场动力学　　　　　　　　　　　　　(b)最优输运无网格方法

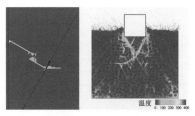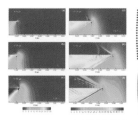

(c)离散元方法/格子模型　　　　　　　　　　　　(d)物质点法

图2-52　代表性的无网格/粒子类计算方法

2. 炸药低速撞击点火的模拟方法

在力学刺激下，随着炸药损伤断裂，将在压剪复合加载作用下发生裂纹面摩擦升温与热分解反应。这一个力-热-化的耦合过程需要在损伤断裂模拟的基础上再进一步为程序添加摩擦功、温升、热传导、热分解等功能模块，以实现非冲击点火计算。中国工程物理研究院傅华等[163]利用离散元与有限元结合的方法，研究了非均质炸药在力学刺激下的压剪变形、损伤断裂、摩擦升温、反应点火等过程。针对炸药晶体颗粒采用有限元建模，以表现晶粒具有的黏弹塑性响应；针对黏结剂采用离散元建模，以表现黏结剂在拉伸加载下的脆性；炸药晶体与黏结剂的接触面采用有限元与离散元相衔接的过渡方法，如图2-53(a)所示。衔接的关键是在两模型的边界加入一层过渡微元，它们是既属于有限元，也属于离散元的三角形网格，同时参与两个模型的计算，并实现两模型间边界条件的传递。图2-53(b)显示了炸药模型中有限元晶粒和离散元黏结剂的显微形貌。模拟结果表明(图2-53(c))，应力波扫过后压剪摩擦形成的热点区域多集中在晶粒之间的区域，多边形晶粒间的相互作用是形成局部高温区的重要原因。

　　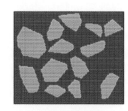　　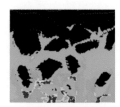

(a)网格结合示意图　　　　　　　　(b)炸药模型图　　　　　　(c)应力波扫过炸药
　　　　　　　　　　　　　　　　　　　　　　　　　　　　　　摩擦升温图

图2-53　离散元与有限元结合的炸药撞击点火典型算例[163]

3. 炸药热刺激点火的模拟方法

热刺激下炸药点火涉及升温膨胀、温压耦合相变、热分解反应等一系列物理过程。中国工程物理研究院郑松林等利用相场方法构建了具备相应模拟能力的热刺激非冲击点火模型，并初步应用于黏结剂纤维增强的新型PBX炸药快烤、慢烤点火模拟，如图2-54(a)所示。建模过程中利用相场模拟了晶粒的生长过程并复现了PBX的显微形貌；在纤维增强PBX的黏结剂中设置了碳纤维用于提高热导率。模拟发现，在慢速升温条件下，普通和纤维增强PBX炸药前期的温升曲线基本重合；无纤维增强的炸药先点火，有纤维增强的炸药后点火。

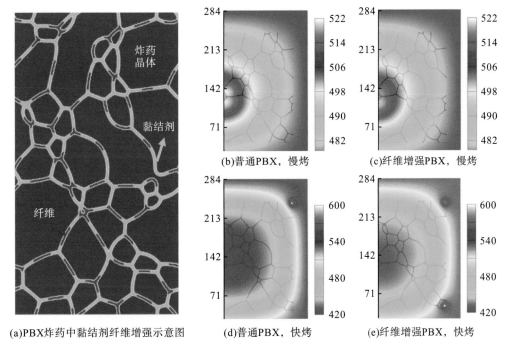

图2-54　非均质炸药热刺激点火模拟的典型算例

图2-54(b)和图2-54(c)给出了慢烤点火时刻两种炸药的温度分布图,从中可以看出纤维增强炸药的点火位置偏离中心位置更远,说明纤维增强黏结剂的热导率对点火位置有较大的影响。在快速升温条件下,点火时刻的温度分布如图2-54(d)和图2-54(e)所示,炸药靠近表面部分的温度高于内部,控制点火时间的因素主要是外界传入热量的速度。

4. 炸药反应演化的模拟方法

装药非冲击点火后的反应演化与事故后效的模拟,要求计算方法能够描述装药裂纹扩展、产物对流、断面燃烧及构型壳体的变形、破裂等过程。由于断裂、对流、燃烧均是数值模拟中的难题,对其进行多物理强耦合建模挑战较大,目前尚无成熟的数值模拟方法,正在发展之中的模拟方法包括Los Alamos国家实验室常规高能炸药系统大挑战(CHESGC)中的综合反应流程序与中国工程物理研究院的反应演化格子模型。中国工程物理研究院喻寅等在描述炸药变形断裂与非冲击点火的格子模型的基础上添加了燃烧放热产气、气相膨胀对流等功能模块。在对高温高压气体的描述中,采用了离散方法的变体——气相元方法。气相元对一团包含大量气体分子的微元进行粗粒化建模,在计算中需要给出气相格点的体积、接触关系、接触面积等。模拟中针对气相元格点的质心位置进行多面体剖分,将气体产物所分布的空间完整、精确地划分为大量多面体。将每个多面体的体积作为相应气相格点的体积,根据气相体积与内能,利用JWL产物状态方程计算气相格点的压强。在相互作用计算中,将两相邻气相格点间的接触面积乘以气体压强作为气相格点间的法向排斥力;根据切向相对速度计算两相邻气相格点间的切向黏滞力,并利用黏滞力及质心点到接触面的距离计算气相格点的转动力矩。炸药的燃烧反应利用Arrhenius化学反应速率方程进行描述，由此获得反应产生的热量，再将热量加入热传导方程获得温度演化。

　　图2-55左侧为美国Los Alamos国家实验室获取的炸药裂缝燃烧演化过程的图像。在炸药中心利用激光人工点火；燃烧产生的气体膨胀，撕裂炸药形成三叉形裂纹；产物对流进入裂纹缝隙中；裂纹表面受气体加热并点火燃烧；裂纹贯穿炸药后气体逸出并膨胀泄压；气体泄压后温度突降导致炸药熄火；最终留下三块炸药。图2-55右侧为中国工程物理研究院的数值模拟结果。初始时刻人为在炸药中部设定一个约200μm的高温区，模拟激光点火。数值模拟得到的演化过程与试验观测相似，存在反应产气、裂纹扩展、产物对流、断面燃烧、炸药解体、泄压熄火等一系列物理过程，最终也获得三大块炸药。反应演化的格子模型初步具备了物理保真的试验复现与解读能力，但目前仍处于二维演示性计算的层次。因此，发展建立针对宏观三维复杂构型装药的反应演化直接模拟与定量预测能力，是一个需要持续努力的长远目标。

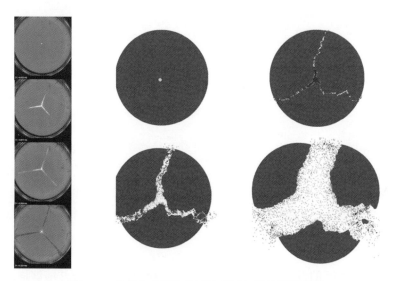

图2-55　炸药反应演化的试验观测与数值模拟结果

2.5.3　安全性数值模拟的主要挑战

　　数值模拟是贯通系统安全性研究的主要手段。结构响应通常由描述宏观演化的计算程序直接模拟，炸药响应由宏观计算与微介观模型共同描述，结构与炸药的耦合响应也可以在数值模拟中得到有效处理。数值模拟将材料的物理模型和试验研究中标定的物性、得到的参数等进行集成，直接支撑装药系统的设计与安全性评估工作。相应地，装药系统的设计与安全性评估的精度、置信度在很大程度上也受到数值模拟对于结构响应、炸药响应刻画能力的制约。

　　目前，针对不同安全性场景(及相应的环境载荷特征)下的结构与炸药耦合响应，只能选用不同的数值方法进行模拟。针对炸药温升点火、反应演化等不同的响应阶段，也需要选用不同的算法和模型进行分步描述。发展建立一整套可完备刻画系统安全性各场景、各阶段演化的数值模拟新方法/新体系将是后续的努力方向。其中面临的主要挑战包括：结构与炸药大变形、断裂、破碎等过程的有效模拟；气固耦合及气相对流、壅塞等的有效模拟；燃烧、爆燃、爆炸、爆轰等不同烈度反应的统一建模；小时级慢烤、分钟级振动、毫秒级撞击、微秒级冲击等大时间跨度下结构与炸药响应的统一算法。

1. 描述结构与炸药大变形、断裂、破碎的计算方法

安全性模拟涉及结构与炸药的界面演化、大变形应变局域化、局域脆性断裂、碎裂等典型物理过程的描述。加载过程中，一方面应力、应变、能量、温度等物理量在空间上存在高度梯度化；另一方面组成装药的空间物质还存在拓扑性质的改变，因此建立描述这些物理过程及现象的计算方法给安全性模拟带来较大挑战。

如表2-6所示，有限元等基于网格的拉格朗日方法数值耗散小，界面清晰，但难以处理大变形流动和碎裂过程，尤其当裂纹的扩展是网格相关的，理论上收敛不到精确解；后来发展的扩展有限元方法，实现了对裂纹扩展的模拟，但对于多局域断裂、大量随机裂纹扩展的描述仍然无能为力。欧拉方法在针对动态断裂大变形流动的数值模拟中，存在界面数值耗散较大和混合网格计算精度不够的问题，而且无法精确模拟动态断裂的应变率和历史相关行为。任意拉格朗日-欧拉方法(arbitrary Lagrangian-Eulerian)方法也存在经典拉氏有限元网格方法的类似问题。

表2-6　各种计算方法优缺点

计算方法	优势	缺点
基于网格的拉格朗日方法（有限元等）	①简单的控制方程与高效的求解过程 ②自动跟踪不同材料的界面及材料状态的动态变化 ③精确模拟应变相关的材料热力学行为	①需要高质量的网格求解包含复杂三维几何形状的问题 ②大变形问题中的网格变形将造成较大的数值误差与计算的提前终结 ③通过动态网格重新细化，处理大变形问题会由于新旧网格间信息的转换引入较大数值误差，同时造成时间步长趋近于零 ④模拟碰撞问题时需要实时判断各个单元间的动态接触，提高了计算成本 ⑤裂纹扩展的计算是网格相关的，理论上收敛不到精确解
基于网格的欧拉方法（有限体、有限差分等）	①简单的网格生成 ②不存在网格变形，适应于处理材料大变形问题	①在动态确定不同材料交界面时的算法复杂且计算成本较大 ②无法精确模拟与应变率历史相关的材料热力学行为 ③无法精确模拟裂纹扩展与物质的自由表面 ④不适用于模拟多体动态接触
任意拉格朗日欧拉法（ALE）	结合了基于网格的拉格朗日与欧拉方法的优势	①在拉格朗日与欧拉构型间进行数据转换时引入了较大的数值误差 ②存在经典拉格朗日方法的类似问题
物质点法（MPM）	①结合了基于网格的拉格朗日与欧拉方法的优势 ②动态碰撞模拟，无额外计算成本	①低阶插值函数，无法满足求解特定问题 C^k 连续性的要求 ②在拉格朗日物质点与欧拉背景网格间的数据交换引入数值误差，累积的单元渗透误差将导致计算的不稳定性 ③缺乏基于物理机制的裂纹扩展算法 ④计算结果与质量点的分布相关 ⑤高计算成本
粒子法与无网格法（SPH、EFG）	①无需分网 ②不存在求解大变形问题时由网格变形引起的计算提前终结 ③高阶的插值函数及 C^k 连续性	①缺乏误差及稳定性的理论分析 ②插值函数不满足 Kronecker-delta 属性，无法直接施加位移边界条件 ③插值函数不满足严格的非负性，求解热力学问题不收敛 ④缺乏有效的数值积分方式 ⑤严重的零能模式及拉应力的不稳定性 ⑥缺乏基于物理机制的裂纹扩展法

近年来无网格方法得到了迅速的发展，涌现了光滑粒子动力学方法(SPH)、无网格伽辽金法(EFGM)、物质点法(MPM)、离散单元法(DEM)等，受到了国际力学界的高度重视。由于无网格方法不需要划分网格，克服了有限元方法对网格的依赖性，对于传统方法不易解决的动态大变形、局域断裂奇异性、拓扑性质改变等问题，显示出一定的优势。

2. 描述气固耦合及气相对流、雍塞的计算方法

现有的欧拉、拉氏及ALE算法均能在一定程度上实现气固耦合的计算，但系统安全性研究中的气固耦合计算是以先实现结构与炸药的大变形、断裂、破碎模拟为前提，需要同时保障两者的计算需求，换言之，需要发展建立基于粒子法/无网格方法的气固耦合算法。

目前备选的可配套粒子法/无网格方法的气固耦合算法有两大类。一类偏重物理图像，基于大量气相物质点随机碰撞与运动扩散来表现气体压强及膨胀、流动等效应，典型的如格子玻尔兹曼方法(Lattice-Boltzmann methods)[164,165]等；另一类偏重等效描述，在气相物质点上利用状态方程计算压强及其排斥作用，典型的如气相离散元方法等。相较而言，前一类方法的理论更严密、物理更保真；后一类方法在描述产物气体与炸药断面热量交换及炸药断面燃烧反应时更容易编程实现。

3. 燃烧、爆燃、爆炸、爆轰的统一建模

单纯的燃烧计算，可由反应流模拟、大涡模拟等直接实现；单纯的爆轰模拟，可由传统的拉氏与欧拉流体动力学方法实现。但要实现装药缓慢燃烧、快速爆燃、猛烈爆炸、剧烈爆轰的统一模拟，在粒子法/无网格方法及其配套气固耦合算法的基础上，还需要开展物质微元由固相逐步转为气相时的气固共存相燃烧过程的建模、炸药高压燃烧速率的建模、气相产物宽区状态方程的建模、未反应炸药物质微元高压力学响应的建模等。将相应物理模型集成到程序与算法之中，可实现不同反应演化烈度等级的统一模拟。

4. 大时间跨度下结构与炸药响应的统一算法

装药慢烤下的热刺激点火时间可达几十小时，通常采用长时间步长的隐式求解算法；点火后反应演化的特征时间在微秒到毫秒之间，通常采用短时间步长的显式推进算法。从长时慢烤点火到瞬态反应演化，原则上只需要切换隐式与显式算法即可。但以长时振动导致的载荷非性线放大与装药损伤点火为例，实际的困难还在于点火之前的长时振动中出现的结构间隙碰撞、多体相互作用、炸药损伤断裂等演化等也难以采用隐式算法进行求解。一个可能的方案是实现隐式与显式算法的实时自动切换：在出现碰撞、断裂等非线性的瞬态，切换采用显式算法计算；在其余没有明显非线性响应的振动中间过程，切换采用隐式算法计算；在点火后的反应演化中切换为显式计算；在装药壳体破裂后向外飞散产生危害后效的过程中又切换为隐式计算，直到击中效应物再切换为显式计算。

综上所述，现有的计算方法可初步实现系统安全性问题的分场景、分阶段模拟。将来的数值模拟新方法/新系统需要攻克一系列数值算法与理论建模上的瓶颈问题，更好地支撑装药系统的设计与安全性评估。

参 考 文 献

[1] 克拉夫 R, 彭津 J. 结构动力学[M]. 王光远, 译. 北京: 高等教育出版社, 2007.

[2] 曹树谦, 张文德, 萧龙翔. 振动结构模态分析[M]. 天津: 天津大学出版社, 2014.

[3] 高淑英, 沈火明. 振动力学[M]. 2 版. 北京: 中国铁道出版社, 2016.

[4] 陈红永, 范宣华, 王柯颖, 等. 基于大规模并行的高超声速飞行器动力学特性仿真[J]. 系统仿真学报, 2015, 27(8): 1715-1720.

[5] 陈红永, 李上明. 轴向运动梁在轴向载荷作用下的动力学特性研究[J]. 振动与冲击, 2016, 35(19): 75-80.

[6] Kerschen G, Peeters M, Golinval J C, et al. Nonlinear normal modes, part I: A useful framework for the structural dynamicist[J]. Mechanical Systems and Signal Processing, 2009, 23: 170-194.

[7] Butcher E A. Clearance effects on bilinear normal mode frequencies[J]. Journal of Sound and Vibration, 1999, 224(2): 305-328.

[8] Casini P, Vestroni F. Characterization of bifurcating non-linear normal modes in piecewise linear mechanical systems[J]. International Journal of Non-linear Mechanics, 2011, 46: 142-150.

[9] 朱永凯, 杨波, 夏华波, 等. 结构形式对船体振动的影响分析[J]. 船海工程, 2013, 42(6): 8-11.

[10] 周岩, 肖世富. 基础谐波激励单侧约束简支梁系统的动力学特性分析[J]. 力学与实践, 2019, 41(3): 270-277.

[11] 肖世富, 刘信恩, 杜强. 基于模态试验的链接结构状态表征参数研究[J]. 振动与冲击, 2011, 30(4): 60-63.

[12] 范宣华, 胡绍全, 张志旭, 等. 考虑刚度非线性的某橡胶隔振试验随机振动试验仿真研究[J]. 振动与冲击, 2009, 28(1): 174-176.

[13] 张天孙. 传热学[M]. 北京: 中国电力出版社, 2006.

[14] 于承训. 工程传热学[M]. 成都: 西南交通大学出版社, 1990.

[15] 杨世铭. 传热学[M]. 北京: 高等教育出版社, 2006.

[16] 王礼立. 应力波基础[M]. 2 版. 北京: 国防工业出版社, 2005.

[17] 郭伟国, 李玉龙, 索涛. 应力波基础简明教程[M]. 西安: 西北工业大学出版社, 2007.

[18] 丁启财. 固体中的非线性波[M]. 北京: 中国友谊出版社, 1985.

[19] 王勖成, 邵敏. 有限单元法基本原理和数值方法[M]. 北京: 清华大学出版社, 2001.

[20] 夏雪宝, 向阳, 吴绍维. 基于模态振型叠加的结构振动形状优化研究[J]. 武汉理工大学学报, 2014, 38(5): 1079-1082.

[21] 孙海宁, 唐晓强, 王晓宇, 等. 基于索驱动的大型柔性结构振动抑制策略研究[J]. 机械工程学报, 2019, 55(11): 53-60.

[22] Timoshenko S. Vibration Problems in Engineering[M]. New York: D. Van Nostrand Company, INC, 1948.

[23] Radovitzky R, Ortiz M. Lagrangian finite element analysis of Newtonian fluid flows[J]. International Journal for Numerical Methods in Engineering, 1998, 43: 607-619.

[24] 杨桂通. 塑性动力学[M]. 北京: 高等教育出版社, 2012.

[25] 诺曼 琼斯. 结构冲击[M]. 北京: 国防工业出版社, 2018.

[26] 刘延柱, 陈立群, 陈文良. 振动力学[M]. 3 版. 北京: 高等教育出版社, 2019.

[27] Shaw S W, Holmes P J. A periodically forced piecewise linear oscillator[J]. Journal of Sound and Vibration, 1983, 90(1): 129-155.

[28] Comparin R J, Singh R. Non-linear frequency response characteristics of an impact pair[J]. Journal of Sound and Vibration, 1989, 134(2): 259-290.

[29] Comparin R J, Singh R. Frequency response characteristics of a multi-degree-of-freedom system with clearances[J]. Journal of Sound and Vibration, 1990, 142(1): 101-124.

[30] Comparin R J, Singh R. Spectral coupling issues in a two-degree-of-freedom system with clearance non-linearities[J]. Journal of Sound and Vibration, 1992, 155(2): 209-230.

[31] Hossain M Z, Mizutani K, Sawai H. Chaos and multiple periods in an unsymmetrical spring and damping system with clearance[J]. Journal of Sound and Vibration, 2002, 250(2): 229-245.

[32] 李艳清, 江俊. 含间隙弹簧振动系统的非线性模态特性[J]. 动力学与控制学报, 2015, 13(1): 28-36.

[33] 丁旺才, 张有强, 张庆爽. 含干摩擦振动系统的非线性动力学分析[J]. 工程力学, 2008, 25(10): 212-217.

[34] 唐斌斌, 张艳龙, 崇富权, 等. 含间隙及摩擦的振动系统动力学分析[J]. 机械科学与技术, 2017, 36(9): 1362-1366.

[35] 白鸿柏, 张培林, 黄协清. 干摩擦振动系统随机激励响应的 Krylov-Bogoliubov 计算方法[J]. 振动与冲击, 2000, 19(2): 83-85.

[36] 肖世富, 陈滨, 杜强. 一类含间隙结构振动特性分析[J]. 动力学与控制学报, 2003, 1(1): 35-40.

[37] 周凡. 电力电缆暂态热路模型的优化分析[D]. 广州: 华南理工大学, 2014.

[38] 雷成华. 高压单芯电缆动态增容的理论分析与试验研究[D]. 广州: 华南理工大学, 2012.

[39] 李彦彰, 陈梦, 刘亚男, 等. 气体绝缘母线动态热路模型的研究[J]. 科学技术与工程, 2017, 17(12): 184-189.

[40] 许宇翔. 单芯高压电缆导体温度实时计算的理论分析和试验研究[D]. 广州: 华南理工大学, 2011.

[41] 刘亚男, 舒乃秋, 李彦彰, 等. 基于等效热路模型的 GIS 隔离开关温升计算[J]. 电测与仪表, 2017, 54(19): 7-12.

[42] 梁锋. 大功率 LED 路灯散热研究[D]. 天津: 天津理工大学, 2016.

[43] 艾东. 电动平衡车用驱动系统研究及温度分析[D]. 武汉: 武汉理工大学, 2019.

[44] 王玮, 李志信, 过增元. 微腔型 PCR 芯片的多体系集总热容法分析[J]. 工程热物理学报, 2004, 25(2): 308-310.

[45] 刘毅刚, 罗俊华. 电缆导体温度实时计算的数学方法[J]. 高电压技术, 2005, 31(5): 52-54.

[46] 王晓娜, 于方舟, 杨遂军, 等. 基于集总热容法的薄膜热电偶动态特性研究[J]. 传感技术学报, 2014, 27(12): 1627-1631.

[47] 高兴勇, 陆蕴香. 大型圆柱体钢钉非稳态导热的集总热容法应用[J]. 锻压技术, 2011, 36(2): 116-118.

[48] 李彦彰, 舒乃秋, 刘亚男, 等. 基于外壳热分布的气体绝缘母线温度计算模型[J]. 电测与仪表, 2017, 54(18): 111-117.

[49] 李文军, 孙宏健, 郑永军. 铠装热电偶传递函数参数估计[J]. 传感技术学报, 2017, 30(7): 1044-1049.

[50] 孙立山, 陈希有. 电路理论基础[M]. 4 版. 北京: 高等教育出版社, 2020.

[51] 董海山. 高能炸药及相关物性能[M]. 北京: 科学出版社, 1989.

[52] 冯西桥, 余寿文. 准脆性材料细观损伤力学[M]. 北京: 高等教育出版社, 2002.

[53] Kachanov L M. Time of rupture process under creep conditions[J]. Izvestia Akademi Nauk USSR, Otd. Techn. Nauk, Moskwa, 1958, 8: 26-31.

[54] Lemaitre J. A continuous damage mechanics for ductile fracture[J]. J Eng Mater Tech, 1985, 107: 83-89.

[55] Lemaitre J. Evaluation of dissipation and damage in metals submitted to dynamic loading[C]. Jono M, Inoue T, ed. Proceedings of ICM-1. Oxford: Pergamon, 1971: 323-331.

[56] Rabotnov Y N. Creep Problems in Structural Members[M]. Amsterdam: North-Holland, 1969.

[57] 余寿文, 冯西桥. 损伤力学[M]. 北京: 清华大学出版社, 1997

[58] 李英雷, 李大红, 胡时胜, 等. TATB 钝感炸药本构关系的试验研究[J]. 爆炸与冲击, 1999, 19(4): 353-359.

[59] 唐志平. 高应变率下环氧树脂力学性能研究[D]. 合肥: 中国科学科学技术大学, 1980.

[60] 唐志平, 田兰桥, 朱兆祥, 等. 高应变率下环氧树脂的力学性能研究[C]. 第二届全国爆炸力学会议论文集. 扬州: 中国力学学会, 1981, 41.

[61] 杨黎明, 朱兆祥, 王礼立. 短纤维增强对聚碳酸酯非线性粘弹性性能的影响[J]. 爆炸与冲击, 1986, 6(1): 1-9.

[62] 孙承纬, 卫玉章, 周之奎. 应用爆轰物理[M]. 北京: 国防工业出版社, 2000.

[63] 爱玛努爱利. 化学动力学[M]. 上海: 上海科学技术出版社, 1962.

[64] Asay B W. Non-shock Initiation of Explosives[M]. Heidelberg: Springer, 2010.

[65] Chambre P L. On the solution of Poisson-Boltzmann equation with application to the theory of thermal explosions[J]. Journal of Chemical Physics, 1952, 20(11): 1795-1797.

[66] Zinn J and Mader C L, Thermal initiation of explosives[J], Journal of Applied Physics, 1960, 31(2): 323-328.

[67] Thomas P H. On the thermal conduction equation for self-heating materials with surface cooling[J]. Transactions of the Faraday Society, 1958, 54: 60-65.

[68] Thomas P H. Some approximations in the theory of self-heating and thermal explosion[J]. Transactions of the Faraday Society, 1960, 56: 833-839.

[69] Boddington T, Gray P, Harvey D I. Thermal theory of spontaneous ignition: Criticality in bodies of arbitrary shape[J]. Phi. Trans. Roy. Soc., 1971, 270: 467-506.

[70] Zinn J, Rogers R N, Thermal initiation of explosives[J]. Journal of Physical Chemistry, 1962, 66: 2646-2653.

[71] Zinn J. Initiation of explosions by hot spots[J]. Journal of Chemical Physics, 1962, 36: 1949.

[72] Boddington T. The growth and decay of hot spots and the relation between structure and stability[C]. Ninth Symposium (International) on Combustion, New York: Academic Press, 1963: 287.

[73] Friedman M H. A correlation of impact sensitivities by means of the hot spot model[C]. Ninth Symposium (International) on Combustion. New York: Academic Press, 1963: 294.

[74] Merzhanov A G. On critical conditions for thermal explosion of a hot spot[J]. Combustion and Flame, 1966, 10: 341-348.

[75] Thomas P H. A comparison of some hot spot theories[J]. Combustion and Flame, 1965, 9: 369-372.

[76] Thomas P H. An approximate theory of hot spot criticality[J]. Combustion and Flame, 1973, 21: 99-109.

[77] 章冠人. 瞬时加热热点的近似临界理论[J]. 爆炸与冲击, 1982, 2(3): 51-58.

[78] Henson B F, Asay B W, Smilowitz L B, et al. Ignition chemistry in HMX from thermal explosion to detonation[C]. Shock Compression of Condensed Matter, 2001: 1069-1072.

[79] Henson B F, Smilowitz L, Romero J, et al. Measurement of temperature and ignition time during fast compression and flow in PBX 9501[C]. Shock Compression of Condensed Matter, 2005: 1077-1080.

[80] Enig J W. Critical condition in time-dependent thermal explosion theory[J]. Journal of Chemical Physics, 1964, 41(12): 4012-4013.

[81] Enig J W. Approximate solutions in the theory of thermal explosions for semi-infinite explosives[J]. Proceedings of the Royal Society of Lond A, 1968, 305: 205-217.

[82] Meredith K V, Gross M L, Beckstead M W. Laser-induced ignition modeling of HMX[J]. Combustion and Flame, 2015, 162: 506-515.

[83] Ali A N, Son S F, Asay B W, et al. High-irradiance laser ignition of explosives[J]. Combustion Science and Technology, 2003, 175: 1551-1571.

[84] Harrach R J. Estimates on the ignition of high-explosives by laser pulses[J]. Journal of Applied Physics, 1976, 47(6): 2473-2482.

[85] Ritchie S J, Thynell S T, Kuo K K. Modeling and experiments of laser-induced ignition of nitramine propellants[J]. Journal of Propulsion and Power, 1997, 13(3): 367-374.

[86] Churchill R V. Modern Operational Mathematics in Engineering[M]. New York: McGraw Hill, 1944.

[87] Carslaw H S, Jaeger J C. Conduction of Heat in Solids[M]. Oxford: Clarendon Press, 1959.

[88] Liau Y C, Lyman J L. Modeling laser-induced ignition of nitramine propellants with condensed and gas-phase absorption[J]. Combustion Science and Technology, 2002, 174: 141-171.

[89] Tarver C M, Chidester S K, Nichols III A L. Critical conditions for impact and shock induced hot spots in solid explosives[J]. Journal of Physical Chemistry, 1996, 100: 5794-5799.

[90] 赵雪娥, 孟亦飞, 刘秀玉. 燃烧与爆炸理论[M]. 北京: 化工工业出版社, 2010.

[91] 张奇, 白春华, 梁慧敏. 燃烧与爆炸[M]. 北京: 北京理工大学出版社, 2019.

[92] Zenin A A, Finjakov S V. Characteristics of RDX combustion zones at different pressures and initial temperatures[J]. Combustion, Explosion, and Shock Waves, 2006, 42(5): 521-533.

[93] Zenin A A, Finjakov S V. Response functions of HMX and RDX burning rates with allowance for melting[J]. Combustion, Explosion, and Shock Waves, 2007, 43(3): 309-319.

[94] Zenin A, Finjakov S. Characteristics of octogen and hexogen combustion: A comparison[J]. Energetic Mater., 2006, 37: 154-172.

[95] Margolis S B, Alex E M T, Williams F A. Intrusive-limit deflagrations in confined porous energetic materials[J]. Proceedings of the Combustion Institute, 2002, 29(2): 2913-2922.

[96] Kagan L, Sivashinsky G. A high-porosity limit for the transition from conductive to convective burning in gas-permeable explosives[J]. Combustion and Flame, 2010, 157: 357-362.

[97] Kagan L, Sivashinsky G. Theory of the transition from conductive to convective burning[J]. Proceedings of the Combustion Institute, 2011, 33: 1983-1988.

[98] Son S F, Asay B W, Whitney E M, et al. Flame spread across surfaces of PBX 9501[J]. Proceedings of the Combustion Institute, 2007, 31: 2063-2070.

[99] Kuo K K. Principles of Combustion[M]. New York: Wiley, 2005.

[100] Bobolev V K, Margolin A D, Chuiko S V. The mechanism by which combustion products penetrate into the pores of a charge of explosive material[J]. Proc. Acad. Sci. USSR 162, 1965: 388-391.

[101] Margolin A D, Chuiko S V. Conditions for ignition of the pore walls in the burning of a porous charge[J]. Combustion, Explosion, and Shock Waves, 1965, 1(3): 15-19.

[102] Margolin A D, Chuiko S V. Combustion instability of a porous charge with spontaneous penetration of the combustion products ino the pores[J]. Combustion, Explosion, and Shock Waves, 1966, 2(3): 72-75.

[103] Godai T. Flame propagation into the crack of a solid propellant cracks[J]. AIAA Journal, 1970, 8: 1322-1327.

[104] Belyaev A F. Development of combustion in an isolated pore[J]. Combustion, Explosion and Shock Waves, 1969, 5: 4-9.

[105] Margolin A D, Margulis V M. Penetration of combustion into an isolated pore in an explosive[J]. Combustion, Explosion and Shock Waves, 1969, 5: 15-16.

[106] Bradley H H, Boggs T L. Convective burning in propellant defects: A literature review[R]. Technical Report NWC-TP-6007, Naval Weapons Center, China Lake, CA, 1978.

[107] Prentice J L. Combustion in solid propellant grain defects: A study of burning in single- and multi-pore charges[R]. Technical Report NWC TM 3182, U. S. Naval Ordance Test Station, China Lake, CA, 1977.

[108] Bobolev V K, Karpukhin I A, Chuiko S V. Combustion of porous charges[J]. Combustion, Explosion, and Shock Waves, 1965, 1(1): 31-36.

[109] Bobolev V K, Margolin A D, Chuiko S V. Stability of normal burning of porous systems at constant pressure[J]. Combustion, Explosion, and Shock Waves, 1966, 2(4): 15-20.

[110] Taylor J W. The burning of secondary explosive powders by a convective mechanism[J]. Trans. Faraday Soc, 1962, 58: 561-568.

[111] Krasnov Y K, Margulis V M, Margolin A D, et al. Rate of penetration of combustion into the pores of an explosive charge[J]. Combustion, Explosion and Shock Wave, 1970, 6: 262-265.

[112] Kumar M, Kovacic S M, Kuo K K. Flame propagation and combustion process in solid propellant cracks[J]. AIAA Journal, 1981, 19: 610-618.

[113] Jackson S I, Hill. Predicting runaway reaction in a solid explosive containing a single crack[J]. Shock Compression of Condensed Matter, 2007: 927-930.

[114] Jackson S I, Hill. Runaway reaction due to gas-dynamic choking in solid explosive containing a single crack[J]. Proceedings of the Combustion Institute, 2009, 32: 2307-2313.

[115] 陈卓如, 金朝铭, 王洪杰, 等. 工程流体力学[M]. 2 版. 北京: 高等教育出版社, 2004.

[116] 尚海林, 胡秋实, 李涛, 等. 炸药裂缝燃烧增压过程的一维理论[J]. 爆炸与冲击, 2020, 40(1): 114-117.

[117] 汪志诚. 热力学·统计物理[M]. 3 版. 北京: 高等教育出版社, 2000.

[118] Kuo K K, Chen A T, Davis T R. Convective burning in solid-propellant cracks[J]. AIAA Journal, 1978, 16: 600-607.

[119] Smirnov N N. Convective burning in channels and cracks in solid propellants[J]. Fizika Goreniyai Varyva, 1985, 21: 29-36.

[120] Kuo K K, Covalcin R L, Ackman S J. Convective burning in isolated solid propellant cracks[R]. Naval Weapons Center, China Lake, Calif., NWC TP6049, 1979.

[121] Kumar M, Kuo K K. Ignition of solid propellant crack tip under rapid pressurization[J]. AIAA Journal, 1980, 18: 825-833.

[122] Griffiths S K. Similarity analysis of fracture growth and flame spread in deformable solid propellants[J]. Combustion and Flame, 1992, 88: 369-383.

[123] 韩小云, 周建平. 固体推进剂裂纹对流燃烧和扩展的研究分析[J]. 推进技术, 1997, 18(6): 41-45.

[124] 范天佑. 断裂理论基础[M]. 北京: 科学出版社, 2003.

[125] Swanson S R. Application of Schapery's theory of viscoelastic fracture to solid propellant[J]. Journal of Spacecraft, 1976, 13(9): 528-533.

[126] Schapery R A. Correspondence principles and a generalized J integral for large deformation and fracture analysis of viscoelastic media[J]. International Journal of Fracture, 1984, 25(3): 195-223.

[127] Lu Y C. Combustion-induced crack propagation process in a solid-propellant crack cavity[D]. Philadelphia: The Pennsylvania State University, 1992.

[128] Smilowitz L, Henson B F, Romero J J, et al. The evolution of solid density within a thermal explosion II. Dynamic proton radiography of cracking and solid consumption by burning[J]. Journal of Applid Physics, 2012, 111: 1035-1051.

[129] Hill L G. Burning crack networks and combustion bootstrapping in cookoff explosives[C]. Shock Compression of Condensed Matter, 2005, 845: 531-534.

[130] Sneddon I N. Application of Integral Transforms in the Theory of Elasticity[M]. New York: McGraw Hill, 1976.

[131] Sneddon I N. Boussinesq's problem for a fat-ended cylinder[J]. Mathematical Proceedings of the Cambridge Philosophical Society, 1946, 42(1): 29-39.

[132] Harding J W, Sneddon I N. The elastic stresses produced by the indentation of the plane surface of a semi-infinite elastic solid by a rigid punch[J]. Mathematical Proceedings of the Cambridge Philosophical Society, 1945, 41(1): 16-26.

[133]吴家龙. 弹性力学[M]. 北京: 高等教育出版社, 2001.

[134] 严镇军. 数学物理方程[M]. 2 版. 合肥: 中国科学技术大学出版社, 1996.

[135]Sneddon I N. 富利叶变换[M]. 何衍璋, 张燮, 译. 北京: 科学出版社, 1958.

[136]Sneddon I N. Boussinesq's problem for a rigid cone[J]. Mathematical Proceedings of the Cambridge Philosophical Society, 1948, 44(4): 492-507.

[137]陈荣. 一种 PBX 炸药试样在复杂应力动态加载下的力学性能试验研究[D]. 长沙: 国防科学技术大学, 2010.

[138] Forrestal M J, Tzou D Y. A spherical cavity-expansion penetration model for concrete targets[J]. International Journal of Solids and Structures, 1997, 34(31): 4127-4146.

[139] Feng J, Li W B, Wang X M, et al. Dynamic spherical cavity expansion analysis of rate-dependent concrete material with scale effect[J]. International Journal of Impact Engineering, 2015, 84: 24-37

[140]Alehossein H, Detournay E, Huang H. An analytical model for the indentation of rocks by blunt tools[J]. Rock Mechanics and Rock Engineering, 2000, 33(4): 267-284.

[141]Chen L H, Labuz J F. Indentation of rock by wedge-shaped tools[J]. International Journal of Rock Mechanics and Mining Sciences, 2006, 43: 1023-1033.

[142]Gross M L, Meredith K V, Beckstead M W. Fast cook-off modeling of HMX[J]. Combustion and Flame, 2015, 162: 3307-3315.

[143]张家雷. 激光辐照下约束炸药热爆炸机理研究[D]. 绵阳: 中国工程物理研究院, 2017.

[144]Cook G B. The initiation of explosion in solid secondary explosives[J]. Proceedings of the Royal Society of London, Series A, 1958, 246(1245): 154-160.

[145]Namkung J, Coffey C S. Plastic deformation rate and initiaion of crystalline explosives[J]. Shock Compression of Condensed Matter, 2001: 1003-1006.

[146] Bhardwaj M, Reese G, Driessen B, et al. SALINAS-an implicit finite element structural dynamics code developed for massively parallel platforms[C]. American Institute of Aeronautics and Astronautics Paper, 2020: 1651.

[147] Helminiak N S, Sable P, Harstad E, et al. Characterizing in-flight temperature of explosively formed projectiles in CTH[J]. Procedia Engineering, 2017, 204: 178-185.

[148] Omino S P, Moen C D, Burns S P, et al. SIERRA/Fuego: A multi-mechanics fire environment simulation tool[C]. 41st AIAA Aerospace Sciences Meeting, 2003: 149.

[149] Silling S A. Reformulation of elasticity theory for discontinuities and long-range forces [J]. Journal of the Mechanics and Physics of Solids, 2000, 48(1): 175-209.

[150] Silling S A, Askari E. A meshfree method based on the peridynamic model of solid mechanics[J]. Comput. Stru., 2005, 83: 1526-1535.

[151] Silling S A, Epton M, Weckner O, et al., Peridynamic states and constitutive modeling[J]. Journal of Elasticity, 2007, 88(2): 151-184.

[152] Arroyo M, Ortiz M. Local maximum-entropy approximation schemes: A seamless bridge between finite elements and meshfree methods[J]. International Journal for Numerical Methods in Engineering, 2006, 65: 2167-2202.

[153] Li B, Stalzer M, Ortiz M. A massively parallel implementation of the optimal transportation meshfree method for explicit solid dynamics[J]. International Journal for Numerical Methods in Engineering, 2014, 100: 40-61.

[154] Li B, Pandolfi A, Ortiz M. Material-point erosion simulation of dynamic fragmentation of metals[J]. Mechanics of Materials, 2015, 80: 288-297.

[155] Pazdniakou A, Adler P M. Lattice spring model[J]. Transport in Porous Media, 2012, 93(2): 243-262.

[156] Cundall P A. A discrete nnumerical model for granular assemblies[J]. Geotechnique, 1979, 29: 47-65.

[157] Keating P N. Theory of the third-order elastic constants of diamond-like crystals[J]. Phys. Rev., 1966, 149(2): 674-678.

[158] Hrennikoff A. Solution of problems of elasticity by the framework method[J]. J. Appl. Mech., 1941, 8(4): 169-244.

[159] 张雄, 刘岩. 无网格法[M]. 北京: 清华大学出版社, 2004.

[160] Li F, Pan J, Sinka C, Modelling brittle impact failure of disc particles using material point method[J]. Int. J. Impact Eng., 2011, 38(7): 653-660.

[161] Daphalapurkar P N, Lu H, Coker D, et al. Simulation of dynamic crack growth using the generalized interpolation material point (GIMP) method[J]. Int. J. Frac., 2007, 143: 79-102.

[162] Deng X L, Wang B. Peridynamic modeling of dynamic damage of polymer bonded explosive[J]. Computational Materials Science, 2020, 173: 1094-1099.

[163] 傅华. 材料在冲击荷载下细观变形特征的数值模拟初步研究[D]. 绵阳: 中国工程物理研究院, 2006.

[164] Benzi R, Succi S, Vergasola M. The lattice Boltzmann equation: Theory and applications[J]. Phys. Rep, 1992, 222(1): 145-151.

[165] Chen S Y, Doolen G D. Lattice Bltzmann method for fluid flows[J]. Ann Rev Fluid Mech., 1998, 30: 329-368.

第3章 机械、热刺激试验方法

　　根据武器装药在装配、运输及敌对攻击等事故场景中所遭受外界刺激的类型，现有的装药安全性试验方法主要分为机械刺激和热刺激两大类试验方法。机械刺激试验方法对应于运输跌落或撞击、子弹或破片攻击、射流作用等事故场景，运用此可对真实系统结构力学响应下的装药化爆安全性问题进行分析研究。热刺激试验方法则对应于环境失火高温加热、邻近弹药库起火缓慢加热等事故场景，通过此可对真实结构热响应下的装药化爆安全性问题进行分析研究。

　　除这两类刺激外，武器装药在特殊事故中还会遇到更为复杂的情况，例如，当飞机失事或导弹发射失败坠地时可能遭遇撞击和火烧的复合刺激；当邻近装药爆炸时会受到冲击波和高速破片的撞击；在侵彻穿靶的过程中会经历低压长脉冲作用等场景，为此还建立了一些模拟载荷特征的装药化爆安全性试验方法。

　　目前，从研究目的的角度出发，已建立的装药化爆安全性试验方法又可分为两种情况。一种情况是，根据系统结构响应特征载荷分析，通过加载条件等效模拟对炸药响应的基本规律及其关键影响因素进行研究，如落锤试验、ODTX试验等；另一种情况是，直接模拟事故场景的状态和条件，对装药化爆安全性进行直接分析评价，如Steven试验、烤燃试验、力热复合加载试验(coupled mechanical-thermal insult test)等。

3.1　机械刺激试验方法

　　根据外界刺激载荷强度，装药的机械刺激安全性试验方法主要分为低速撞击和高速撞击两类。低速撞击问题由于与武器装药在操作、运输事故密切相关，因此受到了广泛的关注，发展的相关试验方法也较多。这里主要介绍具有代表性的几个试验，研究对象主要是经过结构响应等效设计的炸药部件或模拟结构装药件，包括与炸药材料及响应相关的落锤试验、与炸药部件操作失误相关的滑道试验、特定结构装药模拟的Steven试验和高空跌落响应模拟的Susan试验。

　　高速撞击主要与敌对攻击有关，有火药发射的子弹、爆炸形成的空气冲击波与破片及特殊聚能装药形成的高速射流等3种，相应的试验方法以直接模拟结构响应载荷条件为主，研究对象可以是真实的武器系统，也可以是结构响应的等效设计模拟结构试验件。

3.1.1　低速撞击试验方法

1. 落锤试验(drop weight test)

利用落锤加载可获得低幅值长脉宽的压力脉冲载荷,采用该加载方式对炸药材料点火问题的研究工作可以追溯到20世纪20年代。Robertson[1,2]将炸药设计成薄片形,安装在铜帽和凸出来的小基座上,小基座又装配在大的砧座上。通过控制铜帽的厚度和质量等,可实现对不同约束强度的落锤加载,如图3-1所示。

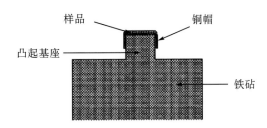

图3-1　Robertson落锤加载装置[1,2]

墨尔本大学的Bowden等[3]设计了研究低能量撞击加载下炸药点火机制的摆锤试验装置,如图3-2所示。落锤安装在一个单臂摆上,通过调节摆的长度、角度和落锤质量,可实现不同强度的加载。

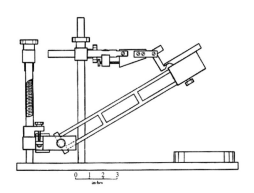

图3-2　Bowden的摆锤加载装置[3]

Bowden的装置虽然可以实现不同强度的加载,但无法获取撞击过程中的加载应力,为此,Field等[4]和Radford等[5]发展了打击柱(striker)带三压砧(anvils/sample holder)的落锤加载装置,如图3-3所示。该装置中,将压砧(anvils)设计成三层,样品放置在第一、二层的压砧之间,第三层压砧侧面粘贴应变片,用于检测打击过程中的撞击压力。样品和打击柱被安装在套筒内部,套筒侧壁开观测孔,可以通过高速摄影观测样品侧面的点火情况。该装置被广泛应用于炸药点火及本构测试中。

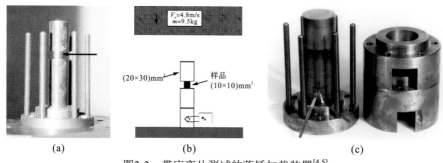

图3-3   带应变片测试的落锤加载装置[4,5]

Duffy等[6]认为，前述Field装置下部的压砧长度不够长，在应力波的来回反射过程中可能对应变测试造成干扰，于是他提出了将压砧加长的落锤试验装置，如图3-4所示。该装置中，样品底部的压砧被加得很长，是样品长度的很多倍。底部压砧中部设计成分体，内部放置PVDF应力计（压力传感器）。通过数值模拟发现，当打击柱撞击样品的力传递到压砧中部时，已经接近一维应力状态，从而可以提高样品的撞击应力的测试精度。

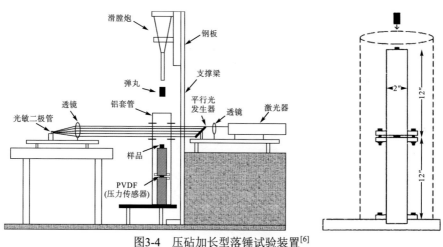

图3-4   压砧加长型落锤试验装置[6]

为对落锤试验中样品的压缩、破坏和点火过程进行观察，Balzer等设计了将反射镜植入落锤的试验装置，北京理工大学的吴艳青等也采用了类似的结构[7-10]。该装置中，在落锤内部内置一个孔洞，用于放置反射镜玻璃，反射镜角度为45°。落锤下落前开启光源，保证落锤作用在样品上的瞬时光线可进入落锤孔洞中并照亮样品。底部压砧也内置一个孔洞，放置45°镜片，高速摄影相机对准底部孔洞进行拍摄，试验照明光来自落锤内部内置反射镜反射的光源。

考虑到落锤加载试验中的应力振荡问题，Swallowe等[11]设计了带动量陷阱的落锤试验装置，如图3-5所示。在锤头顶部的外边缘粘贴加速度传感器，用于测试落锤撞击过程中的加速度信号，根据加速度信号可获取加载应力和速度。锤头内部开设孔洞，用于放置反射镜，当锤头作用到样品上时，光源发出的光通过反射镜照射到样品上，实现照明。为了降低试验中加速度的振荡，需要对反射应力波进行吸收。Swallowe通过在锤头顶部增加一个高度为锤头质量一半的圆盘，将圆盘与锤头设计成分体，两者之间通过油脂进行润滑，这样可通过圆盘的运动吸收掉部分应力波。

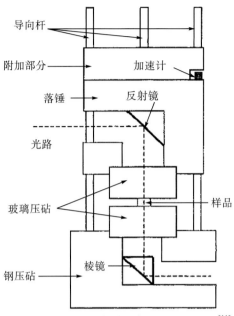

图3-5　带动量陷阱的落锤加载试验装置图[11]

为研究温度对落锤撞击点火行为的影响，美国得克萨斯大学的Zhang等[12]设计了带加温效应的落锤撞击试验装置。该装置将落锤安装在导轨架上，底部设计为双打击柱，其中上打击柱安装在落锤底部，下打击柱用弹簧固定在钢基座上。钢基座也设计为双层，上层用于连接下打击柱，下层用于安放样品和压砧。压砧安装在环形加热器内部，通过环形加热器对压砧进行加热。将样品放置在压砧上，通过压砧将热传递给样品以实现对样品初始温度的控制。

考虑到HMX晶体点火前会经历β→δ的相变过程，Czerski等[13]设计了带相变原位检测的落锤试验装置，如图3-6所示。与前述装置不同的是，该装置在落锤内部开设了两个孔洞，上面的孔洞用来通过光源光线，作照明用；下面的孔洞用来通过高能激光，该激光作为二次谐波(second harmonic generation，SHG)[14-18]的光源光，用于照射样品。和β相不同的是，当δ相受到1064nm的激光照射时，会产生一个532nm的二次谐波光，该光线可以作为发生相变的诊断依据。该装置下部依然由样品和压砧构成，不同的是压砧底部安装了一个532nm的滤光片，这使δ相产生的二次谐波光线能够得到清楚的分辨。

目前，中国工程物理研究院流体物理研究所在综合分析前人工作的基础上，设计了改进的落锤加载试验装置[18,19]，如图3-7所示。该装置中，落锤和打击柱设计成分体，由落锤直接撞击炸药改为由落锤先撞击上打击柱，再由上打击柱对颗粒炸药样品进行加载。在上打击柱开孔处采用同轴光源进行照明，入射光经过45°反光镜反射后进入样品。透明窗口采用3层结构，将样品放置在上两层的透明钢化玻璃之间。用PDV测速探头记录钢化玻璃下表面的运动速度；将PVDF压力计粘贴在下两层的钢化玻璃之间，以获取样品加载过程中的压缩应力；用高速相机通过下打击柱开孔对样品进行拍摄，可获取样品受载过程中的变形、破坏及点火图像。

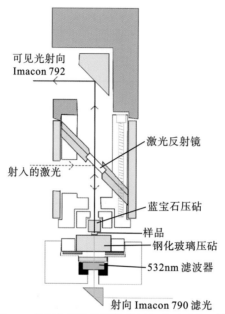

图3-6 带相变原位检测的落锤加载试验装置[13]

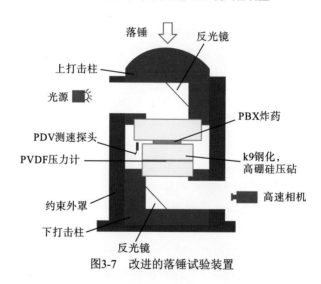

图3-7 改进的落锤试验装置

该装置的最大优点是兼顾了试验中样品表面的压缩速度、压力的测试和点火过程的原位观察，一次试验获取的信息量较大。该装置的另一个优点是，将上打击柱顶部设计成球形，可以最大限度地利用落锤能量，防止落锤歪斜导致的加载能量损失及数据不确定性。该试验装置可以直接评价和比较炸药撞击下的点火阈值和反应特性，从而获得装药响应过程参数，为炸药动态力学本构/点火模型的分析验证提供了一种很好的试验方法。

在落锤撞击试验中，为量化认识炸药的响应过程，需要对炸药的变形、破坏及点火行为进行专门的测试和分析，具体如下所述。

1) 炸药压缩速度、加速度和应力的测量

采用光子多普勒测速(photonic doppler velocimetry，PDV)技术测试样品上部压砧的运动速度。在压砧表面粘贴反射膜，反射膜表面的反射光同参考光发生相互作用得到了干涉条纹，通过对干涉条纹进行数据处理可得压砧速度。

在上打击柱背面开槽，用于放置加速度传感器，对加速度传感器数据进行处理和积分，可获取上打击柱运动的加速度和速度。

在样品底部的两个压砧中间粘贴PVDF压力计，粘贴过程中用镊子对表面进行平整处理，清除粘贴过程中PVDF和压砧之间的气泡。对PVDF获取的电压信号进行数据处理可得撞击应力。

2) 炸药动态变形、点火过程的测量

高速相机可拍摄落锤撞击点火反应的发光过程。一般分为两种情况，其一是对试验装置整体的点火反应进行拍摄；其二是在下打击柱底部开孔，孔内安放倾斜角为45°的反光镜，由于压砧材料为透明材料，故可对装药表面变形、破坏和点火反应的发光现象进行拍摄。

3) 炸药全场应力、温度的测量

采用压力敏感薄膜技术对样品受到的全场应力进行测量。该压力薄膜放置在受载样品的底部，可对薄膜的正面、背面全场压力相对值的分布进行记录，通过后处理软件可对压力的相对值进行后处理，给出全场应力云图。采用温度薄膜技术，对样品受到的全场及局部热点温度进行测量。在温升较高的区域，该薄膜会感应出较深的颜色，通过对颜色的深度值进行后处理，可获得全场的温度数据。

图3-8给出了Bowden摆锤试验装置给出的含气泡和不含气泡时NG炸药的点火概率结果[3]，落锤能量范围为$10^2 \sim 10^6$ g·cm。从图中看出，气泡的存在可以明显提高炸药的点火概率。

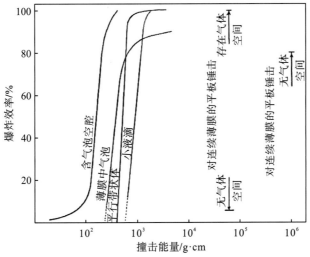

图3-8 含气泡和不含气泡时NG炸药样品落锤撞击点火概率[3]

图3-9显示了中国工程物理研究院流体物理研究所利用落锤和上打击柱分体装置获取的HMX晶体发生点火时的PDV速度和PVDF压力结果。从图3-9(a)中看出，该装置可以在一发试验中同时获取样品表面的压缩速度和压力，且压力数据在$t = 128\mu s$点火时发生上跳。图3-9(b)显示了落高$H = 0.3$、$0.4m$时，未点火HMX晶体的动态压力图像，从图可以看出，同样在落高$H = 0.3m$下，压力波形的幅值和形状都趋于一致；不同落高下，$H = 0.4m$时压力波形幅值略高于$H = 0.3m$时情况，但形貌趋于一致。

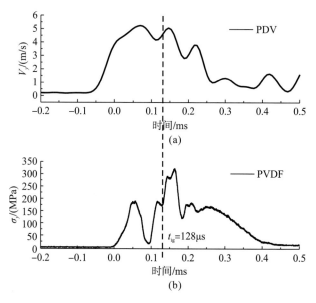

图3-9　HMX晶体的点火试验结果

图3-10显示了中国工程物理研究院流体物理研究所利用落锤和上打击柱分体的试验装置获取的HMX单晶动态点火图像，该图像清晰地反映了HMX晶体从加载开始变形、压实、破碎、喷射及点火的全过程，且该组动态点火图像的发光时刻同图3-9 PVDF压力曲线的上跳时刻一致，均为$t = 128\mu s$左右。

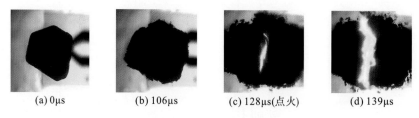

| (a) 0μs | (b) 106μs | (c) 128μs(点火) | (d) 139μs |

图3-10　HMX晶体在落高$H = 0.65m$时的动态点火图像

图3-11(a)～图3-11(c)显示了北京理工大学吴艳青等[10]利用同样装置拍摄的31.5mg重的HMX晶粒堆在0.2m落高的撞击试验结果，从图中可看出晶粒压缩过程中的变形、破坏和点火过程。图3-12显示了不同落高下样品膨胀面积随时间的演化图像[10]，该膨胀面积清晰地反映了压缩过程中样品的弹性变形、塑性流动、熔化和高速喷射过程。

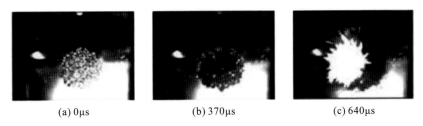

(a) 0μs　　　　　　(b) 370μs　　　　　　(c) 640μs

图3-11　HMX晶体样品在0.2m落锤撞击下的反应图像[10]

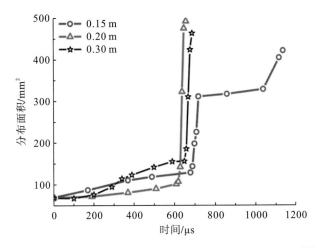

图3-12　HMX晶体在不同落高加载时样品面积的演化图像[10]

图3-13显示了采用压力敏感薄膜技术获取的落锤撞击下聚合物样品的全场应力数据[4]。试验中，圆形压力薄膜放置在样品底部，其中图3-13(a)和图3-13(b)显示的是薄膜正面、背面的压力相对值分布。两图中位于上、下部的分别是Φ5mm×0.7mm尼龙和无样品的薄膜压力计的结果；图3-13(c)是进一步处理后压力值的相对分布。从图中可以看出，该薄膜具备对落锤试验中压力分布进行有效测定的能力。

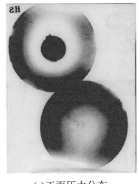　　

(a)正面压力分布　　　　　　(b)背面压力分布　　　　　　(c)压力相对分布

图3-13　压力敏感薄膜的测试结果[4]

图3-14显示了采用温度薄膜技术获取的NaCl晶体在2.5kg落锤在0.7m落高撞击下的温度分布图像[20]。从图中可看出，撞击加载下，由于样品的非均匀性会产生局部高温区，即热点，如图中箭头所示。因此，该温度薄膜可以对落锤撞击下样品热点温度及分布进行较好的表征。

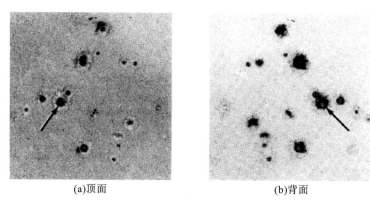

(a)顶面   (b)背面

图3-14 2.5kg落锤在0.7m落高撞击下NaCl晶体的温度分布图像[20]

图3-15(a)显示了激光照射HMX晶体在落锤撞击下滤光前后的动态图像[13]，图3-15(b)过滤掉了其他波长的光线，清晰可见532nm的二次谐波光线，这说明HMX晶体在撞击过程中的确发生了β→δ相变，二次谐波光线可作为HMX晶体撞击过程中β→δ相变的直接证据。

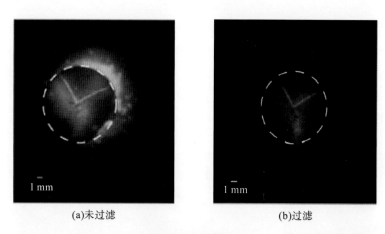

(a)未过滤   (b)过滤

图3-15 带原位相变检测落锤加载装置给出的HMX样品高速拍摄图像

图3-16显示了带温控的落锤试验装置给出的PETN和HMX样品在不同温度和落高的撞击点火试验结果[12]。从图中看出，样品的临界点火落高随温度的升高而降低，说明升温可以提高样品的撞击敏感度。

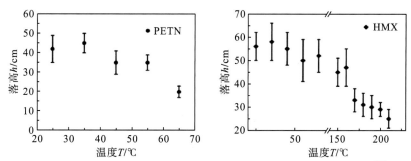

图3-16　PETN和HMX样品在不同温度和落高下的落锤撞击试验结果[12]

2. 滑道试验(skid test)

1959年，英国原子能武器实验室(AWE)和美国洛斯阿拉莫斯国家实验室(LANL)发生了多起炸药部件跌落后与坡面碰撞导致的安全事故，造成多人伤亡[21]。此后，大量与跌落碰撞冲击相关的炸药安全性试验在两国相继展开。在该系列试验的基础上，英美两国武器实验室总结形成了一类标准的试验方法，称为滑道试验。

滑道试验装置的结构主要有两种，其能够模拟无约束的炸药部件从不同高度跌落与不同表面斜碰撞的场景。一种是英国AWE与美国劳伦斯利弗莫尔国家实验室(Lawrence Livermore National Laboratory，LLNL)采用的摆锤式滑道试验装置[22]，另一种是美国LANL采用的垂直跌落式滑道试验装置[22]。两种标准试验装置的碰撞角均被设计为14°或45°，其中靶板可以是光滑平板(钢质或铝质)，也可以是在靶板上覆盖的标准砂纸，或将硬质砂粒用环氧胶黏覆在靶板表面，以模拟不同的表面粗糙度。

摆锤式滑道试验装置如图3-17所示。该装置主要包括T型悬挂系统、半球形试验件、样品提升/释放系统和靶板，其中半球形试验件通过木质托环与悬挂系统相连。通过铰链控制的提升/释放系统将试验件提升到预定高度后，试验件自由摆落并以一定的角度撞击水平靶板。调节悬挂系统高度与靶板位置可以控制试验件与靶板的碰撞角度。在标准试验流程中，碰撞角度被控制为14°或45°，英国AWE通常采用直径360mm的半球形药球试验件，美国LLNL则通常采用直径280mm的半球形药球试验件。需要注意的是，采用这种试验装置时，应确保在释放试件前的药球截面保持水平状态。

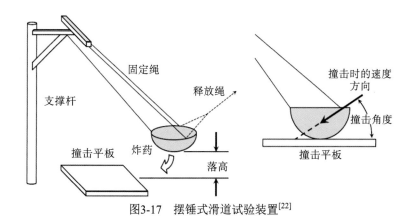

图3-17　摆锤式滑道试验装置[22]

　　垂直跌落式滑道试验装置如图3-18所示。与摆锤试验装置类似，美国LANL设计的跌落式滑道试验装置也采用半球形药球(直径245mm)，靶板表面可以覆盖砂纸或者黏覆砂粒，也可以覆盖其他材料以模拟实际工况。不同的是，其碰撞角度(14°或45°)可通过调节靶板的倾斜角度来控制。

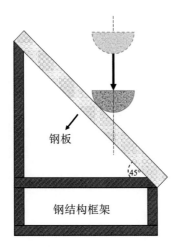

图3-18　垂直跌落式滑道试验装置[22]

　　2010年，Dickson等[23]为研究滑道试验中初始热点的形成与传播过程，对传统滑道试验进行了改进，将靶板替换为多层透明玻璃板(图3-19)，通过高速摄影成功观察到了局部高温反应区的产生、增长和熄灭等过程。

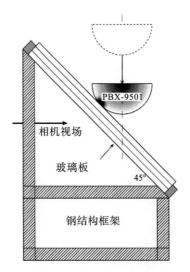

图3-19　带透明玻璃板的滑道试验装置[23]

　　滑道试验在装药安全性研究中发挥了非常重要的作用,其主要用于模拟装药部件在生产、装配、运输与使用中由于意外跌落发生撞击、摩擦等刺激作用的危险性评价,在装药安全性研究中具有非常重要的作用,美国原子能委员会曾把这种试验方法作为鉴定炸药工厂作业安全最有使用价值的方法[24]。

　　滑道试验测试手段主要包括加速度传感器、压力传感器和高速摄影相机。在半球形试件表面与靶板碰撞处布置若干金属细丝,并对靶板表面黏覆的砂粒进行镀银处理,撞击时产生的电压信号可作为测试系统的触发信号。

　　(1)加速度传感器可测量装药的法向、切向加速度。一种典型的加速度传感器布置方式如图3-20所示,将树脂玻璃圆形薄板黏接在药球截面,然后在玻璃板上打孔以埋置加速度传感器。

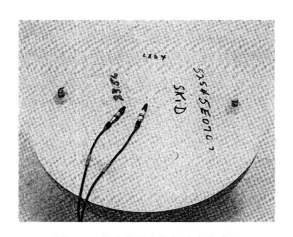

图3-20　药球截面上的加速度传感器

　　(2)压力传感器可测量装药发生反应后的产物超压。

　　(3)高速摄影相机则用于记录装药撞击、点火、反应的过程。

　　在典型的滑道试验中,装药会同时受到撞击、摩擦及剪切等的作用而产生热能,进而引起温升点火。容易理解,装药的反应程度除与炸药本身的性质有关外,还取决于落高、靶板和装药之间的撞击角及靶板表面的粗糙程度。但还有一个关键因素,即松散的硬杂质颗粒对炸药中热点形成及点火的增强作用[25],而这常被忽视。在早期的滑道试验中,人们常发现某些矛盾的结论,如装药在较高的落高下未发生明显反应,反而在较低落高时发生爆炸,这很可能与试验中未能很好地控制试验中的杂质颗粒有关。

　　图3-21为美国LANL开展的垂直跌落式滑道试验中高速相机拍摄的单发试验在不同时刻的典型图像[26]。从图中可以看到,除说明在装药碰撞过程中松散杂质颗粒(砂粒)间的摩擦是装药中形成局部升温点火的重要源头外,还展示了装药后点火反应的演化过程。

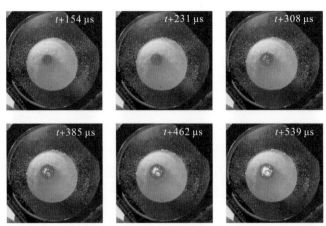

图3-21　局部温升点火反应的形成及演化过程图[26]

　　松散的硬杂质颗粒之所以对滑道试验结果的影响很大，是因为与滑道试验斜冲击的特点有关。早期Bowden等的工作表明，在两个表面碰撞摩擦的短暂时间尺度内（约1ms），接触面能达到的最大温度会受限于两个表面中较低的那个熔点温度[27]。但斜冲击的特点是装药与靶板之间有较大滑移，若装药或靶板表面存在松散的硬杂质颗粒，滑移会使得颗粒间摩擦发生的概率增大，这样容易在装药中形成温度比炸药熔点高得多的热点，从而导致点火的发生。Heatwole等基于控制变量的思想针对一种低熔点PBX装药设计了系列滑道试验并对此进行了证实[28]，部分对比试验结果总结见表3-1。

表3-1　不同靶板滑道试验的结果[28]

靶板布置情况	干净表面	表面仅有1颗硬质杂质颗粒	表面分布大量硬质杂质颗粒
高熔点靶板	未点火	点火	点火
低熔点靶板	未点火	未点火	点火

　　中国工程物理研究院化工材料研究所将基于几种PBX装药开展的摆锤式滑道试验典型结果列于表3-2[29]。该试验中靶板为35钢，表面喷涂1～1.3mm且50～70目的石英砂，装药成型方式均为压制。

表3-2　几种PBX装药的滑道试验结果[29]

装药名称	炸药密度/(g/cm³)	试件重量/g	落高/m	角度/(°)	试验现象
PBX-1	1.866	9972	0.76	14	靶板有烧痕
PBX-1	1.866	9973	1.07	14	靶板有明显烧痕
PBX-1	1.866	9919	1.52	14	爆轰
PBX-1	1.867	9920	6.1	14	靶板有爆炸喷射痕迹，有发光和噪声
PBX-3	1.846	9973	3.05	14	靶板有烧痕
PBX-3	1.848	9975.5	4.03	14	靶板有明显烧痕
PBX-3	1.848	9910	6.1	14	装药发生燃烧，可回收部分残药
PBX-3	1.848	9912	6.1	14	可观察到火光，可回收大部分破碎残药

3. 斯蒂文(Steven)试验

斯蒂文(Steven)试验最早是由美国LLNL的Chidester等[30]在1993年提出的一种弹体低速撞击盖板装药安全性试验方法,研究对象是特定系统结构的模拟装药。Chidester重点针对装药与金属壳体之间的摩擦功,在装药边缘设置聚四氟乙烯环,对Φ110mm×12.85mm的LX-10装药进行了研究,如图3-22所示。

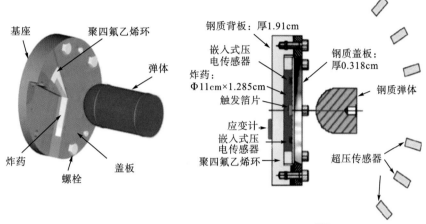

图3-22　带聚四氟乙烯环的Steven试验装置[30]

美国LANL的Idar等[31]在1997年又提出了一种修改后的试验设计,他们未采纳LLNL在装药环向设置聚四氟乙烯环的方式,而只在环向预留了空腔,让装药在轴向撞击挤压下可沿径向膨胀变形,主要对两种尺寸Φ127mm×12.7mm和Φ146mm×25.4mm的PBX-9501装药撞击反应特性进行了研究,如图3-23所示。

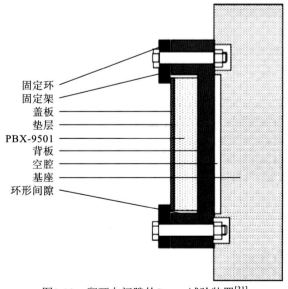

图3-23　留环向间隙的Steven试验装置[31]

美国LLNL的Vandersall等[32]在2002年根据可能遭遇的不同撞击场景，研究了不同形状弹体对装药响应结果的影响，如图3-24所示。

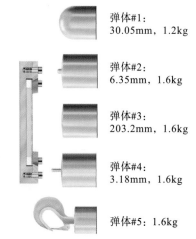

弹体#1：
30.05mm，1.2kg

弹体#2：
6.35mm，1.6kg

弹体#3：
203.2mm，1.6kg

弹体#4：
3.18mm，1.6kg

弹体#5：1.6kg

图3-24　不同形状弹体的Steven试验装置[32]

法国CEA实验室的Gruau[33]在2009年为了更好地观测装药的响应过程，在确保结构约束强度的前提下，从装药底部增加了可观测装药点火发光的大厚度透明窗口设计，如图3-25所示。

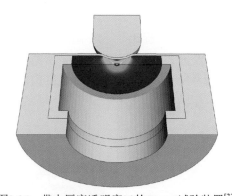

图3-25　带大厚度透明窗口的Steven试验装置[33]

2009年，美国海军水面武器中心NSWC的Joshi等[34]为了获取更有效的响应过程参数，将Steven试验同霍普金森压杆(SHPB)加载与诊断的优点进行了混合设计，如图3-26所示。

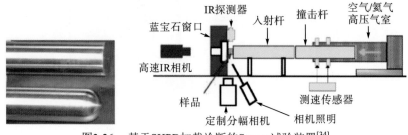

图3-26　基于SHPB加载诊断的Steven试验装置[34]

　　目前，中国工程物理研究院化工材料研究所在综合分析国外试验结果的基础上，设计了如图3-27所示的Steven试验装置[35]。其中，将尺寸为Φ98mm×13mm的圆盘装药放入钢约束体中，壳体径向厚度为25mm，底部厚度为19mm，装药周围是厚度为10mm的聚四氟乙烯环，装药上覆盖厚度为3.5mm的薄钢板，如图3-27所示。通常采用圆头弹撞击试验装置，也可以采用鼻锥头或平头弹体，弹体质量一般为2kg，发射速度为20~200m/s，可以采用气炮或者火炮的方式进行加载，需要控制弹体速度和姿态，尽可能确保撞击装药的轴线中心。

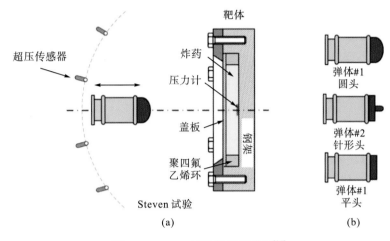

图3-27　Steven试验装置示意图[35]

　　对于经过较强结构约束和环向变形控制设计的Steven试验的最大优点是，圆盘装药在较小尺寸和质量弹体的撞击下，局域化变形集中在弹体圆头撞击区域，试验获得的临界点火速度条件阈值非常明显，不像在其他试验中经常发现的点火临界速度重叠的现象。另外，由于Steven试验采用的是弹体撞击带壳装药的方式，它的另一个优点是可通过多种诊断技术对装药的响应过程进行监测，还可回收未反应炸药并对其进行细致分析。由此，利用可实现较好重复性的Steven试验不仅可以直接评价和比较不同装药的低速撞击点火阈值和反应特性，还可获得装药响应的过程参数，为各种炸药动态力学本构模型和撞击点火模型的分析验证提供了一种很好的试验方法。

　　试验中，为量化认识装药的响应过程，需要对装药变形损伤点火和后续反应演化进行专门的测试和分析，具体如下所述。

　　1) 弹体速度和姿态的测量

　　激光束遮断法测量弹体速度，即利用预设间隔的多束高精度激光被弹体遮挡后的起跳信号时间间隔计算相对较低的弹体速度。

　　高速摄影测量弹体姿态，即利用记录时间较长的高速相机拍摄的弹体飞行过程，借助相关图像分析软件，可对弹体的撞靶姿态进行量化表征，如弹体撞靶的攻角和着角等。

　　电探针或其他技术测量撞击点位置，即通过在试验装置上布置多个电探针或其他多点测试技术，获得弹体撞击点的位置信息。

2) 结构装药变形点火的测量

压力计测量装药受到撞击产生的压力。压力计一般采用薄膜式压力计，如PVDF计或碳膜计，也有采用柱状的碳阻计，考虑测试点为单个或多个，所以其位置主要分布在装药的上表面和下表面。

应变计用于测量在弹体撞击后壳体的变形破坏情况，即利用粘贴在壳体表面的应变片，对壳体的变形过程进行记录。

高速相机拍摄点火反应和发光现象，一种是对试验装置整体的点火反应进行拍摄，另一种是将试验基座更换为较厚的透明窗口，窗口材料一般为有机玻璃，也可为其他透明材料，需要在尽量不改变结构装药约束状态的条件下，通过窗口对装药表面可能的点火反应和发光现象进行拍摄。

3) 装药后续反应演化的测量

压力传感器测量装药持续的化学反应产物所导致的内部压力变化。对于中低烈度的反应压力，一般采用弹道压力传感器进行测量，为了尽可能完整地得到压力的大致分布图像，测试点要考虑径向和后表面的压力变化。对于高烈度的反应压力，则采用具有更高量程的PVDF或锰铜电阻计进行测量。

超压传感器用于测量装药反应产生的空气冲击波的超压波形，试验前需要在靶心处对不同质量的TNT装药爆轰试验进行反应当量基准标定，最后通过装药反应超压和TNT爆轰对比，计算装药的相对释放能。

4) 回收样品分析

试验装置静态非破坏性分析包括装药表面的成坑测量和对回收装药损伤断裂的直接观测，此外还可以通过X射线成像技术提供裂纹形貌数据和撞击后装药密度的变化。

装药破坏性技术分析包括制备样品的密度分析测量、偏光显微镜(PLM)照相、扫描电子显微镜(SEM)照相。密度分析可分析不同撞击位置的密度差异，PLM和SEM可观测回收的熄灭样品和反应残留样品中是否发生了细观形貌变化。

对于典型的PBX-3装药，在45m/s的低速撞击下，装药中的入射压力峰值一般在100MPa，到点火时间约600μs。随着撞击速度的提高，入射压力增加，到点火时间减小，在120m/s时约为200μs。PBX-3装药响应的相关结果如图3-28所示[36]。

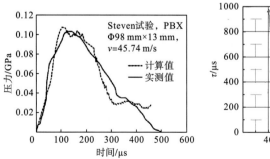
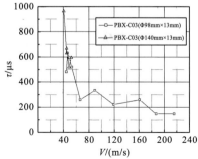

图3-28　两种尺寸的PBX-3装药在不同撞击速度下的到点火时间[36]

在标准尺寸下装药的点火阈值约为43m/s，当装药样品厚度增加到3倍时，阈值速度范围下降20m/s左右，但样品直径增加并不会带来阈值速度的明显变化。装药阈值速度结果如图3-29所示[36]。

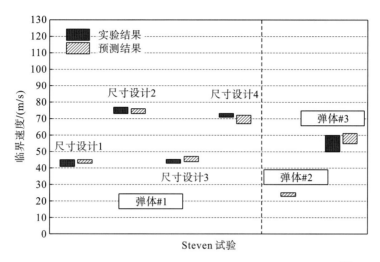

图3-29 不同尺寸PBX-3装药Steven试验撞击阈值速度的比较[36]

在标准尺寸下的装药在超过阈值速度后，反应空气冲击波超压维持在一个相对稳定的水平，但在样品厚度增加的条件下，反应空气冲击波超压在超过阈值速度时，反应烈度有明显的增加[36]，如图3-30所示。

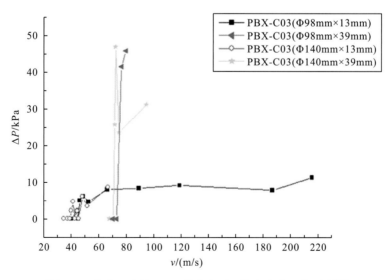

图3-30 多种尺寸的PBX-3装药在不同撞击速度下的反应[36]

在美国LANL的试验[37]中，通过PLM和SEM对回收的熄灭样品和反应残留样品进行了细致的观测分析，可以看到PBX-9501用PLM和SEM观察到HMX晶体的孪生现象，局部区域的熔化和气孔表明可能发生的分解反应，如图3-31所示。

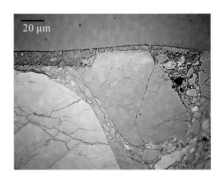

图3-31　PBX-9501撞击裂纹与熔化区域的图像[37]

4. 苏珊(Susan)试验

苏珊(Susan)试验是20世纪60～70年代由美国LLNL的Dorough等[38]设计的一种用于表征简化武器结构装药发生高空跌落碰撞的安全性试验,其中的弹体由薄铝帽(壳)、装药样品和一个厚钢基座组成,装药尺寸为Φ51mm×102mm,如图3-32所示。

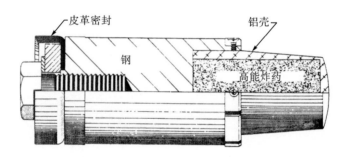

图3-32　LLNL设计的Susan试验装置[38]

中国工程物理研究院化工材料研究所根据文献资料分析,在试验装置中设计了填充铁砂的配重结构,在国内也建立了相似的Susan试验撞击感度试验方法[39]。试验弹的结构示意图见图3-33。其中,装药样品放入试验弹体内,尺寸与国外略有差异,为Φ51mm×102mm,根据密度不同,质量范围为320～400g。整个弹体质量为5.44kg,口径为Φ82mm。采用空气炮或火炮实现不同加载速度范围,以水平方式发射,使之垂直撞击到距炮口3.7m处的直立钢靶板上。

Susan试验的优点是可以直接模拟装有外壳的高能装药系统从一个很高的高度跌落的情况,并认识其可能发生的危险响应,如弹药从飞机上的高空跌落。利用Susan试验可以获取反应程度、反应时间和弹体装药变形碎裂等三类试验数据,确定装药撞击的阈值速度,通过弹体装药经受的严重破碎、剪切、冲击和挤压变形的综合分析,可对其撞击感度进行评价和对比。

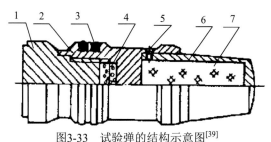

图3-33 试验弹的结构示意图[39]
1. 堵头；2. 本体；3. 密封圈；4. 配重铁砂；5. 紧定螺钉；6. 铝帽；7. 试样

试验中,为认识装药的响应过程,需要对装药的响应特征和反应结果进行测试和分析,具体如下所述。

1) 弹体飞行速度的测定

该测试系统由激光器、光电转换器及测时仪三部分组成,通过激光遮挡法测得两束特定距离光束之间的时间,便可计算出弹丸在这段行程中的平均速度。

2) 弹体变形点火响应的测量

该测试系统由高速摄影系统或闪光X射线照相系统组成。其中的高速摄影系统由高速相机和笔记本电脑记录系统组成;闪光X射线照相系统由X光机和底片或CCD记录系统组成,可以拍摄弹体撞靶变形至点火反应发光的过程。

3) 自由场空气冲击波超压测试

该测试系统由笔杆式压力传感器、电荷放大器、示波器系统组成。其中传感器由压电材料制成,它可测量试样爆炸后形成的空气冲击波超压。传统的评定撞击感度的方法是:预先将不同质量的TNT药柱置于靶心位置,在相同距离、相同方位角测量TNT药柱爆轰时空气冲击波超压的大小,拟合出TNT爆轰药量与对应超压关系的标定曲线;然后根据它及Susan试验的结果,即可查得相应的TNT爆炸药量。以弹丸撞靶速度与其超压对应的TNT当量之间的关系曲线称为Susan感度曲线。

Susan试验得到的典型过程图像如图3-34和图3-35所示[40]。当弹体撞击到靶面后,铝帽壳体会发生镦粗变形直到断裂破坏,内部装药在大变形条件下挤压破损,沿壳体裂口向外飞散,拍摄的X射线图像更清晰地显示了壳体的轴向变形及其后续的断裂过程。

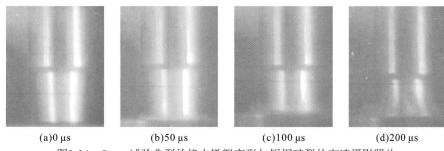

(a)0 μs   (b)50 μs   (c)100 μs   (d)200 μs

图3-34 Susan试验典型的撞击镦粗变形与铝帽破裂的高速摄影照片

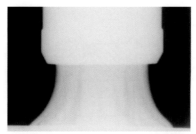

图3-35　弹丸撞靶过程的脉冲X射线拍摄图像(200μs)[40]

由高速摄影图像还可得到弹体装药撞击变形的历程曲线，可确定到反应时间等参数，如PBX-9404在35m/s的速度下观测到的反应时间为680μs(图3-36)[41]。

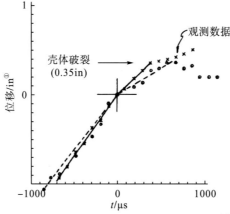

图3-36　国外PBX-9404装药变形的历程曲线[41]

图3-37给出了国内外典型的Susan试验感度曲线[41,42]。在高于阈值速度时，反应相对释能开始增加，呈现出三种变化趋势：第一种是反应相对释能基本无变化，如国外的LX-10和LX-09装药；第二种是在略高于阈值速度时，反应相对释能较高，随后有一个曲折变化趋势，如国内的PBX-1和国外的PBX-9404；第三种是在相对低速的范围内，反应相对释能随着速度的增加而提高，当超过一定速度时，反应相对释能增加趋缓甚至进入平台区。

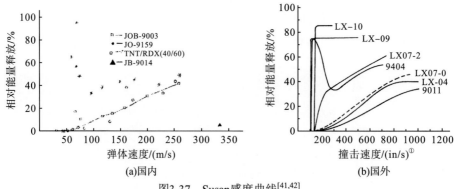

图3-37　Susan感度曲线[41,42]

① 1in=2.54cm

由图还可以获取不同装药的阈值速度，如PBX-1的阈值速度约为54m/s，PBX-3的阈值速度约为62m/s。与其他低速撞击试验一样，这些阈值速度远低于传统的冲击起爆阈值。

Susan试验中的弹体装药撞击反应属于非爆轰反应，可从现场回收的壳体碎片进行判断（图3-38）。回收的铝帽尺寸从头部到底部依次减小，反映了装药撞击非冲击点火反应的演化过程。弹体中的钢基座和铝壳顶盖表面环形呈辐射状的烧蚀痕迹，表明装药发生了裂纹燃烧过程，钢基座根部被完全剪断，内部反应压力约为1GPa[40]。

图3-38　试验回收碎片比较[40]

3.1.2　高速撞击试验方法

1. 子弹撞击试验（bullet impact test）

子弹撞击试验是用来评价轻武器在直接攻击条件下弹药安全性的重要方法。从20世纪70~80年代开始，国内外研究人员就对包含火炸药、推进剂的结构装药等开展了大量的子弹撞击试验研究[43-49]。近期还针对真实武器弹药系统，制定了关于非核弹药子弹撞击安全性评价的试验标准，其中以北大西洋公约组织的STANAG 4241最具代表性，普遍被其他国家采用[50,51]。

1972年，美国海军武器实验室的White针对MK3用20mm炮弹、发射12.7mm弹珠以884m/s速度开展了包装箱状态下的子弹撞击试验，并对子弹撞击条件下20mm炮弹的安全性做出了评价[44]。

1981年，美国LLNL的Charles A. Honodel针对PBX-9404装药，发射7.62mm制式子弹以802m/s的速度正撞盖板，开展了前盖板7.62mm厚钢板、后盖板5.08mm厚钢板、环向PMMA约束尺寸为Φ50.8mm×38.1mm的带壳约束状态PBX-9404装药的子弹撞击试验（图3-39），运用了铜箔测速靶测量子弹撞击速度、高速扫描摄影拍摄子弹撞击过程、视频录像记录后续反应过程、内部压力计记录压力变化过程、表面应变计记录壳体变形过程等多种测试技术，获得了约束PBX-9404装药受子弹撞击作用下的响应数据[52]。

子弹撞击实验装置示意图   子弹撞击实验装置实物图

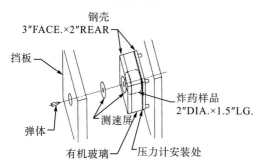

图3-39 带壳约束状态PBX-9404装药的子弹撞击试验装置

2003年，兵器工业204所的唐桂芳等针对浇注PBX装药，按照Q/AY153-90规定的子弹射击试验方法，将装有炸药样品的模拟弹置于30m远处，用7.62mm口径的自动步枪进行射击[53]。

2008年，中国工程物理研究院的代晓淦等针对Φ100mm×45mm、Φ50mm×100mm、Φ75mm×150mm和Φ100mm×200mm四种不同尺寸的PBX-2药柱，开展了通过12.7mm机枪发射弹壳材料Q235钢、厚度3.5mm、质量46g的子弹以约855m/s速度撞击药柱的子弹撞击试验(图3-40)，运用了测速靶测量子弹的入射和剩余速度、超压传感器测量冲击波超压等测试技术，获得了不同长径比条件下以相对释能表征的PBX-2药柱的反应程度[54]。2009年，针对尺寸Φ75mm×150mm的PBX-2药柱，通过增加加热装置开展了热与子弹复合加载条件下PBX-2装药的响应特性试验[55]。

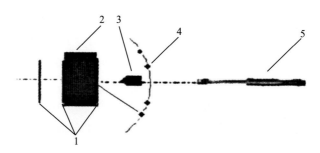

图3-40 PBX-2药柱的子弹撞击试验示意图
1. 测速靶网；2. 被测样品；3. 子弹；4. 超压传感器；5. 12.7mm机枪

2011年，兵器工业204所的张邹邹等针对单基药、双基药、太根药和硝基胍药发射药、发射速度为(850±20)m/s的12.7mm制式穿甲弹，研究了发射药的易损性与组分、药型等的关系[49]。

2012～2015年，美国ATK的Hatch和Braithwaite[56]及意大利OTO的Galliccia等[57]分别针对DLE-C054发动机、DART反舰导弹，按照MIL-STD-2105中STANAG 4241规定的方法开展了子弹撞击考核试验。

综上所述，经过几十年的发展，研究性的子弹撞击试验多数都是围绕12.7mm或7.62mm制式子弹展开的，考核性的子弹撞击试验则基本上围绕12.7mm制式子弹开展试验。无论研究性还是考核性的子弹撞击试验，都是通过枪械发射制式子弹实现单发命中即可，且撞击速度也相对固定，基本上处于700～900m/s，只是考核性试验对撞击速度、撞击部位等有明确规定。

由此看来，按照目前规定的子弹撞击试验方法开展试验，能较好地回答制式子弹单发命中条件下的弹药安全性问题，但对于非标子弹、连续射击等条件下的弹药安全性问题则无法给出，因此还不足以回答实际工况中子弹撞击条件下的弹药安全性问题。为此，基于实战场景考虑，后续还需加强多发子弹命中条件下的弹药安全性研究。

子弹撞击试验中，子弹高速撞击时会在装药中产生冲击波，同时在侵彻装药的过程中会与装药之间产生摩擦热。在冲击波和摩擦热的共同作用下，装药可能会发生点火、燃烧甚至爆炸反应。为量化认识装药的响应过程及其与子弹速度、姿态的关系，需对子弹撞击过程、装药撞击点火及其后续演化过程进行诊断测量，具体如下所述。

1) 子弹速度和姿态的测量

测速靶测量子弹速度即利用预设间隔的铜箔(或光幕)，通过铜箔短路(或光幕遮挡)测量子弹到达预定位置的时间，计算出测点附近子弹的飞行速度。

高速摄影测量子弹速度和姿态即利用高速相机拍摄子弹的飞行过程，并借助相关图像分析软件，对子弹速度和姿态进行量化测量。

2) 装药撞击点火的测量

压力计测量装药受到子弹撞击后产生的压力，通常为薄膜式，主要分布于装药上表面和下表面。

应变计测量装药受到子弹撞击后壳体的变形破坏情况，即利用粘贴在壳体表面的应变片，对壳体的变形过程进行记录。

高速相机拍摄点火发光现象，一种是对试验装置整体的点火反应进行拍摄，另一种是将试验基座更换为较厚的透明窗口(一般为有机玻璃，也可为其他透明材料)，在尽可能不改变结构约束状态的条件下，通过窗口对装药表面可能的点火反光现象进行拍摄。

3) 装药后续反应演化的测量

压力传感器测量装药持续反应导致的内部压力变化。对于中低烈度反应，通常采用内弹道压力传感器进行测量，为了尽可能完整地获取压力分布图像，测点需考虑径向和背面的压力变化。对于高烈度反应，则采用具有更高量程的PVDF或锰铜电阻压力计进行测量。

PDV测量装药持续反应导致的壳体膨胀速度。由于壳体的膨胀速度不仅与装药的反应释能有关，还与壳体的结构、强度等相关，因此为了准确获取壳体的膨胀过程，测点应选取具有代表性的部位。

超压传感器测量装药反应产生的冲击波超压。试验前需在爆心开展TNT装药爆轰标定试验，试验后再将反应超压与TNT爆轰进行对比，从而得到装药的相对释能。

测速靶测量装药反应形成破片的速度，通过测量金属破片撞上测速靶的时间及测速靶的间距，可计算破片的速度。由于形成破片有可能源自金属壳体，也可能源自金属支架，因而在测速靶布置和破片速度分析的过程中，需综合考虑。

普通监控拍摄较为缓慢的后续反应演化过程，尤其是撞击点附近装药的局部撞击点火反应，再经较长时间缓慢燃烧才发展为其他烈度反应的较长过程。

针对典型的PBX-3环形装药，集成运用测速靶测量子弹速度、高速摄影拍摄撞击过程、应变片测量壳体变形过程、PDV测量壳体膨胀速度、超压传感器测量冲击波超压等测试技术，分别开展了5.8mm和12.7mm制式子弹径向撞击装药中间部位的子弹撞击安全性试验研究。在5.8mm子弹以918m/s速度撞击的条件下，入射点附近局部装药发生了较为剧烈的爆炸反应，驱动附近壳体快速膨胀达到近250m/s的速度，产生约合15g TNT当量的冲击波超压；在12.7mm子弹以834m/s速度撞击的条件下，整个装药发生较为温和的爆燃反应，壳体膨胀过程较为缓慢且不到40m/s，形成的冲击波超压约合5g TNT当量，如图3-41所示。

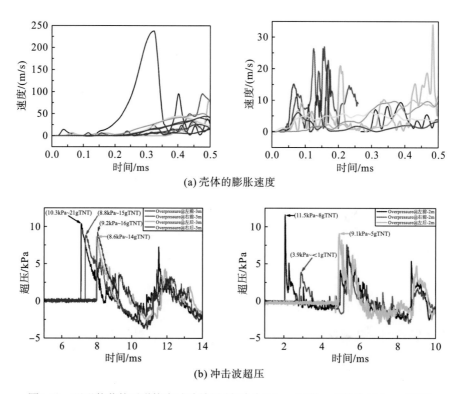

(a) 壳体的膨胀速度

(b) 冲击波超压

图3-41　环形装药的子弹撞击试验结果(左边为5.8mm子弹，右边为12.7mm子弹)

在热和枪击的复合环境试验中[55]，当装药慢速加热到140℃以上时，此时PBX-3装药中的黏结剂等组分开始发生热分解，炸药感度明显增加(根据热爆炸理论，此时炸药分解反应产生的热量大于向外传导的热量，装药处于非稳状态，因而感度增加)，安全性能降低，一旦受枪击(子弹作用)发生点火后，就有更多的装药参与反应，使得反应超压比常温高(表3-3)。

表3-3 热和枪击复合环境试验的超压数据[55]

β /(℃/min)	$T_{预定}$ /℃	L /m	Δp /kPa	TNT当量 /g	相对释放能 /%
无加热	25	2.0	30.47	54.5	3.8
无加热	75	3.0	18.94	73.5	5.1
1	100	3.0	15.83	51.0	3.6
1	170	3.0	24.43	122.0	8.5
10	100	3.0	15.03	50.0	3.5

2. 破片撞击试验(fragment impact test)

破片撞击试验是用来评价高速破片在直接攻击条件下弹药安全性的重要方法。破片撞击试验最早可追溯到第二次世界大战前，但较为系统的研究应该开始于20世纪50～60年代，它主要用于研究包含火炸药、推进剂的结构装药的高速破片冲击起爆[58]。针对真实武器弹药系统的破片撞击试验，以北大西洋公约组织的STANAG 4496试验标准最具代表性。

1965年，美国匹克汀尼兵工厂的Mclean等采用爆炸驱动设计加载质量为5.6g的无尖角方形破片，以约1032m/s的速度撞击不同状态的装药，开展了大量的破片撞击试验研究[59]。

1993年，美国陆军研究实验室的Boyle等设计了平头圆柱形钢破片，对主装药为B炸药的常规弹药开展了破片撞击试验研究，如图3-42所示。通过空气冲击波超压和弹药内置碳阻压力计测量，发现速度在大于1150m/s时发生爆轰，在900～1150m/s发生延迟爆轰，在低于900m/s时无爆轰反应[60]。

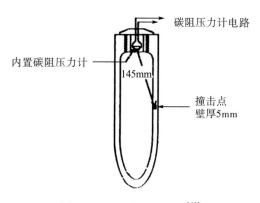

碳阻压力计电路

内置碳阻压力计

145mm

撞击点
壁厚5mm

图3-42 测试布局示意图[60]

2001年，德国弹道防御中心的Held等通过爆炸成形弹丸装药EFP，实现了16g破片、2530m/s速度的加载，破片材质可以选择低碳钢或其他材料，同样的设计下还可实现40g

和240g破片高达2400m/s速度的加载[61]，如图3-43所示。

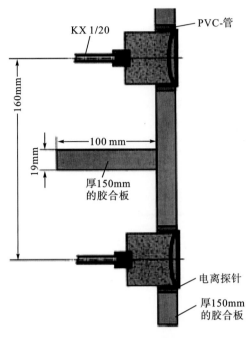

图3-43   爆炸成形弹丸装药EFP[61]

2007年，为了寻求比传统气炮和火炮更经济的加载手段，加拿大国防研究与发展中心的Tanguay等设计了爆炸压缩氦气驱动破片装置，可以实现15g破片、2500m/s速度的加载[62]，如图3-44所示。

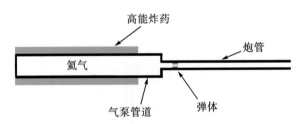

图3-44   爆炸压缩氦气驱动破片装置示意图[62]

2008年，日本的Saburi等设计的小型炸药爆炸驱动装置长160mm，包含钢质加速喷管和铝质爆炸室，喷管内径为10mm，装填6g的钢质破片，加载速度达200～1100m/s，采用0.5mm厚的有机玻璃板隔离装药和空气间隙。喷管连接铝质爆炸室内径为30mm，装填炸药紧邻隔离板[63]，如图3-45所示。

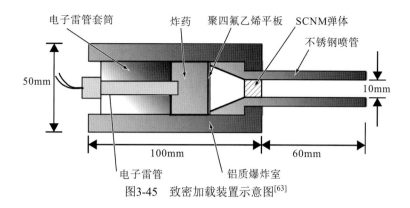

图3-45　致密加载装置示意图[63]

2016年，美国匹克汀尼兵工厂陆军装备研究与发展中心ARDEC的Baker等采用40mm口径火炮结合弹托设计，可较好地实现对标准破片1830m/s的速度加载，但对于更高的2530m/s速度的加载，存在单级火炮膛磨蚀作用和加载困难的问题，此时可利用二级气炮来实现[64]，如图3-46所示。

图3-46　标准破片及其分体弹托实物图像[64]

2017年北京理工大学的徐豫新等[65]设计并开展了1.5g钢破片撞击3mm铝壳B炸药装药的破片撞击试验，破片尺寸为Φ5.6mm×7.8mm，发射速度可达1600m/s。采用普通高速相机拍摄了大量的装药响应过程，如图3-47所示。

(a)破片和衬套　　　　　　　(b)靶体

图3-47　圆柱形破片弹托结构及其撞击装药[65]

2018年以色列先进国防技术部的Goviazin等也利用爆炸能量进行有效设计，实现了STANAG 4496破片撞击试验中对破片材料、形状和速度的要求[66]，如图3-48所示。

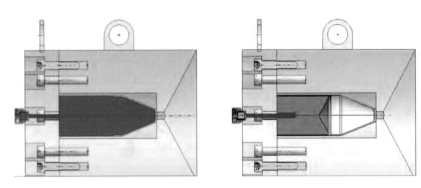

图3-48 爆炸加载的高速破片发生装置[66]

2018年英国弹药试验解决技术公司的Haskins等，为模拟真实场景中存在的破片撞击预损伤敏化装药的情况，设计了球形双破片撞击试验，在可控撞击时间和空间条件下实现了对装药不同速度的连续撞击[67]，如图3-49所示。

图3-49 球形双破片弹托结构[67]

综上所述，破片撞击试验中，破片形状、破片质量、加载方式、撞击速度等差异较大。破片形状有方形、球形、圆头柱形、尖头柱形等多种形状；破片质量小到1.5g，大到40g甚至更大；加载方式有爆轰驱动、EFP、压缩氮气、火炮、气炮等多种方式；撞击速度从最初的冲击起爆阈值速度研究的1km/s量级到安全性标准试验的1.8km/s和2.5km/s速度量级；破片数量也从最初的单破片撞击向多破片撞击方向发展。

破片撞击试验中，所用的测试诊断技术与子弹撞击试验类似，但因破片加载速度更高、动能更大，装药的反应演化过程通常较子弹撞击试验中的要快，因而采用的测试诊断技术通常响应较快，具体如下所述。

1) 破片速度和姿态的测量

高速摄影测量破片的速度和姿态，即利用高速相机拍摄破片的飞行过程，并借助图像分析软件，对破片的速度和姿态进行测量。相对子弹而言，破片速度和姿态容易受到测速靶的影响，因而正式试验中多采用非接触的光测技术测量破片的速度。

2) 装药撞击点火及其后续反应的测量

高速相机拍摄撞击点火发光现象，分为整体拍摄试验装置的反应发光现象和透明窗口局部拍摄装药的点火发光过程。

使用PDV测量装药反应导致的壳体膨胀速度。壳体膨胀速度与反应释能、壳体结构和强度等息息相关，需选择具有代表性的部位进行测量才能获得整个壳体的膨胀过程图像。

超压传感器测量装药反应产生的冲击波超压。试验前需进行TNT装药爆轰试验标定，试验后再根据冲击波超压推算装药的相对释能。

测速靶测量装药反应形成破片的速度，即通过测量金属破片撞上测速靶的时间并根据测速靶的间距，计算形成破片的速度。

中国工程物理研究院流体物理研究所针对两种典型的装药，集成运用高速摄影测量破片速度与姿态及拍摄撞击反应过程、PDV测量壳体膨胀速度、超压传感器测量冲击波超压等测试技术，参照北大西洋公约组织标准STANAG 4496开展了标准破片撞击试验研究。破片撞击装药发生爆轰反应壳体的膨胀速度结果如图3-50(a)所示，破片撞击装药发生爆燃反应的壳体膨胀速度结果如图3-50(b)所示，获得的典型超压测试结果如图3-51所示。

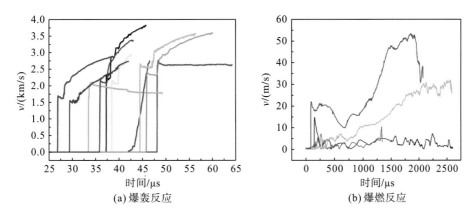

(a) 爆轰反应　　　　　　　　　(b) 爆燃反应

图3-50　标准破片撞击下典型结构装药的壳体膨胀速度

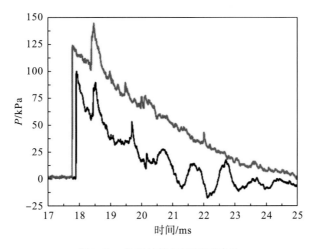

图3-51　典型结构超压测试结果

阈值速度是破片撞击试验中最为重要的参数，文献中有大量的破片撞击装药响应的数据。试验结果表明，在高速破片撞击条件下，存在冲击起爆和非冲击点火两种典型现象[68]。

阈值速度除与装药本身相关外，还与破片质量、强度、形状等息息相关[69-71]，典型试验结果如图3-52和图3-53所示。

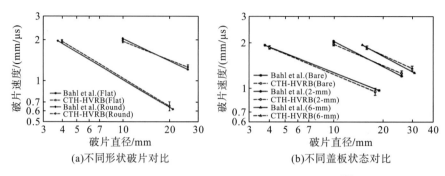

(a)不同形状破片对比　　　　　　　(b)不同盖板状态对比

图3-52　PBX-9404钽盖板装药破片阈值速度结果[70]

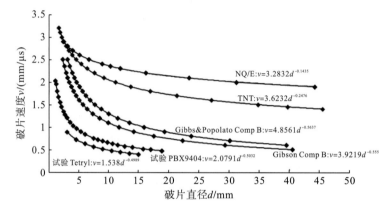

图3-53　平头破片撞击条件下阈值速度与破片直径的关系[71]

RDX/TNT和RDX/Al/HTPB的双破片撞击试验结果表明，当多破片撞击薄壳装药时，产生严重危害后果的速度明显低于冲击起爆阈值，可产生所谓的XDT现象，对应一个速度区间。其原因应该是，第一次撞击导致装药损伤，使材料更加敏化，在第二次撞击下造成剧烈反应。对于给定的装药，临界条件是由破片速度、尺寸和形状及其材质所决定的。研究表明多破片可以降低破片尺寸和动能的临界阈值条件[72]。

3. 射流冲击试验(jet impact test)

射流是武器弹药面临的一项潜在威胁，其主要来源于战争或恐怖袭击事件中的火箭弹、炸弹、反坦克导弹等，特别是低成本的火箭弹目前已在全世界被广泛使用。开展射流冲击试验的目的主要是，研究结构装药在射流冲击作用下的起爆机制和感度，为射流作用下弹药安全性的评价及防护提供支撑。另外，射流试验还可应用于研究装药反应装甲和聚能射流的相互作用过程，其中，前后夹板厚度、装药层厚度、射流攻角被认为是重要的影响因素。针对真实武器系统或子系统部件，北大西洋公约组织已经建立了考核射流冲击安全性的试验标准STANAG 4526。

早在1945年，英国工作者报道了用X射线研究金属射流起爆特屈儿药片的试验方法[73]。

1955年，Zernow等采用42mm和105mm口径射流装置对裸露、带盖板及带约束B炸药的装药进行了冲击试验，用见证板和高速分幅相机对装药是否发生爆轰进行了确认[74]。

1968年，Hatt和Held等用同时分幅扫描相机开展了22mm、32mm、64mm和96mm多种口径射流装置冲击裸露B炸药的装药试验，研究了装药发生爆轰的临界速度v与射流直径d的关系[75,76]。

1981～1986年，Chick等用38mm和81mm口径射流对带盖板和盖板与装药之间存在15mm空气隙情况下B炸药、H-6、PBX-9502及压装TNT等装药进行了冲击试验，分析了射流冲击作用下装药的起爆机制[76-79]。

1985年，Vigil用小口径(1.73～3.46mm)射流对LX-13、PETN、PBX-9407和特屈儿4种装药进行了冲击试验，研究了4种装药在射流冲击下的感度[80]。

1987年，Held用同时分幅扫描测试方法重复了Chick等于1981～1986年的射流冲击试验[81]，形成的射流尖端速度为7.8km/s，距离为90mm。

1989年，Held针对带间隙的隔板装药，采用分幅与扫描相结合的技术，对射流冲击下的装药反应类型和起爆距离、起爆时间进行了分析研究[82,83]。

1993年，Chick用38mm和66mm口径的射流装置开展射流冲击试验，研究了隔板材料、RDX颗粒尺寸及侧边约束对装药起爆性能的影响[84]。

2002年，为了研究材料类型对射流作用下到爆轰距离和延迟时间(到爆轰时间)的影响，Held设计了钢、陶瓷和铅三种不同材料盖板的装药结构，开展了聚能射流冲击试验[85]，如图3-54所示。2004年，他开展了在射流作用下75mm厚低碳钢隔板下B炸药的装药响应，研究了射流冲击起爆过程中的回爆波现象[86]。

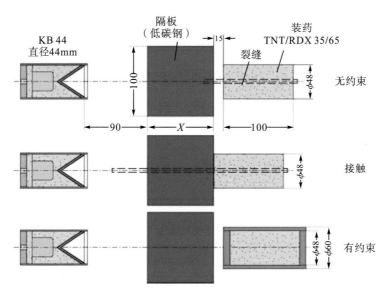

图3-54　三种典型装药的射流冲击试验装置[85](单位：mm)

2010年，Werner Arnold等还设计了含装药序列的射流冲击试验，针对完整装药序列、含传爆药和纯炸药的装药开展了研究[87]，如图3-55所示。

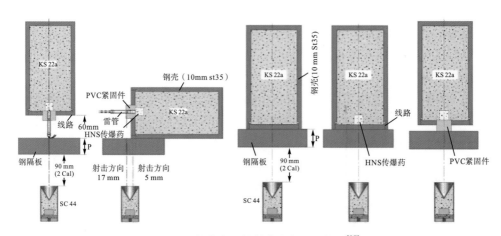

图3-55 装药序列的射流冲击试验装置[87]

2020年，Arnold针对带壳的KS32（HMX/PB 85/15，$\rho = 1.64\text{g/cm}^3$）装药开展了不同射流冲击试验，装药尺寸为Φ100mm×200mm，壳体为10mm钢，聚能射流装药口径为44mm、75mm、115mm、150mm和200mm共5种规格，研究了装药口径对起爆阈值的影响。他还通过改变射流的入射方向研究了撞击角对反应烈度的影响[88]，如图3-56所示。

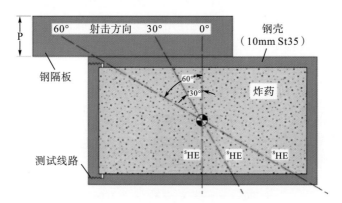

图3-56 不同撞击角的射流冲击试验[88]

中国工程物理研究院流体物理研究所的李金河等用Φ50mm×100mm的射流装置对含铝装药进行了不同钢隔板厚度的冲击试验，研究了隔板厚度及温度对射流起爆的聚黑铝炸药装药的影响。在射流冲击试验中，主要测试方法有X射线照相[78]和同时分幅扫描[75]，如图3-57所示。通过X射线可以获得装药发生爆轰前装药内冲击波的演化发展形貌，可以较好地分析装药在射流冲击作用下的起爆机制，由于幅数有限，获得信息的完整性不够，如图3-58所示。同时分幅扫描相机可以获得多幅照片，能对整个爆轰过程进行监测，并获得爆轰波的发展过程，得到装药的到爆轰距离和到爆轰时间，但无法获取内部信息，如图3-59所示。

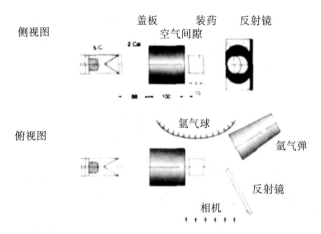

图3-57　带间隙隔板装药同时分幅扫描技术示意图

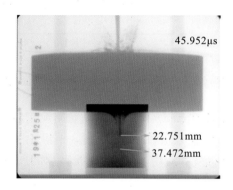

图3-58　射流侵彻50mm隔板的X射线图像

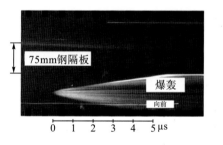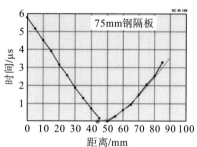

图3-59　盖板装药射流冲击起爆的扫描图像

　　另外，在钝感弹药或一些弹药安全性评价试验中，对带有壳体的战斗部或其他装药结构可以借助PDV测量壳体的膨胀速度、超压传感器测量冲击波超压等诊断技术获取定量数据并以此作为装药反应烈度定量评估的依据，见证板也可以作为装药是否发生爆轰判断的依据[89,90]。

　　Chick等[78]对射流冲击作用下的起爆机制进行了分析，他认为当射流撞击隔板时，在射流前方产生一个先导冲击波，先导冲击波使装药发生反应，反应冲击波追赶先导冲击波，进而转变为爆轰。对于装药与隔板之间存在空气隙的情况，则装药中不存在先导冲击波，其起爆主要受射流作用，发展为爆轰的距离更长。Arnold[87]研究认为，射流对带隔板装药的冲击存在两种起爆模式，在空气间隙较小的情况下，射流对装药的起爆模式为侵彻模式，而当空气间隙较大时，起爆模式为撞击模式，如图3-60所示。

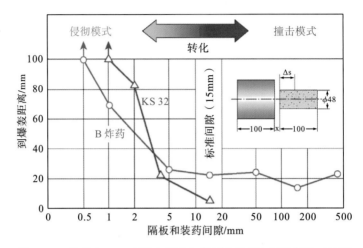

图3-60　B炸药和KS32到爆轰距离与隔板和装药之间的间隙对比图

Held[75]通过对裸炸药射流冲击试验的分析发现，射流起爆炸药的阈值速度v和射流直径存在关系即v^2d = 常数，该关系被称为v^2d准则。他给出了TNT/RDX（35/65）的常数5.81mm³/μs²。该准则被广泛接受和应用，如图3-61所示。对于带隔板装药的冲击起爆情况，该准则也被证明是有效的。只是速度v代表射流穿过隔板后侵彻装药的速度。另外，该准则也适用于射弹或飞片起爆装药的情况。图3-61给出了一些典型炸药撞击阈值速度

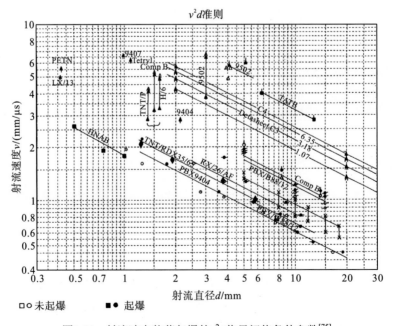

图3-61　射流冲击装药起爆的v^2d临界阈值条件参数[75]

与射流(射弹或飞片)直径的关系。Arnold[88]进一步给出了v^2d与反应烈度等级的关系，如图3-62所示。研究结果表明，带壳PBX装药在不同口径射流装置产生射流的作用下，其v^2d并不相同，即v^2d不是一个常数，因此作者认为，对于PBX装药的超高速撞击试验，v^2d准则并不正确，这主要是空气间隙变化导致的起爆模式不同所致，如图3-63所示。他根据试验提出了一个线性起爆模型：$v_{crit} = A - B \cdot d$，但该模型的有效性还有待进一步的验证。

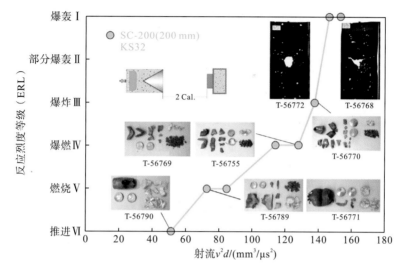

图3-62　反应烈度等级与v^2d的关系[88]

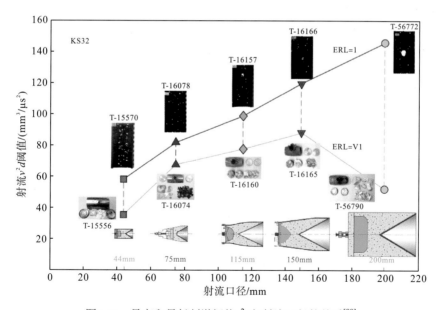

图3-63　最高和最低刺激阈值v^2d与射流口径的关系[88]

约束条件对装药的起爆阈值也有一定的影响，研究表明，无约束装药的起爆阈值比有约束装药的起爆阈值高，钢壳比铝壳的起爆阈值低，厚壳比薄壳的起爆阈值低[88]，如图3-64所示。

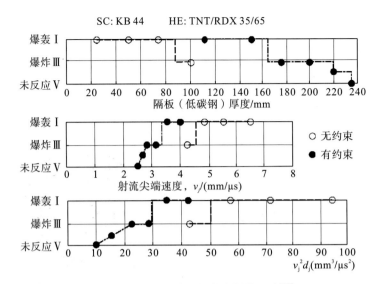

图3-64   不同约束对装药起爆的影响[88]

3.2   热刺激试验方法

根据不同温度加载热刺激的条件，热刺激试验方法可以分为恒定温度边界的ODTX试验、缓慢温升速率的慢烤试验、快速温升速率的快烤试验和激光加热的超快烤试验4种方法。其中，ODTX试验可以采用一维热爆炸解析理论进行分析，主要用于炸药材料在特定热载荷边界条件下的热分解特性研究；慢烤和快烤试验可直接模拟特定的事故场景，在考察武器系统及相关模拟结构装药的热安全性中得到了广泛的应用，已成为标准的安全性试验方法；采用激光辐照的超快烤试验，相比传统加热方式，能够为模拟结构装药提供精确可测的外热流，也成为研究热点火机制的一种重要试验方法。

3.2.1   ODTX试验方法

1970年，美国LLNL的Dobratz等[91]针对炸药材料的热分解特性，建立了ODTX试验。

2001年，LLNL的Tran等[92]对ODTX试验系统进行了现代化升级改造，如图3-65所示。基本的试验设定保留了原版装置的设计，如样品尺寸、压砧材料、压砧尺寸等。升级改造主要包括原位温度测试和控制装置、更快的样品传送装置、液压传感器、数控操作和数据收集系统等。新ODTX试验系统得到的温度和爆炸时间精度更高。

2014年，LLNL的Hsu等[93]引入了压力测量单元(P-ODTX)，采用准静态Kulite 应变式压力传感器(型号XT-190-500A)测量加热阶段压力的缓慢变化，以1Hz的频率进行记录。2016年，Hsu等[94]引入在线气体分析模块(C-ODTX)，装置控温范围为100~400℃，控温精度为0.2℃。装置组合以20.7MPa的水压进行限位，装置外壳破裂压力为331.2MPa，被测试样约为2g，直径为12.7mm的球体，目前已经成为模型试验的基础。

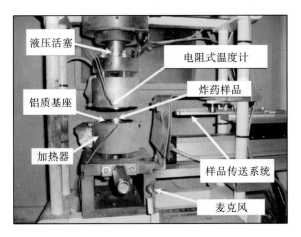

图3-65 ODTX试验装置示意图

标准的ODTX试验采用直径为12.7mm的球形炸药样品,试验中将炸药样品置于已经加热到指定温度的样品腔中,然后记录炸药的爆炸时间。试验中炸药球表面受到的热边界条件近似均匀一致,因此试验近似为一维。ODTX试验装置如图3-65所示,其主要组件包括压砧、液压系统、加热块、样品传送系统、系统控制/数据收集系统、计数器、温度测试系统。各个部件简要介绍如下。

(1)压砧(anvils):试验系统包括两个相同的铝砧,其为圆柱形,直径为75mm,高为50mm,每个压砧包含一个直径为12.7mm的半球形样品腔,刚好容纳样品,此外每个压砧都刻有一个直径为18.5mm的环形凹槽缺口,用于放置防止漏气的铜质O形密封圈,如图3-66所示。

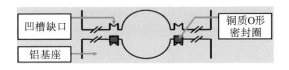

图3-66 铝砧中样品腔示意图

(2)液压系统:此系统为新增功能,用于控制压砧的打开和闭合操作。其采用了一个16t双向液压圆柱来控制上压砧的移动并维持密封压力,而下压砧嵌入加热块中,安装在基座上保持不动,液压系统可承压20.5MPa,这使得密封后样品腔可承受最大150MPa的压力。液压柱的入口安装了一个动态压力计,可以监测压力变化及爆炸后的压力脉冲。

(3)加热块:加热块为黄铜圆柱状帽型结构,刚好可以紧密嵌入压砧,加热块四周缠绕500W的电加热单元。压砧内嵌有测温探测器,可实时监测加热块的加热作用并协同控制加热温度,此测温探测器的测温误差在0.3℃以内。

(4)样品传送系统:该系统采用可自由转动伸缩的机械手来传送样品到样品腔上方位置,然后释放样品并落入样品腔中。此过程中采用气动活塞来引导控制机械手,整个过程只需要不到1s的时间。而传统试验装置采用摇臂式传送系统,整个传送过程需要大约10s完成。

测试方面,采用系统控制/数据收集,即在新版试验装置中全新设计了计算机自动化控制和操作功能。数据收集的软件为LABVIEW。控制系统包含一台电脑、温度/压力收集模块、温度控制器、液压传感器、压力过程示波器。标准配置为20通道输入/输出。

（1）时间记录：当样品传送机械手完成传送时，计时器被激活并开始计时，采用声学传感器记录炸药爆炸声压波形，计时器与声学传感器相关联，记录炸药样品从被送入样品腔到发生爆炸的时间。

（2）温度测量：共采用4个温度传感器测量加热块和铝砧的温度，以控制整个加热过程。

（3）压力测量：Hsu等开发的P-ODTX技术，采用压力传感器测试样品腔压力随时间变化的历程，如图3-67所示，可为相关计算模型验证提供重要的数据支撑。

（4）组分测量：C-ODTX试验技术新增了产物气体识别功能，如图3-67所示，采用光谱分析方法分析产物气体的主要种类，获得吸光率等数据，可为炸药热分解过程的化学认知提供重要的试验数据。

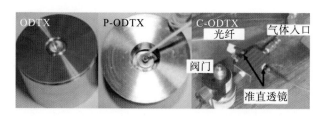

图3-67　不同的ODTX试验装置及其演变

ODTX试验方法作为安全性评估体系中的重要组成，提供了各类炸药的基础性认识结果，也为其他安全性试验设计提供了不可缺少的参考。

采用ODTX试验方法可以获得各种炸药在指定温度条件下的点火时间，如图3-68所示，在温度-点火时间图中，也可以直观地看出不同炸药热稳定性的相对关系。ODTX试验结果可以为安全性试验设计或者意外事故安全性评估提供重要参考，当估算出试验中或意外事故中可以达到的温度条件和持续时间，就可以大致判断此情况下是否能够发生点火。

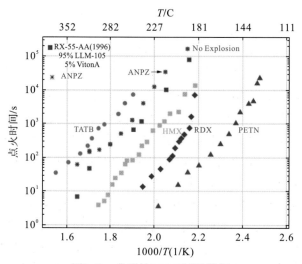

图3-68　典型的ODTX试验数据

炸药在热分解过程中产生气体，如果反应所在空间相对密封，则将导致空间内的压力不断升高，而压力的升高将使得炸药热分解更容易进行，即反应速度更快。图3-69给出了炸药LLM-105的P-ODTX试验结果[95]，可以看出随着炸药不断分解为气体，压力不断增加，且反应后期压力升高速度更快，随着温度条件和产物压力的不断增加，炸药的热分解速度不断增加，最终导致点火在临近点火时刻的分解速度急速增加。

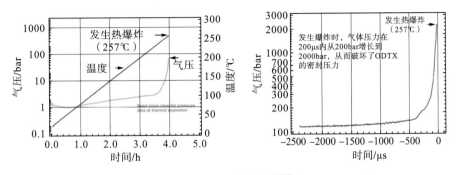

图3-69　LLM-105的P-ODTX试验结果[95]（1bar = 0.1MPa）

识别炸药热分解的产物将有助于分析该过程的化学反应机制、能量变化、意外事故反应烈度，炸药热分解后大部分都是气体和少部分固体，固体成分容易检测，通常都是碳，而气体产物容易在空间中稀释弥散，需要光学分析方法在其浓度保持在较高水平时测量，图3-70给出了C-ODTX的气体产物光谱分析结果，采用光谱分析方法可以识别出CO_2、N_2O和CO等气体产物。

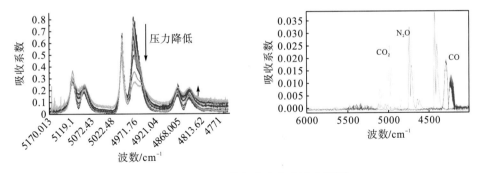

图3-70　C-ODTX的气体产物光谱分析[94]

3.2.2　慢烤试验方法

慢速烤燃试验一般通过较为缓慢的加热速率模拟烤燃弹长时间间接暴露在热源下的环境状况，在过去几十年间开展了广泛的研究[96-108]。针对真实武器系统或子系统部件，北大西洋公约组织已经建立了考核慢速加热下的安全性试验标准STANAG 4382。

1980年海军武器中心（Naval Weapons Center）的Pakulak、Cragin等建立了基于见证板的变形情况评价烤燃试验反应剧烈程度的小型烤燃弹试验（small scale cook-off bomb，SCB），壳体为3mm厚的钢，其内部空腔体积为400cm³，见证板为12.7mm厚度的钢板，试验装置如图3-71所示。考虑到装药在加热过程中的热膨胀，在装药上端预留10mm高的空腔，温升速率一般设定为12℃/min。1983年，他们还建立了超小型烤燃弹试验SSCB（super smallscale cook-off bomb），试验药量约为20g。

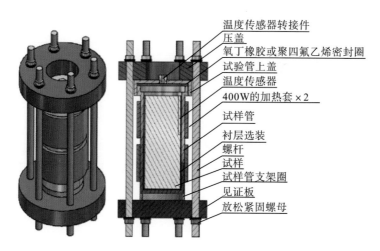

图3-71　海军武器中心小型烤燃试验装置

1996年，Alexander等设计了可变约束条件下的烤燃试验（variable confinement cook-off test，VCCT），如图3-72所示。通过调整钢管的厚度来实现可变约束，其厚度一般在0.375～3mm，以0.375mm的增量变化，装药质量约60g。试样在1h内从室温加热到100℃，保温2h，然后以3.3℃/h升温到试样点火。

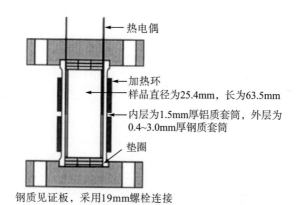

图3-72　VCCT试验装置

2002年，美国圣地亚实验室设计了装药慢烤点火试验装置（the Sandia instrumented thermal ignition，SITI），如图3-73所示。装药两端预留热膨胀空腔，在中心平面的不同位置布置多个热电偶用以测量装药在慢烤过程中的温度变化历程，整个试验装置通过加热绳进行加热。

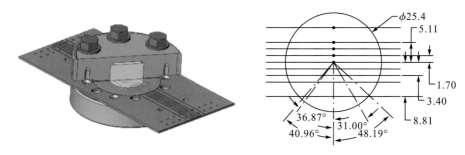

图3-73 SITI试验装置

2000年，美国LLNL设计了缩比热容爆炸试验(the scaled thermal explosion experiment，STEX)，主要研究约束柱形装药在慢烤下的反应烈度，约束壳体材料一般为钢，两端为法兰连接结构，两端盖板与壳体之间采用O形密封圈进行密封。通过辐照方式对壳体四周进行加热，试验装置如图3-74所示。

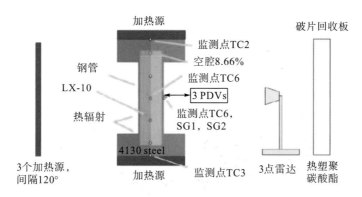

图3-74 STEX慢烤试验装置

2005年，美国LLNL设计了大尺寸环形烤燃试验(the large-scale annular cook-off experiments，LSAC)装置，主要研究环形装药结构在慢烤条件下，装药点火反应后对内层壳体的驱动能力、内层壳体的塌缩变形情况，以评估环形装药的热安全性。整个环形试验装置放置在真空容器中，使用加热带对外层壳体进行加热，通过高速摄影拍摄内层壳体的塌缩变形，还可使用光纤探头测量壳体的运动速度，试验装置如图3-75所示。

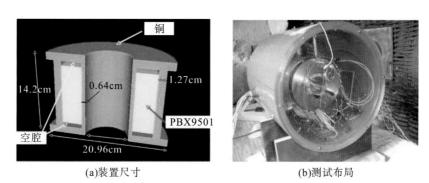

(a)装置尺寸 (b)测试布局

图3-75 LSAC试验装置

参考STEX和SITI试验装置，中国工程物理研究院流体物理研究所设计两端为强约束的慢烤试验装置，将2个大小相同的药柱叠加在一起。加热设备顶部为透明玻璃罩，底部为电加热丝和电机，通过加热丝对空气进行加热，利用电机将热空气输送至透明玻璃罩中，在慢速温升条件下，可实现整个玻璃罩内部的温度几乎均匀一致。慢烤试验装置及测试布局示意图见图3-76所示，试验布局图见图3-77。

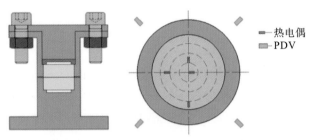

图3-76　慢烤试验装置及测试布局示意图

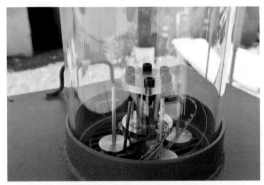

图3-77　慢烤试验布局图

慢烤试验装置主要用于评价装药的热安全性。试验可获取临界温度、热扩散系数等计算参数，可用于校验炸药热分解点火模型，通过见证板的变形和壳体速度判断装药的反应烈度。

试验的测试方法包括以下步骤。

(1)采用SITI试验中装药的内部温度测试方法，测量装药中心平面各点的温度。

(2)试验装置四周布置多个耐高温PDV探头，测量装药点火反应后壳体的运动速度，量化评估装药的反应烈度。

(3)利用高速摄影拍摄装药点火反应后约束壳体的膨胀过程，可为装药慢烤反应烈度的数值计算提供试验数据支撑。

通过慢烤试验，可以获得慢烤试验过程中装药内部不同位置处的温度历程，尤其是对于HMX为基的PBX装药，温度历程可以明显地反映出吸热的相变过程。根据各测点的温度数据，可以对装药热分解放热反应模型进行修正。图3-78给出在慢烤下空腔体积为13.8%的约束PBX-9501装药的不同位置的温度历程，从图中可看出，在169℃附近装药发生明显的吸热相变反应。

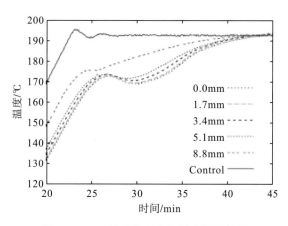

图3-78 SITI试验装药内部温度测量结果

2005年，美国LLNL采用STEX试验装置[105]，研究了LX-04装药在慢烤下的反应烈度，通过辐照加热方式对壳体进行加温，使用热电偶测量装药中心点处的温度历程，采用应变片测量装药点火前壳体的应变，采用PDV测量壳体的速度历程，采用雷达测量壳体的最大运动速度，通过对应变数据、PDV测得的速度进行积分可得壳体的位移历程。试验测得的数据如图3-79所示，数据可用于校验装药热爆炸的计算程序。

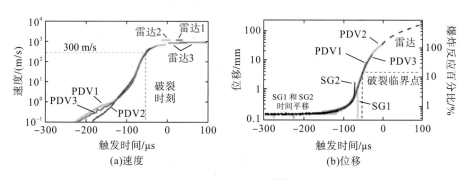

图3-79 测试结果[105]

2012年，阿拉莫斯实验室使用SITI慢烤试验装置，针对PBX-9501装药开展了慢烤试验研究[106]，采用质子辐照方式对装药点火后的反应演化图像进行了拍摄，典型图像见图3-80。根据质子辐照图像，可判断装药点火位置及反应演化过程的图像。

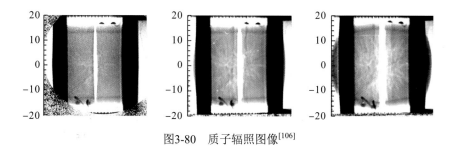

图3-80 质子辐照图像[106]

2016年，阿拉莫斯实验室使用SITI慢烤试验装置，针对PBXN-9装药开展了慢烤试验研究[107]，在药柱中心平面布置光纤光栅测量装药点火后的压力，可为反应烈度评估提供数据支撑。测得装药点火后的峰值压力约为660MPa，压力历程如图3-81所示。

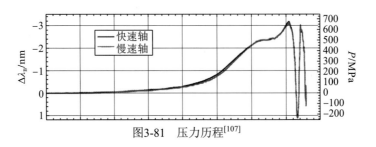

图3-81 压力历程[107]

2005年，阿拉莫斯实验室在设计的大尺寸环形烤燃试验(the large-scale annular cook-off experiments，LSAC)装置中，针对PBX-9501装药开展了慢烤试验研究[108]，采用高速摄影拍摄获得了内层壳体的塌缩过程图像，根据不同时刻的图像可计算获得壳体的塌缩速度，如图3-82所示。

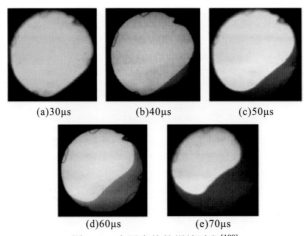

(a)30μs (b)40μs (c)50μs

(d)60μs (e)70μs

图3-82 内层壳体的塌缩过程[108]

3.2.3 快烤试验方法

快烤试验是用来评价贮存、运输、战备状态下发生意外火灾时弹药安全性的重要方法。从20世纪70～80年代开始，国内外研究者就对包含火炸药、推进剂的结构装药等开展了大量的快烤试验研究。针对真实武器系统或子系统部件，北大西洋公约组织已经建立了考核火烧快烤安全性试验标准STANAG 4240。

1987年，美国海军表面武器中心的Rooijers等设计了以汽油为加热燃料的快烤试验[109]。他们将汽油倒入油池，然后用火烧悬挂于油池上方适当高度的弹药，如图3-83所示。由于没有均热装置，弹药容易受热不均；同时无法控制加热速率，只能通过热电偶记录温度变化。

图3-83　采用汽油火烧的快烤试验[109]

　　1998年，北京理工大学胡晓棉等针对弹药受热不均的情况，在油池与试样之间增设了一组可使火焰温度均匀化的标准钢块，从而使得弹药受热趋于均匀[110]，如图3-84所示。

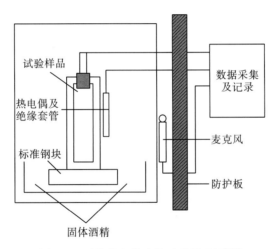

图3-84　受热均匀化火烧试验原理图[110]

　　1991年，美国Sandia实验室的Nakost等设计了封闭和开放油池火烧加热的弹药快烤试验。他们使用JP-4煤油作为加热燃料，并设计了简易的防风装置，测量了两种条件下弹药的表面温度和热通量，并得出结论：使用开放油池火烧进行快烤试验非常必要，因为这样更接近于真实环境条件[111]。

　　1999年，美国Svedrup科技公司的Sumrall等采用开放油池燃油火烧方式对装药量达17kg钝感炸药TE-T7005的弹药开展了快烤试验[112]。

　　2003年，北大西洋公约组织标准化局制定了STANAG 4240《液体燃料/外部火焰弹药试验规程》，对使用油池火烧开展的钝感弹药快烤试验做了具体规定。其中规定用AVCAT牌号F-34或F-35煤油或商业煤油C2/NATO-58作燃料，将其倒入油池并在油池四周布置点火器，由同步点火控制系统发出点火信号以实现同步点火[113]，如图3-85所示。

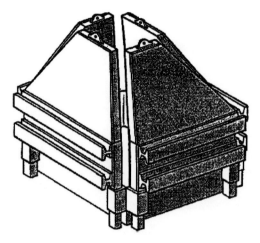

图3-85　小型油池火烧试验装置[113]

　　2006年，美国海军空战中心的Atwood等设计了一种新型的采用清洁能源且加热速率可控的快烤试验装置[114]，如图3-86所示。他们在圆筒壁的8个对称位置上安装了雾化喷嘴和丙烷喷射速率控制装置，以一定压力将丙烷喷出，并利用鼓风机在圆筒壁一侧吹入空气进行点火，另一侧放置弹药。试验中，空气的吹入速率由鼓风机控制，丙烷喷射速率由其控制装置控制，从而达到稳定热流输出和控制加热速率的目的。这种新型加热方式解决了常规快烤试验中无法控制加热速率的问题，是快烤试验的一大突破，提高了快烤试验的加热精度，但其对试样尺寸有限制。

图3-86　采用清洁能源且加热可控的快烤试验装置[114]

　　为了解决大尺寸弹药清洁快烤的问题，从2012年起，荷兰TNO的Scholtes等通过增加燃气压力、喷嘴口径和数量等方式设计出丙烷快烤加热装置，如图3-87所示，实现了对155mm炮弹的快烤，但其温升速率相比传统的燃料快烤还要慢[115,116]，如图3-88所示。

图3-87　改进的清洁能源快烤试验装置[115]

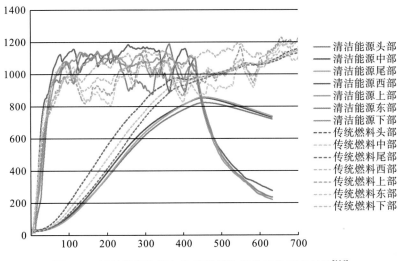

图3-88　清洁能源快烤与传统燃料快烤的温升速率对比[116]

综上所述，在模拟火灾场景的弹药安全性考核试验中，通常利用全尺寸弹药，采用燃油燃烧产生的火焰对弹药进行火烧，通过测量弹药典型部位的温度判断弹药的点火时间，采用超压传感器测量弹药点火反应后的空气冲击波超压，利用太赫兹(THz)测速仪测量弹药点火反应后壳体的运动速度。在研究弹药安全性与快速加热关系的弹药安全性研究试验中，除使用燃油火烧外，还有辐射加温、电加热等方式，但因加热速率不够、通用性不强等原因，基本限定于研究性试验。其优势是，升温速率可控、可测项目较多。

受限于高温影响，目前可用于快烤尤其是燃油火烧试验的测量诊断多集中于外围测试，弹上测试相对较少。主要测试项目如下。

1) 弹药反应过程拍摄

(1) 普通监控记录整个快烤过程，尤其是快烤前后的安全状态。

(2) 高速摄影拍摄弹药高烈度反应时刻的高速演化行为。

2) 特征参数测量

THz测速仪测量由弹药反应导致的壳体膨胀速度。壳体膨胀速度与反应释能、壳体结构及其强度等息息相关，需选择具有代表性的部位进行测量才能反映弹药壳体的运动过程。

超压传感器测量弹药反应产生的冲击波超压。试验前需进行TNT装药爆轰试验标定，试验后再根据冲击波超压推算装药的相对释能。

测速靶测量装药反应形成破片的速度，即通过测量金属破片撞上测速靶的时间并根据测速靶的间距，计算形成破片的速度。

见证板记录破片穿孔、凹坑等效应。破片速度、质量、形状及冲击波强度等都会影响作用于见证板上的有效载荷，见证板的布置方位通常选取形成破片较多的方向进行布设。

针对典型结构装药，综合运用系统触发、THz测速、超压测量等测试技术，获得火烧快烤条件下装药响应的关键特征参数。试验结果表明：装药响应行为与装药结构约束息息相关，即便装药相同，壳体强度、密封程度、隔热效果等都会影响最终的反应烈度。典型试验结果如图3-89所示。

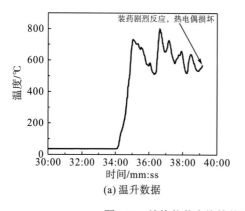
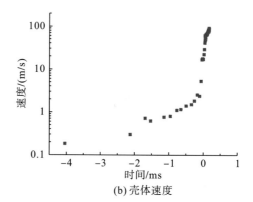

(a) 温升数据   (b) 壳体速度

图3-89　结构装药火烧快烤试验典型壳体的膨胀速度结果

3.2.4　超快烤试验方法 (SFCO test)

事故条件下，装药可能遭遇比意外火灾更极端的热刺激情况。例如，装药临近区域的化学物剧烈反应放热，强光照射装药快速升温等。这些极端事故下，装药受到的外热流比火灾环境要高，温升也更快，装药点火时间远小于快烤事故时间。为了评估装药在极端恶劣环境下的烤燃行为，近年来发展了一些超快烤试验方法。激光辐照是一种典型的超快烤试验方法，其原理是利用大功率、长时间出光的激光器作为加热源，通过辐射加热使得装药在短时间内发生温升、点火。

作为一种新型加载技术，激光超快烤研究工作目前尚少。相关工作主要是激光销毁弹药和炸药激光点火机理研究方面。1997年，法德Saint-Louis研究所[117]采用百瓦级重复脉冲固体激光及CO_2连续激光对具有聚氯乙烯包覆层炸药进行了点火试验研究。结果发现当激光熔穿包覆层后，炸药产生了自持燃烧爆炸。美国LLNL的Boley等[118,119]开展了激光销毁含TNT装药的迫击炮弹试验，对固体热容激光对炮弹的起爆机理进行了研究。国内，王伟平等[120]和谭福利[121]开展了激光对金属壳密封装药点火及结构破坏的机理和模式研究。田占东等[122]建立了强激光辐照金属密封炸药装置的快烤燃模型，对激光烤燃过程进行了化学反应动力学分析。

激光对目标物的加热过程，包括激光光源出光、激光传输及激光与靶目标相互作用三个阶段，如图3-90所示。光源是激光辐照系统的关键，通常选取可以长时间连续工作的高能固体或者光纤激光器，这类激光器体积小、重量轻、污染少且易于维护。试验过程中，激光器出光功率需要相对稳定。同时，需要对激光器功率/能量进行实时监测，及对出光时间进行设置和记录。激光传输主要通过各种光学元器件来控制，其包括实际光路设计和对目标辐照方式设计。传输光路能够控制激光光斑大小及调节激光光强分布。最后，激光快烤试验需要关注激光对结构的加热效应，包括激光能量耦合规律及结构温升规律。其中，激光辐照能量不全是被装药外壳吸收，很大一部分会被反射，因此需要确定装药对激光能量的吸收状况。装药最终的温升速率与自身结构密切相关，考虑装药材料和结构对温升的影响，才能达到预期的加热速率。

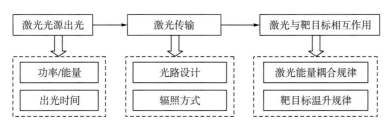

图3-90　激光对目标的加热过程

近年来，中国工程物理研究院流体物理研究所开展了一系列激光烤燃炸药装置试验。激光烤燃试验可以先进行材料靶试验，通过激光辐照不包含炸药的材料靶来标定加热速率，然后进行激光烤燃试验。材料靶包括铝材料靶和钢材料靶两种。如图3-91所示，材料靶背面焊接热电偶。采用连续光纤激光进行辐照试验，获得材料靶后表面的温升曲线，如图3-92所示。

(a)铝材料靶　　　　　　　　　(b)钢材料靶

图3-91　激光辐照材料靶

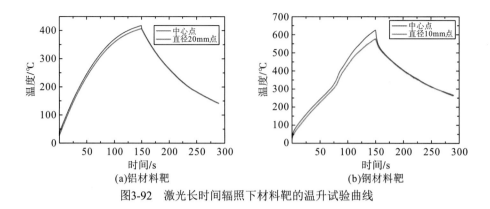

图3-92　激光长时间辐照下材料靶的温升试验曲线

在激光辐照材料靶的基础上，开展了激光烤燃炸药装置试验。典型的激光辐照炸药装置试验场景如图3-93所示，激光束辐照在装置表面，对金属壳体进行快速加热。回收的炸药装置如图3-94所示，炸药装置可能发生了燃烧、结构破坏甚至剧烈爆炸等多种破坏模式。

图3-93　激光辐照炸药装置

图3-94　回收的炸药装置

总的来说，激光超快烤燃试验能够提供精确、可测的外热流，特别适合开展炸药热点火的精密试验。试验加热速率快，装药点火时间可以控制在几十秒级甚至几秒级，对于评估极端加热速率下装药的热安全性具有重要价值。

3.3　其他试验方法

这里主要介绍针对一些特殊事故场景发展起来的几种试验方法，如考虑弹药遭受火灾和撞击的复合加载事故下装药的力热复合加载试验方法，考虑弹药邻近爆炸作用的殉爆试验，考虑侵彻装药穿靶或大尺寸装药挤压作用的长脉冲试验。

3.3.1　力热复合加载试验方法(coupled mechanical-thermal insult test)

针对结构装药受到热和冲击作用的多因素安全性问题，建立了高温高速撞击复合作用下的安全性试验方法[123-126]。

Forbes等[127]采用相同的方法将LX-04-01和LX-17炸药分别加热至170℃和250℃，然后再进行飞片的撞击试验，结果表明加热后装药的安全性能降低，如图3-95所示。

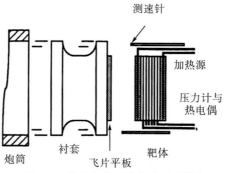

图3-95　样品加热后的撞击试验[127]

Harold等[125]为了研究以TATB为基的钝感高能炸药在接近热分解温度(～250℃)下撞击的安全性，设计了样品在加热条件下的射弹撞击试验装置，见图3-96。试验将柱形PBX-9502装药约束在铝壳中，在壳体表面覆盖加热带用以将装药加热至约240℃，再通过气炮发射直径19mm的钢球并撞击装药轴线10mm的区域，获取了装药的反应状态。

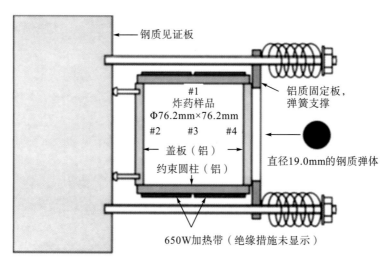

炸药中的数字为热电偶布置位置，
其中热电偶#1沿着内壁，其余为轴向
图3-96　样品加热后的撞击试验[125]

中国工程物理研究院流体物理研究所建立的力-热复合试验方法主要针对构型装药，其加载系统由撞击系统和加热系统两部分组成。撞击系统采用搭载靶板的火箭橇装置，加热系统采用可控远程点火的火焰喷射装置，布局见图3-97。

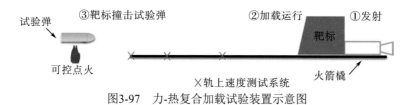

图3-97　力-热复合加载试验装置示意图

在火焰完全包裹试验弹约6min之后关闭火焰，发射滑车靶板撞击试验弹。火烧过程中试验弹四周的环境温度维持在800～1100℃，如图3-98所示。撞击速度约为380m/s，在此情况下试验弹的装药部件发生了反应。

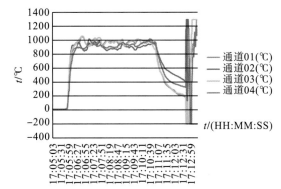

图3-98　火烧温度加载

布置在距离撞击点4m处的空气冲击波超压峰值为0.028MPa，约0.5kg TNT当量发生了反应，相对于2.7kg TNT当量的装药来说，反应份额约占18.5%。典型图例见图3-99。

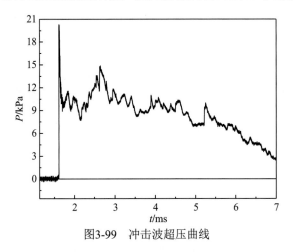

图3-99　冲击波超压曲线

滑车靶板撞击试验弹的高速摄影图像见图3-100。从26.8ms开始，撞击面达到炸药球的位置，环状亮带变成球状火光，并在随后的1.2ms内相对缓慢地加速膨胀，至28ms时爆发，火球急剧膨胀。从这一过程推断，炸药球在受撞击后的初期产生破碎、燃烧现象并不断持续，随后在压力进一步加载和其他因素的综合作用下反应不断增强最终发生爆燃。

图3-100　滑车靶板撞击试验弹过程

在火烧温度的影响下，PBX-4炸药在380m/s的撞击速度下发生了反应。推测高温可能会对炸药的力学强度、黏结剂性能等方面产生影响。例如，高温降低了炸药的力学强度，增大了炸药内部的孔隙率，在撞击作用下使其更易破裂、产生流动，形成热点。高温也可能会熔化黏结剂进而改变其形态和性能，使炸药颗粒变得更粗糙，增强了炸药晶体之间的摩擦。试验结果也符合"炸药温度高更容易达到热点产生爆炸"这一传统认识。

3.3.2　殉爆试验

殉爆(sympathetic)是指主发药或主发弹引爆后，导致邻近被发药或被发弹发生爆炸的现象。对殉爆问题的试验和理论研究具有非常重要的意义，因为对于武器弹药贮存、生产中安全距离的确定，这种研究结果是其基本依据，并且可以应用于传爆序列的设计。随着钝感弹药技术的发展，殉爆试验成为真实武器系统评估的一项基本试验。美国和北大西洋公约组织制定了常规弹药安全性殉爆试验标准STANAG 4396[128,129]。我国于2019年制定的海军标准《海军弹药安全性试验与评估规范》也将殉爆试验纳入了不敏感弹药安全性评价体系。

早在20世纪60年代就开始出现殉爆试验[130]，研究对象主要是采矿所需的大当量硝铵炸药。

1979年，美国洛斯阿拉莫斯科学实验室(LASL)的Bowman等[131]设计了VRO推进剂殉爆试验，试验中采用铅柱作为见证材料，如图3-101所示。

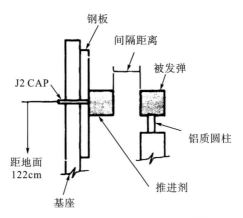

图3-101　推进剂殉爆试验装置[131]

2001年法国SNPE的Chabin等[132]对Apache AP亚声速巡航导弹(包含10个KRISS子弹)进行了殉爆试验，试验用超压传感器、高速摄影及见证板等对被发弹及子弹的响应情况进行了测试。

2004年，Cliff等[133]依据MIL-STD-2105B对装填ARX 4024(65/65NTO/TNT)的海军炮弹进行了钝感弹药殉爆试验评估，试验用2个超压传感器、高速相机和VHS 录像记录殉爆过程，并设置了四面墙体进行破片回收，如图3-102所示。

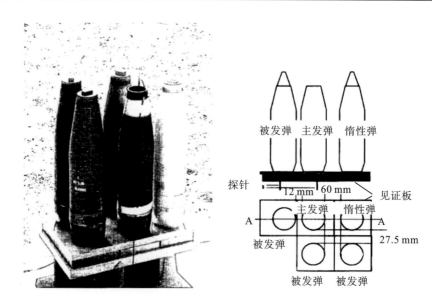

图3-102   海军炮弹殉爆试验[133]

2006年，为了确认RS-RDX对PBXN-109装药殉爆性能的提升效果，Lochert等[134]开展了将RS-RDX应用于PBXN-109装药的殉爆试验。北京理工大学赵耀辉[135]设计了电雷管的殉爆试验装置，雷管尺寸为4.9mm×10mm，包括起爆药和输出药，两个雷管放置在硬纸板中。

2010年，近代化学研究所的张衡[136]设计了两种摆放方式并对发射药进行了殉爆试验，一种是利用弱约束装药模拟装药在火炮中的相对位置而采用纵向叠放，殉爆距离为50mm；另一种是参考美军标准，利用强约束装药采用横向摆放，殉爆距离为70mm。王晨等[137]开展了主发装药和被发装药都是Φ60mm，长度为240mm的固黑铝炸药装药殉爆试验，壳体为3mm钢，见证板厚度为15mm。试验通过调整主发弹和被发弹的距离以获取临界殉爆距离。

2011年，化工材料研究所的王翔等[138]设计了地面垂直放置的殉爆试验，试验主发弹采用同一种弹药，被发弹采用装有不同的含铝炸药的弹药，20号钢壳厚度均为3mm，放置在3mm厚的见证板上，如图3-103所示。

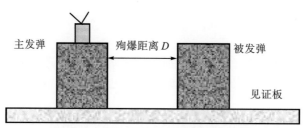

图3-103   地面放置的殉爆试验装置[138]

2014年，路胜卓等[139]开展了壳装固体推进剂的殉爆试验，推进剂壳体长度为2100mm，截面最大直径为102mm，厚度为2mm，采用16MnR钢制作。主发装药分为有壳和无壳两种结构形式。同年，中国船舶重工集团第705所鲁忠宝等[140,141]根据数值模拟结果设计了水下殉爆试验，如图3-104所示。试验中主发药采用90mm×90mm的GUHL-1装药，铝壳厚为1.5mm，被发药为相同尺寸的GUHL-1和RS211，铝壳厚为1mm，将其悬吊在入水深度5m处，主发药和被发药的距离通过铁丝架控制。

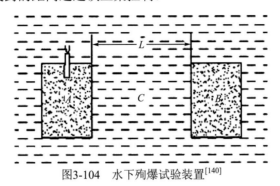

图3-104　水下殉爆试验装置[140]

中国工程物理研究院流体物理研究所的李金河等[142]应用了最新的PDV测速技术，对某战斗部开展了殉爆试验，获取了壳体的运动速度，对其反应烈度进行了评估。

根据STANAG 4396试验规程，殉爆试验一般应遵循以下要求。

1)试验样品的选择

(1)主发弹和被发弹。测试的弹药必须符合完整的生产标准，不爆的部件需要几何外形和传热性能与实弹一致。

(2)惰性被发弹。惰性被发弹的结构、质量和形状必须与主发弹药和被发弹相似。

2)试验弹药的数量与布局

(1)主发装药应该被被发弹、惰性弹包围，堆放的最小体积不小于0.15m³。如果主发装药和一个被发装药体积超过0.15m³，则至少需要2个被发装药，最好是3个，如图3-105所示。

(2)为了降低殉爆反应等级，试验中可以采用隔板进行防护。

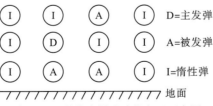

图3-105　弹药殉爆试验的布局示意图

3)殉爆试验的测试方法

殉爆试验的测试方法主要包括以下几个方面。

(1)冲击波超压传感器测量爆炸产生的冲击波超压。图3-106为某战斗部殉爆试验的超压测量结果。结果表明，测得的超压相当于两枚弹药正常爆轰时产生的冲击波超压，说明被发弹药发生了完全爆轰。

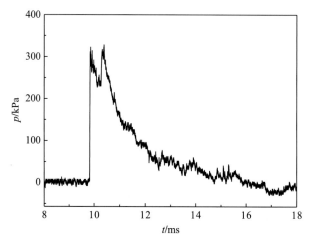

图3-106　超压测量结果

（2）测速靶网测量爆炸产生的破片速度。

（3）见证板获取破片穿孔的大小和数量，见证板的变形和破坏情况可分析被发弹的反应情况，如图3-107所示。

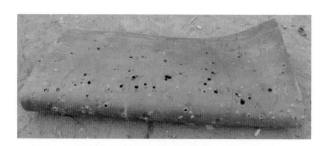

图3-107　见证板的破坏情况（被发侧）

（4）高速相机获取殉爆过程中的发光、抛掷现象。

（5）PDV测速作为一种最新的测试技术，可以将PDV测点布置在弹体的四周，用于测量主发弹和被发弹壳体的运动变化情况，其定量测试结果可以用于分析被发弹的反应烈度等级，如图3-108所示。图3-109为被发弹药壳体的膨胀速度，与主发弹药的壳体速度基本相当，因此可以判定被发弹药发生了爆轰。

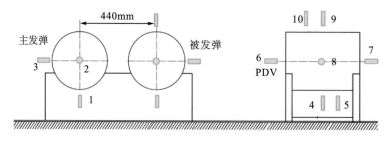

图3-108　PDV测试布局

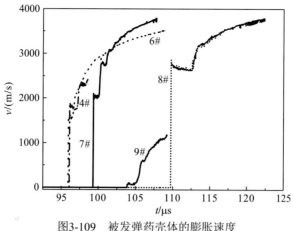

图3-109　被发弹药壳体的膨胀速度

一般地，主发药或主发弹通过三种方式将能量传递给被发药或被发弹：①空气中传播的冲击波；②爆轰产物流动；③爆炸抛射的固体颗粒。

殉爆距离是弹药殉爆试验的重要控制参量。当被发(弹)药殉爆概率为50%时，主发(弹)药与被发(弹)药之间的距离称为殉爆距离R_{50}。殉爆距离R_{50}对弹药的存储、堆放具有重要的指导作用。为了避免被发弹药发生殉爆反应，弹药之间的距离应大于殉爆距离R_{50}。主发药与殉爆距离R_{50}存在以下关系：$R_{50} = KW^{1/3}$，式中，K为与主发装药和被发药特性有关的经验系数；W为主发药的质量(表3-4)。

表3-4　几种含铝炸药装药的殉爆距离R_{50}[139]

主发弹	被发弹	殉爆距离R_{50} /mm ($k = 2$)
THL	RTHLDu-1	836±6
THL	GHL-1	1058±12
THL	HL-10	722±44
THL	HL-10A	588±10

3.3.3　长脉冲试验

较早的低压长脉冲试验(low pressure long duration test)是美国LANL的Boyle等[143]在1989年提出的一种用于包含炸药或其他含能材料的结构装药长脉冲点火特性研究的试验方法。Boyle采用火药燃烧的密闭爆发容器进行加载，结合软材料长时间变形，在直径为12.7mm的试验样品中得到约1.0GPa、脉宽约1ms的压力波形，由此对比了TNT类熔铸炸药、PBX压装炸药和固体推进剂的冲塞剪切点火感度，如图3-110所示。

1998年，美国空军研究实验室AFRL的Foster等[144]利用317kg大质量落锤撞击加载，在直径为76.2mm试验样品中产生了最大幅值约0.3GPa、最大脉宽为5ms的压力波形，如图3-111所示。

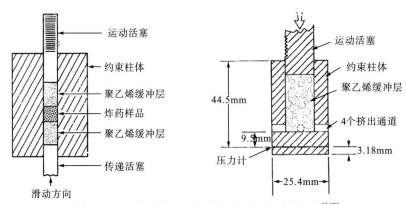

图3-110 软材料变形控制的长脉冲加载试验装置[143]

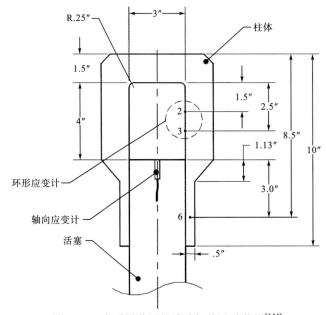

图3-111 大质量落锤长脉冲加载试验装置[144]

2002年，AFRL的Glenn[145]采用火炮加载，结合铝制蜂窝材料变形，在直径为50.8mm的浇铸装药中得到了最大幅值约为0.85GPa的长脉冲压力，如图3-112所示。

图3-112 基于火炮结合蜂窝结构的长脉冲加载试验装置[145]

2013年，西安近代化学研究所的王世英等[146]利用400kg大质量落锤，结合聚碳酸酯调节器，在直径为40mm的试验样品中产生了最大幅值约0.66GPa、脉宽约5ms的压力，其可用于装药抗过载安定性研究，如图3-113所示。

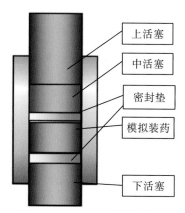

图3-113　大质量落锤长脉冲加载试验装置[146]

2014年，ARL的Williams[147]对Glenn等的试验装置进行了较大的改动设计，采用具有重复性较好的气炮进行加载，装置可实现弹体撞击预压缩、套筒二次撞击环向表面滑移的摩擦过程，如图3-114所示。在直径为50.8mm的试验样品上可产生最大幅值约0.5GPa、脉冲宽度约数毫秒的压力，在装置上还可测得压力、相对滑移速度等关键的过程参数。

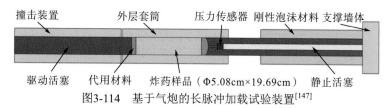

图3-114　基于气炮的长脉冲加载试验装置[147]

目前，中国工程物理研究院流体物理研究所[148]在综合借鉴已有认识的基础上，利用已有的跌落架平台，设计了一种利用大质量落锤的低压长脉冲试验方法(图3-115)。其中，大落锤基本尺寸为Φ300mm×1200mm，加上附属配件后总质量约为700kg，装药样品尺寸为Φ40mm×30mm。为了保证准静态加载，在入射杆顶端还放置了整形器，以实现对装药样品的平缓加载。

具体的试验装置分为四部分：①入射杆和透射杆，由高强度锰钢材料构成，主体直径为40mm；②放置在两杆之间的装药样品，为避免阻抗不匹配在样品两端棱角边造成应力集中及缝隙挤压，在样品与杆之间还放置了聚四氟乙烯垫片，厚度为2mm；③控压柱，主体直径为40mm，由易于流动的软塑料构成，如聚乙烯；④壳体，外径为168mm，同样由高强度钢材料构成，用于实现对样品的强约束作用，并在底部开槽，给控压柱变形流动预留空间。以上试验装置放置在预埋在地基中的刚性底座上。试验中，可通过改变速度调节撞击压力幅值，由软材料变形位移控制加载脉宽，还可由壳体内表面的粗糙度调节摩擦力的大小。

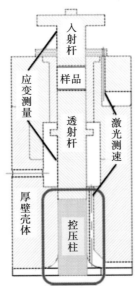

图3-115　强约束长时间加载装置[148]

为了能进一步获取装药的反应时间和位置信息,可在厚壁壳体上增加有机玻璃透明窗口(图3-116),以便于通过高速摄影进行观测。增加的窗口采用内宽外窄的形状,通过过盈配合和胶黏的方式安装到预留的窄缝中,窄缝宽度约为5mm,窗口径向厚度与壳体一样,从而可确保样品约束与无窗口试验一致。

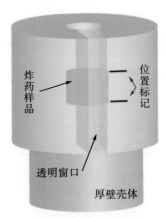

图3-116　带透明窗口部分的试验装置示意图[148]

通过应力波理论分析可知,长脉冲加载须满足两个条件,一是采用高阻抗材料撞击低阻抗材料,二是避免或减弱远端反射卸载波的作用。经过厚壁约束和软材料变形控制设计Lpld试验的优点是,通过放置软材料进行变形流动的方式实现样品的长时间加载,试验样品只遭受轴向挤压变形和沿壳壁的滑移摩擦作用。该试验可用于分析相似加载条件下的装药点火风险,如侵彻装药穿靶经历的长脉冲加载下的安定性问题。

通过装置设计增加了激光干涉测速和应变片应力测量,可获取模型所需的参数。

(1)激光干涉测速,同样在入射杆和透射杆上设计增加耳环结构,用于测量传力杆和承压杆整体的轴向速度。

(2)应变片应力测量，为便于应变片的粘贴和测试电缆引线，在约束壳体中加工空腔与测试通孔，保证入射杆和透射杆具有合适的长度。装置上共有两个应变片，分别测量入射杆和透射杆的轴向应变，由此可对样品的轴向应力进行计算。

(3)到点火时间的测量，借助高速摄影并结合带约束透明窗口的装置设计，通过拍摄图像中装药点火发光的辨认，由初始加载时刻确定到点火时间。

长脉冲试验中可获得与装药点火密切相关的应变和速度波形。当装药样品点火后，会造成波形突变，在速度波形中的突变在透射杆中最先表现出来，应变波形上的突变时刻与速度突变基本一致。在0.6m落高撞击、速度为3.4m/s的条件下，到点火时间约为8ms的时刻，点火反应后透射杆的最大速度可达17m/s，如图3-117所示。

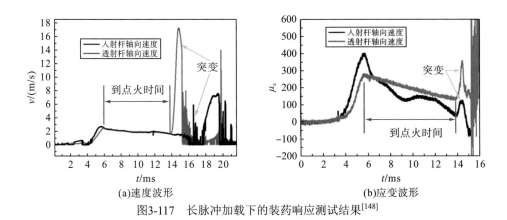

图3-117　长脉冲加载下的装药响应测试结果[148]

长脉冲试验中，在大落锤撞击速度为4.4m/s、触发后16.0ms时，样品局部出现微弱发光(点火)，点火后反应发展(燃烧)导致发光增强，如图3-118所示。

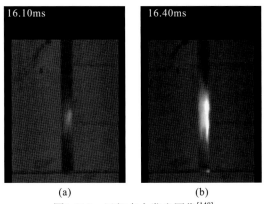

图3-118　局部点火发光图像[148]

对于处于临界点火条件的试验，在现场回收的入射端垫片(上垫片)形状完整，透射端垫片(下垫片)的环向边缘发生破坏，同时还发现靠近透射杆端的样品燃烧破坏痕迹比入射端更为严重(图3-119)。

(a)上垫片   (c)下部反应的残药   (b)下垫片

图3-119　局部点火后回收的残骸[148]

参 考 文 献

[1] Robertson R. The phenomena of rupture and flow in solids[J]. J. Chem. Soc., 1921, 119: 1-29.

[2] Mortlock H N, Wilby J. Explosivstoffe, neunte, überarbeitete und erweiterte auflage[J]. Explosivstoffe, 1966, 14: 49-55.

[3] Bowden F P, Mulcahy M F R, Vines R G, et al. Simulation of shock initiation in explosives using a model combining high computational efficiency with a free choice of mixture rules[C]. Proc. R. Soc. Lond. A, 1947, 188: 291-311.

[4] Field J E, Proud W G, Siviour C R, et al. Dynamic deformation properties of energetic composite materials[R]. Final Report, 2005.

[5] Radford D D, Walley S M, Church P, et al. Dynamic upsetting and failure of metal cylinders: Experiments and analysis[J]. J. Phys. IV France., 2003, 110: 263.

[6] Duffy K P, Miller J E, Mellor A M. Shotgun drop-weight initiation of energetic materials[R]. Final Report, 1994.

[7] Balzer J E, Field J E, Gifford M J, et al. High-speed photographic study of the drop-weight impact response of ultrafine and conventional PETN and RDX[J]. Combustion and Flame, 2002, 130: 298.

[8] Balzer J E, Proud W G, Walley S M, et al. High-speed photographic study of the drop-weight impact response of RDX/DOS mixtures[J]. Combustion and Flame, 2003, 135: 547.

[9] Wu Y Q, Huang F L. Experimental investigations on a layer of HMX explosive crystals in response to drop-weight impact[J]. Combustion Science and Technology, 2013, 185: 269.

[10] 吴艳青, 黄风雷, 艾德友. HMX 颗粒炸药低速撞击点火试验研究[J]. 爆炸与冲击, 2011, 31(6): 592.

[11] Swallowe G M, Lee S F. A study of the mechanical properties of PMMA and PS at strain rates of 10-4 to 103 over the temperature range 293-363K[J]. J. Phys. IV France., 2003, 110: 33.

[12] Zhang G X, Weeks B L.A device for testing thermal impact sensitivity of high explosives[J]. Propellants Explosives Pyrotechnics, 2010, 35: 440.

[13] Czerski H, Greenaway M W, Proud W G, et al. B-d phase transition during dropweight impact cyclotetramethylene-tetranitroamine[J]. Journal of Applied Physics, 2004, 96:4131.

[14] Henson B F, Asay B W, Robinson S S. Dynamic measurement of the hmx β-δ phase transition by second harmonic generation [J]. Physical Review Letters, 1999, 82: 1213.

[15] Saw C K. Shock Compression of Condensed Matter[M]. North Holland: Elsevier, 2001: 856.

[16] Smilowitz L, Henson B F, Asay B W, et al. Shock Compression of Condensed Matter[M]. North Holland: Elsevier, 2001: 1077.

[17] Smilowitz L, Henson B F, Asay B W, et al. The β-δ phase transition in the energetic nitramine octahydro-1,3,5,7-tetranitro-1,3,5,7-tetrazocine: Thermodynamics[J]. J. Chem. Phys., 2002, 117: 3780.

[18] 尚海林, 杨洁, 赵锋, 等. 低速撞击下 HMX 颗粒炸药点火燃烧试验研究[J]. 现代应用物理, 2017, 8(2): 021001.

[19] 杨洁, 尚海林, 李克武, 等. 落锤撞击下非均匀炸药点火特性试验研究[J]. 高压物理学报, 2017, 31(6): 820.

[20] Coffey C S, Jacobs S J. Detection of local heating in impact or shock experiments with thermally sensitive films[J]. Journal of Applied Physics, 1981, 52: 6991.

[21] Asay B W. Non-shock Initiation of Explosives[M]. Berlin: Springer, 2010: 537-538.

[22] Green L, Weston A, Velkinburg J V, et al. Mechanical and frictional behavior of skid test hemispherical billets[R]. California Univ., Livermore. Lawrence 8 Livermore Lab, 1971.

[23] Dickson P. LANL skid testing summary[R]. Los Alamos National Lab., 2014.

[24] 炸药安全与性能鉴定试验[S]. MIL-STD-1751, 1995.

[25] Dyer A S, Taylor J W. Initiation of detonation by friction on a high explosive charge[C]. 5th Symposium (International) on Detonation. ONR, 1970: 291-300.

[26] Parker G R J. The effect of grit on frictional heating during oblique impacts with PBX 9501[R]. LA-UR-12-25703, 2013.

[27] Bowden F P, Tabor D. The Friction and Lubrication of Solids[M]. Netherlands: Elsevier, 1950.

[28] Heatwole E, Parker G, Homles M, et al. Grit-mediated frictional ignition of plymer-bonded explosive during oblique impacts: Probability calculations for safety engineering[J]. Reliability Engineering & System Safety, 2015, 134: 10-18.

[29] 申春迎, 黄谦, 向永, 等. PBX 炸药在滑道试验中的响应[J]. 四川兵工学报, 2015, 36(2): 136-140, 148.

[30] Chidester S K, Green L G, Lee C G. A frictional work predictive method for the initiation of solid HEs from low-pressure impacts[C]. Detonations Symposium, Boston, 1993.

[31] Idar D J, Lucht R A, Scammon R, et al. PBX9501 high explosive violent response/low amplitude insult project: Phase Ⅰ[R]. Los Alamos National Lab., LA-13164-MS, 1997.

[32] Vandersall K S, Chidester S K, Forbes J W, et al. Experimental and modeling studies of crush, puncture, and perforation scenarios in the Steven impact test[C]. 12th International Detonation Symposium, 2002.

[33] Gruau C. Ignition of a confined high explosive under low velocity impact[J]. International Journal of Impact Engineering, 2009, 36: 537-550.

[34] Vasant S J. A novel method of resolving ignition threshold in steven test using hybrid drop weight-hopkinson bar[C]. Shock Compression of Condensed Matter, 2009.

[35] 代晓淦. Steven 试验中不同形状弹头撞击下炸药响应规律研究[J]. 含能材料, 2009, 17(1): 50-54.

[36] Wen Y S. Reaction characteristic for various scale explosive under mild impact[J]. Journal of Energetic Materials, 2014, 32: S41-S50.

[37] Idar D J. PBX9501 high explosive violent: Phase II baseline and aged experiments[R]. Los Alamos National Laboratory, W-7405-ENG-36, 2000.

[38] Dorough G D. The susan test for evaluating the impact safety of explosive materials[R]. UCRL-7394, 1965.

[39] Ruan Q Y. Safety evaluation of explosives by the Susan test[J]. 爆炸与冲击, 1989, 1: 68-72.

[40] 李涛. 低幅值冲击条件下带壳炸药反应烈度的研究[D]. 绵阳: 中国工程物理研究院, 2003.

[41] Weston A M, Green L G. Data analysis of the reaction behavior of explosive materials subjected to Susan test impacts[R]. Prepared for university of California Lawrence radiation laboratory Livermore, Calffornia. UCRL-13480, 1970.

[42] Chen Q Z. Susan test for PBX-4 explosive[J]. Theory Pract. Energ. Mater., 1997, 12: 163.

[43] Lipscomb C A, Angotti J J. Factors affecting bullet impact initiation of pyrotechnic compositions[R]. RDTR -173, Naval

Ammunition Depot Crane Ind, 1970: 1-36.

[44] White B K. 20 millimeter projectile safety tests[R]. NOLTR 71-233, 1972-2-4.

[45] Kent R, Pinchot J L. Study of the explosive behavior of highly confined cast PBXs submitted to bullet impact[J]. Propellants, Explosives, Pyrotechnics, 1991, 16:721-226.

[46] Hamaide S, Quidot M, Brunet J. Tactical solid rocket motors response to bullet impact[J]. Propellants, Explosives, Pyrotechnics, 1992, 17: 120-125.

[47] 高立龙, 王晓峰, 南海, 等. PMX-1 炸药易损性试验研究[J]. 含能材料, 2018, 18（6）: 699-701.

[48] 伍俊英, 汪德武, 陈朗, 等. 炸药枪击试验和数值模拟研究[J]. 高压物理学报, 2010, 24（6）: 401-408.

[49] 张邹邹, 杨丽侠, 刘来东, 等. 子弹撞击对发射药易损性响应影响研究[J]. 含能材料, 2011, 19（6）: 715-719.

[50] 国防工业技术委员会. 炸药试验方法[S]. GJB 772A-1997, 1997.

[51] NATO Standardization Agency. Bullet impact, munition test procedures[S]. STANAG 4241-2018, 2018.

[52] Honodel C A. Explosive reaction of cased charges generated by impacts of 30 calibre bullets[C]. 32nd Meeting of the Aeroballistic Range Association, Aug 12-14, 1981.

[53] 唐桂芳, 王晓峰, 李巍. 浇注 PBX 的低易损性能研究[J]. 含能材料, 2003, 11（3）: 163-165.

[54] 代晓淦, 申春迎, 吕子剑, 等. 枪击试验中不同尺寸 PBX-2 炸药响应规律研究[J]. 含能材料, 2008, 16（8）: 432-435.

[55] 代晓淦, 文玉史, 申春迎, 等. 热和枪击复合环境试验中 PBX-2 炸药的响应特性[J]. 火炸药学报, 2009, 32（4）: 41-44.

[56] Hatch R, Braithwaite P. Characterization and IM testing of DLE-C054 in 120MM Mortars[C]. NDIA IM/EM Technology Symposium, May 14-17, 2012.

[57] Chaffois L, Galliccia F, Chabin P, et al. DART projectile-IM tests assessment[C]. IMEMTS, May 17-19, 2015.

[58] Spells K E. Initiation of detonation by projectile impact[J]. Nature, 1957, 179: 51-53.

[59] Mclean D G. An experimental program to determine the sensitivity of explosive materials to impact by regular fragments[R]. PA-AG-62-1, 1965.

[60] Boyle V M. Delayed detonation after projectile impact[R]. ARL-TR-298, 1993.

[61] Held M. Fragment tests after MIL-STD 2105 B[J]. Propellants, Explosives, Pyrotechnics, 2001, 26: 144-147.

[62] Tanguay V. Explosively driven gas gun for fragment impact test[C]. Insensitive Munitions and Energetic Materials Technology Symposium, 2007.

[63] Saburi T. Experimental impact study using an explosive driven projectile accelerator and numerical simulation[J]. International Journal of Impact Engineering, 2008, 35: 1764-1769.

[64] Baker E L. Insensitive munitions fragment impact gun testing technology challenges[J]. Propellants, Explosives, Pyrotechnics, 2016, 41: 572-579.

[65] Xu Y X. Critical criterion for the shock initiation/ignition of cylindrical charges with thin aluminum shell impacted by steel fragment[J]. Propellants, Explosives, Pyrotechnics, 2017, 42: 921-931.

[66] Goviazin G G. An explosive fragment projector for IM testing[C]. Insensitive Munitions and Energetic Materials Technology Symposium, 2018.

[67] Haskins P J. Dual fragment impact of PBX charges[C]. Shock Compression of Condensed Matter, 2017.

[68] Harry J R. Empirically based analysis on the response of he munitions to impact by steel fragments[R]. AD508607, 1970.

[69] Starkenberg J, Dorsey T M. Assessment of the performance of the history variable reactive bum explosive initiation model in the CTH code[R]. ADA347569, 1998.

[70]Bogg T L. Hazards of energetic materials and their relation to munitions survivability[C]. AGARD Conference Proceedings, 1992, 511: 16-17.

[71] Lee P R. A simple theoretical method for determining the sensitivity of bare explosives to detonation by projectile impact[J]. Propellants, Explosives, Pyrotechnics, 2017, 42: 1214-1221.

[72] Georgevich V. High explosive deonation threshold sensitivity due to multiple fragment impacts[R]. UCRL-CONF-201762, 2004.

[73] The initiation of an exploder by a munroe jet（flash radiography）[R]. Armament Research Department, ARD Met. Report 45/45, April , 1945.

[74] Zernow L, Lieberman I, Kronman S. An exploratory study of the initiation of steel-shielded composition B by shaped charge jets[R]. Ballistic Research Laboratories BRL Memo Report 944, October, 1955.

[75] Held M. Initiierung von sprengstoffen, ein vielschichtiges problem der detonationsphysik[J]. Explosivstoff, 1968, 16: 98-113.

[76] Chick M C, Hatt D J. The mechanism of initiation of composition b by a metal jet[C]. Proc. Of 7th Symp.（Int）on Detonation, Naval Surface Weapons Center, White Oak, Maryland, 1981: 352-261.

[77] Chick M C, Hatt D J. Metal jet initiation of bare and covered explosives; summary of the mechanism, empirical model and some applications[R]. Department of Defence, Material Research Laboratories, Melbourne, Victoria, Australia, MRL-R-830, 1981.

[78] Chick M C, Hatt D J. The initiation of covered composition B by a metal jet[J]. Propellants, Explosives, Pyrotechnics, 1983, 8（4）: 121-126.

[79] Chick M C, MacIntyre J B. The jet initiation of solid explosives[C]. Proc. of 8th Symp.（Int）on Detonation, Albuquerque, New Mexico, 1985: 318-329

[80] Vigil M G. Explosive initiation by very small conical shaped charge jets[C]. Proc. Of 8th Symp.（Int）on Detonation, Albuquerque, New Mexico, 1985: 470-479.

[81] Held M. Experiments of initiation of covered, but unconfined high explosive charges by means of shaped charge jets[J]. Propellants, Explosives, Pyrotechnics, 1987, 12（2）: 35-40.

[82] Held M. Initiation phenomena with shaped charge jets[C]. Proc. of 9th Symp.（Int）on Detonation, Portland, Oregon, 1989: 1416-1426.

[83] Held M. Analysis of the shaped charge jet induced reaction of high explosives[J]. Propellants. Explosives, Pyrotechnics, 1989, 14（6）: 245-249.

[84] Chick M. Some characteristics of bow wave initiation and desensitization[C]. Proc. of 10th Symp.（Int）on Detonation, Boston, Massachusettes, 1993: 69-77.

[85] Held M. Jet initiation of covered high explosives with different materials[J]. Propellants, Explosives, Pyrotechnics, 2002, 27（2）: 88-93.

[86] Held M. Jet initiation tests[J]. Propellants, Explosives, Pyrotechnics, 2004, 29: 267-273.

[87] Arnold W. Shaped charge jet initiation of high explosives equipped with an explosive train[C]. 2010 Insensitive Munitions & Energetic Materials Technology Symposium Marriott Hotel, Munich, Germany, October 11-14, 2010.

[88]Arnold W. Filling the gap between hypervelocity and low velocity impacts[J]. International Journal of Impact Engineering, 2020, 139（103531）: 1-13.

[89] Chick M, Bussell T J. Jet initiation mechanisms and sensitivities of covered explosives[C]. Proc. of 9th Symp.（Int）on Detonation, Portland, Oregon, 1989: 1404-1415.

[90] Chick M, Bussell T J. Some characteristics of bow wave initiation and desensitization[C]. Proc. Of 10th Symp.（Int）on

Detonation, Boston, Massachusettes, 1993: 69-77.

[91] Dobratz B M, Crawford P C. LLNL explosives handbook: Properties of chemical explosives and explosive simulants[R]. ADA272275, Lawrence Livermore National Lab, 1985.

[92] Tran T D, Simpson L R, Maienschein J, et al. Thermal decomposition of Trinitrotoluene（TNT）with a new one-dimensional time to explosion（ODTX）apparatus[C]. 32nd International Annual Conference of Institute of Chemistry Technology and Detonation, 2001.

[93] Hsu P C, Strout S A, Klunde G L, et al. Recent advances on thermal safety characterization of energetic materials[C]. AIP Conference Proceedings, 2018.

[94] Hsu P C, Zhang M X, Pagoria P, et al. Thermal safety characterization and explosion violence of energetic materials[C]. Shock Compression of Condensed Matter, AIP Conf. Proc., 2015: 040033.

[95] Hsu P C, Hust G, McClelland M, et al. One-dimensional time to explosion（thermal sensitivity）of ANPZ[R]. Lawrence Livermore National Lab, LLNL-TR-667280, 2014.

[96] 徐洪涛, 金朋刚. 炸药缓慢加热条件试验技术进展[J]. 装备环境工程, 2019, 16（9）: 5-17.

[97] Scholtes J H G, van der Meer B J. Investigation into the improvement of the small-scale cook-off bomb（SCB）[R]. DTIC Document, 1994.

[98] Parker R P. Establishment of a super small-scale cookoff bomb（SSCB）test facility at MRL[R]. Materials Research Labs Ascot Vale（AUSTRALIA）, 1989.

[99] Scholtes J H G, van der Meer B J. Temperature and strain gauge measurements in the TNO-PML cook-off test[R]. DTIC Document, 1997.

[100] Pelletier P, Lavigne D, Laroche I, et al. Additional properties studies of dnan based melt-pour explosive formulations[C]. 2010 Insensitive Munitions & Energetic Materials Technology Symposium. Munich, Germany, 2010.

[101] Helm F, Hoffman D M. Small-scale cookoff bomb（SSCB）tests on solutions of DMSO/LX-10-1 and DMSO/PBX-9404[R]. UCRL-ID-118656, 1994

[102] Kaneshige M J, Renlund A M, Schmitt R G, et al. Cook-off experiments for model validation at Sandia National Laboratories[C]. 12th International Detonation Symposium, 2002.

[103] Maienschein J L, Wardell J F, Reaugh J E. Thermal explosion violence of hmx-based explosives-effect of composition, confinement and phase transition using the scaled thermal explosion experiment[R]. UCRL-JC-138876, 2000.

[104] Terrones G, Souto F J, Shea R F. Data analysis, pre-ignition assessment, and post-ignition modeling of the large-scale annular cookoff experiments[R]. LA-14190, 2005.

[105] McClelland M A, Maienschein J L, Yoh J J, et al. Measurements and ALE3D Simulations for violence in a scaled thermal explosion experiment with LX-10 and AerMet 100 steel[S]. UCRL-CONF-212828, 2005.

[106] Smilowitz L, Henson B F, Romero J J, et al. The evolution of solid density within a thermal explosion II. Dynamic proton radiography of cracking and solid consumption by burning[J]. Journal of Applied Physics, 2012, 111:1035-1051.

[107] Smilowitz L, Henson B F, Oschwald D, et al. Internal sub-sonic burning during an explosion viewed via dynamic x-ray radiography[J]. Applied Physics Letters, 2017, 111:1841-1844.

[108] Rodriguez G, Smilowitz L, Henson B F. Embedded fiber Bragg grating pressure measurement during thermal ignition of a high explosive[J]. Applied Physics Letters, 2016, 109:1641-1642.

[109] Rooijers A J T, Leeuw M W. Literature study of cook-off[S]. PML-1987-22, 1987.

[110] 胡晓棉, 冯长根, 曾庆轩, 等. 直列式火工品装药的热烤试验设计及其研究[J]. 北京理工大学学报, 1998, 18(5): 638-641.

[111] Nakost J T, Kent L A, Sobolik K B. Fast cook-off testing in enclosed facilities with reduced emissions[S]. SAND-91-0470C, 1991.

[112] Sumrall T S. Large scale fast cook-off sensitivity results of a melt castable general purpose insensitive high explosive[J]. Propellants, Explosives, Pyrotechnics, 1999, 24: 61-64.

[113] NATO Standardization Agency. Liquid fuel/ external fire, munition test procedures[S]. STANAG 4240, 2003.

[114] Atwood A, Wilson K, Laker T, et al. Development of subscale fast cookoff test[R]. CU-CS-531-91, 2006.

[115] Scholtes G, Hooijmeijer P. The development of a clean fast cook-off test in the Netherlands[C]. IMEMTS, Oct. 2013.

[116] Scholtes G, Dutch A B. Improvement of a clean fast cook-off test in the Netherlands[C]. IMEMTS, May 2015.

[117] Joeckle R, Gautier B, Lacroix F. Ignition of explosives by laser beam[C]. Proceeding of the international conference on Lasers'97, 1997, New Orleans, USA, 1997.

[118] Boley C D, Fochs S N, Rubenchik A M. Lethality effects of a high-power solid-state laser[R]. UCRL-JRNL-234510, 2007.

[119] Boley C D, Rubenchik A M. Modeling of laser-induced metal combustion[R]. LLNL-CONF-401854, 2008.

[120] 王伟平, 张可星, 刘绪发. 激光对金属壳密封装药点火的研究[J]. 强激光与粒子束, 1998, 10(4): 547-551.

[121] 谭福利. 连续波强激光热引爆密封炸药装置的规律研究[D]. 绵阳: 中国工程物理研究院, 1999.

[122] 田占东, 卢芳云, 张震宇, 等. RDX 的一维快烤燃模型及计算[J]. 高压物理学报, 2013, 3: 367-371.

[123] 谭福利. 连续波强激光热引爆密封炸药装置的规律研究[D]. 绵阳: 中国工程物理研究院, 1999.

[124] Urtiew P A, Cook T M, Maienschein J L. Shock sensitivity of IHE at elevated temperatures[R]. UCRL-JC 111337, 1993.

[125] Harold W S, Susan A A, Kim E A. Hazard tests on a heated TATB-based high explosive[C]. Los Alamos, NM, 1962: 428-433.

[126] Lee R S, Chau H H.. Increased shock sensitivity of the insensitive explosive LX-17 at high temperatures[R]. UCRL-JC-116291, 1994.

[127] Forbes J W, Tarver C M, Urtiew P A. The effects of confinement and temperature on the shock sensitivity of solid explosives[R]. UCRL-JC-127961, 1998.

[128] Department of Defense. Hazard assessment tests for non-nuclear munitions[R]. Mil-Std-2105d, Department of Defense, 2011.

[129] NATO. Sympathetic reaction, munition test procedures[S]. STANAG 4396(2nd), NATO standardization agency, 2003.

[130] Vandolah R W. Further studies on sympathetic detonation[R]. AD648832XAB, 1966.

[131] Bowman A L, Richardson D E, Inc H. Sympathetic detonation[R]. LA-UR-79-2769, 1979.

[132] Chabin P, Lecume S, Salle P. Sympathetic detonation test on apache AP missile[J]. IMEM, 2001, 056: 400-412.

[133] Cliff M D, Smith M W. Insensitive munitions assessment of the 5″/54 nave artillery shell filled with ARX 4024(U)[R]. Weapon Systems Division Systems Science Laboratory, DST0-TR-1514, 2004.

[134] Lochert L J, Franson M D, Hamshere B L. Reduced sensitivity RDX (RS-RDX) part II: Sympathetic reaction[R]. DSTO-TR-1941, AR-013-794 , 2006: 1-26.

[135] 赵耀辉. 雷管在密实介质中殉爆特性的试验研究[J]. 含能材料, 2006, 14(3): 224-226.

[136] 张衡. 几种发射药的殉爆响应研究[C]. 火炸药技术学术研讨会论文集(上册), 西安, 2010.

[137] 王晨, 伍俊英, 陈朗, 等. 壳装炸药殉爆试验和数值模拟[J]. 爆炸与冲击, 2010, 30(2): 512-158.

[138] 王翔, 向永, 黄毅民. 含铝炸药殉爆试验研究[C]. 第一届固体推进剂安全技术交流会, 2011.

[139] 路胜卓, 罗卫华, 陈卫东, 等. 壳装高能固体推进剂的殉爆试验与数值模拟[J]. 哈尔滨工程大学学报, 2014, 35:1507-1511.

[140] 鲁忠宝, 胡宏伟, 刘锐, 等. 典型装药水下爆炸的殉爆规律研究[J]. 鱼雷技术, 2014, 22(3): 230-235.

[141] 胡宏伟, 鲁忠宝, 郭炜, 等. 水中爆炸的殉爆试验方法[J]. 爆破器材, 2014, 43(3): 25-28.

[142] 李金河, 黄学义, 傅华, 等. 弹药殉爆试验与反应等级评估探讨[J]. 装备环境工程, 2019(16): 53-56.

[143] Boyle V M. Combined pressure-shear ignition sensitivity test[C]. 7th International Detonation Symposium, 1989.

[144] Foster J C, Glenn J G, Hull L H, et al. Low pressure equation of state measurements for explosives using piston test[C]. 11th Symposium on Detonation, 1998.

[145] Glenn J G. A test method and model to determine the thermal initiation properties of an energetic material in a low pressure long duration event[C]. 12th International Detonation Symposium, 2002.

[146] 王世英. 新型压装含铝炸药应用于大口径榴弹发射安全性模拟研究[C]. 力学计量测试技术学术交流会论文专集, 2013.

[147] Williams J H. Development of the high explosive survivability test[C]. 15th International Detonation Symposium, 2014.

[148] 李涛. 长时间低幅值冲击条件下炸药点火机制的理论与试验研究[D]. 绵阳: 中国工程物理研究院, 2016.

第4章　光电测试诊断技术

4.1　引　　言

　　装药化爆安全性是一个在环境刺激条件下复杂的系统响应问题，不仅在于多个部组件的响应，更在于各个部组件在整个系统中会存在相互影响。依靠传统的、单一的测试技术已不能满足全面认识系统复杂响应过程的需求，因此需发展新型、多种组合的测试诊断技术，并能够适应特殊场景，以进一步完善系统结构响应多物理、多参量的有效诊断。本章的重点是针对结构安全与装药响应需求，对多物理参量(如速度、应变、温度、间隙等)、物理场及其分布、内部响应因素的测量，所发展的一系列新型集成化的光电诊断技术。

　　首先，当外界载荷(机械或热刺激)输入时，装药结构先响应，此时重点关注的是结构自身、结构内部各部组件之间相互作用的影响，如图4-1所示。利用结构测量技术，针对结构响应过程中导致的缝隙及约束强度的变化，对结构约束形状和围压状态进行测量，研究其对炸药变形和断裂行为特性的影响，得出影响反应演化走向和整体反应释能的经验性理论。对于不同位置的结构特征，可利用频域干涉测距技术搭载微小光纤探头，实现在线检测结构内各个部件之间的配合间隙，研究间隙的变化对内部装药的局域化响应的影响；再利用结构应变测量技术实时观测因结构变化导致的装药局部应变的变化，为研究部件间隙对装药局部应变率引发的点火反应机制提供必要的数据支撑。

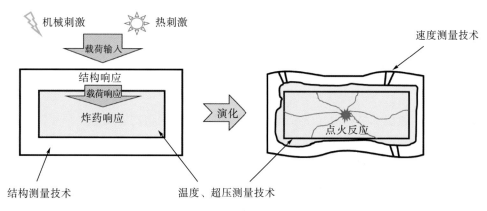

图4-1　装药化爆安全性试验测试布局示意图

　　随后，结构上的载荷响应传递到炸药，进一步引发炸药点火及反应演化等过程。此时，涉及点火反应过程中结构件的脆性断裂、局域化响应，以及炸药内部颗粒挤压的温升导致局部热点火及炸药缝隙燃烧到烈度转变等过程，这些过程机制相当复杂，需要对反应过程的压力、温度、结构应变、应力波传播速度、飞层传播速度、层间间隙及爆炸后的空间超压等多物理量进行精密测量，为装药化爆安全性演变提供必要的数据输入。

本章将根据不同的特征环境，利用光电测试诊断技术具有非接触、自动化程度高、测量精度高、速度快、信息容量大、效率高等突出特点，为装药反应过程实现各种物理量的测量。本章针对系统响应下结构安全研究诊断的需求，全面介绍了光电测量所涉及的基本理论、测量原理、方法、技术特点及发展历程和应用等内容，分别从速度测试、温度测试、超压测试和结构响应测量四个方面进行详细介绍，既注重基本概念和基本原理的讲述，又注重将理论与应用紧密结合，并突出近年来光电测量技术上的最新科研成果及相关领域的发展态势。

4.2 速度测试技术

为了系统性地表征结构响应、载荷传递、炸药响应等过程的各类速度信息，速度测量技术将从以前的离散点、侵入式、低分辨向连续式、全系统、高分辨方向发展，同时针对特殊场景的需求发展更具针对性的测速方法。

4.2.1 激光干涉测速技术

1. 应用背景

装药的非冲击点火问题，尤其对装药壳体特征位置的响应历程的测量是认识装药内部的反应释能的重要方式。而随着激光技术发展起来的激光干涉测速技术，是研究被测壳体在膨胀过程中复杂的加速、减速变化过程的重要测试手段[1]。它在原理上利用光学多普勒效应，结合外差检测技术或分光光谱技术追踪频率变化过程，实现对被测物速度的非接触式、直接连续测量。此外，激光干涉测速技术的空间和时间分辨本领可分别达到10nm和纳秒量级，可作为装药的结构响应和炸药响应中速度测量的重要技术手段[2]。

2. 技术原理

激光干涉测速技术是利用光学多普勒效应，通过测量运动物体反射光频率变化而获得物体运动速度及其连续变化的过程。其基本工作原理如图4-2(a)所示，当光源发出频率为f_0、工作波长为λ_0的单频激光并以入射角度θ_1照射在速度为$u(t)$的运动物体上时，经运动物体反射后以接收角度θ_2被接收器探测，由多普勒原理可得反射激光频率为

$$f_1 = f_0\left[1 + \frac{u(t)}{c}(\cos\theta_1 + \cos\theta_2)\right] \tag{4-1}$$

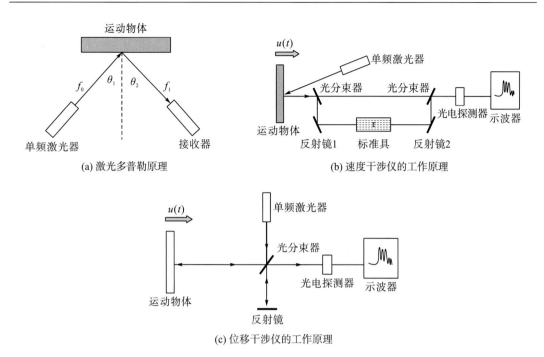

图4-2　激光干涉测速系统的工作原理示意图

当入射激光垂直照射运动物体、接收器垂直接收运动物体的反射激光时，即$\theta_1 = \theta_2 = 0$，此时反射激光频率可以简化为

$$f_1 = f_0\left[1 + \frac{2u(t)}{c}\right] \tag{4-2}$$

光波频率高达10000GHz，目前的接收器还不具备直接测量光波频率的能力，必须降频后才能被探测和记录。目前，常采用速度干涉仪或位移干涉仪对光波频率进行降频，如图4-2(b)和图4-2(c)所示，它们的主要区别在于速度干涉仪是将运动物体表面的反射光分成两束并经不同时间延迟后再进行合束干涉，而位移干涉仪是将运动物体表面的反射光与另一束频率不变的本征激光进行合束干涉。

由速度干涉仪的工作原理可知，速度干涉仪是将t时刻和$(t-\tau)$时刻运动物体表面反射的激光进行干涉，干涉后的差拍频率(即多普勒频移)为

$$f(t) = f(t) - f(t-\tau) = \frac{2}{\lambda_0}\left[u(t) - u(t-\tau)\right] \tag{4-3}$$

干涉后的光波强度可表示为

$$I(t) = a + b\cos\left\{2\pi\int_0^t \frac{2}{\lambda_0}[u(t) - u(t-\tau)]\mathrm{d}t + \varphi\right\} \approx a + b\cos\left[2\pi u(t)\frac{2\tau}{\lambda_0} + \varphi\right] \tag{4-4}$$

式中，a、b取决于参与干涉的两光束的强度；φ为干涉光强的初始相位。

由位移干涉仪的工作原理可知，位移干涉仪是将t时刻运动物体表面反射的激光与激光器发射的本征激光进行干涉，干涉后的差拍频率为

$$f_D(t) = f(t) - f_0 = \frac{2u(t)}{\lambda_0} \qquad (4\text{-}5)$$

干涉后的光波强度可表示为

$$I(t) = a + b\cos\left[2\pi\int_0^t \frac{2u(t)}{\lambda_0}\mathrm{d}t + \varphi\right] = a + b\cos\left[4\pi\frac{S(t)}{\lambda_0} + \varphi\right] \qquad (4\text{-}6)$$

式中，参数a、b取决于参与干涉的两光束的强度；φ为干涉光强的初始相位；$S(t)$为运动物体的位移。将位移干涉仪的输出信号代入上式可计算物体运动的位移$S(t)$，对运动位移$S(t)$求时间导数就可得到物体运动的速度$u(t)$。

3. 发展历程

1) 空间光路激光干涉测速技术

为了研究强动载荷下冲击波与爆轰波的波剖面，20世纪70年代初，美国Sandia国家实验室提出了一种可测量任意反射面运动速度的激光速度干涉仪(velocity interferometer system for any reflector，VISAR)[3]，他们巧妙地采用视零程差技术，让来自同一分束镜的两光束经历不同时间延迟后，在干涉场横截面中的任意一点都具有相同的位相，采用这种视零程差技术，VISAR输出了高质量的干涉条纹。中国工程物理研究院流体物理研究所从20世纪80年代就开始了以VISAR为代表的激光干涉测速技术的研究，1987年胡绍楼等科研人员公开了我院第一种双灵敏度激光速度干涉仪JSG-1型[4]，成功测量了钨靶片的自由面速度剖面，该型测速仪采用推-挽式光路结构，以正交方式记录干涉信号，这种记录方式使有效相干信号增倍，并大幅度降低了非相干噪声。最早的JSG-1型VISAR是通过光学镜片将入射光投射在被测试样表面并同时接收试样表面的反射光，但使用不便，为此1994年李泽仁等科研人员将光纤引入VISAR作为探头尾纤[5]，研制了尾纤式探头，采用尾纤式光学探头，VISAR的可操作性得到了极大增强。为了降低VISAR数据处理的难度，2001年陈光华等提出了排除反相点的峰值寻找算法[6]，采用这种算法编写的软件可自动完成各种型号VISAR测试数据的快速处理。为了消除窗口表面寄生反射对VISAR干涉信号的干扰，2003年马云等采用楔形窗口替代平面窗口[7]，显著降低了杂光和伪信号光对干涉条纹的影响。为了降低高灵敏度VISAR仪器对标准具长度的要求，2007年彭其先等采用折返式光路在同一块标准具上产生了多个条纹常数[8]。

JSG-1型VISAR只能对试样表面的单点速度进行测量，受加载波形的平面度或边侧稀疏的影响，试样表面各点的运动速度不尽一致，另外试样内部非均匀结构也会使试样表面各点的运动速度出现微小差异，因此需要对试样表面进行多点运动速度测量。1999年中国工程物理研究院流体物理研究所李泽仁等研究人员公开了一种多点VISAR技术[9]，他们巧妙地采用共腔式立体结构干涉腔，在同一台VISAR干涉腔中实现了多点速度剖面的测量，如图4-3(a)所示，空间分辨率可达亚毫米级。为了进一步提高空间分辨率，2009年刘寿先等研究人员公开了一种线成像VISAR技术[10]，他们将试样表面的一条线成像至VISAR，并采用高空间分辨率的变像管条纹相机记录梳状干涉条纹，成功实现了对试样表面一条线上微米空间分辨率的各点速度的剖面测量,如图4-3(b)所示,高时空分辨的速度场揭示了物体表面点与点之间细小的差别,在某种程度上也能够给出统计信息。随着对物理问题的深入研究,线成像VISAR技术也暴露出了其自身的不足,其一是只能提供一维空间分辨,其二是空间分辨受到扫描相机的限制,为此在成功开发线VISAR的基础上,2014年刘寿先等又突破了分幅面成像VISAR技术和超高时间分辨空间相移面成像VISAR技术[11],其不但具有空间二维分辨能力,而且其空间分辨能力比线成像VISAR还要高。

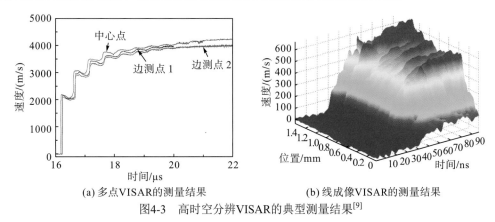

(a) 多点VISAR的测量结果　　　　　　(b) 线成像VISAR的测量结果

图4-3　高时空分辨VISAR的典型测量结果[9]

VISAR属于速度干涉仪,由速度干涉仪输出的干涉信号的强度表达式可得到干涉条纹频率$f(t)$为

$$f(t) = a(t)\frac{2\tau}{\lambda_0} \tag{4-7}$$

式中,$a(t)$为运动物体的加速度。可见,物体的运动加速度越大,速度干涉仪输出的干涉条纹频率就越高。因此测量具有超高加速度的冲击或爆轰试验物体的运动速度时,速度干涉仪因系统测试带宽不够就会出现干涉条纹丢失的现象。此外,VISAR是由多个离散的光学元器件构成的,对其移动和运输较困难,同时其安装调试和使用对操作人员的专业技能要求较高。这些因素都在一定程度上限制了速度干涉仪在冲击波物理与爆轰物理试验中的推广应用。

2) 全光纤激光干涉测速技术

为了降低激光干涉测速仪的操作难度,提高仪器的主要性能指标和试验测量结果的可信度,20世纪90年代初,以色列人Levin提出了一种全单模光纤的VISAR技术[12],实现了几十米每秒的速度测量。因为单模光纤中只存在一种横模,因此可以确保在干涉场横截面中任意一点都具有相同的位相,也就可以输出高质量的干涉条纹,即VISAR系统是通过视零程差技术以确保干涉条纹的质量,而全光纤干涉测速仪是采用单模光纤以确保干涉条纹的质量。20世纪90年代中期,中国工程物理研究院流体物理研究所冲击波物理与爆轰物理重点实验室开始进行全光纤激光干涉原理和测速技术的探索[13],成功测量了金属样品在霍布金森杆加载下自由面的运动速度(小于20m/s),但未能测量冲击加载下更高的自由面速度,2004年中国工程物理研究院流体物理研究所冲击波物理与爆轰物理重点实验室报道了一种可测量任意反射面运动速度的全光纤激光位移干涉测速技术原理和试验结果[14]，取名为DISAR(displacement interferometer system for any reflector)，如图4-4所示，与此同时他们还研制了一种结构更简单的多普勒探针系统(doppler pins system，DPS)。巧合的是在2004年7月，美国LLNL也报道了一种PDV速度计，与DPS技术类似，该技术也可以进行冲击波加载下对样品运动速度的测量。与DISAR相比，PDV技术没有采用多模尾纤探头，其测量景深不及DISAR，PDV技术也没有采用推-挽式单模光纤干涉结构，其时间分辨率也不及DISAR，但PDV(或DPS)系统的结构更简单，操作更简便，更适合于多点速度剖面测量。受DISAR技术的启发，2007年美国Sandia国家实验室也报道了推-挽式PDV技术的理论研究结果。

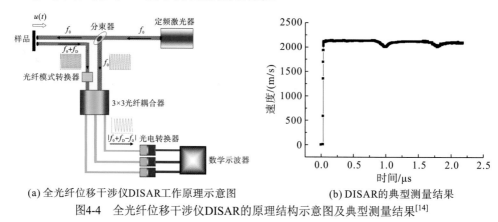

(a) 全光纤位移干涉仪DISAR工作原理示意图　　　　(b) DISAR的典型测量结果
图4-4　全光纤位移干涉仪DISAR的原理结构示意图及典型测量结果[14]

DISAR、PDV(或DPS)等测速仪属于位移干涉仪，由位移干涉仪输出的干涉信号强度表达式可得到干涉条纹频率$f(t)$为

$$f(t) = u(t)\frac{2}{\lambda_0} \tag{4-8}$$

式中，$u(t)$为运动物体的速度。可见，物体的运动速度越大，位移干涉仪输出的干涉条纹频率就越高，即输出的条纹频率与被测物体的速度成正比，而与被测物体运动的加速度无关，只要被测物体运动速度的峰值所对应的干涉条纹频率小于数字示波器和光电探测器的测量带宽，我们总可以通过位移干涉仪完整记录下被测物体运动速度的历史。

DISAR、PDV技术成功克服了速度干涉仪常出现的干涉条纹丢失的现象，实现了对瞬态过程粒子速度剖面的精密测量，加速了激光干涉测速仪在众多国防及民用科技研究领域的推广应用[15]。但DISAR、PDV测速仪都属于位移干涉，其输出信号的频率与被测速度成正比，被测速度越大，需要记录的系统带宽就越高，因此记录系统带宽就直接决定了被测速度的上限，即使采用13GHz测量带宽的数字示波器也只能测量10km/s以下的速度。为此，2011年中国工程物理研究院冲击波物理与爆轰物理重点实验室公开报道了一种光波-微波双源混频测速(optic-microwave mixing velocimeter，OMV)技术[16]，如图4-5所示，OMV输出的干涉信号强度可表示为

$$\begin{aligned} I(t) = a &+ b \cdot \cos[2\pi f_D(t)t + \varphi_1] + c \cdot \cos[2\pi f_W t + \varphi_2] \\ &+ d \cdot \cos\{2\pi[f_D(t) + f_W]t + \varphi_3\} + e \cdot \cos\{2\pi[f_D(t) - f_W]t + \varphi_4\} \end{aligned} \tag{4-9}$$

式中，参数 a、b、c、d、e 取决于参加混频干涉的两光束强度和微波强度；φ_1、φ_2、φ_3、φ_4 分别为混频后输出的四种谐波的初始相位；f_W 为参与混频的微波强度。由上式可知光波-微波双源混频测速仪的输出信号频率包含运动物体的多普勒频移 f_D、微波频率 f_W 及这两种频率之间的差频（f_D-f_W）与和频（f_D+f_W），因此通过选择合适的微波频率并对混频后的微波信号进行滤波，就可以通过微波下的变频方式降低高频多普勒频移光信号经光电探测器后形成的高频微波信号，消除了 DISAR、PDV 等位移干涉测速仪对高带宽数字示波器的依赖。同样在 2011 年美国 Sandia 国家实验室公开报道了另一种全光波双源混频测速技术，同年中国工程物理研究院冲击波物理与爆轰物理重点实验室的陶天炯等也公开报道了全光波双源混频测速（dual laser heterodyne velocimetry，DLHV）技术[17]，如图 4-6 所示，DLHV 输出的干涉信号强度可表示为

$$
\begin{aligned}
I(t) = a &+ b \cdot \cos\{2\pi[f_1+f_D(t)]t+\varphi_1\} + c \cdot \cos(2\pi f_2 t+\varphi_2) \\
&+ d \cdot \cos\{2\pi[f_1+f_2+f_D(t)]t+\varphi_3\} + e \cdot \cos\{2\pi[f_1-f_2+f_D(t)]t+\varphi_4\}
\end{aligned}
\tag{4-10}
$$

式中，参数 a、b、c、d、e 取决于参加混频干涉的两光束的强度；φ_1、φ_2、φ_3、φ_4 分别为混频后输出的四种谐波的初始相位；f_1 为照射在运动物体表面的激光频率；f_2 为可调谐激光器输出的光波频率。由于光波频率远高于目前光电探测器的响应范围，因此上式可简化为

$$
I(t) = a + e \cdot \cos\{2\pi[f_1-f_2+f_D(t)]t+\varphi_4\}
\tag{4-11}
$$

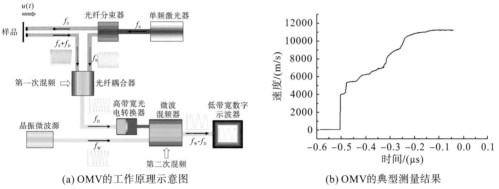

(a) OMV 的工作原理示意图　　　　　　(b) OMV 的典型测量结果

图 4-5　OMV 干涉仪原理结构示意图及典型测量结果[16]

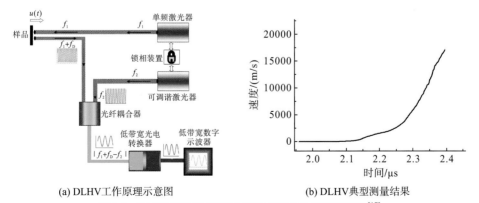

(a) DLHV 工作原理示意图　　　　　　(b) DLHV 典型测量结果

图 4-6　DLHV 干涉仪原理结构示意图及典型测量结果[17]

OMV、DLHV技术都是采用双源外差干涉原理大幅度降低DISAR、PDV等位移干涉仪输出的信号频率，不同的是OMV技术采用高频微波作为外差本振源与位移干涉仪输出的高频微波信号进行混频，可同时输出上变频信号和下变频信号，适合测量几十米每秒至几十千米每秒的速度，DLHV技术采用单频可调谐激光器作为外差本振源与位移干涉仪输出的高频光信号进行混频，系统可在上变频和下变频工作模式之间灵活切换，适合测量几米每秒至几十千米每秒的速度。下变频模式可以明显降低位移干涉测速仪对高带宽数字示波器和光电探测器的依赖，上变频模式可以大幅度提高低频位移干涉信号的频率(即增加单位时间内干涉条纹的数量)。由于DISAR是先通过推-挽式光路结构实现位移剖面的逐点计算，然后将位移剖面对时间进行微分而得到速度剖面，虽然具有极高的时间分辨率和速度分辨率，但数据处理过程烦琐，而上变频模式的双源混频测速技术是通过提高位移干涉信号频率而提高短时傅里叶变换数据处理的时间分辨率和速度分辨率，其数据处理算法明显易于DISAR。

OMV、DLHV都可以通过改变外差本振源频率、采用频分复用技术在同一个超高带宽数字示波器测量通道上复用多路激光干涉测速信号，如基于光波双源混频测速单元，美国在2010年公开了基于时分、频分复用技术的集成式激光干涉测速系统(multiplexed photonic doppler velocimetry，MPDV)[18]，2014年中国工程物理研究院流体物理研究所的李建中等科研人员也公开报道了多路复用激光干涉测速技术[19]，并在爆轰动态试验中得到了初步应用。MDPV技术的工作原理如图4-7所示，将运动物体的反射光波频率表达式代入DLHV干涉信号强度表达式为

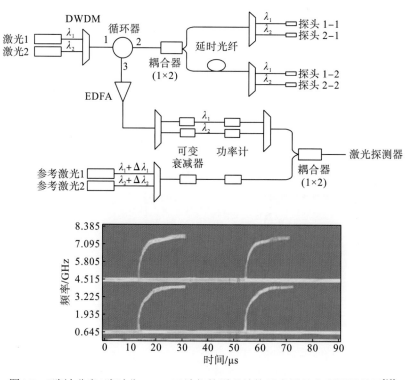

图4-7 2路波分和2路时分MPDV干涉仪的原理结构示意图及典型测量结果[19]

$$I(t) = a + b \cdot \cos\{2\pi[f_1 - f_1' + f_{D1}(t)]t + \varphi_1\}$$
$$+ c \cdot \cos\{2\pi[f_2 - f_2' + f_{D2}(t)]t + \varphi_2\} + \cdots \tag{4-12}$$

式中，(f_1, f_{D1})、(f_2, f_{D2})、……分别为不同运动物体(或物体表面不同测点)入射激光频率和反射激光多普勒频移；f_1'、f_2'、……分别为不同可调谐激光器输出的光波频率；φ_1、φ_2、……分别为混频后不同谐波的初始相位。通过预判被测运动物体的速度特征并精确设计可调谐激光器输出的光波频率可将运动物体的多普勒频移"搬运"至不同频率段，这样就可以在同一个示波器通道上同时测量多个速度。MDPV技术吸收了双源混频测速技术、波分复用、时分复用技术的集成优点，其具有结构紧凑、功耗低、技术先进等诸多优点，成为了冲击波物理与爆轰物理研究领域激光干涉测速技术的热点，但由于需要在试验前预判被测运动物体速度的特征(如由物体表面动态破碎引起的速度弥散、多普勒频移"搬运"过程中可能引起的超频等)，可调谐激光器频率易受环境影响，需要专业人员维护，因此还需要开展大量的技术提升工作。

4. 应用讨论

测量动载荷下物体运动速度历史是激光干涉测速技术的主要用途，通过测量物体在炸药化爆、轻气炮、强激光等加载下的速度变化过程，可以分析物体加速历程、位移历程、应力波剖面等涉及冲击波传播规律研究和理论建模相关的物理输入[20]。对于强动载荷下物体运动速度测量，由于镜面表面在试验过程中迅速破坏导致反射光强度降低至激光干涉测速系统光强响应下限，从而影响了测试数据信噪比。因此，通常会在试验前将被测物体表面打磨成漫反射面，从而缩小反射光强度变化范围、提高测试数据信噪比。

激光干涉测速技术不但可以测量平面物体的运动速度，而且也适用于柱面、球面、加窗界面多种形状物体。例如，采用多套激光干涉测速系统同时测量在PBX-1炸药驱动下的金属管表面运动速度剖面，试验装置如图4-8所示，编号为$1^{\#}$~$8^{\#}$的光纤探头分布在管表面不同位置，金属管内部炸药爆轰后引起金属管运动。典型测试信号及数据处理结果如图4-9所示，多个测点的干涉信号表明在金属管表面快速运动前已出现低频振动，为了捕捉这些低频振动信息，测速系统需要采用DISAR或双源混频系统；多个测点的干涉信号数据处理结果表明，管表面不同位置运动速度剖面不尽相同，从这些速度剖面可以分析材料内部应力波传播以及相互耦合过程。

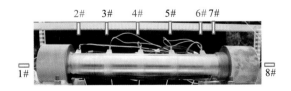

图4-8　人为点火试验装置示意图

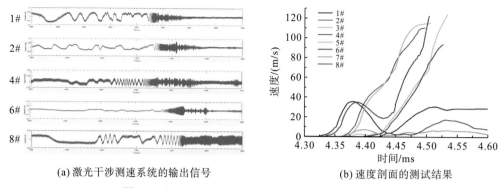

(a) 激光干涉测速系统的输出信号　　　　　　(b) 速度剖面的测试结果

图4-9　多点激光干涉系统测试信号及典型测量结果

4.2.2　太赫兹干涉测速技术

1. 应用背景

动态加载下装药结构及炸药发生点火反应,表现出由冲击波逐渐增长为爆轰波的反应过程,对装药在外界刺激下反应演化的准确评估,是武器装药化爆安全性研究的重点关注内容。目前,由于激光干涉测速技术所使用的可见或红外激光均无法有效穿透结构外壳及炸药,仍无法实现对装药结构内部、部组件及炸药反应全过程的直接测量。近些年发展起来的太赫兹干涉测量技术,为障碍物后目标速度测量提供了支持。

太赫兹波是21世纪逐渐发展起来的新兴技术。由于太赫兹波能够有效地穿透大多数炸药,因此利用太赫兹波可以实现对炸药反应过程的非破坏式测试,它具有无需破坏炸药的优势。基于太赫兹波的干涉测速技术是近年来炸药反应过程的新兴无损测试方法。

2. 技术原理

太赫兹波是频率处于0.1～10THz($1THz = 10^{12}Hz$)的电磁波,在电磁波谱上处于远红外和微波之间,兼具了光学和微波的一些特性。太赫兹波具有穿透性好、带宽高、光谱识别等特点,在军事、工业、科研及生产领域具有非常广泛的应用前景,是目前国际上研究的热点。

太赫兹干涉测速原理与位移型激光干涉测速技术相同,它们都利用了多普勒效应,即通过测量运动物体反射的电磁波的频率变化,获得物体的运动速度及其连续变化的过程。其基本工作原理在上一节中已有论述,在此不再赘述。太赫兹波的独特之处在于其能够穿透炸药,并被炸药内部的冲击波面、燃烧面或者爆轰波面反射,从而可利用太赫兹波实现对炸药反应过程的无损测试,获取反应面的位移推进历程和速度剖面历程。此外,由于太赫兹波的频率较高,还能够穿透有机物(木材、燃油等)燃烧产生的火焰(等离子体)及烟尘,在武器火烧安全性试验中可用于炸药反应后武器壳体运动过程中速度与位移信息的诊断。太赫兹干涉测量技术是在恶劣的火烧安全性试验条件下(数千度高温、烟尘遮蔽)为数不多的可用诊断测试手段之一。

另外,与激光干涉测速不同的是,太赫兹波的频率比激光频率小2～3个量级,相同条件下目标靶产生的太赫兹波多普勒频移也比激光多普勒频移低2～3个量级,一般在10～100MHz。因此,太赫兹干涉测量技术对带宽的需求较低,不像激光干涉测速技术那样苛刻(爆轰物理中PDV/DPS技术通常需要带宽10GHz以上的示波器)。反过来讲,太赫兹干涉测量技术可测目标靶的速度上限则很高,运动速度在100km/s的目标靶所产生的多普勒频移约670MHz(假设工作在1THz),完全能够被示波器记录下来。

3. 发展历程

1)微波干涉测速技术

从技术角度看,太赫兹干涉测量技术脱胎于微波干涉测量技术。基于微波的干涉测速技术在20世纪就已发展成熟,随后在工业、气象、交通、军事等需要测速、测距的领域广泛应用。在炸药相关领域,早在1953年,德国的Koch等就利用1.3GHz的微波对无约束炸药爆轰过程进行了测量并获得了速度信号[21],当时试验的主要问题是无法确切知道材料中的微波波长,因而测速精度有限。1958年澳大利亚的Cawsey等利用35GHz的微波干涉仪对约束炸药进行了研究,由于炸药被完全封闭在一个金属矩形波导中,因此材料中的波长可被精确确定,从而提高了测量精度。在1960年中期,美国的Johnson等又利用微波干涉进行了对无约束含能材料的测量[22],试验中他们将材料看作介质棒,并观察到了材料内部爆轰波的增长过程,在这一时期,已经能够测量到无约束电磁波的波长,如图4-10所示。为了提高测试精度,1973年Alkidas等发展了一种新型的IQ探测法测量微波干涉仪的相位变化[23],并用其测量了推进剂的燃烧过程,这一方法将相位检测精度从180°提高到了2°,如图4-11所示。又经过十年的发展,1986年美国Sandia实验室的Stanton等对10GHz、35GHz和90GHz等3种微波干涉仪的进展情况进行了总结,微波干涉仪技术已发展到了一定的成熟度。1993年,中国工程物理研究院流体物理研究所利用35GHz微波干涉仪观测了在隔板引爆条件下TATB炸药中发散冲击波转变为爆轰波的过程和球面散心爆轰波爆速的增长行为。

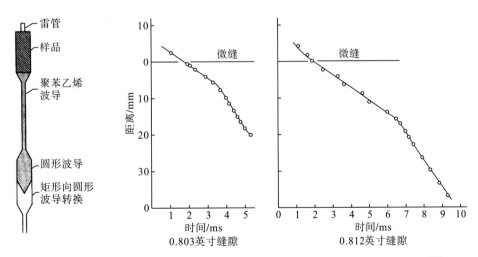

图4-10　美国NIST的Johnson等利用微波技术测量金属波导内的炸药起爆过程[22]

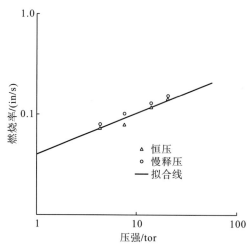

图4-11 美国Georgia Institute of Technology的Alkidas利用微波技术测量推进剂燃速[23]

2000年之后，基于微波的干涉测量技术已比较成熟，在炸药爆轰参数测量及武器物理领域已有较多应用。2011年，俄罗斯试验物理研究所利用94GHz微波系统，比较全面地研究了冲击波和爆轰过程(包括稳态爆轰、爆燃、惰性材料冲击压缩、冲击转爆轰、结构振动、火炮动力学等过程)[24]，并给出了详尽的试验结果，如图4-12所示。2016年普渡大学在美国武器实验室(圣地亚，SNL)和美国国土安全部的支持下，报道了利用35GHz微波诊断军用TATB炸药冲击转爆轰的系列研究成果[25,26]，如图4-13所示。2017年，美国武器国家实验室(LLNL)报道了利用39GHz微波用于炸药爆炸波阵面动力学行为的成果[27-29]。同年，法国原子能与替代能源委员会(CEA，武器研究机构)在楔形炸药上综合使用微波干涉技术、压力计、压电探针测量了非均匀铸造(melt cast)炸药的起爆行为[30]，微波干涉测得的结果与压电探针所得结果一致，但由于波长较长，测量误差较大，如图4-14所示。在2019年3月召开的APS Shock19会议上，美国LANL报道了利用94GHz微波对速度高达89km/s的冲击波在氪气内传播的诊断结果[31]，得到了之前从未观察到的冲击波传播特征，如图4-15所示。

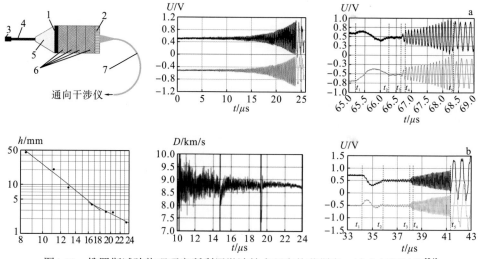

图4-12 俄罗斯试验物理研究所利用微波技术研究炸药爆轰、冲击起爆过程[24]

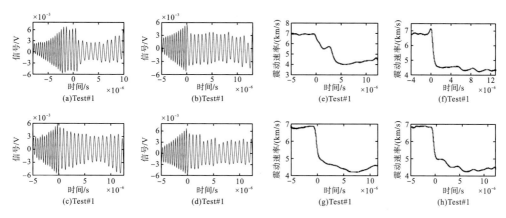

图4-13　美国普渡大学联合SNL利用微波技术研究炸药的冲击起爆过程[25, 26]

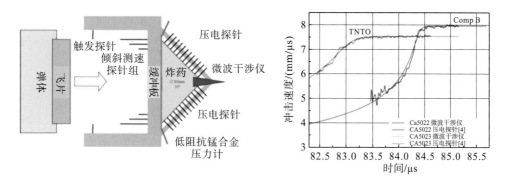

图4-14　法国CEA利用微波干涉技术、压力计、压电探针测量炸药的起爆行为[30]

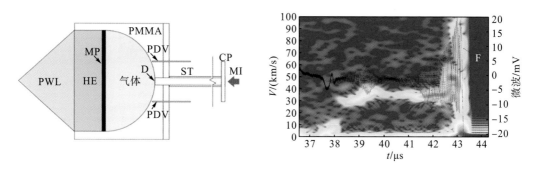

图4-15　美国LANL利用微波干涉仪测量Voitenko装置中速度高达89km/s的气体冲击波行为[31]

2) 准静态太赫兹干涉测量技术

太赫兹干涉测量技术实际上可看作是微波干涉测量技术在频率上的进一步延伸。近十年来，太赫兹波技术在发射源功率、探测灵敏度、传输控制等方面的研究取得了大幅进展，这为其在炸药反应领域的应用提供了可能。一方面，太赫兹波的波长更短，有利于实现更高的位移分辨；另一方面，其对炸药仍然具有较好的穿透性。此外，由于太赫兹波兼具了光学特性，这使得其可以准光的形式进行传输与应用，在这点上这与微波干涉测量技术相比带来了很大的便利性。

　　近年来已经有一些与干涉测量相关的研究报道,但大多局限于简单的技术探索及工业领域的应用。2007年美国MIT林肯实验室研制出了0.615THz波段太赫兹迈克尔孙干涉诊断技术,并对障碍物后的音响振动进行了诊断[32],获得了40Hz振动频率下3～6mm/s的振动速度。该试验结果证明了在太赫兹波段利用多普勒效应获取隐藏目标的运动物理参数的可行性,如图4-16所示。2012年北美英属哥伦比亚大学将0.1THz太赫兹干涉仪用于木制商品的检测[33],该研究只给出了获得材料太赫兹波段的折射率、吸收系数等,未对测量厚度或位置进行描述。2014年英国Heriot Watt大学利用0.95THz和1.1THz双波长实现了误差约为3μm(0.01λ)的样品厚度测量[34],但是这种方法需要调整波长进行测量,故只适用于测量准静态样品,不适用于炸药爆轰过程,如图4-17所示。2017年日本九州大学建立了基于干涉技术的相位测量系统,但只能用于对准静止目标的测量[35]。国内方面,2010年哈尔滨工业大学提出了利用双波长相位解算的干涉测量厚度的新方法[36],并用于对透镜、斜劈、台阶材料厚度的测量,利用0.1THz和0.12THz双波长实现了误差<0.1mm(0.03λ)的厚度测量。2013年,北京理工大学与首都师范大学联合开展了0.22THz雷达测距的试验研究[37],位置分辨率达到厘米级,如图4-18所示。

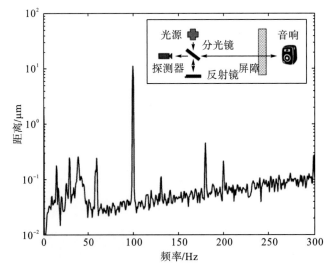

图4-16　美国MIT利用太赫兹波对隐蔽物后的音响振动进行测量[33]

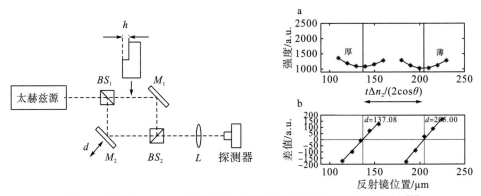

图4-17　英国Heriot Watt大学利用双波长太赫兹波技术测量样品厚度[34]

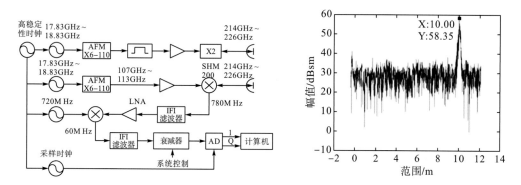

图4-18　北京理工大学利用0.22THz雷达进行测距[37]

3) 动态太赫兹干涉测量技术

目前太赫兹波在炸药研究领域主要集中应用在炸药的特征谱识别方面，几乎没有应用在炸药爆轰过程研究的公开报道。2020年4月，中国工程物理研究院流体物理研究所公开报道了一种太赫兹多普勒测速技术[38]，首次提出将其用于炸药冲击与爆轰物理过程的高精度诊断。如图4-19所示，该技术采用自由空间准光传输太赫兹波的方案，建立了一套迈克尔孙结构的位移型干涉仪，并对自由空间传输的太赫兹波的传输效率、到靶光斑直径及景深特性进行了详细的建模分析。该工作还给出了多种真实军用炸药在太赫兹波段的穿透特性，如图4-20所示，证明了太赫兹波对炸药内部反应界面进行无损测量的有效性。

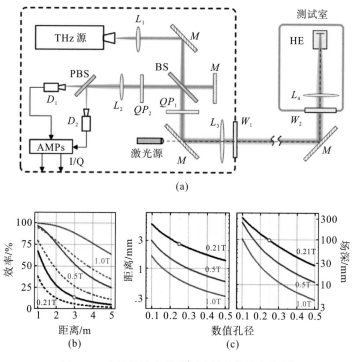

图4-19　太赫兹波多普勒测速技术设计方案[38]

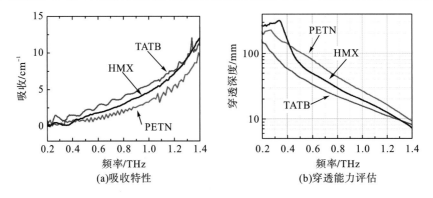

图4-20　真实炸药太赫兹频段的吸收特性与穿透能力评估[38]

4. 应用讨论

2020年，中国工程物理研究院流体物理研究所翟召辉等报道了利用太赫兹多普勒测速技术，对炸药冲击转爆轰过程进行了测量[38]。如图4-21所示，冲击波由RDX基传爆药柱产生，随后其经过5mm厚的隔板(聚乙烯)经衰减后进入20mm厚的TATB基钝感炸药。太赫兹波经聚焦后从后方入射到钝感炸药内，被冲击波或爆轰波面反射，从而实现对其推进过程的干涉测量。图4-21(b)给出了IQ干涉信号。从图中可以看到，在一发试验中太赫兹干涉测量技术获得了该过程各个时刻的丰富信息，包括RDX基传爆药柱爆轰、冲击波在隔板内衰减、顿感炸药内冲击波发展为爆轰波及反应产物扩散的全部过程。其中t_1、t_2和t_4三个时刻分别对应着RDX基药柱爆轰结束、冲击波进入顿感炸药和顿感炸药爆轰结束三个特征时间；而在t_3时刻处，干涉信号的强度明显由弱变强，反映了太赫兹波的反射率由弱突然变强，预示着此处为冲击波转变为爆轰波。

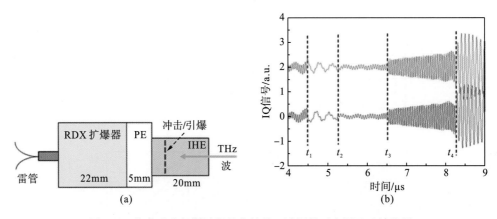

图4-21　炸药冲击起爆过程的太赫兹干涉测量示意图及干涉信号

通过对IQ信号的进一步解算，可以获得冲击波/爆轰波面随时间逐步推进的位移曲线，如图4-22(a)所示。在$t_3 = 6.55\mu s$处，可以观测到位移曲线有一个拐点，这是冲击起爆过程的典型特征。通过对位移曲线的分析，可以获得冲击转爆轰过程的一个重要参数即到爆轰距离(run distance to detonation)，此距离为7.10mm。通过对入射冲击波强度的估算，该值与美国类似成分钝感炸药（PBX-9502）的到爆轰距离值基本符合。

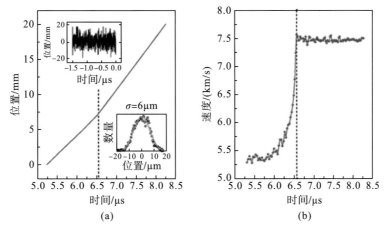

图4-22　炸药冲击起爆过程的太赫兹干涉测量得到的位移曲线及速度曲线

　　需要注意的是，采用该方法获得的位移曲线数据点密度很高，比采用传统的埋入式（每0.25～0.5mm一个测点）方法获得的数据点多一个量级以上。由于是通过IQ解算获得的位移曲线，因此可以实现亚波长的位移精度。通过对起爆之前（$t<0$）位移信号的分析，此发试验中的位移标准差为～6μm（0.5%λ）。也就是说，即使以3倍标准差为限，太赫兹干涉测量能够实现的位移精度优于20μm，远远超出了其他传统手段所能到达的位移精度。

　　另外，通过干涉条纹计数法分析可以得到冲击波或爆轰波的速度变化历程。如图4-22(b)所示，从图中可以清晰地看到，受到冲击波产生化学反应放能的驱动，炸药内的冲击波由最初的5.3km/s逐渐加速，且加速度越来越快，最终在$t=6.55$μs处发展为稳态爆轰波。由此可见，太赫兹干涉测速技术获得的高时间分辨的速度历程信息充分反映了冲击转爆轰过程的细节特征，弥补了其他技术无法直接获得高时间分辨速度历程信息的局限。

4.3　温度测试技术

　　为了满足外界环境刺激下结构响应中的点火行为及反应演化行为的测温需求，温度测试技术将向着全系统、长周期、全过程的方向发展。对于炸药响应下热局域化响应、热传导、热分解与耦合等热力学问题，测温技术必须适应各类环境的需求，向着快响应、高精度、全场测量的方向发展。

4.3.1　热电偶测温技术

1. 应用背景

　　装药内部的反应温度，是装药反应过程中的关键物理参量。而炸药热分解引起的温度变化能够反映其响应过程和反应剧烈程度，又是研究炸药性能的一个关键参数。但对装药内部温度、炸药温度快速变化的测量目前仍较为困难，一般分为接触式和非接触式测量两类，非接触式测量以辐射法测温为主。但在实际应用中，确定燃烧或爆炸产物的发射率是一个困难的问题，会给最后的温度计算带来很大误差。接触式测温中热电偶的应用则是最为广泛，它可以与被测物体良好接触，通过植入式热电偶能直接获取测点的真实温度数据，是一种较理想的测温手段。发展快速热电偶瞬态测温技术可以同其他测温技术互为补充，解决装药化爆中测温技术难点。

2. 技术原理

热电偶测温是基于热电效应原理工作的，工作原理如图4-23所示，A、B为两种不同的导体材料，当热端温度T与冷端温度T_0不同时，在闭合回路上就会产生电流，这种现象即称为热电效应，电流方向由导体材料电子的平均自由程决定。回路中有电流产生，即存在电动势，基于热电效应产生的电动势称为热电势，主要由珀尔帖电势和汤姆孙电势所组成。

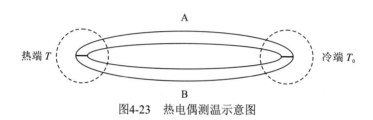

热端T 冷端T_0

图4-23 热电偶测温示意图

1) 珀尔帖电势

不同材料的自由电子密度不同，两种材料相接触并连接在一起时接触处会发生电子的扩散，自由电子从密度高的导体流向密度低的导体，电子扩散的速率与自由电子的密度和导体所处的温度成比例，这就是珀尔帖效应。珀尔帖效应取决于不同热电极材料的自由电子密度，只要两种材料接触即会产生电势，因此珀尔帖电势也称为接触电势。

若材料A的自由电子密度n_a大于材料B的自由电子密度n_b，则在单位时间内，由导体A扩散到导体B的电子数要比导体B扩散到导体A的电子数多，导体A因为失去电子而带正电，导体B因得到电子而带负电，在接触处形成电势差。电动势阻碍电子的进一步扩散，直到电子的扩散能力与上述电场的阻力平衡时，接触处自由电子的扩散就达到动态平衡，电子扩散示意图如图4-24所示。

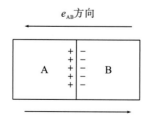

e_{AB}方向

电子扩散方向

图4-24 珀尔帖电势示意图

根据电子理论，材料A、B在温度T时的珀尔帖电势e_{AB}为

$$e_{AB} = \frac{KT}{e}\ln\left(\frac{n_a}{n_b}\right)$$ (4-13)

式中，K为Boltzmann常数；T为接触处的绝对温度；e为电子的电荷量；n_a、n_b分别为A、B材料的自由电子密度。

当A、B两种材料的热电偶组成闭合回路时，如图4-25所示，当两接点接触端的温度分别为T和T_0时，相应的珀尔帖电势分别为

$$e_{AB}(T_0) = \frac{KT_0}{e}\ln\left(\frac{n_a}{n_b}\right)$$ (4-14)

$$e_{AB}(T) = \frac{KT}{e}\ln\left(\frac{n_a}{n_b}\right)$$ (4-15)

图4-25 热电偶回路的珀尔帖电势

在温度(T, T_0)时，回路的总珀尔帖电势为

$$e_{AB}(T) - e_{AB}(T_0) = \frac{K(T-T_0)}{e}\ln\left(\frac{n_a}{n_b}\right)$$ (4-16)

根据珀尔帖电势的公式(4-16)可知，热电偶回路的珀尔帖电势只与A、B的材料性质和两接点端的温度有关。其中，两接点的温度是热电偶回路产生珀尔帖电势的必要条件，如果两接触点的温度相同，尽管两接触点处都存在珀尔帖电势，但回路的总珀尔帖电势为零。

2) 汤姆孙电势

如果一根均质导体两端存在温度梯度，那么高温处自由电子的扩散速率比低温处的自由电子大，因此具有相对于低温端自由电子更大的动能，电子向低温处运动的程度大于向高温处运动的程度。此时对于同一均质导体来说，处于高温的部分由于失去电子而带正电，低温处因得到电子而带负电，从而形成了电势差，即汤姆孙效应。对于这种由导体本身温度梯度产生的电动势，称为汤姆孙电势或温差电势，汤姆孙效应如图4-26所示。

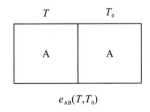

图4-26 同一均质导体的汤姆孙效应

对于材料A、B组成的热电偶回路，如图4-27所示，当冷热端的温度分别为T_0和T时，根据汤姆孙效应，材料A、B的汤姆孙电势$e_A(T, T_0)$及$e_B(T, T_0)$分别为

$$e_A(T,T_0) = \frac{KT_0}{e}\int_T^{T_0}\frac{1}{n_a}d(n_a T) \qquad (4\text{-}17)$$

$$e_B(T,T_0) = \frac{KT_0}{e}\int_T^{T_0}\frac{1}{n_b}d(n_b T) \qquad (4\text{-}18)$$

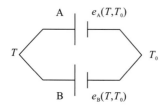

图4-27   热电偶回路的汤姆孙电势

回路的总珀尔帖电势为

$$e_B(T,T_0) - e_A(T,T_0) = \frac{KT_0}{e}\int_T^{T_0}\frac{1}{n_b}d(n_b T) - \frac{KT_0}{e}\int_T^{T_0}\frac{1}{n_a}d(n_a T) \qquad (4\text{-}19)$$

从式(4-19)中可以看出，汤姆孙电势主要取决于热电极材料两端的温差和自由电子密度，自由电子密度由材料本身的性质决定。所以，汤姆孙电势只与导体的材料性质和回路两端的温度有关，而与材料的长度、横截面积、沿导体长度方向的温度分布无关。

3. 发展历程

在热电偶瞬态温度测量中，首先是薄膜热电偶，由于其热接触点的薄膜厚度仅为微米级，它的热容量小、响应速度快，因此其能够准确测量瞬态温度的变化且不会对温度场造成影响，它已经成为一种先进的测量瞬变温度的新型传感器。它不仅可以代替传统的温度传感器，而且更适合在物体表面和微小尺寸空间对瞬态变化的温度进行测量。最早提出薄膜热电偶概念的是20世纪德国人Hackemann，为了能够测得枪腔的温度，他研制了厚度为2μm的微纳膜厚热电偶[39]。随后，美国Bendersky将微纳膜厚热电偶的热结点厚度降低至1μm，减少了测温的响应时间[40]。随着美国Pratt及Whitney等航空汽轮发动机公司使用薄膜热电偶测量汽轮机一级叶片的表面温度后，薄膜热电偶获得了极大的推动发展。薄膜热电偶应用场合主要为对发动机内壁[41]、涡轮机叶片[42-47]、切削加工[48-50]、燃爆[51]等场合的瞬态温度测量。

按照制造工艺，薄膜热电偶可分为片状、针状、嵌入式和微型薄膜热电偶等。

片状薄膜热电偶的外形与电阻应变片相似，如图4-28所示。金属薄膜电极的厚度仅为几微米，热电偶薄膜被固定或粘贴在基片或衬架上，电极采用绝缘材料隔开而进行保护，动态时间常数可达几十微秒，可用于发动机壁面、液体或气体冲击压缩条件下瞬态温度的测量[52,53]。

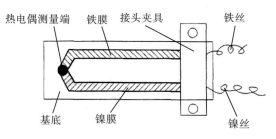

图4-28 片状薄膜热电偶

针状薄膜热电偶将一个热电极做成针状，采用蒸镀方法将另一个热电极沉积在针状电极的表面，两个热电极之间用涂层绝缘，仅在针尖处连接形成测量端。早期，针状薄膜热电偶的热元件被设计成同心圆柱形并通过金属薄膜连接，金属薄膜与圆柱垂直、与被测表面平行，如图4-29所示[40,54]。针状热电偶摆脱了黏结剂和衬架的影响，其时间常数比片状薄膜热电偶还小，但这种薄膜热电偶一般对被测部分的热传导存在干扰作用。后来人们选用与被测对象性能相近的材料作为热电偶的一极，这样可有效减小干扰作用。

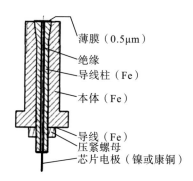

图4-29 针状薄膜热电偶

嵌入式薄膜热电偶则是直接将热电偶电极沉积嵌入到被测对象上，摆脱了对衬架和保护管的依赖，其镀层薄、响应速度快(时间常数达微秒级)，且对被测表面的温度分布几乎不产生影响，是一种非常理想的表面温度传感器。图4-30为一嵌入式薄膜热电偶的结构示意图[55-57]。

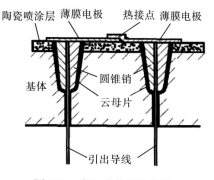

图4-30 嵌入式薄膜热电偶

　　微型薄膜热电偶是近年来随着集成电路工艺、微制造技术和超精密机械加工技术发展出来的一种新型微纳制造技术，使用光刻的方法将微图案转印基底表面，利用化学或物理气相沉积的方法在基底材料上淀积与刻蚀各种功能薄膜并形成特定的MEMS（micro-electric-mechanical-system）微结构传感器和器件，其可以作为独立的传感单元并应用于许多工程实际中。采用MEMS制作工艺，传感器精度高、热电偶尺寸小、响应时间可达纳米量级，可实现批量生产，且单个传感器的成本较低。图4-31为微型薄膜热电偶的制作流程图，图4-32为一微型薄膜热电偶响应时间的测量结果[58]，动态响应时间约28ns。

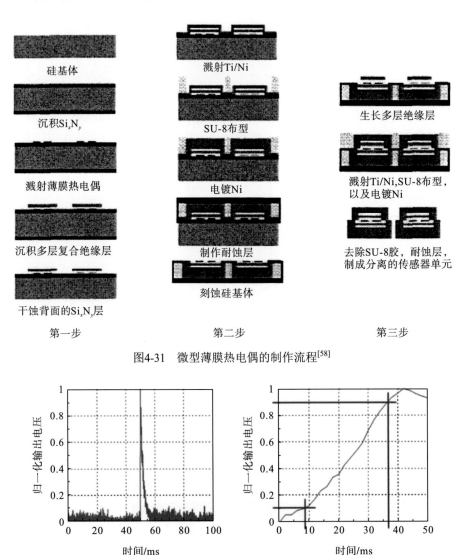

图4-31　微型薄膜热电偶的制作流程[58]

图4-32　微型薄膜热电偶动态响应时间[58]

4. 应用讨论

　　炸药爆炸的瞬态温度因具有变化快、温度高、测试环境恶劣、不可重复性的特点，故对其的测量一直是测试技术的难点，目前关于热电偶的瞬态高温动态测试技术的相关报道较少，而用于爆炸高温环境下的测温热电偶的研发更是凤毛麟角，故仅能参考其他行业的使用情况进行自行研制。根据测试温度对热电偶电极材料的选择见表4-1。

表4-1　不同型号热电偶的测温范围

类型	热电偶分度号	金属材料	测温范围/℃
标准型	S	铂铑10-铂	150～1768
	R	铂铑13-铂	150～1768
	B	铂铑30-铂铑6	0～1820
	K	镍铬-镍硅	−270～1372
	N	镍铬硅-镍硅	−270～1300
	E	镍铬-铜镍（康铜）	−270～1000
	J	铁-铜镍（康铜）	−210～1200
	T	铜-铜镍（康铜）	−270～400
非标准型	钨铼系	WRe5-WRe26	最高2800
	铂铑系和铱铑系	PtRh40-PtRh20	最高2150
	非金属	C-TiC、SiC-SiC	>1500

根据炸药爆温的特点，其结构设计将考虑以下几个方面。

(1)抗干扰。由于爆炸过程会伴随有强磁场，并且探头接收到的辐射光信号较弱，经光电探测器转换被示波器记录的电信号仅有几十毫伏，因此须考虑干扰因素。测试系统须添加加屏蔽线等，采取各种措施以减少外部环境因素的影响，从而保证系统可以实时有效地测得数据。

(2)抗冲击。爆炸过程会伴随高压、高冲击的过程。设计时须考虑机械外壳的抗冲击特性，在实际试验时，选择合适的装置安装方位也很关键。

(3) 小型化。由于为接触法测温，为避免热电偶对温度场分布的破坏，温度测试环境不会受到插入热电偶测温装置的影响。因此应最大程度地弱化外形，测温装置越小越好。热电偶的偶节直径越小，响应时间就会越快；整个装置越小，对爆炸形成的瞬态高温气流影响就会越小，由系统本身造成的传导热误差和辐射热误差也会相应减小。

4.3.2　辐射测温技术

1. 应用背景

对于装药化爆反应过程中温度场的测量，由于热电偶传感器测温瞬态响应较慢，且测量点数有限，因而无法给出温度场宏观空间分布及其随时间高动态变化情况。而非接触辐射法测温是通过对被测物体的辐射能量或亮度的检测实现温度测量，本质是通过测量被测物体的有效辐射强度，经过反演重建被测物体的真实温度分布。通过辐射强度反演介质的辐射特性、温度分布、边界条件等，不会破坏被测物体的温度场，响应时间短，测量上限不受材料物性的影响。辐射测温技术为实现装药化爆中大范围高动态温度场的测量提供了方法。

2. 技术原理

对于辐射法试验技术而言，测量的基本原理是通过测量目标的热辐射能量，以经典热辐射Planck理论为基础，利用辐射测温仪测定的光辐射亮度值$I(\lambda,T)$与波长λ的关系，经数据处理得到表面温度T。根据经典热辐射理论，温度为T的物体，其辐射亮度可描写为

$$I(\lambda,\mathrm{T}) = \varepsilon_\lambda C_1 \lambda^{-5} \left(\mathrm{e}^{C_2/\lambda T} - 1\right)^{-1} \tag{4-20}$$

式中，C_1、C_2分别为第一和第二辐射常数，$C_1 = 1.191 \times 10^{-16} \mathrm{W \cdot m^2/Sr}$，$C_2 = 1.4388 \times 10^{-2} \mathrm{m \cdot K}$；$\lambda$为热辐射的波长；$I(\lambda,T)$为光辐射亮度，表示发光体在单位时间内从物体单位面积上向垂直于物体表面的单位立体角内发射的、单位波长间隔内的辐射能量，单位为$\mathrm{W/(m^3 \cdot Sr)}$；$\varepsilon_\lambda$为发射率。

由于试验测定的是光谱辐亮度值随波长的变化关系，为绝对光强度测量。而在测温试验中，测温系统的输出信号为光辐射能量对应的电信号，要确定该电信号与光辐射能量的对应关系，则需在试验前对高温计系统的灵敏度进行标定。因此，辐射测温技术主要包括试验前的系统标定及试验测量两部分工作，即分别测量标准源和试验中被测样品在照射条件下辐射测温仪输出的电压信号幅度，利用比较法由标准光源的光谱辐亮度外推得到被测样品的光谱辐亮度。

3. 发展历程

自1965年Komer等首次报道了用双波长(478nm、625nm)辐射高温计测量NaCl、KCl晶体的冲击温度后[59]，在随后近五十年的时间里，多光谱辐射法测温技术得到了较大的发展。最初采用光学元器件组成收集、传输光路的高温计，例如，1989年美国LLNL的Radousky等研制的用于20000K冲击温度测量的4通道紫外-可见波段的辐射高温计[60]，如图4-33所示，设计测谱范围为254～800nm。但该类高温计在试验时需要进行对光准直，其集光效率低，故在数据处理中需考虑空间接收立体角，试验过程较烦琐，不利于在恶劣环境下使用。后来随着光纤技术的发展，人们用光纤取代光学镜头并设计了新的高温计系统。1995年，同为美国LLNL的Holmes研制了一种6通道的可见波长的光纤光学高温计[61]，可实现远距离、复杂环境下的冲击温度测量，如图4-34所示。在随后冲击温度的高温区测量中，国内外基本上是采用这种结构的辐射高温计系统，各单位使用的高温计系统仅在测试波长数量、标定方式或分光方式等方面存在差异，各有优缺点，至此，可见光区辐射高温计测试技术及理论基本上趋于成熟。

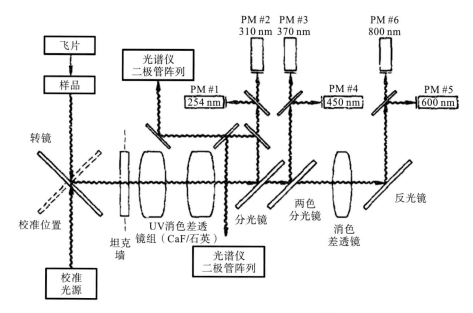

图4-33　空间传输光路辐射高温计[60]

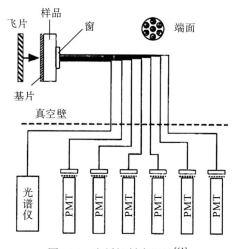

图4-34　光纤辐射高温计[61]

随着可见光区辐射高温计一起发展的近红外、红外辐射高温计则主要用于对较低温区的温度测量（一般小于2500K）。例如，2003年Partouche-Sebban采用一台8通道的宽谱高温计[62]，光谱范围覆盖400~4000nm，用于测量Bi/Sn/Pb等低熔点金属的熔化线，可测量700~800K的低温。2004年，美国在Armando次临界试验中，采用以分色镜结合干涉滤光片分光方式的可见-近红外波段的高温计测量Pu材料的残留温度[63]。2005年美国LANL的Boboridis等研制了一台1.8~5μm光谱范围的四通道红外高温计，如图4-35所示，可测量400~1200K的温度范围[64]。

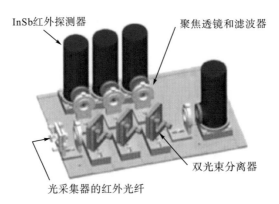

InSb红外探测器　　　　聚焦透镜和滤波器

双光束分离器

光采集器的红外光纤

图4-35　红外辐射高温计示意图[62]

国内辐射测温技术的研究工作主要集中在民用工业应用领域,这类系统的响应时间较慢(毫秒级),不适合于冲击动态温度测量(需要纳秒甚至更快的响应时间)。中国工程物理研究院流体物理研究所自20世纪80年代初开始多光谱辐射法测量冲击温度的研究工作,已研制出宽测温量程的8通道可见光辐射高温计(光谱响应范围400～800nm, 测温范围2500～20000K)[65]及6通道近红外光学高温计(光谱响应范围900～1700nm, 测温范围1500～2500K),在多类材料的冲击温度、高压声速和状态方程的研究工作中,取得了一系列试验成果。

4. 应用讨论

冲击波温度测量是构建材料完全物态方程的重要基础,也是目前冲击波试验研究中尚未完全解决的一个难题。由于冲击加载过程历时短、压力和温度高,增加了冲击温度测量的难度,而辐射法测温则是目前冲击试验中使用最广泛、最可靠的瞬态温度测量方法,在10^3K～10^4K范围内可实现较为精密的测量,还可用于测量物质在冲击压缩下的声速和发光特性、炸药的爆轰波温度和化学反应区等特性,被广泛应用于武器物理、高压科学和地球行星科学的试验研究中。

典型的辐射法测温试验示意图如图4-36所示,信号光收集传输光纤将被测源的高温热辐射信号光收集后传送至辐射测温仪主体,由主体内部的分光耦合光学系统分出多个不同颜色(波长)的准单色光并耦合到光电探测器的感光面上,由后者转换成电压信号供外部波形采集系统记录。标定系统则是在试验前对辐射测温仪的灵敏度进行标定。

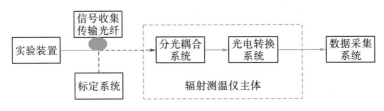

图4-36　辐射测温试验示意图

　　典型测试信号及数据处理结果如图4-37所示，为H_2/He混合气体多次冲击压缩的实测波形，图中A点为冲击波从基板进入混合气体样品的时刻，B点为冲击波到达样品/窗口界面的时刻，AB之间的平台为第1次压缩过程。随后，反射冲击波对样品进行第2次冲击压缩并产生较高的温升(BC之间的平台)，因此观测到的信号幅度有较大的跳跃。C点则为第2次冲击波从基板反射回来对样品进行第3次压缩后再次到达窗口的时刻，之后的幅度跳跃则为窗口反射波对样品进行第4次压缩的结果。D点之后的信号幅度衰减则为窗口冲击压缩层和与样品接触的高温薄层的光学吸收。从上述波形可清楚地分辨出各次冲击作用的特征时间，由此易判读出冲击波作用的持续时间，从而计算出各次冲击压缩的冲击波速度、温度、压力等状态参量。第一次冲击压缩过程(AB平台区，冲击压力约为1.44GPa)的辐射温度的计算结果如图4-38所示。

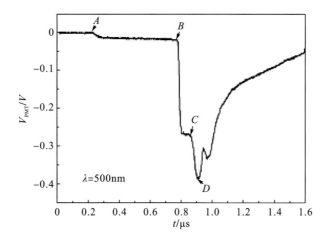

图4-37　H_2/He混合气体多次冲击压缩试验信号

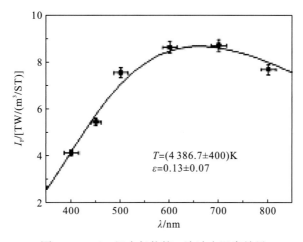

图4-38　H_2/He混合气体第一次冲击温度结果

　　尽管辐射测温技术是目前使用最广泛、最可靠的瞬态温度测量方法，但当被测物体不满足灰体模型，即光谱发射率随测量波长、温度等变化时，辐射法测温则会受到限制。如何消除发射率对辐射温度测量的影响成为目前研究人员提高温度测量精度最为关心的问题。目前测量瞬态冲击条件下材料的光谱发射率一般是通过测量冲击条件下材料的反射率，再根据Kirchhoff定律得出材料的发射率。通常采用激光偏振法[66]、光谱反射法[67]及积分球反射法[68]等，但这些发射率测量技术目前还存在不足，仍处于发展阶段。

4.4　超压测试技术

新型武器的毁伤威力评估是评价武器性能的重要依据，而战斗部的爆炸通常会产生具有高温、高压、高速特点的产物，它们以挤压介质的形式向四周传播，进而在以爆炸为中心的介质中形成了冲击波，冲击波是大当量战斗部对人员、设备和防护设施产生毁坏的重要手段。对爆炸产生冲击波的超压、速度、作用时间等参数的测量，能够对武器的威力评估提供数据支撑。因此可靠的爆炸冲击波测试技术在新型武器的评估上占据重要的地位。

4.4.1　离散点超压测量技术

1. 应用背景

爆炸中产生的冲击波超压是评估武器性能的重要参数之一，准确给出压力随时间变化的关系能够用于判断各类场合冲击波的传播，从而为聚变试验、防护材料合成、炸药结构设计、极端条件下的材料研究等提供依据。因战斗部爆炸伴随产生强磁场与大量高速、高能破片，采用引线电测法系统的传输线缆容易被破片击中而导致数据采集失败，同时电信号在传输过程中极易受电磁干扰，导致有效信号被噪声掩盖。此外，压力时程是一个高速变化的过程，对压力传感器提出了极高的要求。近年来，利用光学手段测量超压得到了迅速发展，相较于电学手段，光学超压测量技术具有精度高、响应快、体积小、成本低、易集成、抗电磁干扰等诸多优点，成为当下军事、民用、工业研究的热点。

2. 技术原理

光学超压测量方法的种类繁多，原理也不尽相同，这里仅介绍其中较为热门的两种，分别是光纤布拉格光栅(FBG)和法珀式(FP)膜片式光纤压力传感器技术。

1) FBG压力测量

FBG被广泛用于压力/应变测量，其制作是利用诸如激光干涉等手段在光敏光纤的纤芯刻写周期性的条纹形成的。FBG是一种能够以超低损耗反射光的滤波器，其布拉格波长λ_B(即反射波长)由下式给出，即

$$\lambda_B = 2n\Lambda \tag{4-21}$$

式中，n为传输模式的有效折射率；Λ为条纹周期。

如图4-39所示，当FBG受到外界压力时，其反射波长会随之变化，通过测量波长变化就可以反推压力。

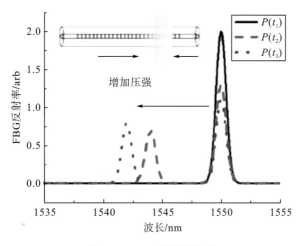

图4-39　FBG的测压原理

具体关系为FBG的应变（温度）响应由其布拉格波长λ_B对于光纤轴向应变ε_B和温度变化ΔT的响应给出，即

$$\frac{\Delta \lambda_B}{\lambda_B} = \left(1 - \frac{n^2}{2}\Big(p_{12} - v\big(p_{11} + p_{12}\big)\Big)\right)\varepsilon_z + \left(\alpha(T) + \frac{1}{n}\frac{\mathrm{d}n}{\mathrm{d}T}\right)\Delta T \tag{4-22}$$

式中，ε_z的系数中包括相关的光学折射率n、光弹系数p_{ij}、泊松比μ。在高速压力的测试场合中，温度项的影响相对较慢而被忽略，再利用压力与应变的下列关系

$$\varepsilon_z = -\left(\frac{1-2v}{E}\right)P \tag{4-23}$$

就可得到压力。式中，E为杨氏模量。

由于超压测量过程极快，记录时间极短，对于布拉格波长λ_B的记录来说，一般的光谱记录方法无法满足需求。目前主要有两种技术方案，一种为多通道谱分解法，利用一宽带光源（如放大自发辐射光源ASE），通过FBG后其反射光由分光器件［如密集波分复用器（DWDM）、阵列波导光栅（AWG）等］分为不同波长的光信号，由光电探测器接收后再转化为电信号经示波器实时记录。另一种方法为光时域光谱仪法，采用锁模飞秒脉冲激光器，经FBG的反射光通过色散器件，从而将不同波长的光色散至不同时间，并由高速探测器和示波器记录。后者的时间分辨低、成本高，但相比前者能够提供完整的谱信息，所需记录的通道也少得多，实际选择则根据需求而定，如图4-40所示。

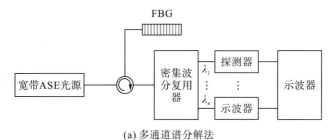

(a) 多通道谱分解法

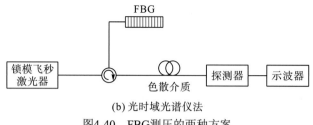

(b) 光时域光谱仪法

图4-40　FBG测压的两种方案

图4-41是美国某FBG测压试验中所采用的两种方案的示意图。其中图4-41(a)为第一种方案，从宽带C波段ASE光源出光进入3端口环形器进入FBG，返回光再通过环形器经过掺铒光纤放大器(EDFA)后进入光谱仪、探测器和示波器；图4-41(b)为第二种方案，当压力作用在FBG上时，反射率和波长发生变化，其中50MHz锁模光纤激光器出光进入4端口环形器，经FBG反射后，经过法拉第反射镜两次通过色散介质(18km单模光纤)，随后进入12GHz探测器和示波器。

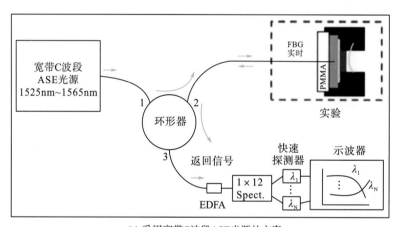

(a) 采用宽带C波段ASE光源的方案

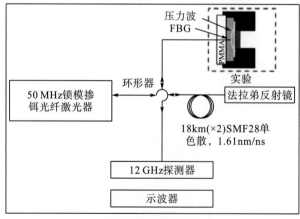

(b) 采用锁模激光器的方案

图4-41　美国某FBG测压试验中所采用的两种方案

2)光纤FP膜片式压力测量

光纤FP膜片式传感器通常由单模光纤、空腔和膜片构成，如图4-42所示。

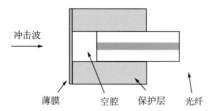

冲击波 →

薄膜　　空腔　保护层　光纤

图4-42　光纤FP膜片式传感器的结构示意图

当光信号随光纤输入时，由裸光纤端面反射及膜片表面反射构成FP干涉信号，干涉信号强度为

$$I = I_0\left[1 + V\cos\left(\varphi - \varphi_0\right)\right] \tag{4-24}$$

式中，I_0为信号平均值；V为干涉可见度；φ_0为固定相位。而相位φ为

$$\varphi = \frac{4\pi n l}{\lambda} \tag{4-25}$$

式中，n为腔内的折射率；l为腔长；λ为波长。当压力P作用在膜片上时，引起膜片偏斜。膜片中心的轴向移动为

$$y = \frac{3\left(1 - \mu^2\right)Pa^4}{16Eh^3} \tag{4-26}$$

式中，a为膜片半径；h为膜片厚度；E为杨氏模量；μ为泊松比。对于单模光纤来说，其数值孔径使得基本只有膜片中心区域的反射光会耦合回光纤，因此膜片中心的移动就等于腔长的变化，即$\Delta l = y$，于是有

$$\frac{\Delta\phi}{\Delta P} = \frac{\Delta\phi}{\Delta l}\frac{\Delta l}{\Delta P} = \frac{4\pi n}{\lambda}\frac{3\left(1 - \mu^3\right)a^4}{16Eh^3} \tag{4-27}$$

上式表明，压力与相位变化成比例，因此压力变化ΔP为

$$\Delta P = K\left[\phi_0 + \cos^{-1}\left(\frac{\Delta I - I_0}{I_0 V}\right)\right] \tag{4-28}$$

式中，I_0、V、φ_0、K均为系数，可直接通过标定试验获得，如图4-43所示。

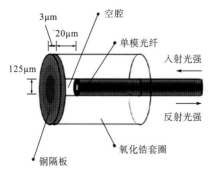

3μm
20μm
空腔
单模光纤
入射光强
125μm
反射光强
铜隔板
氧化锆套圈

图4-43　某种光纤FP膜片式传感器的结构示意图

3. 发展历程

对于FBG式，2007年，荷兰的Van't Hof等报道了通过FBG测量基于硝酸铵炸药高压点火的低爆轰压力(1GPa)[69]，其假设只有纵向压缩、忽略弹光效应和阻抗不匹配，得到了-13.6nm/GPa的灵敏度和33%的相对偏差。2011年，中国工程物理研究院流体物理研究所邓向阳等报道了通过一级气炮驱动铝飞片撞击铝靶，而将FBG埋在铝靶后方密封的水中测量压力[70]，其压力范围为0~1.4GPa，并得到了-1.6nm/GPa的灵敏度和约10%的相对偏差。2014年，以色列的Ravid等采取了相类似的气炮驱动聚碳酸酯飞片撞击有机玻璃靶试验，并在靶中埋入了两个互相垂直的FBG以同时测量压力[71]，其结果证明了FBG响应与波前的位置相关，并从理论上分别得到了平行方向9nm/GPa和垂直方向-14nm/GPa的灵敏度，然而由于用于分光的滤波器分辨率不足，故无法得到准确的精度。同年，美国LANL相继报道了多次FBG动态压力测试，Rodriguez等于2014年报道其测量了PBX-9501炸药驱动2mm厚铜片在水中的压力[72]，他们同时使用了多通道谱分解和时域光谱两种技术，并配合PDV和VISAR的测速手段利用Hugoniot关系对压力进行了估计，于2015年报道了将FBG用聚合物约束埋入热点火的PBX-9501炸药[73]，结果显示了灵敏度随压力增加而减小的趋势。2016年，他们又利用同一个装置测量了PBXN-9炸药[74]，尝试利用高双折射保偏FBG并同时记录快轴和慢轴信号来解耦压力和温度，所测得的峰值压力为660MPa，上升时间较慢为550μs。2018年，法国的Magne等报道了在气炮驱动铝飞片撞击铝靶试验中，利用啁啾光纤布拉格光栅(CFBG)尝试对分布式压力和冲击波速度的同时测量[75]，在0~4GPa范围内其理论与实际偏差小于12%，但分布式压力测量仍未实现。

对于光纤FP膜片式，2000年英国的MacPherson等首先利用125μm单模光纤和3μm薄的铜片形成20μm空腔制作成FP光纤压力传感器[76]，测量了标准塑料炸药PE4的爆炸压力，并与各种商业压力传感器进行了对比，所测得的峰值约30kPa，响应时间优于3μs。随后，出现了对于FP探头的陆续报道，虽然不同的研究者们根据需求采取了不同的设计，但是在原理和基本结构上大同小异，不同点主要体现在结构的细节变化、不同的膜片材料及不同的数据读取方式，如熔融石英毛细管配合二氧化硅膜[77,78]、涂覆的聚合物膜配合多模光纤端面或者蚀刻过的多模光纤等[79-81]、V形凹槽配合氮化硅薄膜等[82]。目前，FP式的测量范围在水中不超过70MPa，在空气中不超过500kPa[83]。

4. 应用讨论

目前，大部分利用光学手段测量超压仍处于探索阶段，距离应用尚且存在一些问题。对此，我们从美国曾经做过的下列对比试验中可见一斑。2013~2015年，美国的海军实验室和LANL对三种光学超压的技术路线进行了对比试验[84,85]，如图4-44所示，分别是前面提到的FBG式、FP式(这里使用的FP式略有区别，腔体不是空气，而是聚合物)及直接在光纤端面镀膜的迈克尔孙干涉仪(MI)式。为了测试其性能，三种技术被用于测试高能激光在固体内产生的冲击波超压，其相比空气冲击波超压具有更高的峰值压力(高达GPa量级)和更短的上升时间(<100ns)。试验结果分析表明，FBG由于存在复杂的内部结构，因此可能存

在复杂的谐振频率，再加上冲击波在其内部的传播时间与响应时间相当，波形振荡剧烈；FP式虽在单次试验能够得到极短的上升沿(~91ns)，但其测试结果在多次试验中并不一致，最小可探测压力同样不稳定，为100~500kPa不等，这可能是因为FP膜片式膜片的材料、尺寸与厚度都与响应时间及压力标定关系等具有直接关系，而目前的工艺精度无法保证足够的一致性，而且会带来成本的大幅提升；MI式对初始波前的测试能力与FP式相当，最小可探测压力为80kPa，但其响应时间对两臂设计提出了极高的要求，且目前的数据与分析非常少，准确性仍有待考证。

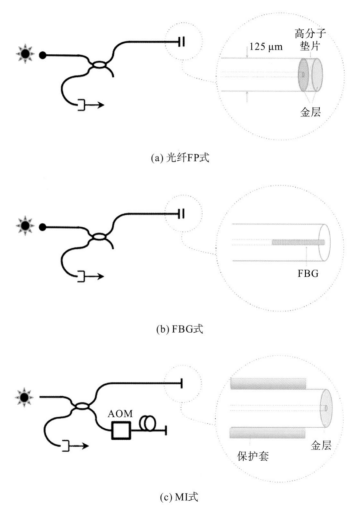

(a) 光纤FP式

(b) FBG式

(c) MI式

图4-44　美国所做试验中的三种技术方案[84]

4.4.2　高速纹影全场超压测量技术

1. 应用背景

武器冲击波效应是武器战斗部的主要杀伤力之一，冲击波一维超压测量技术无法获得冲击波的真实波系结构。常用的高速成像方式对冲击波的波系不敏感，一般只能观测到冲击波的波振面。纹影测量技术是一类对折射率梯度敏感的成像测量技术，因此对于流场的测试比常规高速成像更为灵敏。通过冲击波高速纹影测量，可直观地看到冲击波精细的波系结构，对于理解冲击波的物理机制、作用过程，乃至辅助对冲击波威力的评估和超压传感器的数据解读均有现实意义。

2. 技术原理

光学纹影法是应用于流场显示的基本方法，目前常采用的有泰普勒纹影法、聚焦纹影法和背景导向纹影法。但这些方法的基本原理都是以光线穿过非均匀流场时产生偏折的特性为基础的，如图4-45所示。

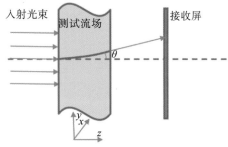

图4-45 光束偏折原理

由费马定理可知，当光线穿过非均匀介质时，其光线遵循公式：

$$\delta \int n(x,y,z)\mathrm{d}s = 0 \tag{4-29}$$

因此光束的路径是路径上折射率积分取极值的泛函问题，可采用变分法进行求解，在此不做详细推导[86]。在小偏转角度近似的情况下，求解结果为以下形式，即

$$\frac{\mathrm{d}^2 x}{\mathrm{d}z^2} = \frac{1}{n}\frac{\partial n}{\partial x} \Rightarrow \theta_x = \int_{z_1}^{z_2} \frac{1}{n}\frac{\partial n}{\partial x}\mathrm{d}z \tag{4-30}$$

$$\frac{\mathrm{d}^2 y}{\mathrm{d}z^2} = \frac{1}{n}\frac{\partial n}{\partial y} \Rightarrow \theta_y = \int_{z_1}^{z_2} \frac{1}{n}\frac{\partial n}{\partial y}\mathrm{d}z \tag{4-31}$$

由上式可知，光线经过流场后的偏转角度与路径上的折射率梯度成正比，因此通过成像系统的设计，使图像对该偏折敏感，进而呈现出流场的折射率分布特性。由格拉斯通-戴尔共识可知，流场的折射率可与流场密度相关，故而又可反映出流场密度的分布特性，从而将流场波振面等信息以图像的形式呈现。下式为格拉斯通-戴尔公式[86]：

$$n = 1 + K_{\mathrm{GD}}\rho \tag{4-32}$$

3. 发展历程

1）泰普勒纹影法

纹影法最初由傅科发明[87]，用来检验光学玻璃和光学元件的质量，后来由泰普勒引

入可压缩流场的显示领域,并沿用至今。泰普勒纹影测试系统如图4-46所示,将光源放置在透镜L_1的焦点位置,发出的光经过透镜L_1产生平行光束进入测试流场,若测试流场内没有对平行光束产生干扰,则光束经过透镜L_2聚焦于狭缝处,即光源和狭缝关于透镜L_1和透镜L_2共轭。同时测试流场与接收像面关于透镜L_2共轭。若测试流场内某处存在密度的变化,将对光束产生干扰从而导致光束的偏转,则偏转光束有可能被狭缝遮挡,从而像面处对应位置产生相应的灰度变化,该灰度变化便反映出流场信息。由于狭缝相当于测试流场到接收像面的孔径光阑,而狭缝尺寸通常很小,因此泰普勒纹影系统景深非常大,通常整个透镜L_1和透镜L_2之间的区域均可以在接收像面上清晰成像,因此在这一区域的所有扰动都会清晰地在接收像面处成像。泰普勒纹影法发明后,为了进一步增大纹影测量视场,采用球面反射镜代替透射镜组构成了反射式纹影系统[88]。由于人眼对颜色更为敏感,继而又先后出现了采用彩色光源或彩色刀口的彩色纹影法[89,90]。

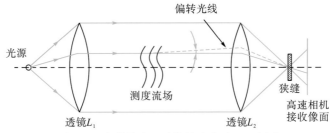

图4-46　泰普勒纹影系统的光路原理示意图

不过由于泰普勒纹影法接收像面的图像反映了整个测试段的积分效应,所以无法针对某个流场截面进行测量。

中国工程物理研究院流体物理研究所汪伟等基于自研的高速相机开发了多套高速纹影系统[91],如图4-47所示,即Φ250mm通光口径纹影系统和Φ800mm通光口径纹影系统。其中Φ800mm纹影系统采用双球反结构,像面分辨可达53lp/mm,它采用橡胶隔振技术,目前已应用于风洞激波测量试验中。

图4-47　泰普勒纹影系统

2)聚焦纹影法

为了解决泰普勒纹影系统中存在的无法对流场局部聚焦的问题,20世纪50年代出现了聚焦纹影技术。1991年，Weinstein对聚焦纹影系统进行了大视场改良，此后聚焦纹影系统又应用于PIV（粒子图像测速）、偏度仪等系统中。

聚焦纹影系统的原理如图4-48所示，光源穿过透镜及其相靠的源格栅照射到测试流场。聚焦透镜将测试流场成像于接收像面，同时聚焦透镜将源格栅成像在刀口栅上。通常刀口栅按照聚焦透镜的放大率对源格栅进行等比缩放而得到。当测试流场内没有扰动时，通过调整刀口栅，使源格栅上的每条狭缝被刀口栅遮挡一部分。当测试流场中存在密度变化等扰动时，扰动区域的光线发生偏转，从而导致部分原先通过刀口栅的光线被遮挡，同时部分原先被刀口栅遮挡的光线通过刀口栅，从而导致接收像面上的灰度变化。由于在聚焦纹影系统中，测试流场到接收像面成像的孔径光阑是由刀口栅上的狭缝共同决定的，因此景深有限，但可以实现对测试流场某一区域的聚焦。

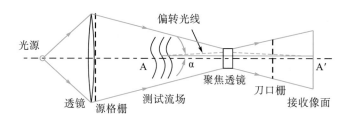

图4-48　聚焦纹影系统光路原理示意图

Weinstein等采用大视场聚焦纹影技术对薄层流场进行了测试[92]，结果表明非急剧聚焦景深为25mm，当目标流场移出最佳聚焦面19mm时，喷流细节消失；当移出38mm时，流场几乎不可分辨，验证了该技术的聚焦纹影效果。Colin P. Vandercreek等采用聚焦纹影对圆锥模型的边界层进行了流场测试，成功消除了不感兴趣流场区域的干扰，获得了清晰的转捩区域流场[93]。中国空气动力研究与发展中心徐翔等采用该技术获得了带凹台阶锥模型底部流场的纹影图像[94]。

3）背景导向纹影

泰普勒纹影和聚焦纹影有一个共同的劣势，即难以实现对超大视场的流场观测，这明显无法满足爆炸超压冲击波流场的测试需求，而且其光学系统较为复杂，不适宜外场测试。背景导向纹影则可以解决这一问题。

21世纪初Richard等和Meier等在传统纹影的基础上发展了背景纹影技术[95,96]。背景导向纹影技术不再通过强度变化来量化光线偏折量，而是通过粒子图像处理技术求取背景斑点经过流场后在像面上的像素偏移量，从而依据几何光学原理，对光线的偏离量进行求解，进而得到流场的折射率梯度及折射率分布，避免了来自环境的光线或者测量流场自发光对照度量化带来的影响。同时背景纹影技术不再需要传统纹影技术中的大量光学仪器，如光阑和透镜等设备，不仅节省了大量的试验器材费用，而且避免了透镜大小对测量范围的限制，从而可以实现对较大视场的观察和测量。另外背景纹影还可以采用自然背景，从而适用范围不再限制于实验室或者风洞之内，可以用它来观察大范围的密度场变化如爆炸冲击波、直升机叶片漩涡等。同时，背景导向纹影可以稳定地对流场折射率沿Z轴的积分分布进行反演，如图4-49所示。

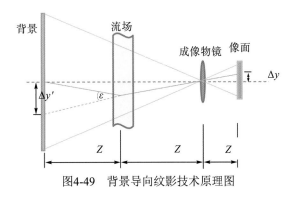

图4-49　背景导向纹影技术原理图

由图4-49及几何光学原理可得

$$\Delta y = \frac{\varepsilon_y Z_{ob} f}{Z_{ob} + Z_{oc} - f} \tag{4-33}$$

$$\Delta x = \frac{\varepsilon_x Z_{ob} f}{Z_{ob} + Z_{oc} - f} \tag{4-34}$$

式中，Z_{ob}为测量中心面到背景图之间的距离；Z_{oc}为测量中心面到相机平面之间的距离；f为焦距；Δy为背景图上目标经过流场后在像面上的偏移量；ε为光线偏折角度的积分。当光线在非均匀介质中传输时，根据费马原理，如果光线偏移量远小于流场宽度，则有

$$\frac{\partial n}{\partial x} = C \cdot \Delta x(x, y) \tag{4-35}$$

$$\frac{\partial n}{\partial y} = C \cdot \Delta y(x, y) \tag{4-36}$$

式中，C为常数，与试验配置有关；Δx、Δy为测得的斑点在不同方向的位移量。对整个位移矢量场x向和y向求偏导，则可获得如下泊松方程，即

$$\nabla^2 n = \frac{\partial^2 n}{\partial x^2} + \frac{\partial^2 n}{\partial y^2} = C \cdot \left[\frac{\partial}{\partial x} \Delta x + \frac{\partial}{\partial y} \Delta y \right] \tag{4-37}$$

对于给定的位移矢量场及给定的边界条件，上式可通过有限差分或有限元法求解，进而获得测量区域投影积分效果的定量折射率分布，并通过格拉斯通-戴尔公式计算出定量密度场的信息。

在实际应用中，由于爆炸超压冲击波的波振面是一个间断面，因而难以通过背景导向纹影对冲击波内部的流场密度进行求解。目前背景导向纹影主要用于对流场波振面进行观测，获得流场复杂波波系分布图像，这是常规成像方法不可能做到的。

4. 应用讨论

如前面内容所述，目前常用的三种纹影测量技术中，泰普勒纹影和聚焦纹影的口径均取决于光学系统的口径，因此在大型爆轰试验中难以获得冲击波的全貌。唯有合成纹影法不受视场限制，可实现数米乃至上百米视场的纹影测量，适用于武器爆轰冲击波或导弹飞行脱体激波的测量。目前美国、俄罗斯、日本等国家均将合成纹影技术应用于大型爆轰试验中冲击波的纹影显示[97-99]，且通过冲击波的纹影测量结果对冲击波的速度历程进行分析，进而获得冲击波超压等数据。图4-50为日本开展的冲击波合成纹影试验及其获得的冲击波振面半径的时间历程曲线[100]。

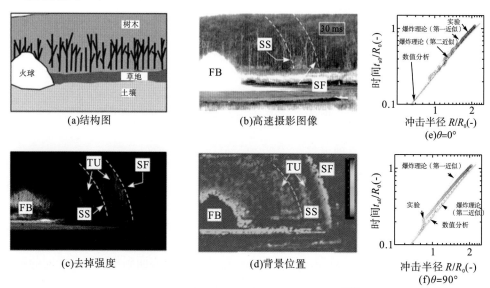

图4-50　日本开展的冲击波合成纹影试验[100]

目前国内尚未见此类试验中应用合成纹影技术的报道。但中国工程物理研究院流体物理研究所王旭等自2019年开始将合成纹影技术应用于爆轰冲击波和战斗部脱体激波的测量，实现了厘米级、米级和10米量级的冲击波的纹影显示，图4-51为视场2.4m×2m的冲击波合成纹影图像，由图像中可清晰地看出冲击波波振面的传播情况和波系的精细结构。

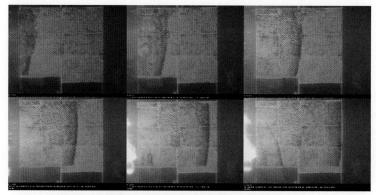

图4-51　爆炸场冲击波在不同时刻合成的纹影图像

4.5　结构响应测量技术

由于武器装药是多部件、多界面和多材料的复杂过程，结构响应是一个涉及几何非线性、材料非线性和界面非线性强耦合的过程，因此对此过程涉及的多物理量如应变、间隙、温度等参数的测量是探究外界环境载荷作用下的结构响应机制的重要内容。

4.5.1　电子学应变片测量技术

1. 应用背景

装药化爆时结构内部的反应释能或反应压力，可通过植入的电子学应变片进行测量。电子应变片是一种能将被测试件表面的形变量转变为电阻变化量的高灵敏的力学量传感器。应变片的应用范围相当广泛，可直接用来测量应力和应变，特别是微小应变。金属应变片的灵敏系数相对较小，输出电平较小需要放大系统的辅助。而半导体应变片的灵敏系数较大，测量相对简单、方便，成本较低，甚至可做成微应变片阵列来提高测量的范围和精度。

2. 技术原理

使用应变片测量被测物体受力变形时，先将应变片粘贴于被测对象表面，在外力作用下，被测对象表面产生应变形变，应变片敏感栅产生电阻应变效应也随之变形，然后敏感栅电阻丝的电阻值发生响应变化，再通过转换电路转换为相应的电压或电流变化输出。电阻应变片的工作原理如图4-52所示。

图4-52　电阻应变片工作原理图

当应变片随被测对象变形时，其电阻的变化率与应变ε的关系式为

$$\frac{\Delta R}{R} = S_{\mathrm{n}}\varepsilon \tag{4-38}$$

式中，S_{n}为应变片的灵敏度，由应变片的种类、材料等因素决定。当应变片随被测物体变形时，式中的应变ε就是被测物体的应变。ε是无量纲的量，由于其值小，在应变测试中常用微应变($\mu\varepsilon$)表示，$1\mu\varepsilon$相当于长度为1m的被测物，其变形为$1\mu\varepsilon$时的相对变形量。

应变片测量技术的核心原理是将应变片紧紧粘贴到细长杆的外表面，当应力波扫过应变片时，会导致细长杆发生弹性形变，引起应变片内部敏感栅电阻的变化，使应变片回路中的电压幅值发生变化[101]。因此，应变片本质是一个将难以直接测量的应力信号转变为通用的可直接测量的电压信号的传感器。应变片电阻如下式所示，即

$$R = \rho \frac{l}{A} \tag{4-39}$$

式中，R、ρ、l、A分别为应变片电阻、应变片敏感栅的电阻率、长度和横截面积。电阻应变主要通过改变敏感栅的形状(长度l和横截面积A)来改变其电阻值，而其电阻率几乎不变。半导体主要是通过改变敏感栅的电阻率(ρ)来改变其电阻值，而其敏感栅的长度和横

截面几乎不变。

根据不同的使用环境和需求，可以选择不同的桥路进行应变测量，其中1/4桥路的应变片电路图如图4-53所示。通过静态标定和动态标定可以获得当前电路连接条件下的应变片敏感系数K(或其应变电压转换系数U_s)。正式试验中，只需测量工作电压ΔU_C就能够得到霍普金森杆中的应变波形图，结合式(4-39)就能够最终获得材料的应力-应变曲线数据。

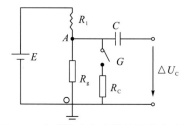

图4-53　典型的应变片测量技术电路图

3. 发展历程

电子应变片的发展可分为三个阶段：第一阶段，从应变片的诞生至1963年美国公布粘贴式电阻应变片宇航标准NAS-942；第二阶段，20世纪60年代中期至20世纪80年代初；第三阶段，20世纪80年代至今。

第一阶段，电阻应变片主要用来测量各种工程结构的应力、应变和制作各种力学量传感器(包括负荷、位移、压力及加速度等)。重点研究应变片的应变传递原理、基本性能及测量方法等；第二阶段，为进一步提高传感器用应变片的性能，降低应变片的蠕变、滞后，提高应变片及传感器的长期稳定性，研发出了各种新型应变片；第三阶段，随着集成电路技术的发展，器件的小型化、微型化越来越受到关注，同时更关心的是应变片系统的抗疲劳性能和长期稳定性。

2005年，卢兴国[102]研究了应变式传感器测量位移的特性，分析了影响精度和分辨力的主要因素，研究了提高分辨力、精度及体积微型化的方法。2008年，李鹏等[103]就应变片的横向效应对应变片测量非电量的影响，及试验当中的温度误差及其自补偿进行了分析。2009年，尹福严[104]对应变片热输出的物理概念、应变片温度自补偿的原理、箔材电阻温度系统的选择原则、不同弹性材料上应变片热输出的估算，及用应变片测定弹性体材料线膨胀系数的方法等进行了介绍。2010年，Bulent等[105]研究了通用传感器材料的滞后误差，研究表明传感器的滞后特性可通过合理的形变热处理得到改善，同时微型结构的改变也影响传感器特性，增加或减少测量误差。2014年，欧洲学者Henrik等[106]研究了半导体应变片在GFRP层压作用下的疲劳性能，将高循环力加载在半导体应变片上，在试验中引进湿热加载削弱传感器矩阵的影响以模拟真实的使用环境。2016年，电子科技大学的任帅等研究了电容式薄膜应变计，主要研究了BST电容应变计，不同种类的应变对电容式薄膜应变计有着不同的影响。复旦大学研究了一种SOI应变计[107]，其结构为双层电阻栅，避免了SOI薄膜易受环境污染造成测量精度的下降，同时提高了工作稳定性。2020年，Schmida等人[108]选择AlN与Pt作为应变敏感材料，利用Van-der-Pauw测量方法，研究了不同的多层膜电阻率与电阻温度系统。

在薄膜应变计方面,电子科技大学的张万里团队及上海交通大学的丁桂甫团队分别以 NiCr[109]、NiCrAlY[110]、PdCr[111]为应变敏感材料制备薄膜应变计,并对其性能进行了研究。研究指出具有可靠绝缘效果和防护效果的绝缘层和防护层是制约薄膜应变计在高温环境使用的重要因素。此外,在实际使用过程中,薄膜应变计应变信号的高温互联可靠性是阻碍薄膜应变计实际应用的技术难点。

中国工程物理研究院流体物理研究所自20世纪90年代开始发展霍普金森杆试验技术,先后经过王悟、李英雷、张祖根和胡昌明等的大力发展,技术能力不断成熟,测量精度不断提升。他们先后建立了Φ10mm、Φ14.5mm口径高精度常温和高温SHPB试验技术,Φ10mm口径的常温静水压-比容关系测量的SHPB试验技术,以上试验技术加载的应变率范围为$10^2 \sim 10^4 \mathrm{s}^{-1}$,试验温度范围为常温~600℃,在样品典型应变处的应力相对扩展测量不确定度≤4%($k=2$),试验温度的相对扩展测量不确定度≤2%($k=2$)[112]。Φ10mm口径的常温SHTB试验技术,Φ37mm、Φ6mm、Φ3mm口径的常温和高温SHPB和SHTB试验技术,以上试验技术的加载应变率范围为$10^2 \sim 10^4 \mathrm{s}^{-1}$,在样品典型应变处的应力相对扩展测量不确定度≤8%($k=2$)[113]。目前,已经具备了较为完备的研究金属和非金属材料在0~2GPa静水压条件下常温~600℃动态压缩和拉伸力学性能的技术能力。

4. 应用讨论

对于延性金属材料,采用应变片测量技术的高精度SHPB试验技术在典型应变处应力的相对扩展测量不确定度<4%($k=0$)。无氧铜的常温动态压缩应力-应变-应变率曲线如图4-54所示。从图中可以看出,5发重复试验的一致性非常好。对于相变性能丰富的金属材料,采用应变片测量技术的常温静水压比容关系测量的SHPB试验技术能够有效捕捉到材料的相变和逆相变过程。铈的常温静水压-比容关系的测量试验结果如图4-55所示,从图中可以清晰地看出铈的相变和逆相变过程[112]。采用该试验技术,获得了99.8%纯铈在1.7GPa静水压内的、包含γ↔α相变和逆相变过渡区的室温动态静水压-体应变连续曲线。研究显示,室温铈的γ→α相变是具有明显滞后现象的一级相变,而非以往研究认为的体

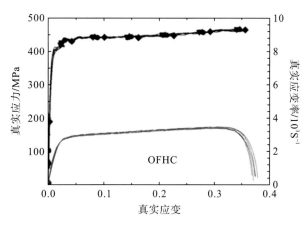

图4-54　5发无氧铜的常温动态压缩应力-应变-应变率重复试验曲线

积跃变的一级相变；相变过渡区的静水压范围是0.8～1.3Gpa；逆相变过渡区的静水压范围是0.6～1.1GPa；逆相变过渡区的静水压-体应变曲线滞后于相变过渡区的静水压-体应变曲线0.15GPa；在相变和逆相变的过渡区内，静水压-体应变曲线按照约4.2GPa体积模量的线性关系演化。演化机制为γ和α两相均匀混合、静水压驱动两相组分转化。

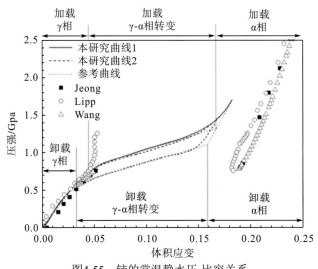

图4-55　铈的常温静水压-比容关系

然而，随着工程和科学问题研究场景的复杂化，也不断对测试技术提出了新的要求。例如，抗空间干扰能力强的测量技术，目前基于光纤应变计的应变测量技术有望解决这一电磁干扰问题，也是后续霍普金森杆试验技术中应变测量技术的一个重点发展方向。此外，微型霍普金森杆(直径小于1mm)和多轴(双轴和三轴)霍普金森杆试验技术是近年来发展的两个重点方向，如何解决微型和多轴霍普金森杆试验技术中应变场和应力场的测量问题也是后续先进测试技术发展的一大方向[114, 115]。

4.5.2　光纤应变测量技术

1. 应用背景

试件在炸药爆轰、撞击、跌落等冲击加载下，各结构部件之间的力学响应首先以应力波的形式传递，之后再以变形、扭曲等形式直观表征。高时间分辨的应力波数据能直观反映各部件之间的受力状态，是分析装置在极端条件下是否安全的重要判据之一。

在结构件的力学性能测试中，经典的方法是将材料制作的试件在SHPB装置及其他一些变形装置上进行冲击加载，测试其中的应力波并由此判断试件的性能和损伤或破坏程度。试验中的加载应力波多为高频甚至超高频。传统的敏感元件多采用电子应变计，其敏感单元易受电磁干扰，且寿命较短，特别是在较恶劣的环境下使用，更显不足[116]。

光纤应变计具有小巧、抗电磁干扰、耐高温、抗辐照等优点，将其用于应力波等高频信号检测中备受青睐，尤其将其粘贴于试件关键部位后形成应力波传感网络，得到应力波传递信息，是安全性研究中的一种重要测试手段。

2. 技术原理

光纤光栅是通过紫外光刻使得光纤纤芯内介质折射率呈周期性调制而成的一种光纤无源器件，其作用实质是在纤芯内形成一个窄带的滤波器或反射镜[117]。由耦合模理论可知，均匀的非闪耀光纤光栅可将前向传输的纤芯模式耦合到后向传输的导模从而形成窄带反射，中心反射波长为

$$\lambda_B = 2n_{eff}\varLambda \tag{4-40}$$

式中，$\varLambda$ 为光栅周期；n_{eff} 为光纤纤芯的有效折射率。对上式两边进行微分，则应力引起光栅反射波长的漂移可以表示为

$$\Delta\lambda_B = 2n_{eff}\Delta\varLambda + 2\Delta n_{eff}\varLambda \tag{4-41}$$

式中，$\Delta\varLambda$ 为光栅在应力作用下发生弹性形变使光栅周期发生的变化；Δn_{eff} 为光纤的弹光效应使有效折射率发生的变化。

如图4-56所示，当光纤光栅周围的温度、应变、应力或其他待测物理量发生变化时，将导致光栅周期 $\varLambda$ 或有效折射率 n_{eff} 发生变化，从而使光纤光栅中心的反射波长发生改变，这个改变可以从光纤光栅的反射光谱中检测出来。将这个改变的反射波长与以前未受环境影响时的反射波长进行比较，可以测定光栅受外界干扰的程度，即可获得待测物理量的变化情况。

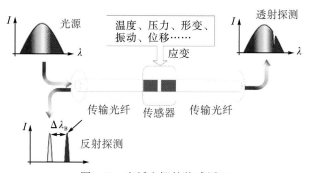

图4-56　光纤光栅的传感原理

在使用光纤光栅测量应力波时，要着重关注以下几点。

1)应变传递的方式[118]

光纤光栅作为传感元件来测量物体的应变，最简单的使用方法是将裸光栅粘贴在物体表面或埋入物体内部。然而，为了保护、便于安装、美观、增敏等目的，通常需要对裸光栅进行封装后再使用。目前主要有以下三种使用方式。

(1)两端夹持式。两个夹持件分别将光纤光栅两端固定，通过一个支撑点的移动，使光纤光栅受拉产生应变，从而将由结构位移引起的总应变转换到光纤光栅上。当夹持件刚度远大于光栅、尺寸长度小于光栅长度时，光栅感受到的应变等同于总体应变。但这种结构不能进行负应变检测。

(2)表贴式。光纤光栅粘贴在物体的表面，物体本身的应变以表面剪切应力的形式通过黏接层、光纤涂覆层传递到光栅上。

(3)埋入式。将光纤光栅整个埋入物体内部，实现无损测量。

表贴式中，由于黏接层、涂覆层对应力的吸收，使得光栅所传感的物体应变量与实际应变量产生出入，即光栅应变和物体应变之间存在应变传递系数。同样，埋入式中亦存在涂覆层、黏接层等中间层，故同样存在应变传递系数。下面对应变传递系数进行简要的分析和研究。

埋入式周身受力对称，表贴式上下受力不对称，因此埋入式光纤光栅应变的传递规律相对简单，当光纤涂覆层的剪切模量为基体剪切模量和光纤剪切模量的几何平均值时，光纤能传递最大的应变；采用裸光纤埋入时，其应变传递系数随着光纤剪切模量的减小而增加。在光纤中心与基体所受应变相等的情况下，光纤的应变传递吸收与光纤和光纤涂覆层的机械性能、光纤埋入长度相关。应变传递率随剪切模量的减小而减小，随黏接层厚度的增加而减小，随黏接长度的减小而减小。因此，想要获得较高的传递效果，必须提高黏接层的剪切模量，减小黏接层厚度并提高黏接长度。

2)交叉敏感的消除[116]

光纤光栅对于应力、应变和温度等多种参量都具有不同程度的敏感性，即交叉敏感。因此用于单参量传感时，应解决增敏和去敏问题，即对于被测量要增加其灵敏度，对非被测量则应降低其灵敏度。例如，当用光纤光栅测应变时，可采用温度补偿、非均匀光纤光栅等办法对温度进行补偿。

3)光纤光栅的封装[116]

光纤在写入光栅时一般要去保护层，其机械强度大为降低。因此，作为实用的光纤光栅应有良好的封装，否则会影响其使用寿命。这种保护性封装一般有片式和管式两种。片式封装适合粘贴在物体表面，而管式封装适合埋入物体内部。无论片式封装还是管式封装，对光纤光栅都起到了必要的保护作用。

4)波长信号的解调[116]

对光纤光栅波长解调技术的研究开展得较早，至今出现了许多解调方法，从待测传感信号特征考虑，有动态解调法、静态解调法、动静态结合解调法；从待测光栅段的激励状态考虑，分为有源解调和无源解调；从检测光栅的个数考虑，有单点式和分布式。无论采用哪种方法实现解调，其传感解调系统一般都包括以下部分。

(1)传感光路体系。与一般的电传感不同，光纤光栅解调系统必须有一个光路体系来支撑传感信号的形成和传输，光路体系主要包括光源及所用解调方案的光路结构，传感光栅存在于光路体系中，并与之一体化。

(2)信号处理电路，其核心功能为光电转换、电信号处理(信号放大和滤波)。

(3)信号采集部分，就是由软件和硬件电路实现数据采集和转换，这是解调结果实现数字化和可视化的必要过程。

3. 发展历程

1992年，G.A.Ball等[119]首先发现在1550nm附近光纤光栅的波长随其轴向机械拉伸应力的变化呈线性关系，其调谐率约为1.2pm/με，他们将该技术用于光纤激光器波长调谐，在光纤的许用应变范围内，获得了10nm左右的波长调谐量，这开启了光纤光栅在传感和通信两大领域里的应用先河。1988年，国际光学工程学会(SPIE)召开了首届光纤"智能结构/蒙皮"的国际学术会议，由此开始了对"3S"系统的国际性研究。"3S"指smart material、smart structure、smart skin，即把光纤光栅技术、光神经网络、光纤致动仪器有机地融为一体，利用掩埋或贴附技术把它们复合到制造现代运载体(如飞机、舰船、坦克等)或各种建筑体(如桥墩、大坝、楼房等)的框架、承力件外蒙皮的复合材料中，制成灵敏材料、灵敏结构和灵敏表皮以形成智能传感系统[120-127]。"3S"系统概念的提出与研发，是自光纤光栅出现以来在理论、方法、技术与应用等诸方面重大的综合集成，标志着光纤光栅传感技术及其应用已进入了新的历史发展阶段。迄今二十多年来，光纤光栅及其传感技术不仅得到了更为成熟和完备的发展，其应用更遍布于军事和民用工程的多个领域中，前者主要包括航空航天和船舶舰艇；后者则包含建筑结构(桥梁、建筑、海洋石油平台、油田、大坝等)、电力工业、核工业、化学工业、生物医学等方面。

近10年来，针对中国工程物理研究院对武器性能研究的需求，在陶世兴等的努力研究下，形成了静动应变并进的研究特色，一方面针对武器装置部件间位置狭小、辐射环境等的特点，实现了单光纤的温度、应变静态传感技术，实现了炸药上的30～55℃、应变精度1με、温度精度0.1℃测试的工程应用；另一方面针对安全性试验中的各种动态加载场景，研制了应变范围为-10000～+10000με、时间响应优于1μs、应变精度优于20με的动态应变测试技术，目前已应用于大量试验测试。

4. 应用讨论

光纤应变计的典型应用是基于其不受电磁辐射干扰的特点，用于霍普金森杆上的应变测试，测试原理框图如图4-57所示，霍普金森杆系统包括撞击杆、输入杆、输出杆及测速探头，光纤应变计贴于输出杆上，其输出的光信号经光电转换之后由示波器采集，最后进行数据处理及分析。

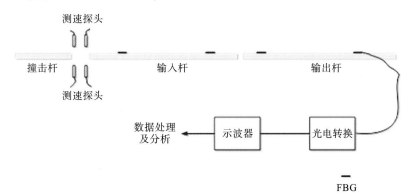

图4-57　光纤应变计用于霍普金森杆的应变测试

测试过程中采用不加载样品的空杆撞击，所有杆的材料、尺寸均一致，令测速探头得到的撞击杆速度为 v，杆材料的声速为 C_0，则杆应变 ε_0 为

$$\varepsilon_0 = v / 2C_0 \tag{4-42}$$

测试步骤如下所述。

(1) 进行 3 次重复性试验，得到撞击杆速度分别为 v_1、v_2、v_3，则根据式 (4-42)，可得到杆中的实际应变为 ε_{01}、ε_{02}、ε_{03}。

(2) 3 次重复性试验中通过光纤动态应变测试系统得到的应变为 ε_{11}、ε_{12}、ε_{13}，则应变传递系数为 $k_1 = \varepsilon_{01}/\varepsilon_{11}$、$k_2 = \varepsilon_{02}/\varepsilon_{12}$、$k_3 = \varepsilon_{03}/\varepsilon_{13}$，进一步通过最小二乘法得到光纤动态应变测试系统的校正系数 k。

(3) 经过校正后的光纤动态应变系统的应变为 $k\varepsilon_{11}$、$k\varepsilon_{12}$、$k\varepsilon_{13}$，算出其相对于步骤 (1) 应变之间的标准偏差，即为应变测试误差 $\Delta\varepsilon$。利用霍普金森杆得到的应变曲线如图 4-58 所示。

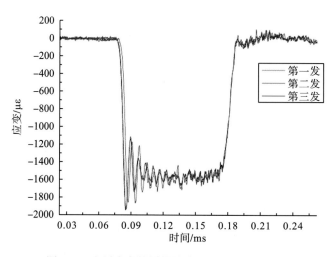

图4-58　光纤应变计测得的霍普金森杆应变曲线

通过能量积分方式得到其平均应变及通过测速探头得到的杆的实际应变见表4-2，根据上述步骤 (2) 和 (3) 得到的应变传递系数为 $k = 0.9819$，从而进一步得到 $10^3 \mu\varepsilon$ 应变测试误差为 $16\mu\varepsilon$。

表4-2　光纤应变计和测速探头得到的霍普金森杆应变数据

	第一发	第二发	第三发
光纤应变计/$\mu\varepsilon$	1530.96	1535.97	1533.90
杆实际应变/$\mu\varepsilon$	1561.89	1561.83	1561.89
应变传递系数	0.9802	0.9834	0.9821

4.5.3　光学数字图像相关的全场应变测试技术

1. 应用背景

在不同的动态加载条件下,装药结构及炸药会具有不同的力学响应行为和损伤发展特性,这是武器安全性问题产生的源头。因此研究装药结构响应和炸药的动态加载响应特性是安全性研究的重要问题,而应变和应变率的测试是动态响应的核心。由于接触式测量不能实现全场测量,而数字图像相关方法作为非接触式技术可直观地获得动态响应过程的全场物理图像,可做为电学应变测试或光纤应变测试等一维测试手段的有益补充。数字图像相关法是利用光电摄像机或数码相机将变形前后物体表面的形貌图转化为数字图像,对所选定的图像区域作相关匹配运算,比较变形前后两幅数字图像的变化来获得位移、应变等力学量信息的一种试验方法。其具有全场测量、设备仪器简单、计算机化、操作方便等显著的优点,在近些年得到了飞速发展。

2. 技术原理

数字图像相关法指对于同一物体由获取条件的差异导致的图像间存在诸如平移、旋转和尺度等的差别时,采用图像间相似性最大化的原理实现图像间的配准。对应于全场应变测试技术,则是通过对待测目标的变形过程进行成像,对变形前后的图像进行配准,获得图像中全场逐像素的位移数据,并通过预先标定获得像空间与物空间的对应关系,从而得到变形后目标表面的全场位移,进而获得表面应变及速度、加速度等信息。这一方法所使用的相似性准则可以是多种多样的,如相关函数、平方差值等。

基于相似性准则进行配准,目前主要有两类方法:全局法和局部法。其中局部法是目前应用较为普遍和成熟的方法。局部法的原理如图4-59所示。先从变形前的图像着手,以所求点(x_0, y_0)为中心选定一块参考图像子区,让参考图像子区在变形后的图像中移动,同时根据某一相关函数进行计算,在变形后图像子区中〔假设该区域的中心为(x_0', y_0')〕找出与参考图像子区的相关系数为峰值点。于是,所求点(x_0, y_0)的整像素位移(u, v)即可根据$(x_0' - x_0, y_0' - y_0)$求出。

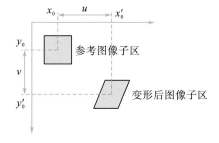

图4-59　数字图像相关方法的基本原理图

为了提高位移的测量精度，仅进行整像素位移往往是不够的，还需要进行亚像素位移的求解。目前常用的亚像素位移的求解方法有N-R迭代法、梯度法及有限元法，通常亚像素求解进度可达到0.1～0.01像素的精度。获得表面位移后，则可由几何方程得到表面应变为

$$\varepsilon_x = \frac{\partial u}{\partial x}, \quad \varepsilon_y = \frac{\partial v}{\partial y}, \quad \gamma_{xy} = \frac{\partial v}{\partial x} + \frac{\partial u}{\partial y} \tag{4-43}$$

另外，将数字图像相关技术与双目视觉立体成像技术结合，则可开展三维面型和表面应变测试。

3. 发展历程

数字图像相关技术(DIC)于20世纪80年代由Peter、Rason及日本的山本一郎等提出，初期的数字图像相关技术主要基于对图像的亚像素插值，但效果并不理想。后于1983年Sutton提出粗精搜索策略后，该策略便成为DIC的经典策略，其主要思想为在粗搜索阶段实现图像的整像素搜索配准，在精搜索阶段实现亚像素量级配准。如前面内容所述，整像素搜索主要为依赖一些相似性准则在一定范围内进行搜索配准，常采用的准则有常见的相关函数：直接相关函数、协方差相关函数、标准化相关函数、标准化协方差函数、最小二乘相关函数等。但实际试验测试应用中常会出现光照不均匀、光强随时间波动等不利情况。分析各相关函数的抗干扰能力，表明标准化协方差相关函数能够突出特征变化，使相关系数矩阵呈明显的单峰分布，峰顶更尖锐。此外，变形后的图像子区灰度产生的线性变化对标准化协方差相关函数没有影响。因此标准化协方差成为了DIC粗搜索常采用的相似性判据，其形式为

$$C_{f,g} = \frac{\sum\limits_{x=-M}^{M}\sum\limits_{y=-N}^{N}[f(x,y)-\overline{f}]\times[g(x',y')-\overline{g}]}{\sqrt{\sum\limits_{x=-M}^{M}\sum\limits_{y=-N}^{N}[f(x,y)-\overline{f}]^2}\sqrt{\sum\limits_{x=-M}^{M}\sum\limits_{y=-N}^{N}[g(x',y')-\overline{g}]^2}} \tag{4-44}$$

1) 局部法精配准

精配准是DIC技术的核心，其精度和速度决定了测试精度和后期处理的效率。20世纪80年代末，由Sutton等提出了Newton-Raphson迭代法[128]，即N-R法，该方法为局部法的一种，其精度(均值误差和标准场综合评价)到目前为止依然是常用方法里较好的。N-R法的核心是通过牛顿法在相关系数极值附近迭代，最终收敛至相关函数极值。由于N-R法假设变形后的图像存在刚体位移、伸缩、剪切等变形，因此，将相关函数的自变量设定为含有6个变形参数(u、v、$\partial u/\partial x$、$\partial u/\partial y$、$\partial v/\partial x$、$\partial v/\partial y$)的矢量。变形后的图像子区各点可用如下形函数表示，即

$$x' = x_0 + u + \frac{\partial u}{\partial x}\Delta x + \frac{\partial u}{\partial y}\Delta y$$
$$y' = y_0 + v + \frac{\partial u}{\partial x}\Delta x + \frac{\partial u}{\partial y}\Delta y \tag{4-45}$$

相关函数中，$\vec{p}=[u,v,\partial u/\partial x,\partial u/\partial y,\partial v/\partial x,\partial v/\partial y]$为待求矢量。变形前后图像子区的相似度最高时，以标准化协方差函数为迭代函数，对相关系数$C_{f,g}(\vec{p})$应取极值，即相关系数$C_{f,g}(\vec{p})$梯度趋于0，则

$$\nabla C_{f,g}(\vec{p}) = \left(\frac{\partial C}{\partial p_i}\right)_{i=1,\cdots,6}$$

$$= -2\sum_{x=-M}^{M}\sum_{y=-N}^{N}\left\{\begin{array}{l}\left[-\dfrac{f(x,y)-\overline{f}}{\sqrt{\displaystyle\sum_{x=-M}^{M}\sum_{y=-N}^{N}[f(x,y)-\overline{f}]^2}}-\dfrac{g(x',y')-\overline{g}}{\sqrt{\displaystyle\sum_{x=-M}^{M}\sum_{y=-N}^{N}[g(x',y')-\overline{g}]^2}}\right]\times\\[6mm]\dfrac{1}{\sqrt{\displaystyle\sum_{x=-M}^{M}\sum_{y=-N}^{N}[g(x',y')-\overline{g}]^2}}\cdot\dfrac{\partial g(x',y')}{\partial p_i}\end{array}\right\}_{i=1,\cdots,6}=0$$

(4-46)

对上式进行泰勒级数展开，便可对其前两阶展开式采用N-R法求解，具体求解方法可参考数值计算的相关书籍。

N-R法虽然精度较高，但效率较低。此后又有学者提出曲面拟合法、灰度梯度法及粒子群算法等智能算法，目前智能算法在一般的DIC软件里应用较少。潘兵等对N-R法、曲面拟合法、灰度梯度法进行了对比[129]，对比结果表明曲面拟合法的效率最高，但计算精度最低；而N-R法计算精度最高，效率最低。因此灰度梯度法成为经常采用的DIC方法，其基本原理为，令$f(x,y)$为变形前参考图像中的某一子区，$g(x',y')$为变形后对应的子区图像，且假设该子区只发生刚体移动，则有

$$f(x,y)=g(x',y')=g(x+u+\Delta u,y+v+\Delta v)$$ (4-47)

式中，u、v为图像子区发生的整像素移动，在粗搜索中进行求解；Δu、Δv为待求解的亚像素移动。对$g(x',y')$进行泰勒展开后，可知变形后子区图像与变形前子区图像的差值平方为

$$C=\sum_{x=-i}^{i}\sum_{y=-j}^{j}\left[f(x,y)-g(x+u,y+v)-\Delta u\cdot g_x(x+u,y+v)-\Delta v\cdot g_y(x+u,y+v)\right]^2$$ (4-48)

针对上式以Δu、Δv为自变量求极值，则可得亚像素位移。此后又有学者为了克服光照对精搜索的影响，提出了变灰度迭代法。对于变灰度迭代法中的形函数，可以不采用刚体假设，用更高阶的形函数进行计算。2009年，潘兵等采用一阶形函数推导了基于灰度梯度法的迭代最小二乘法，并证明了该方法的计算精度等效于N-R迭代法[130]。

2）全局法精配准

由于灰度梯度法、N-R法等方法均是局部法，天然存在着位移不相容的问题，这就导致在应变求解中存在很大的噪声，需要在求解应变前进行中值滤波、最小二乘滤波等平滑操作。不同于局部法，全局法不存在相容问题，其中目前研究较多的是有限元法，其原理为令下式取极值[131]，即

$$C = \int_{\Omega} \left| f(x) - g \left[x + \sum_p u_p \psi_p(X) \right] \right|^2 \mathrm{d}x \qquad (4\text{-}49)$$

式中，u_p为各节点基于其连续性要求的各自由度的值；Ψ_p为采用的全局基函数，其决定于自由度数量。将上式对u_p取极值并进行迭代，则可获得各节点的亚像素位移。由于有限元法在计算中考虑到了全局的连续性要求，因此不存在相容问题。但有限元方法也存在计算效率较低的问题，针对这一问题，有学者提出了IC-GN方法[132]，将计算中某些求解过程从迭代中独立出来，以避免每次迭代中的重复计算。目前有许多研究人员将注意力集中在将局部法和有限元全局法结合起来，在局部法计算后以有限元法进行平滑来达到位移相容性的目的，如Hermite法[133]，增广拉格朗日法等算法[134]。

在DIC的实际应用中，测试精度并不完全取决于搜索算法，试验环境常常会更大程度地影响测试效果，如散斑粒度、分布特性、光照效果、图像质量、成像聚焦特性、图像对比度。Martin Reis研究了散斑灰度值和检测位移之间的关系及不同散斑形式对误差的影响；Murali R. Cholemari采用分析散斑尺寸、填充因子、饱和效应对测试误差的影响[135]，提出了误差随尺寸的增大而先增大后减小、随填充因子的减小而增大、小尺寸散斑粒子误差随饱和效应的增大而降低、大尺寸散斑粒子随饱和效应增大而出现反向误差增大等结论。同时，针对大应变大变形区域的测试也是DIC技术面对的难题。因此，针对不同的试验状态，有必要做针对性的分析和试验探索工作，才可充分发掘DIC技术的潜力和价值。

4. 应用讨论

数字散斑技术经过数十年的发展，已经成为了材料测试中较为常用的技术手段。在市场上也有了商用化软件，其中处于领先地位的是德国的GOM。同时北京航空航天大学、中国科技大学、东南大学和西安交通大学也有团队持续在该技术领域投入精力开展研究，其中西安交通大学已培育出商业化运作的公司，并形成商业化软件，且测量精度与GOM相当。但由于武器物理研究的试验条件恶劣，该技术在此领域的应用常常聚焦于小型炸药或特材的材料试验中。例如，中国工程物理研究院流体物理研究所傅华等基于该技术开展了PBX炸药本构方程的试验研究工作[136]。目前美国已经率先将该技术应用于整弹级别的试验，在跌落、侵彻、弹目交会中均有相关应用，如图4-60所示。此后，中国工程物理研究院流体物理研究所王旭等也开展了类似试验。

图4-60　美国基于DIC技术开展的整弹级武器试验

4.5.4   频域干涉间隙测量技术

装药结构内部部件之间的间隙测量一直是亟待解决的重要问题,本节介绍的频域干涉测距技术可利用特制结构的探头来研究不同位置的部组件间隙对装药局部应力的影响。

1. 应用背景

如何对部组件的间隙进行精密在线检测一直是武器动作过程物理研究的技术难点,其技术关键是在不破坏武器结构的前提下,将微型化测量传感器埋入间隙中,并可长时间对该间隙进行高精度的在线检测。频域干涉技术一直作为绝对距离测量领域的前沿技术受到了国内外专家学者的长期关注,它可以进行微米量级精度的绝对距离测量。采用全光纤化结构的频域干涉测距技术,因其探头结构小巧紧凑、系统性能稳定且可靠性高,故可以在线精密检测层间间隙。

2. 技术原理

频域干涉技术[137-139]利用多波长干涉后在频谱域产生的周期变化谐波信号,解调与干涉光程差相关的长度、压力、温度等物理信息。利用Michelson干涉光路可以进行简单的频域干涉,如图4-61所示。其基本原理如下:宽带光源发出的光经过分束镜后分为两束,一束照射被测目标形成探测光,另一束照射参考目标形成参考光,探测光与参考光之间的光程差为d。两束光返回分束镜干涉并经光谱仪记录后,可以看到典型的频域"谐波"信号[140]。

当$E_0(f)$为宽谱光的光谱分布函数,f为信号光波频率,c为真空光速,L为参考光的传播路径长度,$(L+d)$为探测光传播路径长度,T为飞行时间差,即光波传播$2d$距离所需的时间,φ为两束光之间的随机相位差,则参考光与探测光干涉叠加的光强表达式为

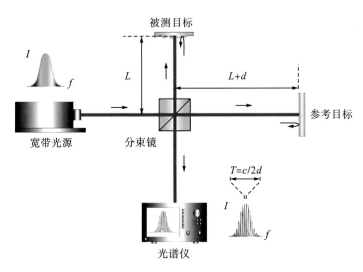

图4-61   频域干涉技术原理图

$$I(f) = E_0(f)\left[1 + \cos\left(2\pi f \frac{2d}{c} + \varphi\right)\right]$$
$$= E_0(f)\left[1 + \cos\left(2\pi fT + \varphi\right)\right]$$

(4-50)

可以看出，当干涉光中各波长分量经同一干涉光路传播后，相位φ随频率f线性增加，从而使干涉光强具有强弱的周期性变化，且周期与光程差$2d$成反比，通过对该频域"谐波"信号进行傅里叶变换就可以得到飞行时间，进而得到待测距离。频域干涉技术测量的物理量为光波的飞行时间，因此属于绝对距离测量技术。

3. 发展历程

1) 空间光路频域干涉技术

空间光路频域干涉技术是最先发展起来的技术，最早用于飞秒脉冲高压加载下材料粒子的速度、冲击波的速度等宏观参数测量。2010年，中国工程物理研究院流体物理研究所公开报道了一种空间光路频域干涉技术[140]，成功测量了飞秒激光加载下金属材料的运动剖面，如图4-62所示。试验中采用波长为800nm、脉宽为35fs、单脉冲能量为1mJ的飞秒脉冲激光器作为光源，经分束镜1分束后，泵浦脉冲轰击K9玻璃和200nm厚的铝膜，在铝膜中形成冲击波。在铝膜后界面，采用Michelson频域干涉光路对铝膜的位移量进行测量。每完成一发冲击后，将铝膜延泵浦脉冲传播的正交方向移动一段距离，并调节泵浦脉冲和探测脉冲之间的传输时间差，再次测量。重复多发加载后，可以获得冲击波到达铝膜后界面在不同时刻的位移量，进而通过微分得到速度剖面。

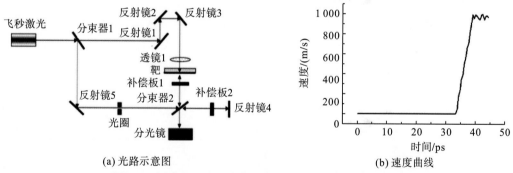

(a) 光路示意图　　　　　　　　　　(b) 速度曲线

图4-62　铝膜在飞秒脉冲激光冲击下运动剖面的测量结果

除对动态高压加载过程的参数进行测量外，空间光路频域干涉技术还可用于静高压作用下金刚石压砧(diamond anvil cell，DAC)中相关材料形变的测量。金刚石压砧是静高压研究中的重要加载装置，它采用了两块端面对顶的金刚石加压，可以使密封的内部空间中产生数十吉帕的极端高压。金刚石被认为是自然界中已知的最硬的材料，但在高压条件下，金刚石也会发生变形，该变形会导致在测量压砧内样品厚度时产生误差，从而影响相关电阻率和屈服强度的测量。中国工程物理研究院流体物理研究所刘盛刚等采用空间光路频域干涉系统测量了不同压力下[141]，金刚石压砧底面横向约Φ400μm区域的变形三维结构，测试光路和测量结果如图4-63所示。

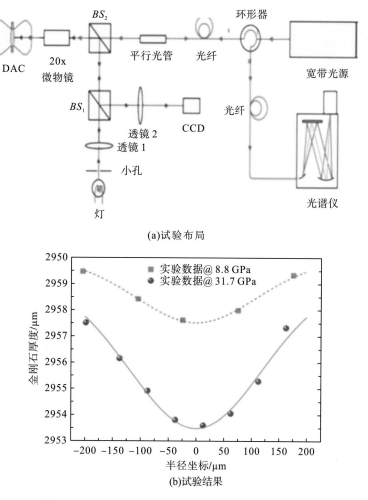

(a)试验布局

(b)试验结果

图4-63　DAC高压加载下金刚石压砧的厚度测量试验

　　空间光路频域干涉技术的缺点较明显，其系统安装调试和使用对操作人员的专业技能要求高、搭建时间长、挤占空间、使用不便，这些因素限制了空间光路频域干涉技术向工程试验中的推广应用。

　　2）全光纤频域干涉技术

　　为了降低频域干涉测距系统的操作难度，提高仪器的主要性能指标和可靠性，2013年中国工程物理研究院流体物理研究所公开报道了一种红外光波全光纤频域干涉绝对距离测量(optical-fiber frequency domain interferometer，OFDI)技术[142]。理论分析并试验验证了光源光谱曲线、光谱测量精度、信噪比、数据处理方法等因素影响测距精度的物理规律，在此基础上建立了修正测量结果的误差数据库。为了提高测距量程，建立了红外光谱外差探测技术，将光谱分辨率从数十皮米提高至数十飞米，测距量程从几毫米跨越至米级。研制成功的OFDI系统在170mm量程内达到了0.003%的相对测距精度，性能可比肩目前国际高端商用化测距产品。OFDI系统及典型测试结果如图4-64所示。

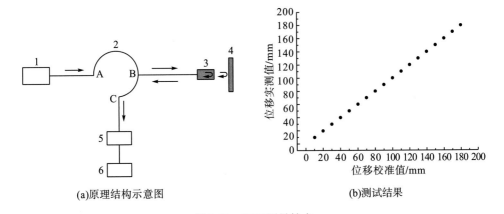

(a)原理结构示意图   (b)测试结果

图4-64　OFDI测量技术

1. ASE光源；2. 单模光纤环形器；3. 光纤探头；4. 被测面；5. 光电探测器；6. 计算机

OFDI系统采用了全光纤元件，结构小巧紧凑，性能稳定可靠，具备免调试、体积小巧、操作简便、稳定性高等多种优势，2017年中国工程物理研究院流体物理研究所马鹤立等针对二级轻气炮通体内径的测试需求[143]，采用OFDI技术作为核心单元研制了长细管内径测量仪，测量进深能达到数米，且内径测量精度优于0.01mm。采用该系统对Φ28mm二级轻气炮两段型发射管通体内径进行了测量，获得了7.5m长发射管内径分布的定性数据，如图4-65所示。

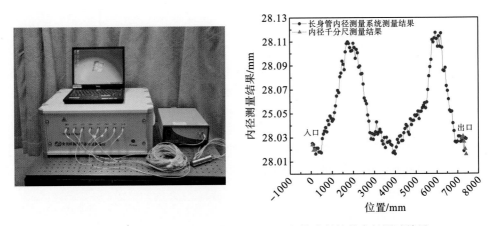

图4-65　基于OFDI的长细管内径测量仪及二级炮发射管的内径测试结果

4. 应用讨论

对于间隙测量需要解决以下两个技术难点：①间隙为亚毫米，由频域干涉原理可知，距离越小频域干涉条纹越少，测试精度越低；②普通光纤出光方式为直射式，需要对武器装置打孔才能安装光纤探头。针对上述难点，中国工程物理研究院流体物理研究所陶天炯等设计了一种微型侧射式测距探头。微型侧射式测距探头将微型三棱镜安装至外径为Φ0.08mm的特种光纤上，光束通过三棱镜折射后会向探头侧方发生90°偏折。这种设计的优点在于，探头可黏接至部件内表面，而无需对装置重新打孔，不破坏装置结构。为保证探头可靠工作，采用激光加工的方法制作了厚度不超过0.12mm的超薄金属支架夹持探头，这种支架不但可对探头进行支撑和保护，其柔性也可保证探头与炸药表面紧密黏合，降低由局部曲率变化引入的测量误差。在制备探头时，我们在离棱镜1～2mm处采用施加永久应力的方式引入一个"内置反射点"作为测距基准。基准后移可增加实际测试距离，这样可增加频域干涉条纹的数量，从而提高了测量精度。

4.6 小 结

面对装药化爆复杂的系统响应问题，光电测试诊断技术需向着多维度、多尺度、多场景的应用领域发展，以不断满足系统安全性的多物理、多参量的测试需求，为有效控制和评估装药化爆安全性提供强有力的测试手段。

速度测量采用非接触式的测速技术，主要是激光干涉测速技术和太赫兹干涉测速技术，利用多普勒原理可连续检测被测物速度的变化过程，并且速度和时间分辨本领高、测试动态范围大。但随着装药化爆的不同反应过程测试需求的变化，速度测量逐渐从离散点、短量程、小区域向着面测量、大量程、高适应性的方向发展。例如，以前破片的运动速度只能靠近距离测量，极易受到装药反应过程中喷出的火焰或反应产物干扰，这就需要测速探头拥有大景深可远距离测量。而最新发展起来的微波测速技术可实现长景深的宏观金属飞片速度测量，但其对测试目标的空间覆盖范围有限，仍为点测量。在典型弹药事故反应中，壳体破碎是以破片群的形式分散飞出，这就需要能实现对一定范围内破片群的速度测量，这也是面临的一大技术挑战。

温度测量在结构响应的应用中以植入式的热电偶测温技术为主，在炸药响应的应用下以辐射式测温技术为主。目前爆炸的温度场多以离散点测量为主，由于热电偶传感器测温瞬态响应较慢，且测量点数有限，因而无法给出温度场宏观空间分布及其随时间高动态变化情况。多光谱测温技术的研究较早，采用多波段辐射计测试的热流密度数据已经集成到弹药效能手册JMEM中。尽管该技术已被广泛应用到对高能炸药热流场作用机理的研究中，但其测量精度和响应速度仍有待进一步提高，在对装药爆炸火球温度场测量中，无法将瞬态演化过程进行全面表征。需要建立多角度瞬态温度场同步测量方法，同时获取其时空分布特征。

超压的测量通常采用在特定位置布置超压传感器的方式对冲击波传播过程中的超压进行测量。由于冲击波超压测速架会对冲击波的后续传播形成干扰，因此也难以通过连续布置测试点的方式对冲击波的传播流场进行连续测量。在大型爆轰试验中，泰普勒纹影和聚焦纹影受光学系统口径的限制，难以获得冲击波的全貌。而合成纹影法不受视场限制，可实现数米乃至上百米视场的纹影测量，适合于武器爆轰冲击波或导弹飞行脱体激波的测量。但是，典型弹药事故反应中产生的空气冲击波其强度明显较弱，因而信噪比相对较低，在大视场条件下对波阵面的精确提取造成了一定的难度。因此，针对以爆燃、爆炸等反应为典型烈度的典型弹药事故反应特性，需要对合成纹影信息提取技术开展进一步的研究，实现在大视场条件下对冲击波振面的精确定位。

　　结构响应测量主要以应力-应变测量为主，诸如电阻应变片、光纤应变传感器之类的接触式测量，不仅对原有应力场产生干扰，造成测量误差，而且只能实现应力-应变的点测量，无法获知反应压力的全场分布。

　　针对装药化爆安全性中关键参量的诊断与表征，现有的测试技术尚不能有效满足适用性、准确性、真实性等的要求，从而难以支撑装药在复杂事故场景下安全性的有效评估。未来需要建立全过程、多参量、高时空分辨的测试系统，实现对各关键参量的科学表征，为弹药事故响应与危害后果的安全性综合评估提供技术支撑。

参 考 文 献

[1] 谭华. 试验冲击波物理[M]. 北京: 国防工业出版社, 2018.

[2] 胡绍楼. 激光干涉测速技术[M]. 北京: 国防工业出版社, 2001.

[3] Barker L M, Hollenbach R E. Laser interferometer for measuring high velocities of any reflecting surface[J]. J. Appl. Phys., 1972, 43: 4669.

[4] 胡绍楼, 王文林, 马如超. JSG-1 型激光速度干涉仪[J]. 爆炸与冲击, 1987, 3(7): 257-260.

[5] 李泽仁, 李幼平, 马如超, 等. 光纤传输速度干涉仪[J]. 爆炸与冲击, 1994, 14(2): 175-181.

[6] 陈光华, 李泽仁, 刘元坤, 等. VISAR 数据处理新方法及程序[J]. 爆炸与冲击, 2001, 4(10): 315-320.

[7] 马云, 胡绍楼, 汪晓松, 等. 样品-窗口界面运动速度的 VISAR 测试技术[J]. 高压物理学报, 2003, 17(4): 290-294.

[8] Peng Q X, Ma R C, Li Z R, et al. Four-point bisensitive velocity interferometer with a multireflection etalon[J]. Review of Scientific Instruments, 2007, 78(11): 106-113.

[9] Li Z R, Ma R C, Peng Q X, et al. A Multi-point VISAR and its applications[C]. Proceedings of 24th International Congress on High Speed Photography and Photonics, Japan, 2000.

[10] 刘寿先, 李泽仁. 一种新的线成像激光干涉测速系统[J]. 强激光与粒子束, 2009, 21(2): 213-216.

[11] 刘寿先, 雷江波, 陈光华, 等. 同时线成像和分幅面成像任意反射面速度干涉仪测速技术[J]. 中国激光, 2014, 41(1): 0108007.

[12] Levin L, Tzach D, Shamir J. Fiber optic velocity interferometer with very short coherence length light source[J]. Review of Scientific Instruments, 1996, 67(4): 1434.

[13] Jia B, Hu L, Tan H, et al. Fiber-optic interferometer for measuring low velocity of diffusively reflecting surface[J]. Microwave and Optical Technology Letters, 1999, 22(4): 231-234.

[14] 翁继东. 全光纤速度干涉技术及其在冲击波物理中的应用[D]. 长沙: 国防科学技术大学, 2004.

[15] Weng J D, Tan H, Wang X, et al. Optical-fiber interferometer for velocity measurements with picosecond resolution[J]. Applied Physics Letters, 2006, 89: 1111-1112.

[16] Weng J D, Wang X, Tao T J, et al. Optic-microwave mixing velocimeter for superhigh velocity measurement[J]. Review of Scientific Instruments, 2011, 82(12): 114-123.

[17] Tao T J, Wang X, Ma H L, et al. Using an optical phase-locked loop in heterodyne velocimetry[J]. Review of Scientific Instruments, 2013, 84(7): 761-762.

[18] Daykin E, Diaz A, Gallegas C, et al. A Multiplexed Many-Point PDV(MPDV)[OL]. http://kb.osu.edu/dspace/bisream/handle/ 1811/52727/PDV 2010 dAYKIN Multiplexed ManypointPDV.PDF? SEQUENCE=1[2014-07-21].

[19] 李建中，刘寿先，刘俊，等. 多路复用光子多普勒测速复用方案分析及试验研究[J]. 中国激光，2014, 41(11)：11050-11059.

[20] 翁继东，刘仓理，李剑峰，等. 脉冲激光频域干涉技术在超快动力学物理中的应用[J]. 强激光与粒子束，2010, 22(7)：1483-1486.

[21] Koch B. Reflections of microwaves by the detonation[J]. Compt. Rend. A cad. Sci., 1953, (03)：1225.

[22] Johnson E D. A microwave technique for studying detonation phenomena[R]. AD469632, 1965: 7038411.

[23] Alkidas A C, et al. Measurement of Steady State and Transient Solid Propellant Burning Rates with Microwaves[R]. AD777283, 1973: 7100195.

[24] Belskii V M, Mikhailov A L, Rodionov A V, et al. Microwave diagnostics of shock-wave and detonation processes[J]. Combustion, Explosion and Shock Waves, 2011, 47(6)：639-650.

[25] Tringe J W, Kane R J, Vanderall K S, et al. Microwave interferometry for understanding deflagration-to-detonation and shock-to-detonation transitions in porous explosives[R]. LLNL-CONF-656294, 2014.

[26] Renslow P J. A small-scale experiment using microwave interferometry to investigate detonation and shock to detonation transition in pressed TATB[D]. West Lafayette: Purdue University, 2014.

[27] Mays R O, Tringe J W, Souers P C, et al. Experimental and computational investigation of microwave interferometry (MI) for detonation front characterization[R]. Shock Compression of Condensed Matter, 2017: 160016.

[28] Specht P E, Cooper M A, Jilek B A. Design of a multi-point microwave interferometer using the electro-optic effect[R]. Shock Compression of Condensed Matter, 2015: 160010.

[29] Specht P E, Jilek B A. Electro-optic modulation of a laser at microwave frequencies for interferometric purposes[J]. Review of Scientific Instruments, 2017, 88: 023902.

[30] Chuzeville V, Baudin G, Lefrancois A, et al. Detonation initiation of heterogeneous melt-cast high explosives[R]. Shock Compression of Condensed Matter, 2017: 030009.

[31] Tasker D G, Bae Y K, Johnson C, et al. Voitenko experiments with novel diagnostics detect velocities of 89km/s[J]. International Journal of Impact Engineering, 2020, 135: 1034-1040.

[32] Chen J C, Kaushik S. Terahertz interferometer that senses vibrations behind barriers[J]. IEEE Phot. Tech. Lett., 2007, 19(7)：486-488.

[33] Lawyer K A. Single frequency terahertz Michelson interferometry for applications in wood products[D]. Prince George: Northern British Columbia University, 2012.

[34] Nguyen T D, Valera J D R, Moore A J. Optical thickness measurement with multi-wavelength THz interferometry[J]. Optics and Lasers in Engineering, 2014, 61: 19-22.

[35] Yamanaka Y, Sakano G, Haruki J, et al. THz-wave phase shift measurement by THz-wave interferometer[J]. Electronics Letters, 2017, 53(13)：868-869.

[36] Wang X K, Hou L, Zhang Y. Continuous-wave terahertz interferometry with multi-wavelength phase unwrapping[J]. Applied Optics, 2010, 49(27)：5095-5102.

[37] 梁美彦，赵然，张存林. 220GHz 频率步进雷达测距的试验研究[J]. 空间电子技术，2013, 10(4)：110-113.

[38] Zhai Z H, Sun C L, Liu Q, et al. Design of terahertz-wave doppler interferometric velocimetry for detonation physcis[J]. Applied Physics Letters, 2020, 116: 1611-1613.

[39] Hackmann P A. A method for measuring rapid changing surface and its application to gun barrels[J]. Theoretical Research

Translation, 1943, 32(1): 41-45.

[40] Bendersky D. A special thermocouple for measuring transient temperature[J]. Mechanical Engineering, 1953, 75(1): 117-125.

[41] Gregory O J, Amani M, Tougas I M, et al. Stability and microstructure of indium tin oxynitride thin films[J]. Journal of the American Ceramic Society, 2012, 95(2): 705-710.

[42] Wrbanek J D, Fralick G C, Farmer S C. Development of thin film ceramic thermocouples for high temperature environments[R]. Cleveland: National Aeronautics and Space Administration Lewis Research Center, 2004.

[43] Holanda R, Anderson R C, Liebert C H. Heat flux measurements on ceramics with thin film thermocouples[R]. Cleveland: National Aeronautics and Space Administration Lewis Research Center, 1993.

[44] Martin L C, Wrbanek. J D. Thin film sensors for surface measurements[C]. Instrumentation in Aeraspace Simulation Facilities, Cleveland, 2001: 196-203.

[45] Basti A, Obikawa T. Tools with built-in thin film thermoeouple sensors for monitoring cutting temperature[J]. International Journal of Maehine Tools & Manufaeture, 2007, 47: 793-798.

[46] 姚飞, 蒋洪川, 张万里. 金属基 NiCr-NiSi 薄膜热电偶的制备及性能研究[J]. 电子元件与材料, 2010, 29(9): 6-8.

[47] 安保合. 薄膜温度传感器的研制及应用[J]. 推进技术, 1992, 1: 63-67.

[48] 曾其勇, 孙宝元, 卢俊, 等. 化爆材料切削温度脉冲捕捉及其试验研究[J]. 大连理工大学学报, 2005, 3: 370-373.

[49] 崔云先. 瞬态切削用 NICr/NISi 薄膜热电偶测温刀具研究[D]. 大连: 大连理工大学, 2011.

[50] 薛晖, 李付国, 黄吕权. 便携式薄膜热电偶测温传感器[J]. 传感器技术, 1996, 1: 46-48.

[51] 赵学敏. 瞬态高温传感器动态特性分析及爆温测试应用[D]. 太原: 中北大学, 2017.

[52] Pai V V, Gulevich M A. Temperarure measurement gaseous and liquid reacting media in the case of their shock compression[J]. Journal of Applied Mechanics and Technical Physics, 2017, 58(4): 580-586.

[53] 周生国. 机械工程测试技术[M]. 北京: 北京理工大学出版社, 1993.

[54] 沈胜强, 张志千, 滕叙充, 等. 薄膜热电偶及其对燃烧室壁面瞬态温度的测量[J]. 小型内燃机, 1988, 3: 1-7.

[55] 叶方伟. 薄膜热电偶的发展及其应用[J]. 材料导报, 1995, 5: 28-32.

[56] 陈汉平, 徐维新. 非金属表面温度测量的薄膜热电偶技术[J]. 工程热物理学报, 1989, 10(4): 430-432.

[57] Jih F L, Herbert A W. Thin-film thermoeouples and strain-gauge technologies for engine applications[J]. Sensors and Actuators A, 1998, 69(2): 187-193.

[58] Choi H, Li X C. Fabrieation and applieation of miero thin film thermoeoupies for transient temperature measurement in nanoseeond pulsed laser mieromaehining of nickel[J]. Sensors and Actuators A, 2007, 136: 118-121.

[59] Komer S B, Sinitsyn M V, Kilillov G A, et al. Experimental determination of temperature in shock-compressed NaCl and KCl and of their melting curves at pressures up to 700kbar[J]. Soviet Physics JETP, 1965, 21: 689.

[60] Radousky H B, Mitchell A C. A fast UV/visible pyrometer for shock temperature measurements to 20000K[J]. Review of Scientific Instruments, 1989, 60(12): 3707-3710.

[61] Holmes N C. Fiber-coupled optical pyrometer for shock-wave studies[J]. Review of Scientific Instruments, 1995, 66(3): 2615-2618.

[62] Partouche S D. High speed multi-wavelength pyrometry and emissivity measurement of shocked metals[C]//Furnish M D, Gupta Y M, Forbes J W. Ed. Shock Compression of Condensed Matter-2003, American Institute of Physics, 2004: 1293-1298.

[63] Frankle C M, Holtkamp D B. Optical pyrometry on the armando subcritical experiment[OL]. http://www.lanl.gov/p/rh_ms_frankle.shtml[2004-02-12].

[64] Boboridis K, Obst A W. A High-speed four-channel infrared pyrometer[J]. Temperature: Its Measurement and Control in Science and Industry, 2003, 7: 759-763.

[65] 李加波, 周显明, 王翔. 用于冲击波温度测量的宽动态线性光学高温计[J]. 爆炸与冲击, 2009, 29(6): 625-631.

[66] Obst A W, Alrick K R, Anderson W W, et al. Ellipsometry in the study of dynamic material properties//Furnish M D, Thadhani N N, Horie Y, eds. Shock Compression of Condensed Matter-2001[M]. New York: Elsevier Science, 2002: 1247-1250.

[67] Poulsen P, Hare D E. Temperature and wavelength dependent emissivity of a shocked surface: a first experiment[R]. Lawrence Livermore National Laboratory Report, UCRL-JC-146809, 2002.

[68] Seifter A, Grover M, Holtkamp D B, et al. Emissivity measurements of shocked tin using a multi-wavelength integrating sphere[J]. Journal of Applied Physics, 2011, 110: 935-943.

[69] Van't Hof P G, Cheng L K, Scholtes J H G, et al. Dynamic pressure measurement of shock waves in explosives by means of fiber Bragg grating sensor[C]. Proc. SPIE 6279, 2007: 62791Y.

[70] Deng X, Chen G, Peng Q, et al. Research on the fiber Bragg grating sensor for the shock stress measurement[J]. Rev. Sci. Instrum., 2011, 82: 103-109.

[71] Ravid A, Shafir E, Zillberman S, et al. Fibre Bragg grating sensor for shock wave diagnostics[C]. J. Phys. Conf. Series 500, 2014: 142-171.

[72] Rodriguez G, Sandberg R L, Lalone B M, et al. High pressure sensing and dynamic using high speed fiber Bragg grating interrogation systems[C]. Proc. SPIE 9098, 2014: 90980C.

[73] Rodriguez G, Jaime M, Balakirev F, et al. Coherent pulse interrogation system for fiber Bragg grating sensing of strain and pressure in dynamic extremes of materials[J]. Opt. Exp, 2015, 23(11): 142-161.

[74] Rodriguez G, Smilowitz L, Henson B F. Embedded fiber Bragg grating pressure measurement during thermal ignition of a high explosive[J]. Appl. Phys. Lett., 2016, 109: 164-175.

[75] Magne S, Barbarin Y, Lefrancois A, et al. Real-time distributed monitoring of pressure and shock velocity by ultrafast spectrometry with chirped fiber Bragg gratings: Experimental vs calculated wavelength-to-pressure sensitivities in the range [0-4GPa][J]. J. Appl. Phys., 2018, 124: 145902.

[76] MacPherson W N, Gander M J, Barton J S. Blast-pressure measurement with a high-bandwidth fiber optic pressure sensor[J]. Meas. Sci. Technol., 2011, 11: 95-102.

[77] Watson S, Macpherson W N, Barton J S, et al. Investigation of shock waves in explosive blasts using fibre optic pressure sensors[J]. Meas. Sci Technol., 2006, 17: 1337-1342.

[78] Parkes W, Djakov V, Barton J S, et al. Design and fabrication of dielectric diaphragm pressure sensors for applications to shock wave measurement in air[J]. J. Micromech. Microeng., 2007, 17: 1334-1342.

[79] Wu N, Zou X, Tian Y, et al. An ultra-fast fiber optic pressure sensor for blast event measurements[J]. Meas. Sci. Technol., 2012, 23: 551-553.

[80] Zou X, Wu N, Tian Y, et al. Rapid miniature fiber optic pressure sensors for blast wave measurements[J]. Optics and Lasers in Engineering, 2013, 51: 134-139.

[81] Zou X, Wu N, Tian Y, et al. Ultrafast fabry-perot fiber-optic pressure sensors for multimedia blast event measurements[J]. Applied Optics, 2013, 52: 1248-1254.

[82] Wu N, Wang W, Tian Y, et al. Low-cost rapid miniature optical pressure sensors for blast wave measurements[J]. Opt. Exp, 2011, 19(11): 10797-10804.

[83] Wang Z, Wen G, Wu Z, et al. Fiber optic method for obtaining the peak reflected pressure of shock waves[J]. Optics Express, 2018, 26: 15199-15210.

[84] Cranch G A, Lunsford R, Grun J, et al. Characterization of laser-driven shock waves in solids using a fiber optic pressure probe[J]. Applied Optics, 2013, 52: 7791-7796.

[85] Cranch G A, Grun J, Weaver J, et al. High power laser and explosive driven shock wave characterization in solids using fiber optic probes[C]. 24th International Conference on Optical Fibre Sensors, 2015, 9634: 96341T.

[86] 李桂春. 气动光学[M]. 北京: 国防工业出版社, 2006.

[87] Settles G S. Schlieren and Shadowgraph Techniques: Visualizing Phenomena in Transparent Media[M]. New York: Springer Verlag, 2011: 1-24.

[88] Weinstein L M. An improved large field focusing schlieren system[J]. A. I. A. A., 1991, 91: 0567.

[89] 吴兴源. 二维灵敏彩色纹影技术[J]. 气动试验与测量控制, 1992, 6(4): 71-74.

[90] Holder D W, North R J. A schlieren apparatus giving an image in color[J]. Nature, 1952, 169: 466-491.

[91] 孙威, 李泽仁, 汪伟, 等. 郭江建大口径纹影系统主反射镜装调结构分析与设计[J]. 深圳大学学报理工版, 2010, 27(2): 162-166.

[92] Weinstein L M. An inproved large field focusing schlieren system[J]. A.I.A.A., 1991, 91: 0567.

[93] Vandercreek C P, Smith M S, Yu K H. Focused schlieren and deflectometry at aedc hypervelocity wind tunnel[J]. A.I.A.A., 2010, 9: 4209.

[94] 徐翔, 谢爱民, 吕志国, 等. 聚焦纹影显示技术在激波风洞的初步应用[J]. 试验流体力学, 2009, 23(3): 75-79.

[95] Richard H, Rael M. Principle and applications of the background oriented schlieren (BOS) method[J]. Measurement Science and Technology, 2001, 12(9): 1576-1580.

[96] Venkatakrishnan L, Meier E A. Density measurements using the background oriented schlieren technique[J]. Exp. Fluids, 2004, 37: 237-247.

[97] Mizukaki T, Wakabayashi K, Matsumura T, et al. Background-oriented schlieren with natural background for quantitative visualization of open-air explosions[J]. Shock Wave, 2014, 24: 69-78.

[98] Sommersel O K, Bjerketvedt D, Christensen S O, et al. Application of background oriented schlieren for quantitative measurements of shock waves from explosions[J]. Shock Waves, 2008, 18: 291-297.

[99] Hargather M J. Background-oriented schlieren diagnostics for large-scale explosive testing[J]. Shock Waves, 2013, 23: 529-536.

[100] Mandel L, Wolf E. Spectral coherence and the concept of cross-spectral purity[J]. Journal of the Optical Society of America, 1976, 66(6): 529-535.

[101] 陈秉阳. 半导体应变片的应用[J]. 试验机与材料试验, 1983, 5: 25-34.

[102] 卢兴国. 微型多功能传感器的研制[D]. 合肥: 合肥工业大学, 2005.

[103] 李鹏, 黄晴. 测量中应变片的误差分析[J]. 论坛技术创新, 2008: 262-263.

[104] 尹福严. 电阻应变片的温度自补偿及其它[J]. 称重知识, 2009, 9: 40-44.

[105] Bulent A, Levent Y, Sinan F. Hysteresis errors of commonly used sensor materials[J]. Measurement, 2010, 43: 792-796.

[106] Henrik H, Saar T, Gordon R, et al. Fatigue performance of semiconductor strain gauges in GFRP laminate[J]. Advanced Materials Research, 2014, 905: 244-248.

[107] 付东波, 杜涛涛, 沈绍群. 双层电阻栅 SOI 应变计的设计及其在煤矿的应用[J]. 工矿自动化, 2016, 42(12): 10-14.

[108] Schmida P, Triendl F, Zarfl C, et al. Influence of the AlN/Pt-ratio on the electro-mechanical properties of multilayered AlN/Pt

thin film strain gauges at high temperatures[J]. Sensors and Actuators A: Physical, 2020, 302（2）: 78-85.

[109] 周勇. 涡轮叶片应变测量用 NiCr 薄膜应变计的研制[D]. 成都: 电子科技大学, 2014.

[110] 张洁. NiCrAlY 薄膜应变计的研制[D]. 成都: 电子科技大学, 2015.

[111] 杨晓东. PdCr 高温薄膜应变计的研制[D]. 成都: 电子科技大学, 2015.

[112] 李英雷, 叶想平, 王志刚. 铈 γ→α 相变的室温动态特性[J]. 爆炸与冲击, 2017, 37（3）: 459-463.

[113] 张祖根, 李英雷, 靳开诚. 一种新型动态拉伸试验装置[C]. 第七届全国爆炸力学试验技术学术会议, 2012.

[114] 刘战伟, 吕新涛, 陈喜民, 等. 基于多级电磁发射的 mini-SHPB 装置[J]. 试验力学, 2013, 28（5）: 557-562.

[115] 聂海亮, 石霄鹏, 陈春杨, 等. 单轴双向加载分离式霍普金森压杆的数据处理方法[J]. 爆炸与冲击, 2018, 38（3）: 517-524.

[116] 王为, 黄银国, 付鲁华. 基于光纤 Bragg 光栅的动态应变信号解调研究[J]. 传感器与微系统, 2008, 27（12）: 30-32.

[117] 代巧利, 周学军, 吴俊. 光纤 Bragg 光栅应变灵敏度的分析[J]. 船舶电子工程, 2009, 29（8）: 181-183.

[118] 沈小燕. 光纤光栅应变传感及扩大应变传感范围的技术研究[D]. 天津: 天津大学, 2010.

[119] Ball G A, Morey W W. Continuously tunable single-mode erbium fiber laser[J]. Opt. Soci.Ameri., 1992, 17（6）: 420-422.

[120] Friebele E J. Fiber Bragg grating strain sensors: Present and future applications in smart structures[J]. Optics and Photonics News, 1998, 9（8）: 33-37.

[121] Foote P D. Fibre Bragg grating strain sensors for aerospace smart structures[C]. Proc. SPIE, 1994, 2361: 290-293.

[122] Foote P D. Optical fibre Bragg grating sensors for aerospace smart structures[C]. Proc. IEE Electronics Division Colloquium on Optical Fibre Grating and Their Applications,1995, 14: 11-16.

[123] Li Z Q, Wang Z B, Tang X H, et al. Fiber Bragg grating strain sensor with drift compensation for smart structures[C]. Proceedings of SPIE, 2000, 4223: 131-134.

[124] Kim K S. Dynamic strain measurement with fiber Bragg grating sensor system for smart structure[C]. Proceedings of the 11th Asian Pacific Conference on Nondestructive Testing, 2004, （270-273）: 2114-2119.

[125] Smart structures and materials 2006: Smart sensor monitoring systems and applications[C]. Proceedings of SPIE, 2006: 6167.

[126] Chen X, Fang L. Performance analysis and experimental verification for FBG sensors applied for smart structure[J]. Key Engineering Materials, 2007, 336-338（Ⅱ）: 1357-1360.

[127] Jung B, Chang S K, Choi B, et al. Sensors and smart structures technologies for civil mechanical and aerospace systems[C]. Proceedings of SPIE, 2008, 1: 6932.

[128] Sutton M A, Wolters W J, Peters W H, et al. Determination of displacements using an improved digital correlation method[J]. Image Vis Comput. 1983, 1（3）: 133-139.

[129] 潘兵, 谢惠民, 戴福隆. 数字图像相关中亚像素位移测量算法的研究[J]. 力学学报, 2007, 2: 246-251.

[130] Pan B, Anand A, Huimin X, et al. Digital image correlation using iterative least squares and pointwise least squares for displacement field and strain field measurements[J]. Optics and Lasers in Engineering, 2009（47）: 865-874.

[131] Zhao J, Zhao D. Investigation of strain measurements using digital image correlation with a finite element method[J]. Journal of the Optical Society of Korea, 2013, （5）: 399-404.

[132] Passieu J C, Bouclier R. Classic and inverse compositional Gauss-Newton in global DIC[J]. International Journal for Numerical Methods in Engineering, 2019, （6）: 453-468.

[133] Li X, Fang G, Zhao J Q, et al. Local Hermite（LH）Method: An accurate and robust smooth technique for high-gradient strain reconstruction in digital image correlation[J]. Optics and Lasers in Engineering, 2019, 112: 26-38.

[134] Yang J, Bhattacharya K. Augmented lagrangian digital image correlation[J]. Experimental Mechanics, 2019, 59: 187-205.

[135] Murali R C. Modeling and correction of peak-locking in digital PIV[J]. Exp. Fluids, 2007, 42: 913-922.

[136] 傅华, 李俊玲, 谭多望. PBX 炸药本构关系的试验研究[J]. 爆炸与冲击, 2012, 3: 231-236.

[137] Kumar V N, Rao D N. Using interference in the frequency domain for precise determination of thickness and refractive indices of normal dispersive materials[J]. Journal of the Optical Society of America B, 1995, 12(9): 1559-1563.

[138] Rao D N，Kumar V N. Experimental demonstration of spectralmodification in a Mach-Zehnder interferometer [J]. Journal of Modern Optics, 1994, 41(9): 1757-1763.

[139] Fang L Y, Duant D L, and Yang Y Q. A new DFT-based frequency estimator for single-tone complex sinusoidal signals[C]. IEEE Military Communications Conference MILCOM, 2012, 6(209): 1206.

[140] 翁继东, 刘仓理, 李剑峰, 等. 脉冲激光频域干涉技术在超快动力学物理中的应用[J]. 强激光与粒子束, 2010, (07): 57-60.

[141] Liu S G, Li Z R, Jing Q M, et al. A novel method to measure the deformation of diamond anvils under high pressure[J]. Rev. Sci. Instrum, 2014, 85: 046-113.

[142] Weng J D, Tao T J, Liu S G, et al. Optical-fiber frequency domain interferometer with nanometer resolution and centimeter measuring range[J]. Rev. Sci. Instrum, 2013, 84: 103-113.

[143] 马鹤立, 陶天炯, 刘盛刚, 等. 基于频域干涉的小口径长身管内径测量系统[J]. 兵工学报, 2019, 40(5): 1077-1082.

第5章　机械刺激装药点火的响应机制

事故环境下，机械载荷首先作用在装药壳体上，壳体受载后，经由应力波效应将外载荷传递到内部结构及炸药上，导致炸药发生变形破坏。由于结构尺寸的有限性，应力波遇到装药边界后会发生反射，反射稀疏波同结构内部的加载波相互作用，整个装药系统发生联动响应。系统整体运动起来后，如果输入载荷稳定持续，则系统将有可能具有一定的振型[1-5]。由此可见，机械刺激下，装药结构与内部组件、炸药之间将发生复杂的相互作用，由此引发的点火与炸药材料直接受载引发的点火有很大区别。本章将按照第2章基本理论方法的思路，分3个层次，即按照"装药系统响应→炸药与结构相互作用→炸药材料响应"递进的方式介绍机械刺激下装药点火的响应机制。

5.1节介绍机械刺激下装药系统的结构响应，包括输入装药结构上的载荷特性及装药系统的结构响应特性；5.2节介绍炸药材料的响应特性，包括炸药的力学响应和点火响应两个方面；5.3节介绍炸药与结构的相互作用特性；5.4节介绍数值模拟的相关工作。

5.1　机械刺激下装药系统的结构响应

事故条件下，通常装药壳体表面先受到载荷，然后传递到内部，历经一段时间后，再引起装药系统的整体响应。本节首先介绍两种常见工况(跌落工况和侵彻工况)下装药系统的输入载荷与传递特性；然后介绍装药系统的结构响应行为。

5.1.1　机械载荷的输入与传递

1. 跌落撞击下结构装药载荷特性

跌落是出现概率相对较高的一类撞击工况。在跌落过程中，装药壳体首先承受撞击载荷，使壳体发生变形。壳体变形后，将载荷传递至内部装药，导致内部炸药发生压剪破坏和摩擦升温。如果跌落高度较高、载荷维持时间较长，将可能导致炸药内部温度累积，进而触发快速热分解反应，最终引发点火。因此，首先需要研究跌落情况下装药所受载荷的典型特性，包括载荷幅值、持续时间。对于多次跌落，还需要知道载荷的周期和频率，为后续装药系统响应的研究奠定基础。

图5-1显示了一典型弹体跌落场景及其简化建模。

(a)实物图

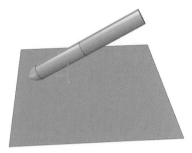
(b)计算示意图

图5-1　典型跌落场景

图5-2显示了某弹体在15m落高跌落下弹体外壳表面的法向应力。从图5-2中可看出，无内部炸药的情况下，壳体表面的正压力在120MPa；在有内部炸药的情况下，表面法向力可达200MPa。

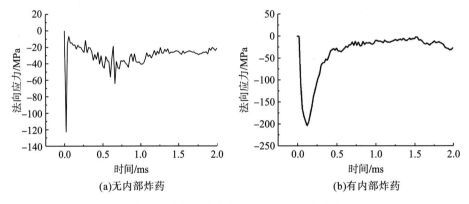
(a)无内部炸药

(b)有内部炸药

图5-2　跌落场景装药壳体表面的法向应力

2. 侵彻作用下结构装药载荷与传递特性

武器装药在对目标进行打击的过程中，常会遭遇侵彻载荷。在侵彻载荷的作用下，弹体头部首先承受冲击载荷，加载应力波在很短的时间内可导致弹头发生变形，弹体变形对内部炸药进行压缩加载，从而使炸药产生挤压剪切摩擦，容易引发温升，增加点火风险。此外，如果是侵彻多层靶，那么弹头将承受周期性载荷，这种周期性载荷的频率分量中如果含有弹体固有频率的成分，就有可能导致共振放大，使炸药发生破坏。破坏面附近炸药在持续振动载荷的作用下发生摩擦生热，就有可能导致点火。因此，研究不同侵彻载荷作用下弹体受载的典型特性，对武器装药安全性的研究具有重要意义。

图5-3给出了不同类型靶结构(成层靶、多层靶、强度靶)弹体侵彻的典型过载曲线。从图5-3中可看出，由于不同靶的组成结构不一样，因此对应的载荷特性也不一样。成层靶由覆土(伪装层)、石块(遮弹层)、沙土(分散层)及混凝土拱形结构(支撑结构)组成，对应的弹体过载曲线为双峰结构，过载峰值分别在遮弹层和支撑结构中出现；多层靶由不同

层数的薄混凝土板组成，对应的弹体过载曲线为多脉冲结构；强度靶由覆土层和混凝土拱形结构组成，对应的弹体过载曲线为单峰结构。成层靶和强度靶对应的弹体过载峰值较高，但侵彻过程持续较短，弹体的偏转较小；多层靶的特点是每层较薄，楼板间距大，钻地弹侵彻多层楼层靶时的行程长，弹体姿态和侵彻弹道会发生较大偏转，容易出现侵彻弹道不稳定的现象。

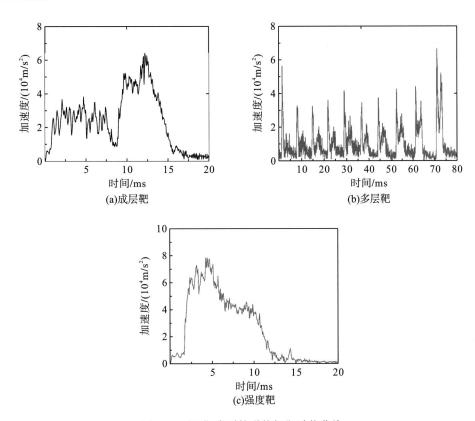

图5-3 不同靶类型的弹体侵彻过载曲线

侵彻作用下，弹体受载会传递给内部炸药，导致炸药发生温升[6]。图5-4显示了某弹体在装药长度H为0.8m，过载分别为$1.5 \times 10^4 g$、$1.4 \times 10^4 g$和$1.2 \times 10^4 g$时装药的温度分布。

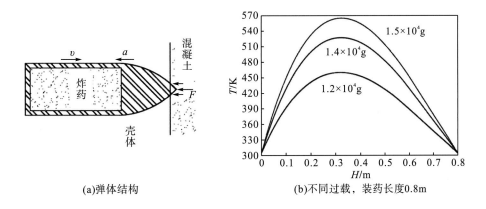

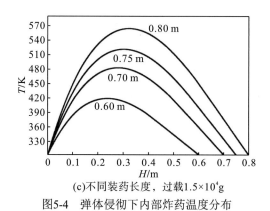

(c)不同装药长度，过载1.5×10⁴g

图5-4 弹体侵彻下内部炸药温度分布

从图中可看出，当最大过载为$1.5×10^4$g时，装药的最高温度为564K（初始温度为303K），出现在炸药0.322m的位置，相对位置为0.403；当最大过载为$1.4×10^4$g时，装药的最高温度为526K，出现在炸药0.324m的位置，相对位置为0.402；当最大过载为$1.2×10^4$g时，装药的最高温度为459K，出现在炸药0.319m的位置，相对位置为0.398。从中可以看出，随着最大过载的增大，体系所能达到的最高温度有所提高；最高温度并不在撞击部位出现，而是在弹体内部某位置，说明载荷传递过程对温度分布有较大的影响。

图5-4(c)显示了在最大过载为$1.5×10^4$g的条件下，装药长度分别为0.6m、0.7m、0.75m和0.8m时的温度分布曲线。从图中可看出，当装药长为0.8m时，最高温度为564K；当装药长为0.75m时，最高温度为522K；当装药长为0.7m时，最高温度为483K；当装药长为0.6m时，最高温度为419K。随着装药长度的提高，体系所能达到的最高温度也越来越大，如果超过了临界温度，那么可能引发点火。

从上面的分析看出，装药长度会影响侵彻过程中载荷的传递，从而导致炸药内部温度的分布不同。因此，在弹体设计中，可以考虑分段装药，每段装药长度均小于临界装药长度，装药之间采用吸热性能较好的材料作为隔垫，可以降低炸药内部温度，从而避免点火的发生。

5.1.2 装药系统结构响应特性

在了解了装药系统的典型输入载荷及传递特性后，本节介绍两种典型装药系统的结构响应特性，即弹体系统和落锤系统。

1. 弹体系统的结构响应

中国工程物理研究院电子工程研究所的刘波等[7]，对侵彻弹体结构的纵向振动频率特性进行了分析。分析中，利用Ansys软件建立了弹体有限元模型，弹体全长为2.1m，外径为0.38m，弹体由弹壳、装药及压紧环三部分组成。弹体材料采用线弹性本构模型，利用第2章介绍的系统模态分析方法，首先对系统划分网格进行离散，每一个网格单元具有特定的质量和刚度矩阵，然后再将所有单元进行组合形成系统总体质量矩阵M和刚度矩阵K，最后求解第2章中方程式(2-10)可得系统固有频率和模态。弹体模态分析结果如图5-5所示。

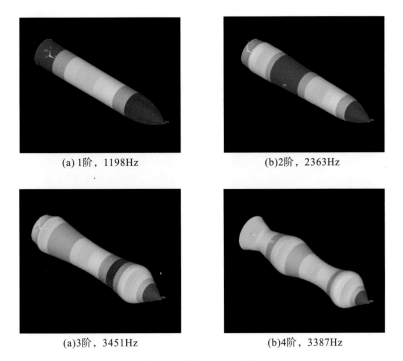

(a) 1阶，1198Hz   (b)2阶，2363Hz

(a)3阶，3451Hz   (b)4阶，3387Hz

图5-5 弹体前4阶振型

从图5-5可看出，前4阶固有频率分别为1198Hz、2363Hz、3451Hz和4387Hz。其中，1阶振型主要以纵向运动为主，最大位移在弹体头部；2～4阶振型除纵向运动外也兼有径向运动，且3、4阶振型的最大位移不出现在弹体头部，而是在弹体中间某位置。在模态分析的基础上，刘波等[7]还开展了弹体谐响应分析，谐响应频率范围为0～5000Hz。提取弹体尾部压紧环中心处节点的频率响应曲线，如图5-6所示。从图5-6可看出，在频率为1200Hz、2360Hz、3460Hz和4380Hz的简谐载荷下，位移响应最大，谐响应分析和模态分析得到的系统固有频率值很接近。

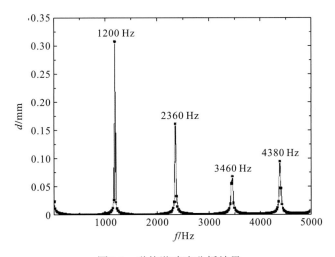

图5-6 弹体谐响应分析结果

中北大学的郝慧艳等[8]对侵彻过程中弹体结构的频率特性进行了分析，她们建立的弹体有限元模型如图5-7所示。建模过程中，壳体和引信材料为钢，密度为7.85g/cm³，弹性模量为210Gpa，泊松比为0.33；炸药密度为1.68g/cm³，弹性模量为30Gpa，泊松比为0.4。边界条件为自由边界，计算得到的10～14阶固有频率和振型如表5-1所示，其中第10、14阶模态如图5-8所示。

图5-7　某弹体有限元建模

表5-1　弹体模态分析结果

阶数	固有频率/Hz	振型
10	2937.18	1 阶拉伸-压缩振型(弹轴)
11	2907.46	2 阶弯曲振型(x-z 平面内)
12	2909.62	2 阶弯曲振型(x-y 平面内)
13	3068.74	2 阶扭转振型(弹轴)
14	3994.88	2 阶拉伸-压缩振型(弹轴)

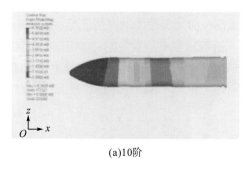　　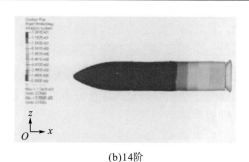

(a)10阶　　　　　　　　　　　　　　　　(b)14阶

图5-8　模态振型图

从表5-1和图5-8可看出，相较于扭转和拉伸-压缩振型，弯曲振型的频率更低，且x-z和x-y平面弯曲振型的频率非常接近，振型的波节随着阶数的增大而增多。

为了得到弹体在侵彻阻力作用下达到共振时的频率数值，需要对弹体进行谐响应分析。图5-9给出了引信位置轴向谐振过载-频率曲线。从图中可看出，其谐振频率在2937Hz和3905Hz，特别在2937Hz，弹体沿轴向1阶拉伸-压缩模态的位置达到最大。对比该谐响应分析和前面的模态分析结果，可知弹体振动幅度最大时对应的频率为2937Hz。

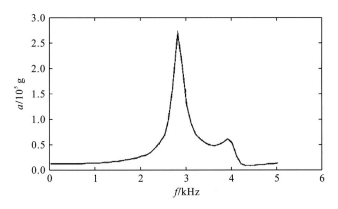

图5-9　引信位置轴向谐振过载-频率曲线

　　Kim等[9]对含非线性铰的某型导弹尾翼进行了动力学分析，尾翼结构实物及有限元建模如图5-10所示。

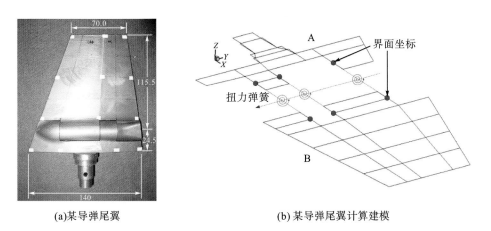

(a)某导弹尾翼　　　　　　　　　　　　　(b)某导弹尾翼计算建模

图5-10　某导弹尾翼振动特性研究(单位：mm)

　　从图5-10(a)可看出，尾翼由上下两个部分组成，两个部分之间由非线性铰连接。在建模过程中，两个部分分别叫作子结构A和子结构B，每个子结构分别可以看成线性结构。针对每个子结构进行网格划分，它们之间的非线性铰采用扭转弹簧和界面节点进行等效，如图5-10(b)所示，计算得到的1～4阶振型如图5-11所示。除尾翼整体的振动特性外，Kim等还分别对子结构A和子结构B的固有频率和振型进行了计算，具体结果可参见文献[9]。

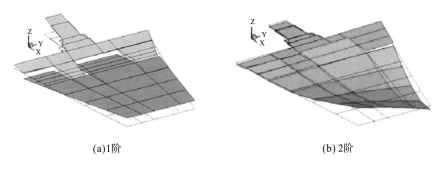

(a)1阶　　　　　　　　　　　　　　　　　(b)2阶

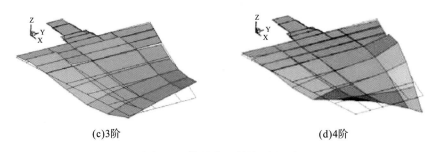

(c)3阶   (d)4阶

图5-11 某导弹尾翼前4阶振型

2. 落锤系统的结构响应

中国工程物理研究院流体物理研究所的胡秋实等对落锤加载系统进行了振动力学建模，给出了落锤系统的固有频率、模态和运动特性。落锤系统的实物图如图5-12(a)所示，振动力学建模如图5-12(b)所示。

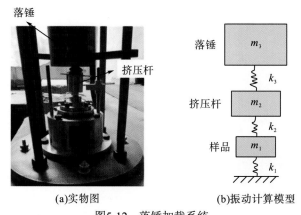

(a)实物图   (b)振动计算模型

图5-12 落锤加载系统

采用第2章介绍的集中质量法，将落锤系统离散为三个质量块，m_1、m_2和m_3分别为样品、挤压杆和落锤的质量，k_1、k_2和k_3分别为等效弹簧刚度系数，且$k_i = E_i A_i / L_i$[10-12]，E为模量，A为截面积，L为长度。

对中国工程物理研究院流体物理研究所的落锤系统进行分析，其参数如表5-2所示。

表5-2 落锤系统参数

名称	密度 /(g/cm³)	弹性模量 /GPa	长度 /mm	半径 /mm	面积 /mm²	质量 /kg	刚度系数 /(×10⁹N/m)
样品	1.85	10	3	4	50.3	0.28×10^{-3}	0.17
挤压杆	7.86	200	43	15	706.9	0.24	3.3
落锤	7.86	200	200	44	6082	9.56	6.1

初始条件为：$V = [0,0,4.5]$m/s，对应1m落高。计算得到的3阶固有频率为$w_1 = 3.98 \times 10^3$Hz，$w_2 = 1.63 \times 10^5$Hz和$w_3 = 3.52 \times 10^6$Hz。对应的3阶模态为

$$A^{(1)}: \quad A^{(2)}: \quad A^{(3)}:$$

$A^{(1)}$	$A^{(2)}$	$A^{(3)}$
5.53	6.90	10
5.82	7.24	−0.011
5.96	−0.18	0.00

从模态向量看出，如果发生最高频率 $w_3 = 3.52 \times 10^6 \text{Hz}$ 的振动，那么只有样品动，挤压杆柱和落锤基本不动；如果发生 $w_2 = 1.63 \times 10^5 \text{Hz}$ 的振动，那么样品和挤压杆发生运动，落锤基本不动；如果发生 $w_1 = 3.98 \times 10^3 \text{Hz}$ 的基频振动，那么三者都运动。实际试验中落锤必然发生运动，因此系统总是按接近1阶频率和模态的形式运动。得到模态向量后，构造模态矩阵 $\boldsymbol{A}_\text{P}$、主质量矩阵 $\boldsymbol{M}_\text{P}$ 和正则振型矩阵 $\boldsymbol{A}_\text{N}$[5]，可计算得到每个滑块的位移。位移分别对时间和位置求导，可得速度和变形，进而得到应力。

为对振动离散的计算精度进行校核，建立基于Autodyn显示动力学有限元的计算模型，如图5-13所示。显示动力学计算模型中，落锤和挤压杆材料参数为：$\rho = 7.86\text{g/cm}^3$，$K = 166.7\text{GPa}$，$G = 77\text{GPa}$；炸药样品参数为：$\rho = 1.85\text{g/m}^3$，$K = 8.3\text{GPa}$，$G = 3.85\text{GPa}$；本构模型为线弹性模型，系统尺寸参数同表5-2。

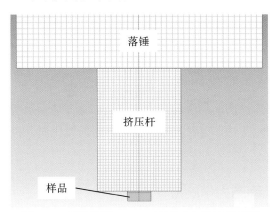

图5-13　落锤装置Autodyn显示动力学计算模型

三质量块振动系统和Autodyn有限元计算得出的挤压杆中间位置的速度、应力图像如图5-14所示。

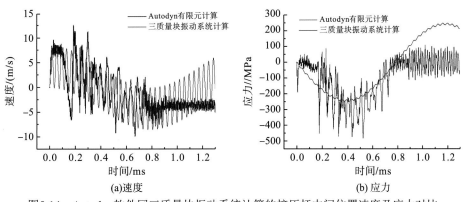

(a)速度　　　　　　　　　　　　　(b)应力

图5-14　Autodyn软件同三质量块振动系统计算的挤压杆中间位置速度及应力对比

从图5-14可看出，采用三质量块振动系统计算得出的挤压杆速度、应力结果同Autodyn有限元计算结果接近，但后者的计算时间开销在小时量级，远高于三质量块振动系统的秒级。因此，振动力学计算可以在小的时间开销下快速捕捉系统的运动特性。

落锤同挤压杆在0.8ms左右脱离，此后挤压杆的平均速度、应力不再改变，落锤的振荡周期在1.6ms左右。从前面的分析看出，系统1阶模态的频率为$w_1 = 3.98 \times 10^3 Hz$，因此周期为$T_1 = 2\pi/w_1 = 1.58ms$，这和图5-14中的周期1.6ms很接近。三质量块振动系统给出的挤压杆应力幅值在250MPa左右，刚好位于Autodyn给出的应力结果振荡中心附近。

5.2　炸药材料的力学及点火响应特性

高聚物黏结炸药(polymer bonded explosive，PBX)[13]是由炸药晶体与高聚物黏结剂组成的一种混合炸药，通常由黏结剂包覆炸药晶体后在较高的压力、温度下压制成型。一般来说，炸药晶体质量比约为95%，黏结剂质量比约为5%。精密加工成型后，由于其具有优异的力学性能，故战斗部装药常选择PBX类型炸药。PBX炸药既是战斗部的承力部件也是毁伤能量的提供者，其性能直接关系到武器的安全性、可靠性和有效性。

为研究机械刺激下武器装药的响应特性，需弄清内部炸药材料的本构行为。在建立准确本构模型的基础上，可开展数值模拟工作，计算出具有一定精度的炸药压力和应变率时程曲线。由于炸药的点火以局域化温升为基础，因此计算出压力、应变率和温升水平后，还要构建物理模型以描述炸药的热分解和点火行为。本节首先介绍炸药的力学响应特性，包括静力学和动力学响应特性，然后介绍炸药材料的局域化温升机制，最后介绍炸药撞击加载下的点火模型。

5.2.1　炸药的准静态力学响应

准静态加载是材料本构研究中最基础的试验手段，通常使用材料试验机(material test system，MTS)对试样进行加载，获取材料在$10^{-5} \sim 10^{-3} s^{-1}$应变率范围的准静态响应特性。

国防科技大学的吴会民和卢芳云[14]对PBX和压装B炸药进行了准静态压缩试验，PBX炸药试样直径为13.8mm，长度为10.7mm；B炸药直径为13.7mm，长度为10.3mm，两种炸药的应力-应变曲线如图5-15所示。

从图中可看出，炸药的应力-应变曲线可明显分为3个阶段：线弹性阶段、强化阶段和应变软化阶段。初始阶段为弹性，然后进入非线性强化阶段，到达压缩强度后进入软化阶段。对PBX炸药，其弹性模量和压缩强度有一定的应变率效应，屈服应变和临界应变的应变率效应不明显；对于B炸药，弹性阶段在不同应变率下的应力-应变关系基本重合，弹性模量和屈服极限的应变率效应不明显。基于这些性质，吴会民和卢芳云[14]提出如下形式的本构方程描述炸药的应力-应变行为。

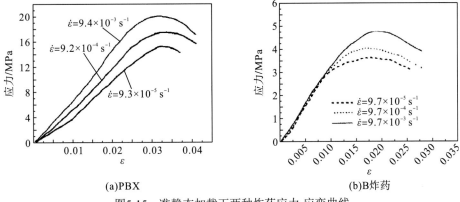

图5-15　准静态加载下两种炸药应力-应变曲线

对PBX炸药：

$$D = D_0 \alpha \left(\varepsilon - \varepsilon_p \right)^n$$

$$\sigma = \begin{cases} \left[1 + A \ln \left(\dfrac{\dot{\varepsilon}}{\dot{\varepsilon}_0} \right) \right] E_0 \varepsilon, & 0 < \varepsilon < \varepsilon_p \\ \left[1 + A \ln \left(\dfrac{\dot{\varepsilon}}{\dot{\varepsilon}_0} \right) \right] (1 - D) E_0 \varepsilon, & \varepsilon \geqslant \varepsilon_p \end{cases} \tag{5-1}$$

对压装B炸药：

$$D = D_0 \frac{\alpha \left(\varepsilon - \varepsilon_p \right)^n}{1 + \beta \ln \left(\dot{\varepsilon} / \dot{\varepsilon}_0 \right)}$$

$$\sigma = \begin{cases} E_0 \varepsilon, & 0 < \varepsilon < \varepsilon_p \\ (1 - D) E_0 \varepsilon, & \varepsilon \geqslant \varepsilon_p \end{cases} \tag{5-2}$$

式中，ε_p 为材料的屈服应变；D_0 为材料的初始损伤；$\dot{\varepsilon}_0$ 为参考应变率；α、β、n 为材料常数。图5-16显示了两种炸药应力-应变关系的拟合情况，发现式(5-1)和式(5-2)表示的本构模型可以描述炸药在低应变率下的应力-应变行为。

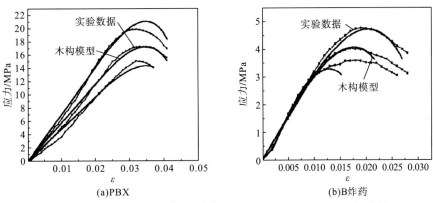

图5-16　准静态加载下($10^{-6} \sim 10^{-3} \mathrm{s}^{-1}$)两种炸药应力-应变关系的拟合情况

罗景润[15]开展了不同温度下PBX炸药的准静态拉伸试验,他提出了如下形式的非线性本构关系来描述准静态拉伸下含温度效应的本构行为,即

$$\sigma = A\left(\varepsilon - B\varepsilon^n\right)\left[1 + C\ln\left(\frac{\dot{\varepsilon}}{\dot{\varepsilon}_0}\right)\right]\left(1 - \alpha\tilde{T} - \beta\tilde{T}^2 - \gamma\tilde{T}^3\right)$$

$$\tilde{T} = \frac{T - T_r}{T_r}$$

(5-3)

式中, T_r 为参考温度或室温; $\dot{\varepsilon}_0$ 为参考应变率; A、B、n、C、α、β 和 γ 为材料常数。该模型的物理意义很明确,第1部分表征参考温度和应变率下炸药的应力-应变关系;第2部分表征加载速率对力学行为的影响;第3部分表征热软化效应。图5-17显示了两种炸药不同温度下拉伸应力-应变关系的拟合情况,发现式(5-3)的本构模型可以描述炸药含温度效应的应力-应变行为。

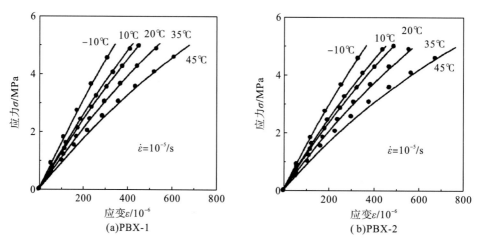

图5-17　不同温度应变率下PBX-1和PBX-2炸药拉伸应力-应变关系的拟合情况
●试验结果　　　—非线性本构模型

西南科技大学的李丹等[16]对PBX炸药进行了准静态循环加载试验,试样的直径为5mm,高度为8mm,加卸载应变率设定为 $1\times10^{-3}s^{-1}$。试验过程中,从应力为0的状态缓慢加载,直至应变 $\varepsilon_p = 12\%$,再缓慢卸载到应力为0的状态,完成循环1;另取同一批次的第二发试样,将此试样从0应力状态加载,直至应变到达 $\varepsilon_p = 15\%$,然后缓慢卸载到应力为0的状态,完成循环2;第三至五发试样也按此加载过程进行,只是把 ε_p 分别设置为18%、21%和24%。可得到5条循环加载试验的应力-应变曲线,如图5-18所示。

从图5-18可看出,在循环加载试验中,加、卸载过程的应力-应变曲线均为内凹型,并且内凹现象随着 ε_p 的增大越来越明显。微裂纹在试件局部位置出现,随着裂纹之间相对滑移,裂纹区不断扩大,裂纹扩展过程中的能量转化使相应部位原有的集中应力得以松弛,结构调整促使裂纹止裂。卸载过程中,原先被压实的微裂纹重新释放,导致PBX炸药的有效弹性模量逐渐减小。随着循环加载最大应变 ε_p 的提高,屈服应力和残余应变也随之提高。例如,当最大应变 ε_p 为12%时,屈服应力为0.88MPa,残余应变为0.1%;当最大应变 ε_p 为24%

时，屈服应力为1.76MPa，残余应变为3.59%。

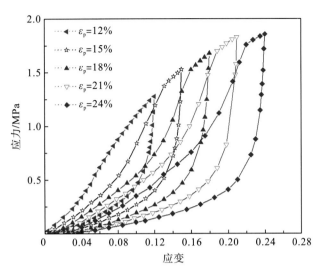

图5-18　PBX炸药循环加载的应力-应变曲线

李丹等[16]对PBX炸药开展了4种应变率$1\times10^{-2}s^{-1}$、$1\times10^{-3}s^{-1}$、$5\times10^{-4}s^{-1}$和$1\times10^{-4}s^{-1}$的准静态压缩试验，并回收了样品，如图5-19所示，试验得出的应力-应变曲线如图5-20所示。从图5-19可看出，不同应变率下的破坏形态各异，呈现出多重剪切面破坏，表现出明显的韧性特征。从图5-20可看出，应力-应变曲线呈现出典型的三阶段特征，即线弹性、非线性强化和应变软化阶段。在弹性阶段，PBX炸药的微裂纹、孔洞逐渐被压实；在强化阶段，微裂纹开始磨擦、弯折和滑移，峰值应力附近出现宏观剪切带；在应变软化阶段，微裂纹发生汇集、贯通，形成宏观裂隙。

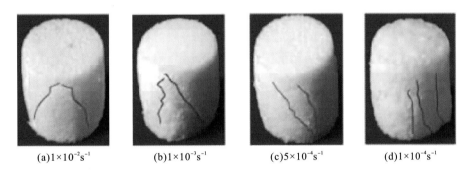

(a)$1\times10^{-2}s^{-1}$　　　　(b)$1\times10^{-3}s^{-1}$　　　　(c)$5\times10^{-4}s^{-1}$　　　　(d)$1\times10^{-4}s^{-1}$

图5-19　PBX炸药不同应变率准静态压缩试验回收样品

从图5-20可看出，当应变在0.1以内时，材料基本处于弹性阶段。而当应变达到0.22以上时，随着应变的增加应力反而下降，材料进入应变软化阶段，这说明材料已经发生损伤破坏。针对这一损伤发展过程，李丹采用修正的JC本构模型[17]来描述材料的本构行为，即

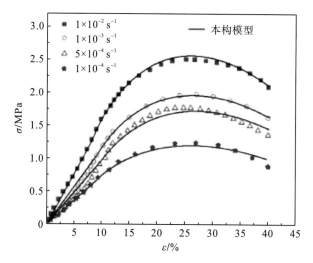

图5-20　PBX炸药准静态压缩试验本构拟合

$$\sigma\left(\varepsilon,\dot{\varepsilon},D\right)=\left[1+C\ln\left(\frac{\dot{\varepsilon}}{\dot{\varepsilon}_0}\right)\right]A\varepsilon,\qquad\qquad\qquad\varepsilon<\varepsilon_y$$

$$\sigma\left(\varepsilon,\dot{\varepsilon},D\right)=\left[A\varepsilon+B\left(\varepsilon-\varepsilon_y\right)^n\right]\left[1+C\ln\left(\frac{\dot{\varepsilon}}{\dot{\varepsilon}_0}\right)\right]\left(1-D\right),\quad\varepsilon\gg\varepsilon_y$$

$$(5\text{-}4)$$

式中，A、B、C、n为材料常数；D为损伤；$\dot{\varepsilon}_0$为参考应变率；ε_y为阈值应变。从图5-20可看出，修正的JC本构模型的拟合曲线同试验数据符合较好，说明该模型可以描述PBX炸药在线弹性、强化和软化阶段的本构行为。

5.2.2　炸药的动态力学响应

事故条件下炸药通常承受动态载荷，因此研究动态载荷下炸药的本构行为有助于提升对炸药动力响应机制的认识，对炸药点火行为的研究起到重要的支撑作用。

1. 宏观动态响应

事故条件下炸药常处于复杂的应力状态，材料内部的应力分布也不均匀，不利于本构行为的定量研究。为解决这个问题，可通过试验设计使炸药处于两种简单的应力状态，即一维应力和一维应变状态。其中，一维应力状态可采用分离式霍普金森压杆(split hopkinson pressure bar，SHPB)[18,19]加载实现，一维应变状态通常采用平面飞片撞击加载实现。

中国工程物理研究院流体物理研究所的李克武等对热固炸药PBXCD-2开展了SHPB加载试验，试验中炸药尺寸为4mm×4mm×2.5mm，射弹采用Φ20mm×400mm的铝杆，使用橡皮做波形整形器，入射杆与透射杆直径为20mm，入射杆长2000mm，透射杆长1200mm。图5-21给出了不同温度、射弹速度采用SHPB加载下PBXCD-2的应力-应变曲线，图5-22给出了对应的应变率时程曲线。

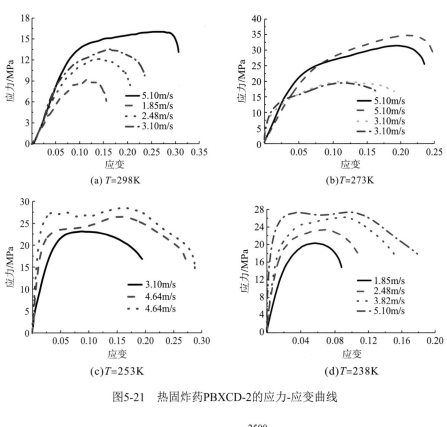

图5-21　热固炸药PBXCD-2的应力-应变曲线

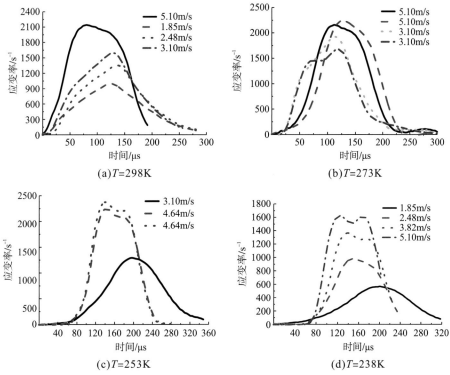

图5-22　热固炸药PBXCD-2的应变率时程曲线

从图中可看出，炸药既对应变率敏感又对温度敏感。应变率越高，在应力-应变曲线上表现为斜率越高，应力峰值越大，材料弹性模量和强度与应变率呈正相关；在同样的应变率下，温度越低，应力-应变曲线的斜率越高，材料弹性模量表现出与温度负相关。此外，在1～6m/s的撞击速度范围内，相较于应变率温度对弹性模量的影响更大。例如，对比图5-21(a)、图5-22(a)和图5-21(d)、图5-22(d)可看出，条件$T = 298$K，$V = 5.10$m/s比条件$T = 238$K，$V = 1.85$m/s下的弹性模量要低，前者的应变率峰值超过了2000s^{-1}，而后者应变率峰值不超过600s^{-1}。

同时我们也注意到，温度的降低使材料变脆，促使损伤增长的速度加快，在图中呈现出材料进入软化阶段的应变阈值随温度的降低而减小。例如，对比图5-21(a)和图5-21(d)发现，在室温条件$T = 298$K，$V = 1.85$m/s下，材料在应变0.11附近进入软化阶段。而在低温条件$T = 238$K，$V = 1.85$m/s下，材料在应变0.06附近就提前进入软化阶段。此外，在同样温度下，若应变率更高，则进入软化阶段的应变阈值还会降低。从图5-21(d)看出，在低温条件$T = 238$K，$V = 5.1$m/s下，材料进入软化阶段的应变阈值降低至仅0.03。

卢芳云等[20]对PBX和B炸药开展了不同应变率(10^{-4}～10^3s^{-1})的动态加载试验，获取了两种炸药的动态应力-应变曲线，如图5-23所示。

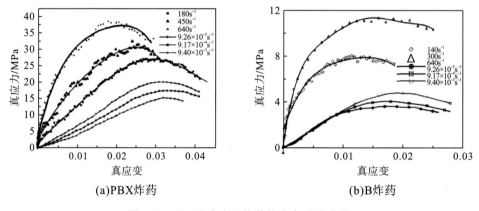

(a)PBX炸药   (b)B炸药

图5-23   不同应变率下炸药的应力-应变曲线

从图5-23可看出，动态加载下的应力-应变曲线也分为三个阶段：弹性、强化和软化阶段。由于炸药在生产过程中不可避免地会存在损伤，在弹性阶段，损伤开始发展，当载荷超过一定水平，进入强化阶段，此时损伤的演化成为不可逆过程。由损伤演化带来的性能劣化使试样的承载能力下降，应力逐渐下降，随着应变继续增长，全曲线出现下降段，材料呈现出应变软化特征。

从图5-23(a)可看出，PBX炸药具有明显的应变率相关性，其失效应力随应变率的增加而增加。在较低应变率下，失效应变基本不变，为0.033；而高应变率下，失效应变随应变率的增加反而降低，材料弹性模量和压缩强度随应变率的增加而增加，失效应力与应变乘积基本保持为常数。从图5-23(b)可看出，B炸药也具有明显的应变率相关性，失效应力随应变率的增加而增加，高应变率下的失效应变更小。

对PBX炸药，忽略低应变率下的积分项，采用修正后的ZWT模型[21-29]描述其本构行为，即

$$\sigma = \left(1 + C\ln\frac{\dot{\varepsilon}}{\dot{\varepsilon}_0}\right)\left[E_0\varepsilon + \alpha\varepsilon^2 + \beta\varepsilon^3 + E_2\theta_2\dot{\varepsilon}\left(1 - e^{-\frac{\varepsilon}{\dot{\varepsilon}\theta_2}}\right)\right] \tag{5-5}$$

对B炸药，采用新定义的含损伤的本构方程拟合其应力-应变曲线：

$$D = D_0\frac{\alpha\varepsilon}{1 + \beta\ln\dfrac{\dot{\varepsilon}}{\dot{\varepsilon}_0}}$$

$$\sigma = (1 - D)E_0\varepsilon^n \tag{5-6}$$

式中，θ_2为松弛时间；$\dot{\varepsilon}_0$为参考应变率；C、E_0、α、β、E_2和n为材料常数。拟合结果见图5-24。从图中可看出，在材料弱化前，修正后的ZWT模型和新定义的含损伤的本构模型可以对PBX和B炸药的动态应力-应变行为进行较好描述。在材料弱化后，或者说在应力-应变的软化阶段，随着应变的增加，模型的拟合误差有所增大。

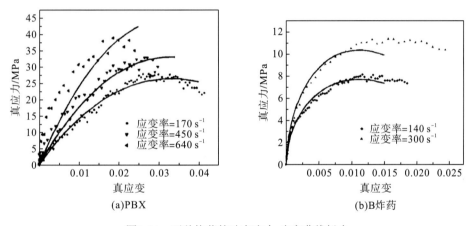

图5-24　两种炸药的动态应力-应变曲线拟合

中国工程物理研究院流体物理研究所的傅华等[30]采用修正后的Sargin模型[31]，对PBX-1炸药[13]采用SHPB加载下的动态压缩行为进行了描述，修正后的Sargin模型为

$$\sigma(\varepsilon, \dot{\varepsilon}) = \frac{-\sigma_f(\dot{\varepsilon})\left[-\alpha\dfrac{\varepsilon}{\varepsilon_f(\dot{\varepsilon})} + (D-1)\left(\dfrac{\varepsilon}{\varepsilon_f(\dot{\varepsilon})}\right)^2\right]}{1 - (\alpha-2)\dfrac{\varepsilon}{\varepsilon_f(\dot{\varepsilon})} + D\left(\dfrac{\varepsilon}{\varepsilon_f(\dot{\varepsilon})}\right)^2} \tag{5-7}$$

式中，$\alpha = E_d/E_f$；E_d为应力-应变曲线上升沿的线性段斜率；E_f为破坏时的割线模量，此两者都是应变率的函数；$\sigma_f(\dot{\varepsilon})$和$\varepsilon_f(\dot{\varepsilon})$分别为破坏时的峰值应力和应变；$D$为损伤变量。PBX-1炸药[13]试验的应力-应变曲线（加载应变率150~410s^{-1}）和模型拟合结果如图5-25所示。

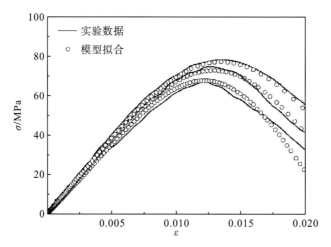

图5-25　PBX-1试验的应力-应变曲线及模型拟合

从图中可看出，修正后的Sargin模型不仅可以描述加载阶段材料的应变硬化行为，还可以描述峰值应力过后的材料软化行为。软化阶段的参数D越小，应力下降越快。对PBX-1炸药而言，不同应变率下的D值基本不变，维持在0.35左右。

傅华等[30]采用修正后的Johoson-Cook本构模型[32]，对PBX-1、PBX-2和PBX-3炸药[13]采用SHPB加载下的动态试验进行了拟合。修正后的JC模型形式如下，即

$$\sigma = \left(A\varepsilon - B\varepsilon^n \right) \left(1 + C\ln\frac{\dot{\varepsilon}}{\dot{\varepsilon}_0} \right) \tag{5-8}$$

式中，等号右边第1部分描述炸药的弹性和硬化特征；第2部分描述应变率效应；A、B、C和$\dot{\varepsilon}_0$为材料常数，拟合结果如图5-26所示。

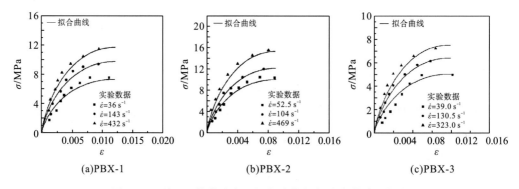

图5-26　3种PBX炸药动态巴西人试验应力-应变曲线及拟合

从图中可看出，修正后的JC模型可以较好地描述3种炸药在不同应变率下的动态拉伸行为。

炸药高应变率下的动态响应行为一般采用平面飞片撞击试验研究。Dick等[33]测试了在不同撞击压力下PBX-9501的速度波剖面，如图5-27所示。他利用这些数据，通过拉格朗日分析推算出了材料的应力-应变和应力-体应变曲线，见图5-28。

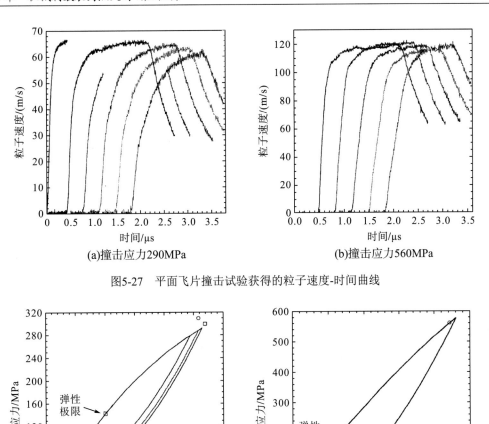

(a)撞击应力290MPa　　　　　　　　　　　(b)撞击应力560MPa

图5-27　平面飞片撞击试验获得的粒子速度-时间曲线

(a)290MPa　　　　　　　　　　　(b)560MPa

图5-28　拉格朗日分析给出的PBX-9501(a)290MPa下应力-应变和(b)560MPa应力-体应变曲线

从图5-28中可看出，相较SHPB试验中的应力-应变曲线，平面飞片试验给出的应力-应变曲线的弹性极限与破坏应力均明显提高。在载荷水平290MPa与560MPa的平面飞片试验中，PBX炸药的弹性极限约为140MPa，远高于SHPB试验中的弹性极限水平。此外，在应力峰值后的应力-应变曲线表现为应力与应变同时下降，可以正常卸载，说明平面飞片试验中材料的破坏应力高于290/560MPa。平面飞片试验中炸药一方面承受更高的应变率，一方面处于三轴受压应力状态，这两点都是造成弹性极限与破坏应力提高的可能因素。

2. 细观动态响应

研究者从宏观唯象角度研究炸药本构行为的同时，也尝试在细观尺度上研究炸药的本构行为，以获得更直观的结构演化图像和规律性认识。

1) 细观结构演化

中国工程物理研究院流体物理研究所的傅华等[34]对PBX炸药开展了离散元建模,建模过程中考虑了PBX炸药晶体颗粒与黏结剂的非均匀性,模拟了PBX炸药采用SHPB加载下的动态压缩过程。非均匀PBX炸药的离散元建模见图5-29(a)。

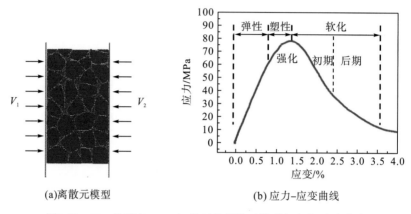

(a)离散元模型　　　　　　　　(b) 应力–应变曲线

图5-29　PBX炸药在SHPB加载下的离散元模型和应力-应变曲线

　　图中的不规则形状代表HMX晶体,其间的填充物为黏结剂,HMX晶体采用弹脆性模型,黏结剂采用ZWT模型[21-29]。HMX与黏结剂的质量比为92∶8,HMX平均直径为150μm,离散元单元半径为5μm,黏结剂离散元单元半径为2μm,模型总尺寸为1.35mm×0.67mm。用速度边界条件代替SHPB中入射、透射杆的压缩过程,使左右两侧以V_1和V_2的速度对炸药进行双向加载。通过人为改变加载脉宽,可以使试样处于加载-卸载状态。图5-29(b)显示了炸药在SHPB加载下的典型应力-应变曲线,可以将整个应力-应变曲线分成三个典型阶段,即弹性、强化和软化阶段。计算过程中,分别将样品加载到弹性段、强化段和软化段的末端应力,然后卸载,观察样品内部的应力分布和细观结构,图5-30和图5-31显示了加载路径及损伤演化图,图5-32～图5-34显示了弹性、强化和软化阶段炸药内部的典型应力分布和细观结构。

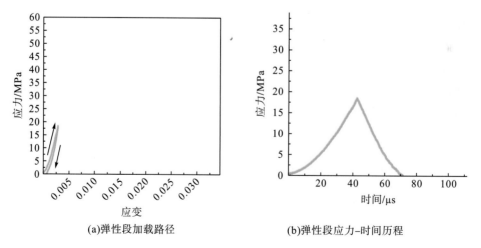

(a)弹性段加载路径　　　　　　　　(b)弹性段应力–时间历程

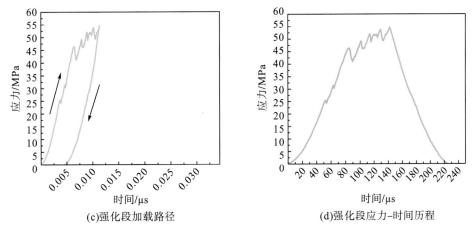

(c)强化段加载路径

(d)强化段应力–时间历程

图5-30 PBX炸药在SHPB加载下弹性、强化段的应力路径

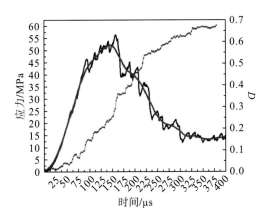

图5-31 PBX炸药在SHPB加载全程的应力-时间历程及损伤演化

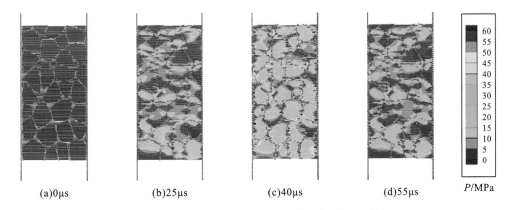

(a)0μs (b)25μs (c)40μs (d)55μs

P/MPa

图5-32 弹性阶段不同时刻的应力分布和细观结构

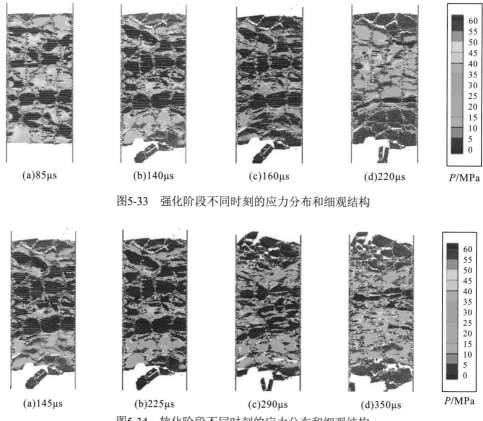

图5-33   强化阶段不同时刻的应力分布和细观结构

图5-34   软化阶段不同时刻的应力分布和细观结构

从图5-32可看出，弹性阶段由于炸药组成的非均匀性，即使整体表现出弹性，但细观结构的应力状态也呈现非均匀分布。局部应力有高有低，计算获得试样的平均应力峰值约为18MPa，但局部区域的应力却达到了50MPa。此外，炸药晶体的受力多大于黏结剂，晶体间的应力以应力桥的形式传递，峰值应力多出现在炸药晶体间的接触部分。

从图5-33可看出，强化阶段试样局部损伤破坏增加，侧壁分离现象加剧。黏结剂所受应力增加，不再承力的损伤破坏区域与继续承力区域边界逐渐明显。在140μs卸载后，应力仍沿应力桥路径卸载，侧壁的分离现象加剧，承力区域呈现出两端大、中部小的哑铃状。

从图5-34可看出，软化阶段样品边界出现大面积的失稳破坏，未破坏区域的承力面积越来越小，导致真应力水平越来越高。随着损伤的继续增加，未破坏区的承力区域继续减小，而此时计算的应力由于采用的是初始面积，平均化后导致名义应力降低，而应变又在不断增加，形成宏观上的软化现象。

北京理工大学的顾佳伟等[35,36]基于炸药颗粒圆形随机分布模型，对动态拉伸载荷下PBX炸药的变形破坏过程进行了数值模拟，模型尺寸为1mm×1mm，颗粒含量为50%，颗粒材料为HMX，如图5-35(a)所示。同时，根据炸药的SEM扫描结果，他建立了炸药的细观有限元计算模型，模型尺寸为0.093mm×0.075mm，颗粒含量为84.6%，颗粒材料为HMX，如图5-35(b)所示。计算中，在模型上边界施加应变率为400s^{-1}的动态拉伸位移载荷，炸药颗粒、黏结剂和界面节点分离的失效应变值分别设置为0.018、0.05和0.01。

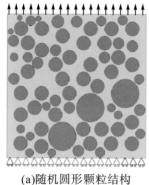
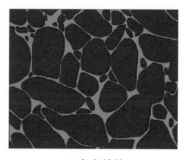

(a)随机圆形颗粒结构　　　　　　　　　(b)真实结构

图5-35　PBX炸药的细观模拟建模

从图5-36(a)可看出，在加载开始的初期，颗粒与黏结剂边界有明显的应力集中现象，界面所受应力水平较大，颗粒及黏结剂中的应力较小。由于界面强度较低，颗粒与黏结剂边界处最先达到节点分离的失效值。节点分离后，边界会形成小的裂纹，即界面脱黏。发生脱黏后，界面处形成的微裂纹使得裂纹附近的单元不再承受拉应力，故应力必须重新分布。从图5-36(b)可看出，裂纹附近单元应力很小，拉应力由没有破坏的区域承受。在颗粒与黏结剂边界处再次产生应力集中，达到破坏条件时，裂纹继续扩展并在其他区域产生新裂纹。随着变形继续增大，黏结剂和界面进一步破坏，裂纹逐渐汇合，最后相互贯通，形成垂直于加载方向的裂纹带，如图5-36(c)所示。PBX炸药中的颗粒强度比较大，因此在拉伸载荷下没有发生破坏，只发生了界面脱黏和黏结剂开裂。由此看出，在动态拉伸下，炸药以界面脱黏和黏结剂开裂为主要破坏方式。

从图5-37可看出，在PBX炸药真实结构模型模拟中炸药也是颗粒与黏结剂界面处先发生脱黏，且沿着界面裂开。界面脱黏形成微裂纹，使裂纹附近单元不再承受拉应力，模型中的应力也发生重新分布。随着载荷增大，黏结剂和界面进一步破坏，裂纹逐渐汇合，最后相互贯通，形成垂直于加载方向的裂纹带。真实结构模型在动态拉伸下颗粒也没有发生破坏，只发生界面黏结和脱黏剂开裂，破坏后裂纹方向垂直于加载方向。

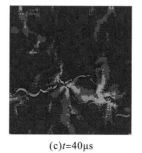

(a)t=10μs　　　　　　　　(b)t=20μs　　　　　　　　(c)t=40μs

图5-36　PBX炸药随机圆形颗粒模型的动态拉伸Von-mises应力分布

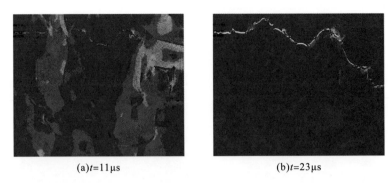

(a)t=11μs   (b)t=23μs

图5-37　PBX炸药真实结构模型的动态拉伸Von-mises应力分布

2) Visco-SCRAM模型

从前面的分析看出，动态加载下炸药内部裂纹/孔洞的生成、演化和扩展机制复杂，因此，需要对这个过程进行物理建模以描述材料的细观演化行为，提升对动态加载下炸药细观结构演化机制的认识。

Dienes[37-39]、Addessio[40]与Zuo[41]等使用统计方法研究脆性材料的力学特征，建立了统计微裂纹(statistical crack mechanics，SCRAM)模型。基于该模型，Bennett[42]和Clancy等[43]将炸药的黏弹性特性考虑进模型中，引入多Maxwell体并联的黏弹性体建立了Visco-SCRAM模型[44]，见图5-38。

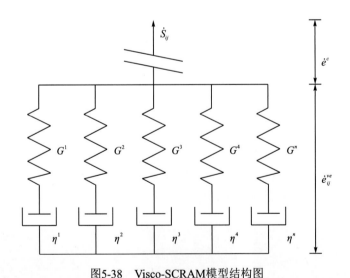

图5-38　Visco-SCRAM模型结构图

该模型由多个并联的Maxwell体和一个SCRAM模型定义的微裂纹损伤体串联而成。模型中，$\dot{S}_{ij}$为偏应力率，$\dot{e}_{ij}^{ve}$为黏弹性偏应变率，$\dot{e}_{ij}^{c}$为微裂纹损伤体的偏应变率，而G^{n}和η^{n}分别为第n个Maxwell体的剪切模量和黏性系数。

在第n个Maxwell体里，有

$$S^{(n)} = 2G^{(n)}e_{\mathrm{s}}^{(n)}$$
$$S^{(n)} = 2\eta^{(n)}e_{\mathrm{d}}^{(n)} \tag{5-9}$$

式中，$e_{\mathrm{s}}^{(n)}$ 和 $e_{\mathrm{d}}^{(n)}$ 分别为第 n 个弹簧和黏壶的偏应变。

由于弹簧与黏壶串联，故黏弹性应变率等于弹簧与黏壶产生的应变率之和，即

$$\dot{e}^{\mathrm{ve}} = \dot{e}_{\mathrm{s}}^{(n)} + \dot{e}_{\mathrm{d}}^{(n)} \tag{5-10}$$

第 n 个 Maxwell 体的偏应力率为[45-48]

$$\dot{S}^{(n)} = 2G^{(n)}\dot{e}^{\mathrm{ve}} - \frac{S^{(n)}}{\tau^{(n)}} \tag{5-11}$$

式中，$\tau^{(n)} = \eta^{(n)} / G^{(n)}$ 为第 n 个 Maxwell 体的松弛时间。

对于由多个 Maxwell 体并联的黏弹性体，其偏应力 S 是各 Maxwell 体的偏应力和，即 $S = \sum\limits_{n=1}^{N} S^{(n)}$。黏弹性体的偏应力、偏应力率和偏应变率关系可表示为

$$\dot{S}_{ij} = \sum_{n=1}^{N}\left(2G^{(n)}\dot{e}_{ij}^{\ \mathrm{ve}} - \frac{S_{ij}^{\ (n)}}{\tau^{(n)}} \right) = 2\dot{e}_{ij}^{\ \mathrm{ve}}\sum_{n=1}^{N} G^{(n)} - \sum_{n=1}^{N} \frac{S_{ij}^{\ (n)}}{\tau^{(n)}} \tag{5-12}$$

对于整个模型，总的偏应变率为黏弹性偏应变率和微裂纹损伤体的偏应变率的和，即

$$\dot{e}_{ij} = \dot{e}_{ij}^{\ \mathrm{ve}} + \dot{e}_{ij}^{\ \mathrm{c}} \tag{5-13}$$

微裂纹损伤体的偏应变和偏应力关系可表示为

$$e_{ij}^{\mathrm{c}} = \beta^{\mathrm{e}} c^3 S_{ij}$$

式中，c 为微裂纹的平均半径；β^{e} 为与剪切模量 G 和初始裂纹分布 N_0 相关的参数，其定义为

$$2G\beta^{\mathrm{e}} = AN_0 = 1/a^3$$

式中，A 为常数；a 为初始缺陷尺寸。将该式代入 e_{ij}^{c} 的表达式，有

$$2Ge_{ij}^{\mathrm{c}} = \left(\frac{c}{a}\right)^3 S_{ij}$$

写成率的形式为

$$2G\dot{e}_{ij}^{\mathrm{c}} = 3\left(\frac{c}{a}\right)^2 \frac{\dot{c}}{a} S_{ij} + \left(\frac{c}{a}\right)^3 \dot{S}_{ij} \tag{5-14}$$

联立上述方程，有

$$\dot{S}_{ij} = \frac{2G\dot{e}_{ij} - \sum\limits_{n=1}^{N} \dfrac{S_{ij}^{\ (n)}}{\tau^{(n)}} - 3\left(\dfrac{c}{a}\right)^2 \dfrac{\dot{c}}{a} S_{ij}}{1 + \left(\dfrac{c}{a}\right)^3} \tag{5-15}$$

分量形式为

$$\dot{S}_{ij}^{(n)} = 2G^{(n)}\dot{e}_{ij} - \frac{S_{ij}^{(n)}}{\tau^{(n)}} - \frac{G^{(n)}}{G}\left[3\left(\frac{c}{a}\right)^2\frac{\dot{c}}{a}S_{ij} + \left(\frac{c}{a}\right)^3\dot{S}_{ij}\right] \tag{5-16}$$

式中，$G = \sum\limits_{n=1}^{N}G^{(n)}$。为开展进一步计算，还需要给出微裂纹平均半径 c 的演化规律，采用如下形式方程来描述 c 的演化：

$$\dot{c} = \begin{cases} v_{max}\left(\dfrac{K}{K_1}\right)^m & K < K' \\[3mm] v_{max}\left[1-\left(\dfrac{K_0}{K}\right)^2\right] & K \geqslant K' \end{cases} \tag{5-17}$$

其中，

$$K' = K_0\sqrt{1+\frac{2}{m}}$$

$$K_1 = K_0\sqrt{1+\frac{2}{m}}\left(1+\frac{m}{2}\right)^{\frac{1}{m}}$$

式中，$\dot{c}$ 为裂纹开裂速度；v_{max} 为裂纹开裂速度上限；K 为应力强度因子，其定义为 $K = \sigma\sqrt{\pi c}$；m 为材料常数。裂纹增长速度随应力强度因子的变化曲线如图5-39所示。

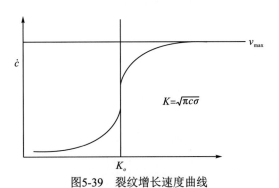

图5-39　裂纹增长速度曲线

计算过程中，对每一个参与计算的单元，给定一个微裂纹平均半径的初始值 c_0，则可以获得 c 随时间演化的全程曲线，再代入式(5-15)和式(5-16)中，可以获取每一个时刻材料的应力、应变状态。由于炸药中的裂纹分布是非均匀的(图5-40)，因此需要采用分布函数对炸药初始裂纹的尺寸进行表征。中国工程物理研究院流体物理研究所的李克武等利用Weibull 分布函数[49]描述了 PBX-3 炸药[13]裂纹平均半径的初始分布情况，结合Visco-SCRAM模型计算了PBX-3炸药在SHPB[18,19]动态压缩下的微结构演化特征。Weibull分布函数[49]形式如下：

$$f\left(c_0\right)=\frac{m}{\theta}\left(c_0-\mu\right)^{m-1}\mathrm{e}^{\frac{1}{\theta}\left(c_0-\mu\right)^m}\tag{5-18}$$

式中，c_0 为微裂纹平均半径的初始值；θ 为均值；m 为形状参数；μ 为下限值。数值模拟中，试样尺寸为 $\Phi10\mathrm{mm}\times3\mathrm{mm}$，SHPB试验弹性、弹-塑-软化加载数值模拟和试验结果见图5-41～图5-44，计算时Weibull分布中的 m 值取0.33。

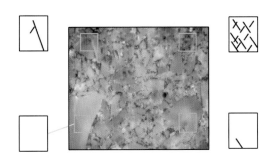

图5-40　PBX内部微裂纹分布

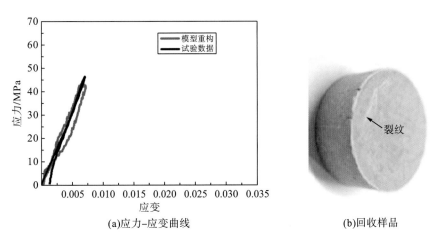

(a)应力-应变曲线　　　　　　　(b)回收样品

图5-41　PBX-3炸药SHPB弹性加载应力-应变曲线和回收样品

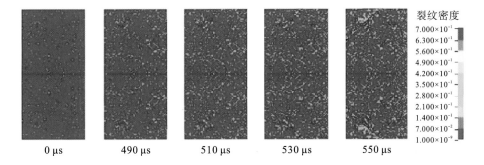

图5-42　PBX-3炸药SHPB弹性加载数值模拟微裂纹演化图像

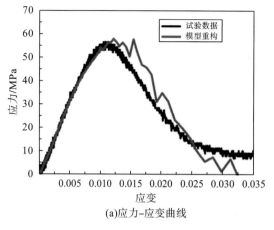

(a)应力–应变曲线

(b)回收样品

图5-43　PBX-3炸药SHPB弹-塑-软化加载应力-应变曲线和回收样品

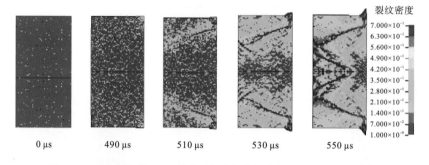

图5-44　PBX-3炸药SHPB弹-塑-软化加载数值模拟微裂纹演化图像

从图5-41～图5-44中可看出，计算得到的炸药裂纹演化图像及样品末状态的表面裂纹形貌，同试验结果很接近。在弹性加载情况下，回收样品呈现出边角开裂，而数值计算得到的微裂纹图像(图5-42中红线)也是沿边角出现最大值；在弹-塑-软化加载情况下，回收样品呈现出"M"形裂纹分布，数值模拟得到的裂纹密度分布(图5-44中红线)也呈现出"M"形。

图5-45显示了裂纹初始分布对计算结果的影响。可以看出，改变Weibull分布函数中的 m 值，可以使计算得到的裂纹密度分布呈现出不同的形貌。当 $m = 0.67$ 和1时，裂纹呈U形；

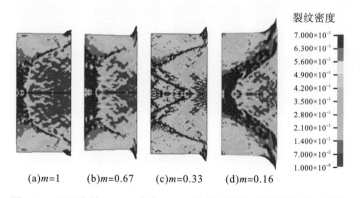

(a)$m=1$　　(b)$m=0.67$　　(c)$m=0.33$　　(d)$m=0.16$

图5-45　不同参数Weibull分布SHPB弹-塑-软化加载微裂纹终态图像

当$m = 0.33$时，裂纹呈"M"形；当$m = 0.16$时，裂纹呈"V"形。由此可见，Visco-SCRAM模型具备较强的描述材料裂纹演化行为的能力。图5-46和图5-47显示了采用Visco-SCRAM模型计算得到的在SHPB加载下样品内部应力的演化情况。

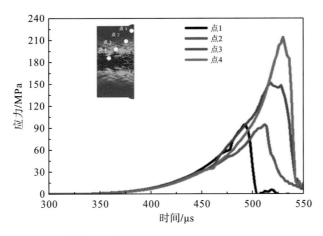

图5-46　PBX-3炸药SHPB弹-塑-软化加载内部不同位置应力-时间曲线

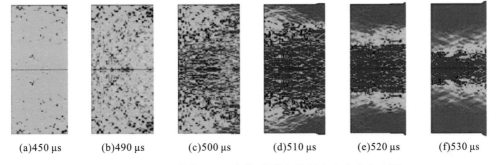

(a)450 μs　　(b)490 μs　　(c)500 μs　　(d)510 μs　　(e)520 μs　　(f)530 μs

图5-47　PBX-3炸药SHPB弹-塑-软化加载轴向应力分布云图

从图中可看出，该模拟再现了样品整体均匀化与局部应力分布不均匀的状态，响应局域化趋势与离散元的计算模拟相似，样品局部应力高于整体平均应力(整体58MPa，局部高达210MPa)。在后面的介绍中将发现，应力是引发炸药点火的一个重要参量，因此对于本例来说，如按样品整体应力58MPa考虑，将导致炸药局部受载过低，容易引发对点火行为的误判。

5.2.3　局域化温升机制

机械加载下，引发炸药点火的机制主要是局域化能量沉积，而非将一大块炸药整体加热到临界点火条件。Field在他对机械加载下点火机制的总结性陈述中，归纳了几种主要的局域化温升机制，如气泡绝热压缩、孔洞塌缩、黏性流动及绝热剪切带等[50-52]。因此，本章对机械加载下几种主要的局域化温升机制进行介绍，即摩擦熔化、孔洞塌缩、气泡压缩和剪切带机制。

1. 摩擦熔化

引发摩擦熔化的物体可以是块状炸药晶体、炸药与掺杂粒子或者裂纹摩擦。由于作用过程类似，本节介绍裂纹两侧炸药摩擦导致的点火。国防科技大学的覃金贵[53]研究了这个问题，他建立了含一条裂纹的摩擦模型，如图5-48所示。

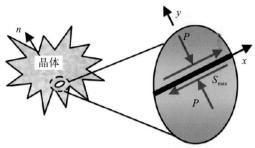

图5-48　裂纹摩擦模型

图5-48中裂纹受到垂直于裂纹面的法向力P和平行于裂纹面的剪切力τ(最大切应力为$S_{\max}$)，裂纹宽度为$2l$。由于摩擦作用，裂纹宽度内的温度会产生较大升高，这有可能导致炸药熔化。因此，模型建立中考虑了固、液界面。用T代表温度，v_y代表滑移速度，$\partial v_y/\partial x$代表速度梯度或应变率，则裂纹一维温升控制方程为

$$\frac{\partial}{\partial x}\left(k_{\mathrm{f}}\frac{\partial T}{\partial x}\right)+\rho_{\mathrm{f}}QZ\mathrm{e}^{-\frac{E}{RT}}+\alpha\mu_{\mathrm{d}}p(t)\frac{\partial v_y}{\partial x}=\rho_{\mathrm{f}}c_{\mathrm{f}}\frac{\partial T}{\partial t},\quad 0<x<l,\text{液相}$$

$$\frac{\partial}{\partial x}\left(k_{\mathrm{s}}\frac{\partial T}{\partial x}\right)+\rho_{\mathrm{s}}QZ\mathrm{e}^{-\frac{E}{RT}}=\rho_{\mathrm{s}}c_{\mathrm{s}}\frac{\partial T}{\partial t},\qquad\qquad x>l,\text{固相}$$

(5-19)

式中，下标f、s分别为液相和固相的值，采用差分法可以对该方程进行求解。采用JHL-3炸药作为计算对象，该炸药参数如表5-3所示。

表5-3　JHL-3炸药材料的参数

$\rho_{\mathrm{s}}/(\mathrm{kg/m^3})$	$\Delta H/(\mathrm{J/kg})$	$k_{\mathrm{s}}/(\mathrm{W/(m\cdot K)})$	$C_{\mathrm{s}}/(\mathrm{J/(kg\cdot K)})$	$Z/(\mathrm{s^{-1}})$
1.7×10^3	9.27×10^6	0.32	1.0×10^3	1.0×10^{16}
$E/(\mathrm{kJ/mol})$	α	$T_{\mathrm{melt}}\mathrm{K}$	$h_{\mathrm{melt}}/(\mathrm{J/g})$	μ_{d}
180	14.0	473	149	0.1

对该炸药裂纹面施加载荷的水平为应力$P=1\mathrm{GPa}$，最大偏应变率$\partial v_x/\partial y=1.47\times10^4\mathrm{s^{-1}}$，计算得到的不同时刻裂纹温度分布如图5-49(a)所示。从图中可看出，所有时刻都是裂纹中心温度最高，并向外逐渐降低，随着时间增加，裂纹及周围温度不断升高，在裂纹中心最先发生点火。覃金贵同时研究了裂纹面正压力P和裂纹宽度$2l$对温升及点火行为的影响，结果如图5-49(b)和图5-49(c)所示。从图5-49(b)可看出，压力越大，温升速率越快，达到熔点的时间及熔化过程时间越短。此外，图中$P=0.5\mathrm{GPa}$、$1\mathrm{GPa}$和$2\mathrm{GPa}$时，点火时间分别为$44\mu\mathrm{s}$、$360\mu\mathrm{s}$和$120\mu\mathrm{s}$，说明点火时间随裂纹面正压力的增加而缩短。从图5-49(c)可看出，

随着裂纹宽度的增大，炸药温升速率增大，点火时间缩短。

覃金贵[53]将裂纹摩擦熔化模型应用到JHL-3炸药的SHPB剪冲试验计算中，发现在炸药整体温度较低的情况下，裂纹中心温度也可以达到很高的水平，结果如图5-50所示。从图中可看出，即使在炸药整体温度只有几十摄氏度的情况下，裂纹中心温度也可以达到1100℃的水平，这很容易在短时间内引发点火。

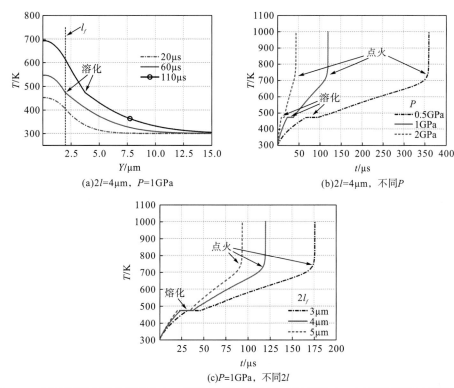

图5-49 (a)不同时刻裂纹温度分布，以及(b)裂纹正压力对温度影响、(c)裂纹宽度对温度影响

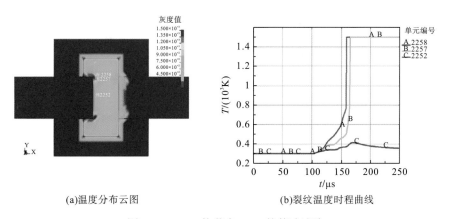

图5-50 JHL-3炸药在45m/s的剪冲试验

美国LANL实验室的Starobin等[54]基于类似的裂纹一维摩擦模型，研究了裂纹两侧相对滑移速度V和相变潜热L对炸药点火行为的影响，结果如图5-51所示。结果表明，在同样

的相变潜热下，点火时间随滑移速度的增加而单调减小；在同样的滑移速度$V = 65m/s$下，点火时间随相变潜热的增加先减小后增加。

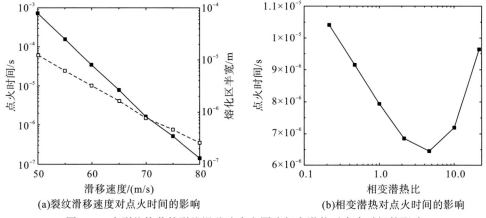

(a)裂纹滑移速度对点火时间的影响　　　　　(b)相变潜热对点火时间的影响

图5-51　含裂纹炸药的裂纹滑移速度和固液相变潜热对点火时间的影响

2. 孔洞塌缩

PBX炸药内部除裂纹这种缺陷外还有一种重要缺陷，即微孔洞。炸药受载时在微孔洞附近会产生局域应力-应变集中，导致孔洞附近产生明显温升，这种局域化温升也是导致点火的重要原因。孔洞塌缩球壳模型如图5-52(a)所示[53]。其中，a_0为炸药中孔洞的初始半径，b_0为外半径，可通过炸药内部的初始孔隙率确定。施加于球壳外表面与时间相关的应力P_s为冲击波载荷。计算中，假定固体炸药的体积不可压缩，材料屈服强度Y和黏性系数η为常数，炸药材料为PBX-9404，加载波强度P_s为1GPa，上升时间为0.1μs，之后保持强度1GPa不变，孔洞初始半径$a_0 = 10$μm。

图5-52(b)给出了加载不同时刻球壳内部的温度分布[53]。从图中可看出，球壳内壁温度最高，沿着径向逐渐降低。随着时间的推移，孔洞半径不断减小，球壳内壁温度不断升高，到$t = 4$μs时，孔洞半径被压缩到2.5μm，内壁温度已达到1000K，在这个温度下炸药将在很短时间内发生点火。

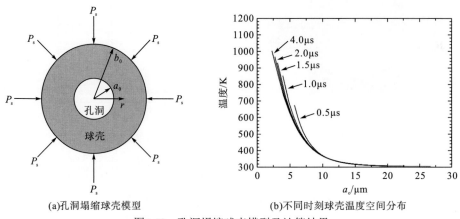

(a)孔洞塌缩球壳模型　　　　　　　(b)不同时刻球壳温度空间分布

图5-52　孔洞塌缩球壳模型及计算结果

图5-53(a)给出了冲击波压力对孔洞塌缩响应的影响。从图中可看出，随着加载压力的增大，孔洞塌缩得更快，压缩得更小，孔洞温度更高，更利于热点的形成。图5-53(b)给出了化学反应及熔化过程对孔洞塌缩响应的影响。从图中可看出,炸药经历了明显的"温升→熔化→继续温升→点火"的过程。此外，在相同的冲击波强度P_s下，熔化前考虑和不考虑化学反应的温升曲线几乎完全重合，这说明化学反应仅在温度达到一定程度时才起作用，在点火前的温度积累过程中，化学反应项对温升的贡献很小。

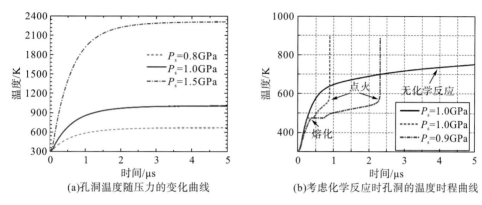

(a)孔洞温度随压力的变化曲线　　　(b)考虑化学反应时孔洞的温度时程曲线

图5-53　考虑压力和化学反应时孔洞塌缩球壳模型计算结果

上述单球壳模型虽然可以描述炸药材料中孔洞塌缩对局域化温升的影响，但并未考虑黏结剂，而PBX炸药是由炸药晶体和黏结剂组合而成，为更加全面地描述PBX炸药中的孔洞塌缩效应，北京理工大学的段卓平等提出了双球壳孔洞塌缩热点模型[55-59]。该模型中，球壳由两层材料组成，其中内层球壳材料为黏结剂，外层球壳材料为炸药，根据PBX炸药的孔隙率和各组分含量，可以确定双球壳模型中孔洞、黏结剂和炸药球壳的半径。段卓平等利用双球壳孔洞塌缩热点模型模拟了PBX-9404和PBX-9501的冲击起爆过程，取得了不错的效果[55,58,59]。

3. 气泡压缩

Bowden等[60]的工作发现，NG(硝化甘油)炸药在很低强度的落锤撞击下，也会发生点火反应。起初他们认为NG炸药的局域化温升是由撞击加载下炸药的局部黏性流动或应力集中效应导致，但是经过计算发现，在不足10^4g·cm(g为质量，cm为落锤下落高度)的加载能量下，落锤撞击导致的炸药温升只有几十摄氏度，而点火时间在100μs量级，这是相互矛盾的。因此，他们假设在低强度落锤加载下，热点机制是气泡绝热压缩，计算得到的气泡绝热压缩温度可以达到1000℃的量级，该温度对应的点火时间和试验结果一致。

假定炸药生产过程或者炸药撞击过程中被圈住的气泡符合理想气体，满足理想气体状态方程，则气泡的压力和温度可以用如下公式估计[61]：

$$T_1 = T_0 \left(\frac{p_1}{p_0} \right)^{\frac{\gamma-1}{\gamma}}　　　　　　(5-20)$$

式中，p_0、T_0分别为气泡的初始压力和温度；p_1、T_1分别为压缩后气泡的压力和温度；γ为气体常数。从上式看出，气泡压缩前后的压力比越大，气泡的温度越高。

Murgai[62]对落锤撞击下，由气泡绝热压缩和样品黏塑性流动产生的温升进行了对比研究，他首先计算了在落锤撞击下单个球形颗粒与锤头之间的接触压力p_a，即

$$p_a = \frac{4a^3}{3\pi r_1 A(\varphi_1 + \varphi_2)} \tag{5-21}$$

式中，a为锤头和颗粒之间的接触半径；r_1为球形颗粒半径；A为压砧面积；$\varphi_1 + \varphi_2$同样品的泊松比和密度有关。然后他假定，被颗粒圈住的气泡压力p_1和p_a相等，于是给出T_1可达300～800℃的高温，如表5-4第7列所示。然而，如果没有气泡，那么固体球形颗粒的温升只有零点几摄氏度，不可能发生点火，如表5-5所示。

表5-4　不同落锤撞击条件气泡绝热压缩温升

炸药	落锤质量/g	落高/cm	撞击时长/μs	点火时间/μs	压力/×10⁵Pa	温度/℃
PETN	1860	18	167		27.0	497
PETN	1860	40	157		43.6	610
PETN	1860	60	148	131		
PETN	530	155	145	65		
PETN	250	180	150	103		
硝化甘油	112				15.0	348
雷酸汞	225	100	160	100	64.3	714

表5-5　无气泡压缩固体温升

固体颗粒材质	温升/℃
铜	4×10^{-4}
钠	58×10^{-4}
甘油	53×10^{-4}
甲苯	223×10^{-4}

除理论计算外，Balzer等[63]发现了落锤撞击下气泡产生的直接证据，如图5-54所示。从图中可看出，在Φ4mm×1.7mm尺寸PETN超细颗粒压缩350μs后，在样品边界圈住了一个小气泡，如箭头A所示，正是由于该气泡的绝热压缩才引发了后续的点火。

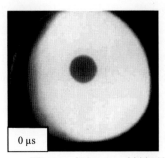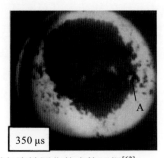

图5-54　超细PETN材料压缩时气泡被圈住的直接证据[63]

4. 剪切带

炸药样品在压剪复合加载下，局部位置可能承受很高的应变率，这部分炸药首先发生屈服破坏，丧失承载能力。随着加载的进行，只需要很小的切应力就可以使这部分炸药发生剧烈的剪切变形，这样的剪切变形持续下去，容易形成剪切带。由于剪切带内部的高应变率及挤压力，容易造成局域化温升，从而引发点火。

图5-55和图5-56显示了PETN和RDX/DOS混合炸药粉末在落锤撞击下的高速摄影图像[63, 64]。从中可以明显看出，随着加载的进行，炸药首先受到挤压变形，随着挤压的进行，炸药向周围发生膨胀，膨胀炸药的内部产生剧烈的剪切变形，形成剪切带。

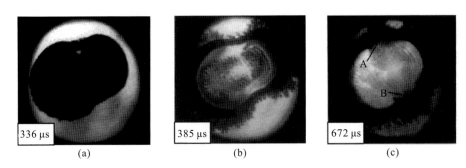

图5-55　PETN样品烧结和剪切带图像[63]

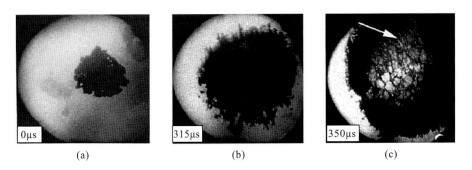

图5-56　RDX/DOS混合粉末炸药剪切带图像[64]

5.2.4　撞击加载下炸药的点火响应

炸药作为典型的含能材料，撞击加载下产生局域化温升后，如果温升区域的温度、大小满足本书第2章介绍的热爆炸临界条件，那么该区域的温度会持续增加，最终引发点火。为描述撞击加载下炸药材料的点火响应特性，前人开展过不同类型的点火试验，也建立了一系列不同形式的点火模型。

1. 宏观点火响应

Partom[65]于2002年提出了以压力和塑性应变率表达的点火模型，即PD模型：

$$P^n D = (PD)_{ig} \tag{5-22}$$

式中，P为压力；D为等效塑性应变率；n和$(PD)_{ig}$为材料常数。该模型认为，当材料内部压力的n次方和等效塑性应变率的乘积达到一个阈值$(PD)_{ig}$后，样品发生点火。他将该模型应用到了LX-04炸药的Susan试验[66-68]计算中，计算模型和结果如图5-57所示。结果表明，LX-04炸药的Susan试验临界撞击速度阈值为43m/s，PD模型阈值为$(PD)_{ig} = 0.0235GPa/\mu s$。

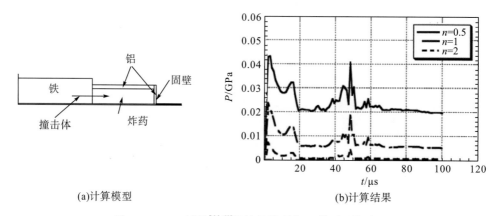

(a)计算模型　　　　　　　　　(b)计算结果

图5-57　Susan试验[66-68]的计算模型和PD模型计算结果

国防科大的覃金贵[53]对JHL-3炸药开展了SHPB加载试验，试验装置如图5-58所示。

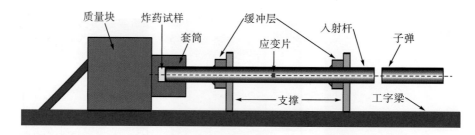

图5-58　JHL-3炸药的SHPB加载试验示意图

加载过程中，炸药侧向被钢套筒约束，使其只产生轴向变形，套筒和质量块之间通过4个螺钉连接。炸药底部粘贴有锰铜计和热电偶，用于获取试验过程中的压力和温度信息。子弹和入射杆材料选用合金钢60SiMnV，直径为20mm，入射杆长度为2000mm，子弹长度为200mm、500mm、700mm和800mm，可以实现4种不同长度的加载脉宽（80μs、200μs、280μs、320μs）。为防止点火爆炸引起的不安全因素，在入射杆上紧贴支撑的左侧安装由橡胶、泡沫组成的缓冲层，用于吸收反向冲击的能量。同时，在套筒侧面设计有通孔，用于快速泄压。

图5-59显示了子弹速度为$V = 22.1m/s$时的典型压力、温度时程曲线及对应时刻的高速摄影图像。从图5-59(a)可看出，当$t = 100\mu s$时，照片全黑，炸药没发生点火，对应力为570MPa；当$t = 133\mu s$时，测得应力为633MPa，此时照片已出现火光，表明炸药点火时刻发生在100~133μs；随着反应进行，当$t = 167\mu s$时，应力进一步增大到706MPa，照片火光

面积扩大；当$t = 200\mu s$，火光面积更大，占据大部分图像。从图5-59(b)可看出，随着加载进行，炸药试样与砧骨界面温度不断上升，到$t = 133\mu s$时，高速摄影照片显示炸药还未发生点火，此时界面温度为339K；当$t = 167\mu s$，照片显示套筒上正对相机的导气孔可看到很小的火光，且背景白纸上看到背对相机的另一导气孔映出的火光，由此可知此时炸药已发生点火，对于界面温度为368K。需要注意的是，此368K反应的是炸药当地宏观温度而非细观热点温度，因为在$t = 167\mu s$这个时间尺度下，炸药的实际点火温度应该在750K左右。

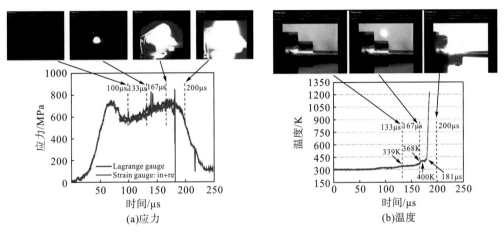

图5-59　试样的应力和温度时程曲线及对应的高速摄影图像($V = 22.1$m/s)

为描述炸药在SHPB加载下的点火行为，基于临界能量的概念，覃金贵[53]建立了以炸药受载大小P及载荷持续时间τ的乘积表达的点火判据，即

$$P^n\tau = C \tag{5-23}$$

式中，n、C为材料常数。对于JHL-3炸药，给出$n = 1.9$和$C = 4.3 \times 10^7$(MPa·μs)，拟合结果如图5-60所示。从点火模型参数$n = 1.9$可看出，该模型与著名的非均质炸药点火判据$P^2\tau = \text{Constant}$[69,70]是十分接近的。

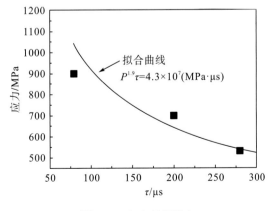

图5-60　点火判据拟合

马丹竹等[71]认为，引发炸药点火的因素不能只考虑输入能量，还应把输入功率考虑进来。换句话说，炸药点火不仅同能量的输入大小有关，也应和能量的输入快慢有关，于是马丹竹提出以输入功率和输入功表达的点火判据：

$$P_{\mathrm{st}}(t) = \sigma_{\mathrm{m}}(t)\dot{\varepsilon}_{\mathrm{pl}}(t) \geqslant P_0$$

$$\bar{W}_{\mathrm{st}} = \int_{t_1}^{t_2} P_{\mathrm{st}}(t)\mathrm{d}t \geqslant W_0 \tag{5-24}$$

式中，P_{st} 为临界输入功率；$\bar{W}_{\mathrm{st}}$ 为临界输入功；σ_{m} 为Mises应力；$\dot{\varepsilon}_{\mathrm{pl}}$ 为塑性应变率；P_0 和 W_0 为输入功率和输入功阈值，该判据的物理图像如图5-61(a)所示。从中可以看到，实际输入功率和输入功，两者低于 P_0 和 W_0 的任意一个均不发生点火。对于PBX-1炸药[13]，他给出 P_0 和 W_0 的值分别为 $0.52\times10^{12}\mathrm{W/m^3}$ 和 $26\times10^{6}\mathrm{J/m^3}$。利用这个阈值，对PBX-1炸药在不同射弹速度下的Steven试验[72-75]进行了计算，发现临界点火速度的试验和模型预测结果符合得较好，如图5-61(b)所示。

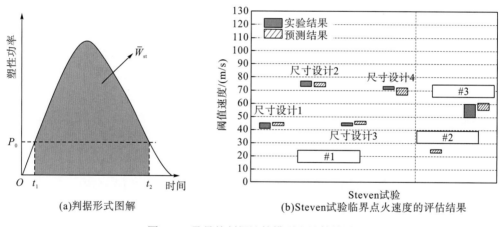

(a)判据形式图解　　　　(b)Steven试验临界点火速度的评估结果

图5-61　马丹竹判据计算模型和计算结果

Reaugh[76]认为，炸药材料的点火受最大切应力面上的正应力及该面上的切应变率控制，再乘以一个剪切因子，提出了著名的Hermes点火判据：

$$\int_0^t \left(2 - \frac{27|J_3|}{2Y^3}\right)^5 \left(\frac{p + s_2/2}{\sigma_0}\right)^{1/2} \dot{\varepsilon}_p \mathrm{d}t = D_0 \tag{5-25}$$

式中，Y 为屈服强度；J_3 为应力偏量张量第三不变量；p 为最大切应力面上正应力；s_2 为应力偏量张量中间主应力；$\dot{\varepsilon}_p$ 为最大塑性切应变率；D_0 为阈值常数。

Hughes等[77]将该判据应用到了PBX炸药的冲塞点火试验中，冲塞试验装置如图5-62所示。

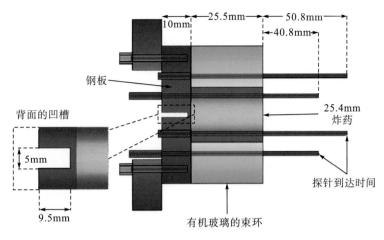

图5-62　冲塞点火试验布局

图5-62中，黄色部分为PBX炸药，半径为12.7mm，长度为25.4mm；炸药侧向用透明有机玻璃进行约束，有机玻璃同时作为高速相机拍摄窗口；炸药底部安装有一个厚度为10mm的钢板，钢板中心开有直径5mm的凹槽。对炸药进行冲塞加载，冲塞杆的直径为3.175mm，长度为28mm。一共对3种不同炸药进行了冲塞加载，炸药材料组分如表5-6所示。

表5-6　炸药材料组分

炸药	密度 g/cm³	成分	质量分数/%
PBX-1	1.84	HMX Type B 硝化纤维 K10	91 1 8
PBX-2	1.78	HMX Type B HTPB 聚氨酯	95 5
PBX-3	1.83	HMX Type B Viton A	90 10

对PBX-1炸药，一共开展了7发试验，冲塞杆速度为14～44m/s，全部发生点火；对PBX-2炸药，开展了3发试验，冲塞杆速度分别为19.0m/s、21.6m/s和26.5m/s，其中19m/s的未发生点火，其余两发均发生点火；对PBX-3炸药，开展了3发试验，冲塞杆速度分别为13.8m/s、16.2m/s和20.0m/s，其中13.8m/s的未发生点火，其余两发均发生点火。此外，对于PBX-1和PBX-2炸药，点火均是在冲塞杆到达底板位置处发生，而PBX-3炸药点火是在冲塞杆位于炸药中部位置时发生。

图5-63和图5-64显示了PBX-1和PBX-3炸药在冲塞过程中的高速相机图像和回收样品图像，可明显看出对于PBX-1炸药，冲塞杆到达炸药底部时才产生白色发光；而对于PBX-3炸药，冲塞杆运动7～9mm就已经发生点火。

对该点火装置进行有限元建模，输入公式(5-25)表示的Hermes点火判据，采用LS-DYNA软件对冲塞过程进行计算。图5-65(a)显示了PBX-1炸药冲塞杆速度$V=40$m/s下

$t = 200\mu s$时刻点火函数D值的分布图像。从图中可看出，点火函数D值在冲塞杆头部附近炸药区域达到最大值。图5-65(b)显示了在不同冲塞杆速度下点火函数D随侵深的变化图像。从图中可看出，点火函数D值随侵入速度变化不敏感，随侵深变化很敏感。

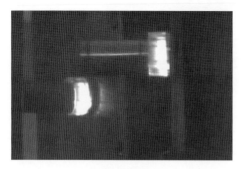 

(a)冲塞点火 (b)回收底板

图5-63　PBX-1炸药冲塞点火和回收底板图像

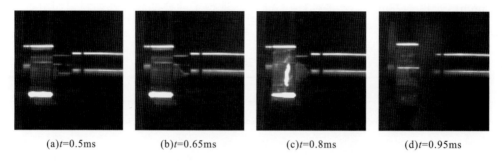

(a)t=0.5ms　　(b)t=0.65ms　　(c)t=0.8ms　　(d)t=0.95ms

图5-64　PBX-3炸药在冲塞过程中的高速摄影图像

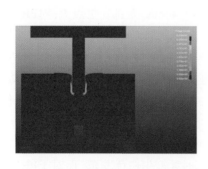 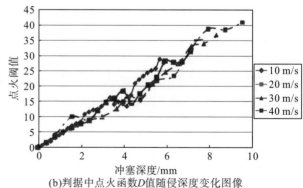

(a)冲塞点火计算(V=40m/s, t=200μs)　　(b)判据中点火函数D值随侵深度变化图像

图5-65　Hermes点火判据的应用

2. 细观点火响应

1) Browning点火模型

Browning[78]基于摩擦热点机制，认为机械刺激下导致炸药发生点火的主要因素是细观颗粒之间的摩擦生热。因此，首先从颗粒尺度建立摩擦热功率同点火时间的关系〔图5-66(a)〕，然后将颗粒之间的摩擦挤压力和相互滑动速度转化到宏观应力和应变率上，即可建立点火模型。为简化起见，考虑均匀颗粒模型，如图5-66(b)所示。

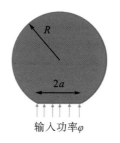

(a)颗粒输入功率模型　　　　　　(b)颗粒堆垛示意图

图5-66　颗粒堆垛及受力分析

从图5-66(a)可看出，由于颗粒是弹性体，因此受到挤压时存在一个圆形接触区域，设其半径为a。输入功率φ由摩擦提供，单位面积的输入功率可以表达为

$$\varphi = \mu \overline{p} V \tag{5-26}$$

式中，μ为摩擦系数；$\overline{p} = p / \left(\pi a^2 \right)$为接触面的平均压力；$p$为接触面的总压力；$V$为相对滑动速度。

由Hertz接触理论[79]可知，挤压区域的半径可以表达为

$$a = \left(\frac{3pR}{4E^*} \right)^{\frac{1}{3}} \tag{5-27}$$

式中，R为颗粒半径；$E^* = E / \left[2\left(1-v^2\right) \right]$为等效模量；$E$为弹性模量；$v$为泊松比。

已有工作表明，常输入功率下$\overline{\varphi}$，炸药颗粒单位面积输入功$\overline{\Phi}$同点火时间t_{ig}和作用区域的区域半径a之间满足关系(注意$\overline{\Phi} = \overline{\varphi} t$)[78]：

$$\overline{\Phi} = C_0 a \left(\frac{\lambda t_{ig}}{\rho c_p a^2} \right)^n \tag{5-28}$$

式中，n、C_0为常数；ρ为炸药密度；c_p为比热容；λ为热导率。对于图5-66的颗粒堆垛情况，可建立宏-细观力、速度分析图像，如图5-67所示。

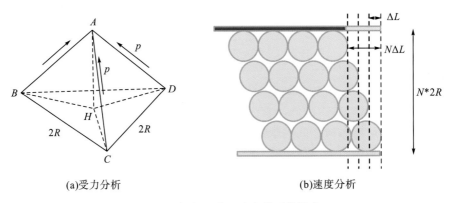

(a)受力分析　　　　　　　(b)速度分析

图5-67　宏-细观力、速度关系的搭建

图5-67(a)中，每个颗粒位于一个顶点上，因此4个颗粒A、B、C、D将构成一个正四面体，颗粒之间的接触总压力p分布在AB、AC和AD共3条边上。因此，假定沿HA方向的宏观正应力为σ_A，则有

$$2\sigma_A S_{BCD} = 3p\cos(\angle HAD) \tag{5-29}$$

由于正四面体四个面都是等边三角形，因此根据立体几何的相关知识，式(5-29)可化为

$$p = \sqrt{2}\sigma_A R^2 \tag{5-30}$$

根据图5-67(b)，假定宏观应变率为$\dot{\gamma}$，颗粒间的相对滑动速度为V，则有

$$V = R\dot{\gamma} \tag{5-31}$$

联立式(5-26)～式(5-31)，可得到一个以应力σ_A、应变率$\dot{\gamma}$和点火时间t_{ig}表达的模型，即Browning点火模型：

$$\sigma_A^{\frac{2}{3}n} \dot{\gamma} t_{ig}^{1-n} = C_1 \tag{5-32}$$

式中，n为与晶体颗粒点火相关的材料常数；C_1为点火阈值。如果将n取成文献[78]中的数值，即$n = 0.7876$，那么式(5-32)将变为

$$\sigma_A^{0.525} \dot{\gamma} t_{ig}^{0.212} = C_1 \tag{5-33}$$

文献[78]中公式(10)给出的判据形式为$\sigma_A^{0.66}\dot{\gamma}^{1.27}t_{ig}^{0.27} = C$和上式并不矛盾，只要两边同时取（　）$^{1/1.27}$将$\dot{\gamma}$的系数变为1，则因为$0.66/1.27 = 0.520$和$0.27/1.27 = 0.213$，这式(5-33)中$\sigma_A$和$t_{ig}$的指数是很接近的。

Scammon等[80]将Browning模型植入到DYNA2D中，对PBX-9501炸药Steven试验的临界点火速度进行了计算，结果如图5-68所示。从图中可看出，Steven试验的最大和最小点火速度同Browning模型的计算结果符合较好。

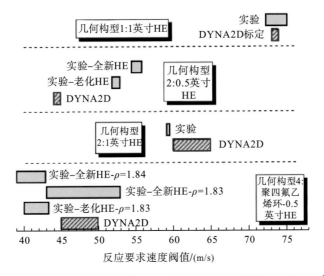

图5-68　Browning模型给出的Steven试验临界点火速度和试验对比[80]

2)卷积形式的点火模型

由于实际应用中，样品所受应力和切应变率不可能为常数，因此需要对前面介绍的Browning模型进行进一步修正。Browning本人将应力和应变率随时间的变化考虑了进来，针对图5-66中变输入功率和变接触面积下的点火问题，他假定随时间变化的单位面积输入功率$\varphi(t)$满足如下条件时晶体发生点火[81]：

$$F_{cr} = \int_0^t K\left(s_2 t - s_2 x\right) s_1 s_2 \varphi(x) \mathrm{d}x \tag{5-34}$$

式中，$s_1 = c_p a/(q\lambda)$；$s_2 = \lambda/(\rho c_p a^2)$；$a$为作用区半径；$c_p$为比热容；$\lambda$为热导率；$\rho$为材料密度；$q$为单位质量反应热；$t$为时间；$F_{cr}$为点火阈值；$K(x)$为某函数。

为猜测$K(x)$的具体形式，Browning认为，当$\varphi(t) = \bar{\varphi}$是常数时，则公式(5-34)必然会回到式(5-28)的形式，因此令[81]：

$$K(x) = x^{-n}(1-n) \tag{5-35}$$

不难发现，当$K(x)$取式(5-35)的形式且令$F_{cr} = C_0/(\rho q)$时，则式(5-34)变回式(5-28)的形式，注意变换中取$\bar{\Phi} = \bar{\varphi}t$。将式(5-35)代入式(5-34)，可得

$$\int_0^t (t-x)^{-n} \varphi(x) s_1 s_2^{1-n} \mathrm{d}x = \frac{F_{cr}}{1-n} \tag{5-36}$$

把式(5-30)和式(5-31)代入式(5-26)，可将功率φ表达成力和应变，再注意到$s_1 = c_p a/(q\lambda)$和$s_2 = \lambda/(\rho c_p a^2)$中的$a$是压力$p$的函数，且随时间改变，则可得到以卷积形式表达的点火判据，即

$$\int_0^t (t-\tau)^{-n} \sigma_A^{\frac{2n}{3}}(\tau) \dot{\gamma}(\tau) \mathrm{d}\tau = C_2 \tag{5-37}$$

式中，C_2为材料常数。容易证明，当$\sigma_A(\tau)$和应变率$\dot{\gamma}(\tau)$为常数时，式(5-37)可以回到式(5-32)。Browning等[81]应用模型式(5-37)对PBX-9501的Steven试验临界点火速度进行了计算，结果如图5-69所示。从图中可看出，试验和模型计算结果符合较好。

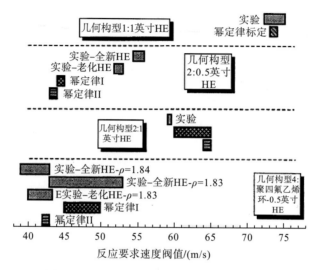

图5-69　Steven试验临界点火速度的计算结果

法国CEA实验室的Gruau等[82]利用式(5-37)的卷积模型，对PBX炸药的Steven试验开展了计算。他们一共设计了5种构型，前3种构型的样品底部为钢材料，用于确定点火临界撞击速度和卷积模型参数，而构型4和构型5在样品底部开有透明窗口，可以观测点火区形貌和点火时间，如图5-70所示。

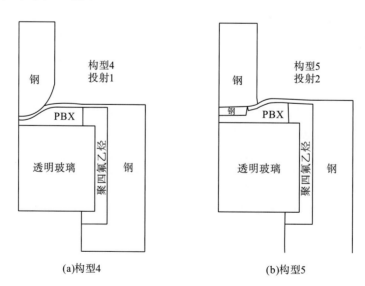

图5-70　Steven试验的两种构型

对于构型4，子弹端部为半球形，撞击速度为103m/s；对于构型5，子弹端部为平头，撞击速度为110m/s，且样品表面钢壳开有一个圆孔，用于放置一个圆柱形冲塞体，当子弹撞击钢壳时，冲塞体会侵入炸药内部。两种构型对应的试验和计算结果如图5-71～图5-74所示。

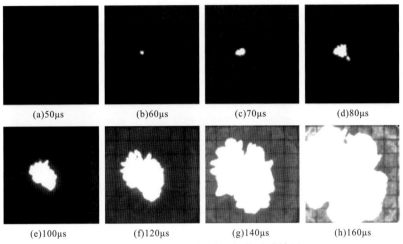

(a)50μs　　　(b)60μs　　　(c)70μs　　　(d)80μs

(e)100μs　　　(f)120μs　　　(g)140μs　　　(h)160μs

图5-71　Steven试验中构型4的试验结果

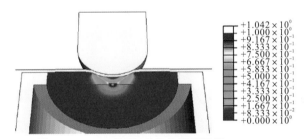

图5-72　Steven构型4的数值模拟结果，$t = 53μs$

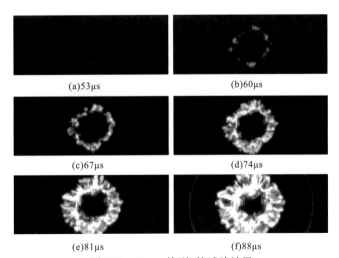

(a)53μs　　　(b)60μs

(c)67μs　　　(d)74μs

(e)81μs　　　(f)88μs

图5-73　Steven构型5的试验结果

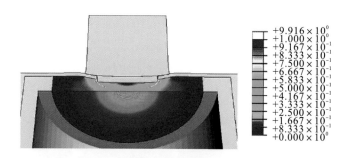

图5-74   Steven构型5的数值模拟结果，$t = 55\mu s$

从图中可看出，对构型4而言，试验给出的点火时间上限不超过60μs，而数值模拟给出的点火时间为53μs，两者比较接近，且试验和计算结果都表明点火位置在样品中部；对构型5而言，试验给出的点火时间上限不超过60μs，而数值模拟给出的点火时间为55μs，两者比较接近，且试验和计算结果都表明点火区形貌为圆环形。由此可见，公式(5-37)的卷积形式点火模型可以对PBX炸药的撞击点火行为进行较好的预测。

由于卷积形式点火模型是基于炸药颗粒均匀假设的，中国工程物理研究院流体物理研究所的李克武等将炸药颗粒的非均匀特性考虑进来，修正了卷积形式的点火模型，并利用修正后的卷积模型对PBX-3炸药Steven试验的点火行为进行了计算，结果如图5-75所示。

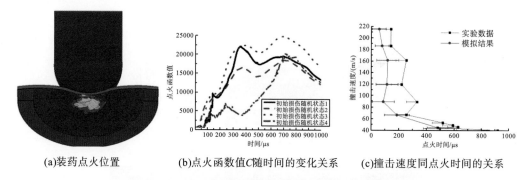

(a)装药点火位置   (b)点火函数值C随时间的变化关系   (c)撞击速度同点火时间的关系

图5-75   修正后的卷积模型的Steven试验计算结果

从图5-75可看出，点火函数值C随时间呈现出波动状态，但整体呈上升趋势。对撞击速度阈值处的Steven试验进行了30次数值模拟抽样，统计分析给出点火阈值为20000，数值模拟给出的临界撞击速度与点火时间同试验结果接近。

3) 基于热点临界条件点火模型

Barua和Kim等[83,84]认为，材料的点火可归结为局部热点的产生及热点是否达到临界条件。他们先计算非弹性耗散和局部摩擦导致的热点大小d和温度T，然后代入Tarver等[85]的热点判据$d_c(T)$中。若满足：

$$d(T) \geqslant d_c(T) \tag{5-38}$$

则发生点火。注意的是，在热点的生成过程中，不考虑化学反应，而是把炸药当成惰性材料，因为化学反应的影响已经在Tarver临界条件[85]中给出。此外，由于热点内部的温度是非均匀分布的，因此即使是同一个热点，选择不同的温度将导致不同的热点大小d，为表征一个热点究竟有多趋近临界条件，Kim定义了一个R因子[84]：

$$R = \frac{T(d) - T_i}{T_c(d) - T_i} \tag{5-39}$$

式中，$T(d)$为直径是d的热点温度；$T_c(d)$为Tarver临界条件温度；T_i为环境参考温度，一般取室温，该因子的图示如图5-76所示。

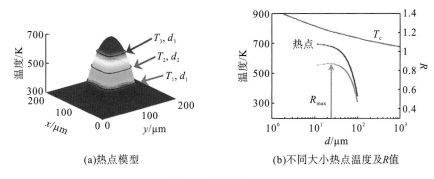

(a)热点模型　　　　　　(b)不同大小热点温度及R值

图5-76　热点的R因子

从图5-76可看出，取不同的热点大小，对应不同的热点温度和R值，遍历整个热点，取R的最大值作为该热点距离临界条件的度量。$R = 0$代表无热点；$R = 1$代表热点达到临界条件。

图5-77显示了HMX基无黏结剂PBX炸药脉冲加载的计算模型，图5-78显示了点火判据式(5-38)和式(5-39)的计算结果。从图5-78可看出，脉冲加载下，加载阵面后产生大量的局部热点，将这些热点的大小和温度绘制在T-d图上，发现所有热点均低于临界条件，因此不发生点火。

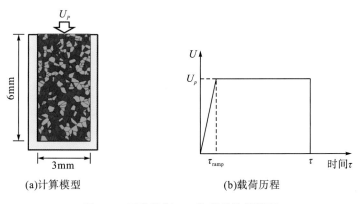

(a)计算模型　　　　　　(b)载荷历程

图5-77　无黏结剂PBX炸药的计算模型

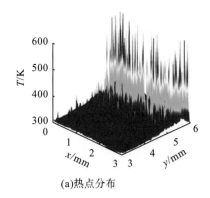 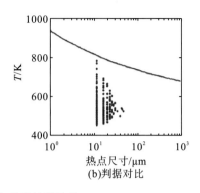

(a)热点分布   (b)判据对比

图5-78   PBX炸药脉冲加载的计算结果

5.3   炸药与结构的相互作用

在机械刺激下装药系统点火风险的评估中,炸药与附近结构的相互作用效应是整个问题的核心。在事故场景中,导致炸药点火反应的因素不是装药整体所受外载荷,而是与炸药相邻的结构部件对炸药施加的载荷。因此,在研究结构装药意外点火风险时,不仅需要了解炸药材料自身的热/点火反应特性,还需要研究炸药材料同结构的相互作用效应。本节针对两种典型的部组件结构,即局部侵入结构和缝隙挤压结构,开展在撞击载荷作用下炸药同部组件结构的相互作用效应研究。

5.3.1   炸药与侵入体的相互作用

在一些安全性场景中,炸药部组件由金属棱条组成的网状框架和被固定在框架内的装药组成。在外载荷的作用下金属框架发生变形,金属棱边持续侵入装药。该部组件响应的危险性在于,装药金属棱边正下方区域将形成两条相互交错的剪切带,随金属棱边的侵入,剪切带内的破碎炸药颗粒将受到强烈而持续的挤压、滑移和摩擦,这可能形成高速的剪切流动从而引发点火反应。研究者针对局部侵入下炸药的响应,开展了相关的试验研究和数值模拟工作。

1. 局部侵入下炸药的破坏响应

炸药发生点火前一般会先发生破坏,因此在局部侵入工况下,首先需要研究炸药的破坏响应特征。中国工程物理研究院流体物理研究所的胡秋实等对PBX-3炸药代用材料开展了轴对称侵入试验,试验装置如图5-79所示。试验在MTS材料力学试验机上进行,侵入深度控制在10~40mm,压缩应变率为500mm/min,压头为平头,直径为$d_1 = 8$mm,材料为LY12,样品直径为$d_2 = 40$mm,高度为60mm。

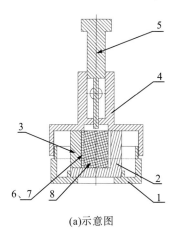

(a)示意图　　　　　　　　　　　　　(b)实物图

图5-79　试验装置示意图及实物图

1. 底座；2、3. 保护套；4. 上盖；5. 压头；6、7. 内保护套；8. 样品

图5-80显示了侵深10mm、30mm和40mm情况下的载荷位移曲线。从图中可看出，随着侵入深度的增加，载荷呈线性上升。当载荷达到7.5kN时，曲线达到峰值，然后突然下降，表明此时样品发生破坏。随后侵深继续增加，为抵抗压头继续运动，载荷又开始上升，此时载荷上升的速率明显比破坏前慢。当侵深达到10~20mm时，载荷水平基本不增加，进入一个稳定阶段。当侵深超过20mm后，载荷随侵深增加而继续增加，但此时的上升速率更慢。

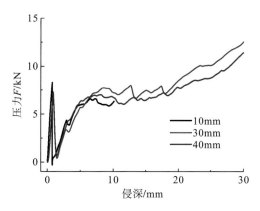

图5-80　不同侵深下的载荷-位移曲线

对样品的回收分析发现，压头下方出现"V"形破坏锥，且破坏锥的高度随侵深的增加而减小，如图5-81~图5-83所示。

除轴对称侵入外，中国工程物理研究院流体物理研究所的傅华等开展了平面应变条件下PBX-1代用材料的局部侵入试验，试验装置如图5-84(a)和图5-84(b)所示。试验中，低速射弹重2.5kg，铝条形压头截面尺寸为5mm×50mm，PBX-1炸药代用材料尺寸为65mm×50mm×26mm，安装于四面约束壁内，其中三面为钢壁，方形有机玻璃(尺寸25mm×65mm)作为高速摄影观测窗口，同时作为第四面约束壁。两应变片分别贴于压头两侧中部位置，用于测量撞击压头的平均应力。高速摄影幅频2×10⁴f/s，结合微距镜头使用。

高速摄影静止像如图5-84(c)所示。试验前对样品表面进行了打磨及喷涂散斑处理，要求散斑尺寸适中、布置均匀，且在加载过程中不能有脱落现象，便于后续数字散斑方法的图像处理。

(a)约束套   (b)样品   (c)沿断面切开   (d)破坏锥

图5-81   侵深20mm下的典型试验结果

(a)约束套   (b)样品   (c)沿断面切开   (d)破坏锥

图5-82   侵深40mm下的典型试验结果

图5-83   破坏锥高度随侵深增加而减小(侵深10mm～40mm)

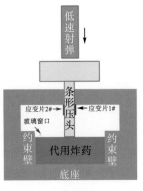 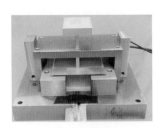 

(a)示意图   (b)实物图   (c)高速摄影静止像

图5-84   平面应变侵入装置

　　在加载初期，炸药代用材料基本处于弹性阶段，将弹性变形的高速摄影结果采用数字散斑方法(DIC)进行处理，获得各个时刻的应力分布。采用5.2.2节的Visco-SCRAM炸药本构模型，对相同条件下的加载试验进行了弹性响应模拟。采用第2章的理论分析公式，计算三个应力分量σ_x、σ_y和τ的理论值，对比结果如图5-85～图5-87所示。从对比结果看，试验结果、数值模拟和理论解符合得较好。

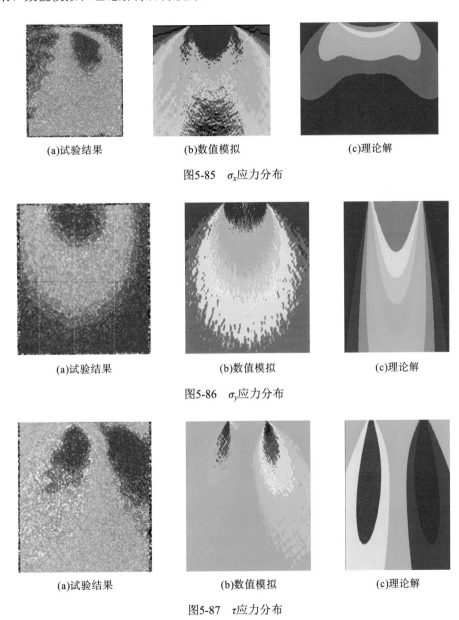

| (a)试验结果 | (b)数值模拟 | (c)理论解 |

图5-85　σ_x应力分布

| (a)试验结果 | (b)数值模拟 | (c)理论解 |

图5-86　σ_y应力分布

| (a)试验结果 | (b)数值模拟 | (c)理论解 |

图5-87　τ应力分布

　　当侵入位移达到一定阈值时，样品必然发生屈服或破坏，样品非弹性阶段侵入过程的高速摄影图如图5-88所示。从图5-88可看出，PBX-1代用材料在条形压头的撞击下，经过前期的弹性变形后发生局部破坏，两条裂纹分别沿着压头两个边角起裂，并按一定角度朝基体内扩展，在压头下方相交形成一定夹角，整个破坏局域从观测窗口方向看其截面呈"V"形。"V"形的底边尺寸与压头的宽度相当，其余两条边为两条裂纹。随后，形成的"V"形楔块在撞击作用下与基体继续作用，即两个裂纹之间持续进行摩擦、剪切作用，这种持续剪切将形成卸载后的持续应力，如图5-89所示。

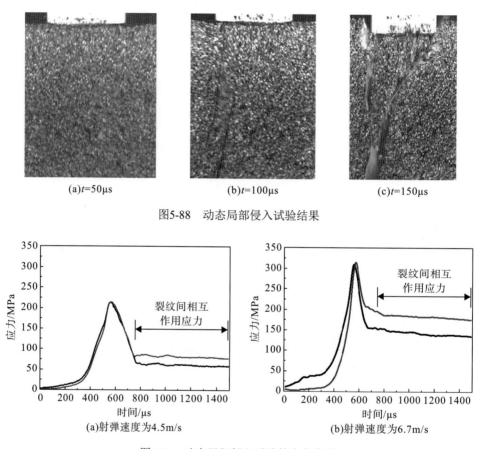

图5-88　动态局部侵入试验结果

图5-89　动态局部侵入试验的应力曲线

采用5.2.2节Visco-SCRAM模型，对相同条件下的加载试验进行了局部破裂模拟，结果如图5-90所示。从图中可看出，裂纹起裂也开始于压头两角，裂纹在考虑了非均质因素的基体内扩展，最后在压头下方相交后也形成了一个"V"形楔形块。条形压头形成的两条裂纹相互作用，计算得到的应力曲线上也形成了卸载后的持续应力，如图5-91所示。再对比图5-80的轴对称准静态局部侵入下的结果发现，在静态、动态侵入下，都会在破坏后形成一定时间的持续应力平台。所不同的是，静态侵入由于侵深很大，所以这种应力平台不能维持，随着时间的增加侵入应力将继续增大。动态试验中，由于应力脉宽较短，压头无法达到大的侵深，从而呈现出侵入应力进入平台后不再增大的情况。

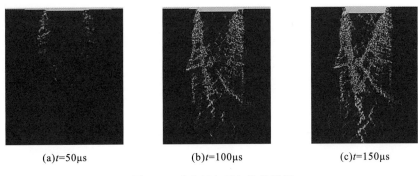

(a)t=50μs　　　　　　　(b)t=100μs　　　　　　　(c)t=150μs

图5-90　动态局部侵入数值模拟

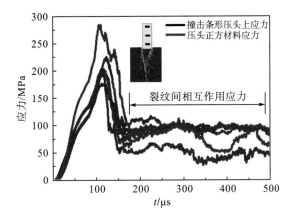

图5-91　动态局部侵入数值模拟的应力曲线

　　动态局部侵入试验的回收试样如图5-92所示。由条形压头冲塞出的楔形块底部尺寸与压头截面尺寸相当，楔形块持续扎入样品，在断面处产生相互摩擦作用，断面的摩擦痕迹十分明显，回收的楔形块截面呈"V"形[86,87]。

2. 局部侵入下炸药的点火响应

　　从上节的试验和数值模拟结果看出，无论是轴对称还是平面应变情况，在局部侵入下，压头正下方破裂后会出现"V"形锥或楔形块［图5-93(a)］。"V"形区域较其余区域的速度高，幅值与撞击速度相当，而其余基体速度较低，从而导致边界处具有较高的速度梯度。高速度梯度区域的存在使得该区域极易形成剪切局域化，导致局部温升，最终引发点火。Henson等[88]、Berghout等[89]在射弹局部撞击试验中，采用高速摄影捕捉到了压头前段形成的"V"形点火发光带，如图5-93(b)所示，该结果证明了点火区的形貌和破坏区相似。

　　中国工程物理研究院流体物理研究所的傅华等开展了圆柱形PBX-1炸药[13]的动态局部侵入试验，试验装置如图5-94所示。撞击方式采用落锤撞击，大质量落锤为700kg，撞击杆直径为20mm，压头直径分别为5mm、10mm，PBX-1炸药尺寸为Φ20mm×30mm。采用应变片测量撞击杆上的应变，以此推测压头应力。采用光纤探头测量压头速度，炸药底部PVDF应力计给出炸药的反应时刻及压力。

(a)断裂试样

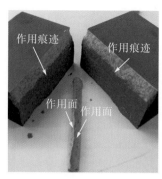
(b)裂纹作用面

(c)"V"形楔块

图5-92 动态局部侵入试验的回收样品

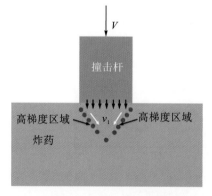
(a)局部撞击点火区域示意图

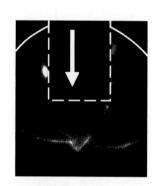
(b)局部撞击试验的点火图像

图5-93 局部撞击点火行为

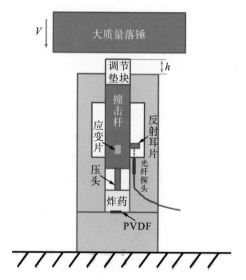

图5-94 PBX-1炸药动态局部侵入试验示意图

通过大落锤落高来调整加载压力幅值，通过限位来调整加载脉宽。当大落锤撞击时，假定撞击过程中速度V不变，改变限位来调整侵入炸药深度h，则加载脉宽为$\tau = h/V$。

在大落锤2m、0.5m落高条件下的激光干涉测速结果如图5-95所示。从图中可看出，速度波形存在震荡现象，整体平均后的速度与理论值相当。加载脉宽方面，当$h = 18\text{mm}$时，预估脉宽分别为2.86ms、5.7ms，实测脉宽为2.8ms、5.2ms，基本符合。

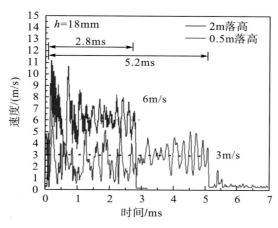

图5-95　激光干涉测速曲线

当落高为2m时，炸药发生了点火，落高0.5m的炸药未点火，应力测试结果如图5-96所示。从图中可看出，发生点火的情况，应力曲线在后期明显升高。通过对速度曲线积分可获得点火时刻炸药的侵入深度，大约在侵入16mm时开始点火，如图5-97所示。其余试验的试验条件和点火情况见表5-7。

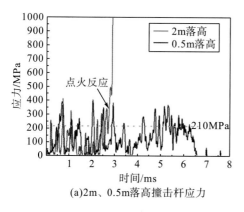

(a)2m、0.5m落高撞击杆应力

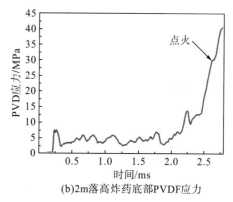

(b)2m落高炸药底部PVDF应力

图5-96　应力-时间曲线

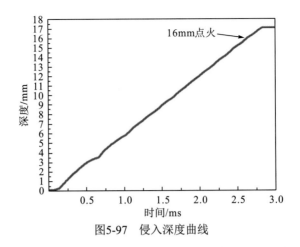

图5-97　侵入深度曲线

从表5-7可看出，在相同加载脉宽条件下，撞击速度高的容易发生点火。在0.5m落高下，即使脉宽达到5.7ms，也不发生点火。

表5-7　PBX-1炸药局部侵入试验结果

序号	落高/m	侵深/mm	压头直径/mm	撞击速度/(m/s)	脉宽/ms	试验结果
1	0.5	9.5	5	3.16	3.0	无反应
2	2	18	5	6.3	2.86	无反应
3	2	18	10	6.3	2.86	点火
4	2	18	10	6.3	2.86	点火
5	1	18	10	4.5	4.0	点火
6	0.5	9.5	10	3.16	3.0	无反应
7	0.5	18	10	3.16	5.7	无反应
8	0.5	18	10	3.16	5.7	无反应

对未点火的试验进行了样品回收，结果如图5-98所示。从图中可看出，压头撞击炸药，压头下方炸药发生冲塞破碎，形成了一个中空圆环。

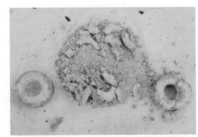

图5-98　回收的未点火炸药试样

Picart等[90]采用Abaqus显示动力学有限元程序，将炸药的塑性各向异性考虑到本构模型中，利用基于Arrhenius定律的四步化学反应模型[91-93]，对PBX-9501炸药片侧向冲塞下的点火区域和点火时间进行了计算。计算结果表明，80μs后PBX-9501发生点火，局域化温升水平达到1000K，点火区域呈"V"形，如图5-99所示。

(a)局域化温升区　　　　　　　　　　　　　　　(b)局域化点火区

图5-99　PBX-9501局部冲塞的数值模拟($t = 80\mu s$)

5.3.2　炸药与缝隙的相互作用

结构装药中，装药组件通常由金属腔体和填充在金属腔体中的炸药组成。在外载荷作用下，金属腔体发生变形并挤压内部炸药，当外界载荷足够高时，金属腔体将破裂形成缝隙。此时如果不卸载，那么金属腔体将对炸药进行持续挤压，驱动炸药向缝隙流动，炸药局部区域发生破碎粉化，当粉化炸药颗粒挤入缝隙时，可能形成高速的剪切流动引发反应。因此，研究炸药与缝隙的相互作用及由此引发的破坏、点火过程，对装药安全性研究具有重要意义。

1. 缝隙挤压下炸药的破坏响应

炸药发生点火前一般会先发生破坏，因此，在缝隙挤压工况下，首先需要研究炸药的破坏响应特征。中国工程物理研究院流体物理研究所的胡秋实等在落锤加载平台上开展了PBX-3代用材料缝隙挤压试验，试验装置和样品如图5-100所示。圆柱形炸药代用材料样品尺寸Φ10mm×5mm，使用聚四氟乙烯环、金属样品套、底座和金属螺栓，将样品紧密填充在金属壳体内。在底座上预设缝隙孔，模拟金属腔体上的缝隙。将10kg落锤从不同高度释放，实现了对外加载荷的可调。在挤压杆上设置有PVDF压力计和PDV测速探头，以测量试样受载端面的载荷和移动速率。

开展3发PBX-3代用材料的缝隙挤压破坏试验，试验条件见表5-8，试验回收结果如图5-101～图5-103所示。

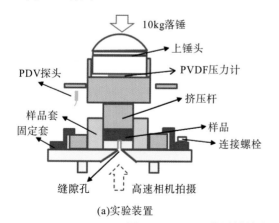

(a)实验装置　　　　　　　　　　　　　　　(b)代用材料样品

图5-100　PBX-3代用材料缝隙挤压试验

表5-8　PBX-3代用材料缝隙挤压加载条件

编号	落高/m	撞击速度/(m/s)	缝隙孔直径/mm
1	0.9	4.2	2
2	0.8	4.0	1
3	1.0	4.5	2

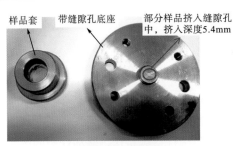

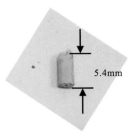

(a)回收样品套和底座　　　　　　　　　(b)从缝隙中取出的样品

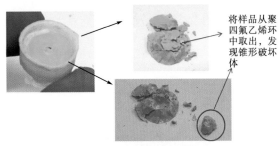

(c)从样品套中取出的回收样品

图5-101　#1试验回收情况

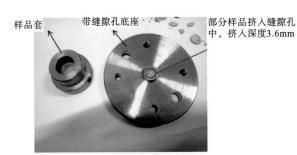

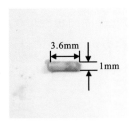

(a)回收样品套和底座　　　　　　　　　(b)从缝隙孔中取出的样品

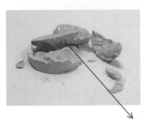

将样品从聚四氟乙烯环中取出，发现锥形破坏体

(c)从样品套中取出的回收样品

图5-102　#2试验回收情况

(a)回收样品套   (b)从缝隙孔中取出的样品

图5-103 #3试验回收情况

从图中可看出，3发试验虽然撞击速度和缝隙孔大小不同，但圆柱形样品挤入缝隙的过程中均产生了"V"形锥破坏体，缝隙孔内均存在少量圆柱状残骸。

中国工程物理研究院流体物理研究所的喻寅等基于离散元程序，对PBX-3炸药在缝隙挤压过程中的温升情况进行了计算，结果如图5-104所示。

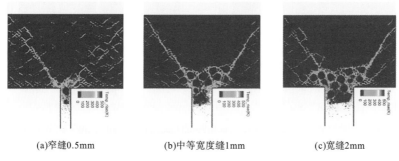

(a)窄缝0.5mm   (b)中等宽度缝1mm   (c)宽缝2mm

图5-104 不同宽度缝隙PBX-3炸药的数值模拟

从图5-104可看出，在缝隙上方的炸药中形成漏斗状"V"形剪切温升区。在一定范围内，当缝隙较宽时，炸药内的受力较不平衡，更易挤压滑出。缝隙更宽时挤压轻，更窄时滑移慢，可能存在最危险的缝隙宽度。

北京理工大学的杨昆等[94]采用自主发展的PBX炸药微裂纹-微孔洞力-热-化耦合细观模型(combined microcrack and microvoid model，CMM)，对高速撞击下PBX炸药在缝隙挤压过程的应力、损伤演化行为进行了计算，所建立的计算模型如图5-105所示。

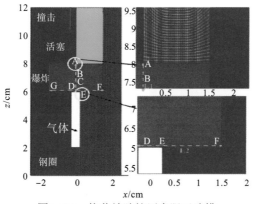

图5-105 炸药缝隙挤压有限元建模

　　计算中，炸药材料分别为压装PBX-5和浇注GOFL-5，尺寸为Φ30×20mm，缝隙孔的直径为5mm，撞击速度为200m/s。计算得到的不同时刻两种炸药内部的最大剪应力演化云图如图5-106所示，缝隙孔附近L2线（图5-105）上的最大剪应力、剪应变率分布如图5-107所示，微裂纹损伤云图如图5-108所示。

　　从图5-106可看出，30μs时，两种炸药剪应力较高区都分布在缝隙周围材料处，35～60μs阶段剪切作用从缝隙周围向炸药内部逐渐传播，形成"V"形传播阵面。从图5-107可看出，两种炸药缝隙周围材料的最大剪应力、剪应变率均出现极大值，在2.5mm的狭窄范围内，最大剪应力、剪应变率均出现较大变化。从图5-108可看出，对于压装PBX-5炸药，微裂纹损伤区域沿与下表面呈45°的方向传播，而对于浇注GOFL-5炸药，微裂纹损伤区集中在挤入缝隙内的材料中，而缝隙上方药柱内未发生明显的剪切裂纹扩展行为。

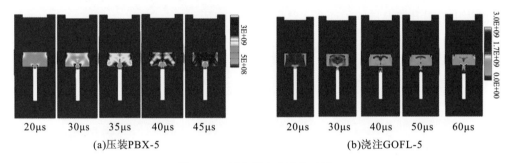

图5-106　最大剪应力演化云图

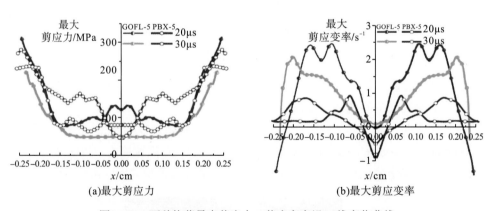

图5-107　两种炸药最大剪应力、剪应变率沿L2线变化曲线

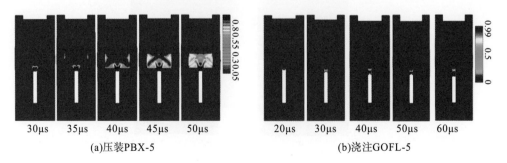

图5-108　微裂纹损伤演化云图

2. 缝隙挤压下炸药的点火响应

在获得对炸药破坏响应的初步认识后，开展了PBX-3炸药与缝隙相互作用的点火响应试验。中国工程物理研究院流体物理研究所的胡秋实等开展了PBX-3圆柱形炸药片及造型粉的缝隙挤压试验，试验样品如图5-109所示。炸药片和造型粉的尺寸均为Φ6mm×3mm，加载装置同图5-100类似，只是把代用材料换成炸药。加载方式采用10kg落锤，落高为1.1m，撞击速度为4.7m/s，缝隙孔直径为0.8mm。试验获取了样品在挤入缝隙过程中的速度、压力时程曲线和高速摄影图像，对回收样品进行了观察分析。

(a)炸药片　　　　　　　　　　　(b)造型粉

图5-109　PBX-3炸药样品

图5-110显示了PBX-3炸药片试验的回收情况，从图中可看出，反光镜和有机玻璃窗口上的残余炸药均有烧蚀和发黑现象，说明发生了点火，试验现场也听到了爆炸声响。

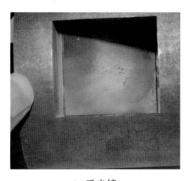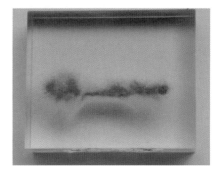

(a)反光镜　　　　　　　　　　　(b)有机玻璃窗口

图5-110　PBX-3炸药片缝隙挤压试验的回收情况

图5-111～图5-113显示了PBX-3造型粉的试验结果。从图5-111可看出，速度曲线呈现出振荡现象，表明挤压杆在锤头和样品之间来回运动，挤压应力在200MPa水平。从图5-112看出，在0.42ms时刻，造型粉开始明显从缝隙孔中挤出；在0.79ms时刻，大量造型粉从缝隙孔中喷射而出，但试验现场未听到爆炸声响。从图5-113的回收反光镜和有机玻璃窗口看出，挤出的造型粉末喷射到反光镜和有机玻璃上，无燃烧痕迹和发黑现象，这进一步说明造型粉未发生点火。

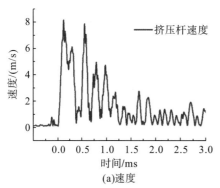

(a)速度

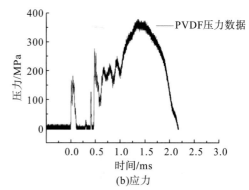

(b)应力

图5-111　PBX-3造型粉缝隙挤压试验挤压杆的速度、应力时程曲线

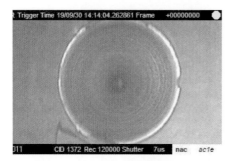

(a)t=0.0ms(初始状态)

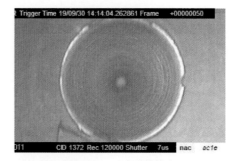

(b)t=0.42ms(造型粉挤出)

(c)t=0.79ms(造型粉大量挤出，未点火)

图5-112　PBX-3造型粉缝隙挤压试验的高速摄影图像

(a)反光镜

(b)有机玻璃

图5-113　PBX-3造型粉缝隙挤压试验的回收情况

为对试验中样品的点火位置及挤入缝隙的动力学行为进行观察,开展了平面应变情况下的缝隙挤压试验,试验装置如图5-114所示。炸药材料为PBX-3,尺寸为6mm×6mm×6mm,前方安装有蓝宝石钢化玻璃窗口,以便于观察炸药挤入缝隙的全过程,炸药上方有尺寸6mm×6mm的聚四氟乙烯垫片。缝隙宽度为0.8mm,厚度为6.0mm,高度为8.0mm。

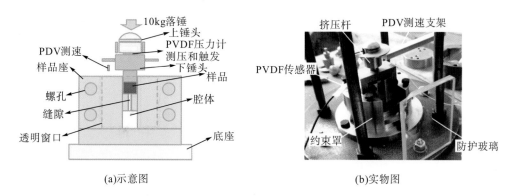

(a)示意图　　　　　　　　　　　　　　　(b)实物图

图5-114　PBX-3炸药平面应变缝隙挤压试验装置

重量为10kg的落锤撞击到上锤头,上锤头将载荷传递给PVDF传感器及挤压杆,挤压杆对炸药施加载荷并挤入缝隙。防护玻璃用于阻挡爆炸产生的碎片,以免损伤高速相机镜头。采用高速相机拍摄炸药挤入缝隙的过程。本节开展了2发试验,每发试验落高H为1.1m,撞击速度为4.7m/s。其中第1发试验的点火位置在缝隙内部,持续50μs后熄灭;第2发点火位置在"V"形锥边界上,持续30μs后熄灭,试验结果如图5-115~图5-117所示。

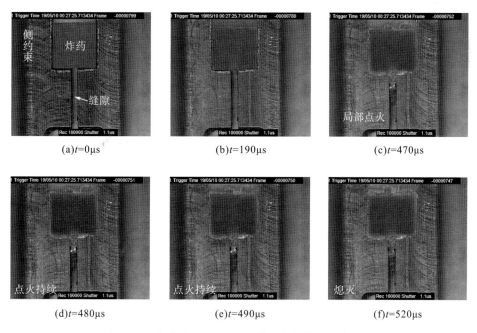

(a)t=0μs　　　　　　　　(b)t=190μs　　　　　　　(c)t=470μs

(d)t=480μs　　　　　　　(e)t=490μs　　　　　　　(f)t=520μs

图5-115　第1发高速摄影图像(缝隙内点火,持续50μs)

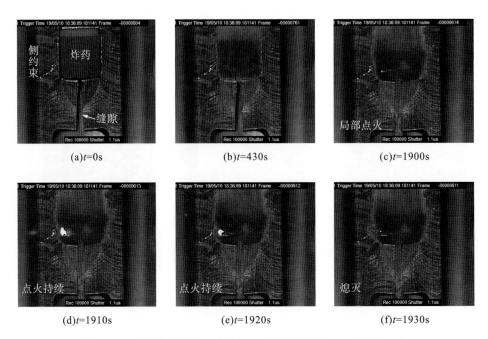

(a)t=0s　　　　　　　(b)t=430s　　　　　　　(c)t=1900s

(d)t=1910s　　　　　　(e)t=1920s　　　　　　(f)t=1930s

图5-116　第2发高速摄影图像（"V"形锥边界点火，持续30μs）

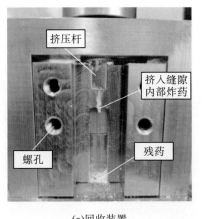

(a)回收装置　　　　　　　　　(b)回收蓝宝石玻璃

图5-117　回收情况

　　从图5-115和图5-116可看出，第1发试验在缝隙内部发生点火，点火时间为470μs，点火持续50μs后熄灭；第2发试验在"V"形锥边界点火，点火时间为1900μs，持续30μs后熄灭。其点火或热点机制是在挤压过程中炸药颗粒之间发生剧烈摩擦，导致局部温升，达到热点临界条件最终引发点火。其熄灭原因是炸药在挤入缝隙过程中，缝隙较宽，导致提前泄压，点火无法维持。从图5-117的回收样品看出，炸药几乎全部挤入缝隙内部及缝隙底部的空腔中，压头最终和缝隙开口表面接触，蓝宝石玻璃上可以明显看到残余炸药痕迹。

　　西安近代化学研究所的陈鹏等[95]对高速撞击下PBX炸药缝隙挤压点火行为进行了研究，他们设计的试验系统和装置如图5-118所示。

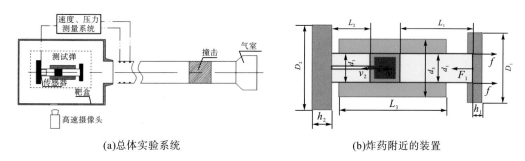

(a)总体实验系统　　　　　　　　　　　(b)炸药附近的装置

图5-118　炸药的高速撞击缝隙挤压试验系统

试验样品为HMX基的PBX炸药，主要成分为HMX/Al/黏结剂，配方为：HMX53%、铝粉35%、黏结剂12%，尺寸为Φ30×30mm，缝隙孔直径为$d_2 = 2 \sim 3$mm。试验在一级轻气炮上完成，射弹质量为2.5kg，速度为400m/s。试验结果发现，$d_2 = 2$mm缝隙孔时，盖板厚度$h_1 = 12 \sim 17$mm，均未发现炸药点火；$d_2 = 3$mm缝隙孔时，盖板厚度$h_1 = 17$mm时，炸药发生剧烈反应，由此推测，炸药是否发生反应同挤入缝隙孔的流量大小有关。缝隙孔$d_2 = 3$mm时，不同时刻的试验高速摄影和回收套筒图像如图5-119所示。从图中可看出，加载过程中，有火光从套筒外壁喷出，回收的套筒表面有明显的烧蚀和发黑迹象。

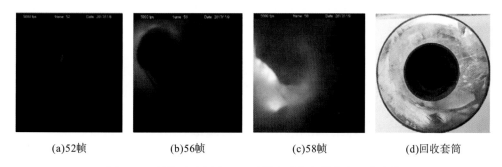

(a)52帧　　　　　　(b)56帧　　　　　　(c)58帧　　　　　　(d)回收套筒

图5-119　缝隙孔直径为3mm时的高速相机图像和回收套筒

采用LS-DYNA有限元软件对炸药挤入缝隙的动力学过程进行数值模拟，计算中炸药试样采用欧拉网格，尺寸为1mm，其余部分采用拉格朗日网格，模拟结果如图5-120所示。

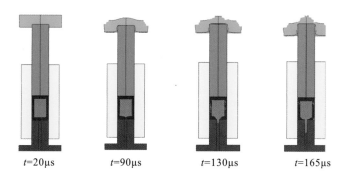

$t=20\mu s$　　　　$t=90\mu s$　　　　$t=130\mu s$　　　　$t=165\mu s$

图5-120　炸药挤入缝隙过程的数值模拟

计算结果表明，2mm、3mm直径开孔时炸药的平均剪切流动速率分别为250m/s和180m/s，3mm直径开孔的单位时间流量比2mm直径开孔的流量增加了62%，这进一步证明炸药的点火不仅与流动速率有关，还与单位时间的挤出量有关。

5.4　机械刺激下装药点火响应的数值模拟

本节的数值模拟主要关注三类典型的机械刺激（侵彻、跌落、高速冲击）载荷作用下装药整体的动力学及点火响应行为。侵彻载荷主要源于弹体与靶版、掩体等目标发生的高速碰撞过程，其过载幅值通常可达10^5m/s^{2}量级，持续时间可长达数毫秒。此外，如果输入侵彻载荷频谱中含有弹体本身的固有频率成分，那么可能诱导弹体内部间隙、隔板和炸药附近产生非线性放大，放大后的载荷将导致炸药发生破碎甚至点火，这对装药安定性提出了严苛要求。跌落载荷主要源于吊装、运输过程中遭遇的绳索意外断裂，弹体从运载工具上滑落等事故。跌落时装药壳体将撞击载荷传递给内部炸药，可能导致炸药发生局部破碎和温升。由于装药具有一定的弹性和刚度，首次跌落后可能发生反弹，反弹后的装药再次落地，这种由于多次"反弹-落地"产生的撞击载荷将持续作用于内部炸药，使炸药内部温度产生累积效应，从而有可能引发点火。高速冲击载荷主要源于导弹、炸弹、地雷、枪械等发射的射流、射弹、高速破片、子弹及爆炸波的高速撞击过程，该过程的撞击速度水平可达公里级，可能引发装药的高烈度反应。

本节的第1～3部分分别介绍弹体在侵彻、跌落、高速冲击这三类典型机械刺激载荷作用下的力学和点火响应行为，第4部分介绍机械刺激下装药点火风险边界的数值评估方法。

5.4.1　侵彻过程装药结构的响应与点火模拟

现代战争中，随着空中打击地面目标的能力越来越强，相应的地下防御体系也随之发展，一些具有重要战略价值的目标（如指挥所、武器库等）大批转入地下，地下防御结构也越来越坚固。为应对这类目标，从20世纪80年代就开始了钻地弹的研制和生产。目前世界上已形成了几个庞大的钻地弹家族，我国也在积极开展相应的钻地弹技术研究工作，并积累了丰富经验。钻地弹一般采用延时引信，当侵彻战斗部刚接触目标时不会引爆携带的装药，而是待侵彻战斗部到达特定位置后再引爆，以实现对目标的有效打击。钻地弹在对目标的侵彻过程中，装药经受的持续动态载荷持续时间可长达几个甚至几十个毫秒，极易发生破损甚至点火反应。

中国工程物理研究院流体物理研究所的李广滨等利用LS-DYNA软件的二次开发功能，在Visco-SCRAM本构模型中考虑细观裂纹摩擦生热及炸药自身的化学反应，以宏观有限元单元的应力和变形信息作为细观点火模型的输入条件，对钻地弹（炸药材料为PBX-9501）侵彻多层靶、强度靶的物理过程进行了数值计算，给出了典型炸药单元的压力及热点中心温度的变化曲线，计算结果如图5-121和图5-122所示。

从图5-121可看出，侵彻多层靶（8层楼靶）时，局域压力在弹体撞靶时上升，在层间飞行时压力下降。此外，由于在层间飞行时裂纹摩擦产生的热量少于热传导传出的热量，因此热点温度也呈现出撞靶时上升和层间飞行时下降的趋势。在重复"撞靶-层间飞行"过程几次后，在侵彻第8层楼靶时热点温度急剧上升，引发点火。从图5-122可看出，侵彻强度靶时，由于单元承受的压力水平更高，裂纹摩擦生热急剧积累，在经过"升温-熔化-升温"过程后，热点温度急剧升高，引发点火。

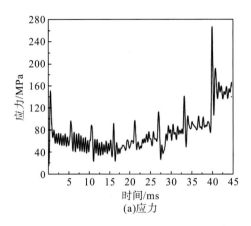
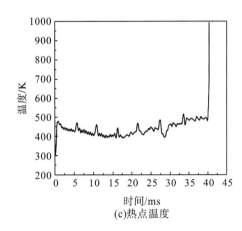

图5-121　侵彻多层靶时典型炸药单元的应力及热点温度变化曲线

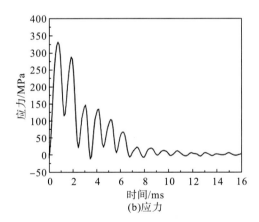
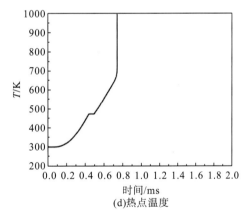

图5-122　侵彻强度靶时典型炸药单元的应力及热点温度变化曲线

　　哈尔滨工业大学的李晓[96]对钻地弹侵彻混凝土靶的过程进行了数值模拟。模拟过程中，钻地弹直径为100mm，长度为610mm，弹头为尖卵形，混凝土靶体的尺寸为2m×2m×1.8m，钻地弹侵彻初速度为600m/s。采用1/4有限元模型，在模型中的几何对称面分别施加位移对称边界条件。有限元建模如图5-123所示，红色部分为弹壳，灰色部分为PBX-1314主装药，图5-123(c)中单元A、B分别位于炸药的头部和尾部，计算结果如图5-124～图5-126所示。

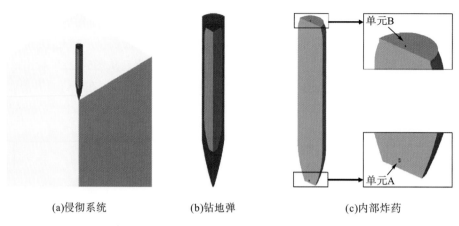

(a)侵彻系统　　　　　(b)钻地弹　　　　　(c)内部炸药

图5-123　含PBX-1314的钻地弹侵彻混凝土靶的有限元模型

从图5-124可看出，PBX-1314的损伤分布具有很强的非均匀性，表现为由微裂纹扩展引起的损伤主要集中在主装药靠近尾端的1/3部分。在侵彻过程中，主装药尾端区域处于加载-卸载反复交替的状态[96]，因此微裂纹很容易发生扩展。对于主装药前端，由于该区域在侵彻过程中始终处于压缩状态，弹壳对炸药产生侧向约束作用，所以该区域的三向受压水平较高，裂纹处于自锁状态，很难产生滑动与扩展，进而损伤程度相较于尾端来说很低。

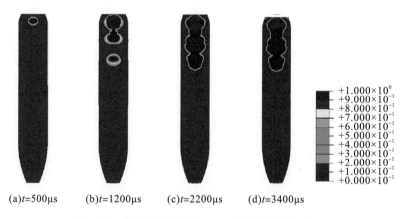

(a)t=500μs　　　(b)t=1200μs　　　(c)t=2200μs　　　(d)t=3400μs

图5-124　侵彻过程中PBX-1314的损伤演化与分布

从图5-125可看出，侵彻过程中PBX-1314尾端面产生较高的温升。在$t = 1300$μs和$t = 2300$μs，主装药尾部与弹壳发生第1次和第2次撞击，高温区温度达到450K的水平，这表明有热点开始出现，且热点数目随撞击次数的增加而增加。在$t = 3300$μs的第3次撞击后，高温区范围继续扩大，且热点温度升高到800K水平，该温度水平足以激发PBX-1314在很短的时间内发生点火。

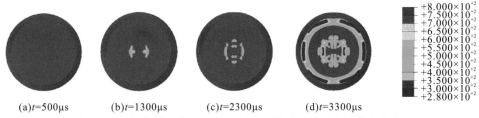

(a)t=500μs　　　(b)t=1300μs　　　(c)t=2300μs　　　(d)t=3300μs

图5-125　侵彻过程中PBX-1314尾端面微裂纹的温度演化与分布

从图5-126(a)可看出，炸药头部A点相较于尾部B点，其损伤水平很低，这进一步表明弹体头部裂纹处于自锁状态，裂纹基本不扩展。从图5-126(b)可看出，弹体尾部B点在历经3次撞击后，温度急剧上升，最终发生点火。

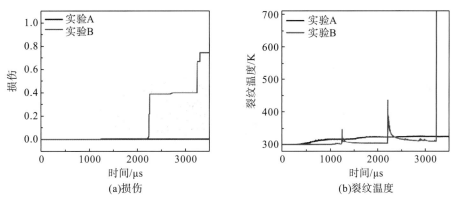

(a)损伤　　　　　　　　　　　(b)裂纹温度

图5-126　PBX-1314中A、B单元的损伤和裂纹温度变化曲线

5.4.2　跌落事故下装药的结构响应与点火模拟

结构装药在运输、储存和使用过程中，常存在因意外而发生跌落的风险。如果跌落导致的输入装药上的载荷水平和持续时间达到一定阈值，将有可能造成战斗部的意外点火甚至爆炸，形成灾难性后果。因此，研究结构装药的跌落安全性问题具有重要意义。

中国工程物理研究院流体物理研究所的李克武等在Visco-SCRAM模型上耦合Hermes点火判据［式(5-25)］，实现了对某典型战斗部侧跌场景的数值模拟与点火分析。战斗部侧跌的有限元建模如图5-127所示，计算结果如图5-128所示。

图5-127　某型战斗部侧跌数值模拟

从图5-128可看出，在跌落过程中，圆形外壳将同地面的撞击载荷传递给内部炸药，导致内部装药形成蝴蝶状裂纹，如图5-128(a)所示。由于内部炸药在裂纹区域破碎并发生强烈的错动摩擦，摩擦导致的局域化温升区成为点火的高风险位置。对比图5-128(a)和图5-128(b)，发现损伤裂纹分布同点火函数值的分布趋势相近。损伤破碎区6个不同位置处炸药的点火函数时程曲线如图5-128(c)所示。从图中可看出，A~F位置炸药由于同撞击面的距离不同，所以其在不同时刻发生破碎，破碎区炸药的错动摩擦产生局域化温升，表现为点火函数值上升。后续因破碎区裂纹张开使得错动面脱离，在图中表现为点火函数曲线进入平台区，如果进入平台区之前点火函数值超过了点火阈值，将造成点火。

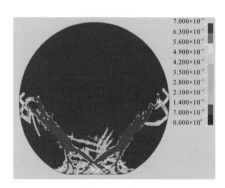
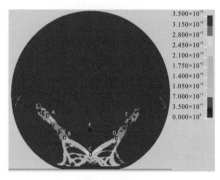

(a)损伤分布，t=380μs　　　　　　　　(b)点火函数分布，t=380μs

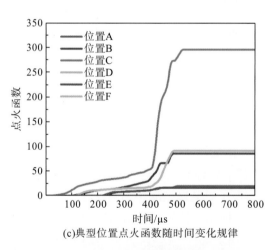

(c)典型位置点火函数随时间变化规律

图5-128　炸药损伤、点火函数值分布及变化规律

北京航天长征飞行器研究所的乔良等[97]对某战术导弹战斗部从12m跌落下的动力学响应过程进行了数值计算。数值模拟采用LS-DYNA有限元软件，战斗部质量为600kg，装药为B炸药，壳体材料为铝，壳体厚度为5mm，计算得到的战斗部在不同时刻的应力云图如图5-129所示，壳体和主装药的过载曲线如图5-130所示。

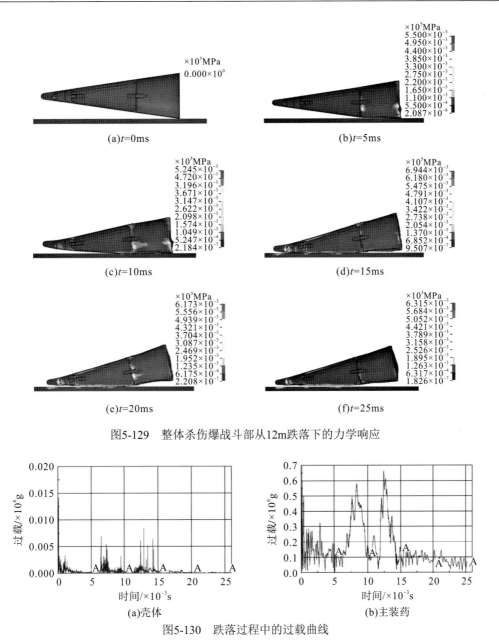

图5-129　整体杀伤爆战斗部从12m跌落下的力学响应

图5-130　跌落过程中的过载曲线

从图5-129和图5-130可看出，从12m跌落下，弹体发生倾倒着地，壳体的最大过载峰值为12000g，装药的最大过载峰值为690g，表明装药的过载远小于壳体。通过与该战斗部装药材料级的安全性阈值数据[97]进行对比分析后，可认为在此工况下，装药承受的过载尚未达到安全阈值，不会对战斗部的安全性造成影响，战斗部仅产生结构性破坏。

除有限元方法外，中国工程物理研究院流体物理研究所的邓小良等采用近场动力学方法[98]，对某战斗部进行了侧跌点火模拟。近场动力学方法[99-105]由美国Sandia实验室针对爆炸与冲击等场景中材料的破碎问题提出，该方法将宏观材料离散为物质点集合，并基于物质点间相互作用的计算获得系统的动力学演化过程。相比于有限元等传统网格类计算方法，近场动力学的特点是能够自然描述裂纹、孔洞等非连续性的演化，而不必引进额外条件。目前，近场动力学已经在混凝土、陶瓷、玻璃等脆性材料的动态断裂研究中得到广泛应用。邓小良等对近场动力学方法进行了发展[98]，将其拓展到了含能材料领域，编写开发了描述大变形、断裂、破碎的三维近场动力学计算软件，新增了力热耦合、摩擦生热、热传导、热分解化学反应等模块，实现了对某类战斗部在侧跌条件下炸药损伤断裂与局域升温的数值模拟。数值模拟结果表明，模拟获得的壳体变形与运动速度同试验结果符合较好。此外，通过近场动力学模拟，还可以获取战斗部侧跌试验难以获取的内部装药点火区形貌及点火时间等信息，对装药跌落条件下的安全性评估与分析起到重要的支撑作用。

5.4.3　高速冲击下装药的结构响应与点火模拟

随着高新技术的发展，高性能、高精度武器系统在现代战争中得到大量应用。复杂战场环境下，武器系统面临的敌对攻击种类多样，如爆炸冲击波、高速破片撞击、子弹撞击和聚能射流等。对聚能射流[106-112]而言，当前主流的重型聚能战斗部可以穿透超过1m的均质钢，对装甲车、坦克和舰船等目标产生了很大威胁。此外，高温、高压和高速金属射流穿透钢板后还保留了很大动量，极易继续穿透武器战斗部壳体并作用于战斗部装药上，引发装药点火反应甚至爆炸，从而严重威胁作战平台的生存能力。

中国工程物理研究院流体物理研究所的汪兵等对武器战斗部在聚能射流、高速破片和子弹撞击下的响应情况进行了数值模拟。数值模拟中，采用欧拉流体动力学程序[113-115]计算了射流、子弹和破片与战斗部的相互作用情况，战斗部装药的冲击响应采用基于历史变量的反应燃烧模型[116-118]来描述。

聚能射流打击战斗部的模拟中，炸药材料为RDX/TNT混合炸药，药型罩为45号钢，战斗部装药简化为薄壁圆筒装药，炸药材料是PBXN-109，计算模型见图5-131(a)，压力分布及演化见图5-131(b)和图5-131(c)。从图5-131(b)可看出，$t = 50\mu s$时聚能射流正碰点附近的炸药压力呈半球形分布，且球心附近的压力水平很高，在几十吉帕量级。图5-131(c)给出了聚能射流正碰点下炸药的压力历史曲线，从该曲线可以看出，射流撞击使得炸药压力迅速达到25GPa，远高于炸药的冲击起爆压力阈值。在射流的持续作用下，炸药内部的后续压力最高可达50GPa。由此可见，高速射流撞击容易引起炸药的爆轰反应。

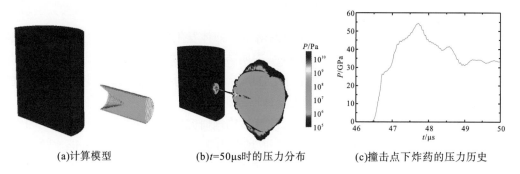

(a)计算模型　　　　　　(b)t=50μs时的压力分布　　　　(c)撞击点下炸药的压力历史

图5-131　聚能射流打击战斗部装药的数值模拟

高速破片撞击战斗部的模拟中，建立的破片质量为18.6g，尺寸为Φ14.5mm×16.5mm，材料为10#钢，破片速度为1837m/s，战斗部炸药材料是PBXN-109，计算模型见图5-132(a)，压力分布及演化见图5-132(b)和图5-132(c)。从图5-132(b)可看出，$t=14\mu s$时高速破片与装药发生强烈的相互作用，引发了装药的高烈度反应，反应压力达到吉帕级水平。图5-132(c)给出了正碰点下炸药的压力历史曲线，从图中可看出，破片撞击使得炸药压力达到14GPa水平，高于炸药的冲击起爆压力阈值。因此，高速破片撞击也容易引起炸药的爆炸甚至爆轰反应。

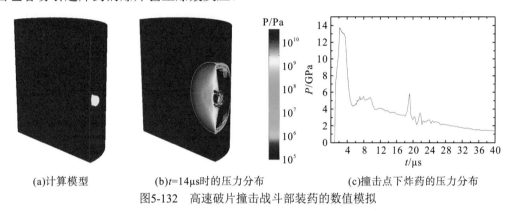

(a)计算模型   (b)$t=14\mu s$时的压力分布   (c)撞击点下炸药的压力分布

图5-132 高速破片撞击战斗部装药的数值模拟

子弹撞击战斗部的模拟中，子弹为长度12.7mm的制式穿甲弹，撞击速度为837m/s，战斗部炸药材料是PBXN-109，计算模型见图5-133(a)，压力分布及演化见图5-133(b)和图5-133(c)。从图5-133(b)可看出，$t=16\mu s$时战斗部装药内部压力为百兆帕水平，冲击波在装药中以惰性应力波形式传播，未发生爆炸反应。图5-133(c)给出了正碰点下炸药的压力历史曲线，从图中可看出，子弹撞击点下装药的压力水平在0.5GPa左右，小于炸药的冲击起爆压力阈值，因此，子弹撞击不容易引起战斗部装药的爆炸反应。

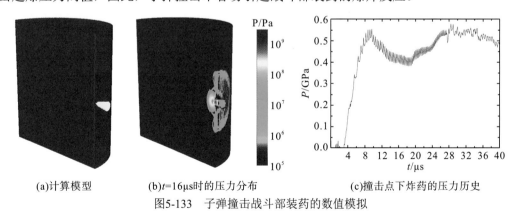

(a)计算模型   (b)$t=16\mu s$时的压力分布   (c)撞击点下炸药的压力历史

图5-133 子弹撞击战斗部装药的数值模拟

5.4.4 机械刺激下装药点火风险边界的数值评估

装药机械刺激下的响应行为具有较强的随机性与分散性，少量的试验与模拟工作还不足以支撑装药安全性的评价与设计。因此，开展以试验为根基且由足量模拟数据驱动的装药安全性统计评估与优化设计，将成为装药安全性研究的重要任务。

武器系统整体级安全性评估面临的一个重要问题是难以获得"大数据"。试验方面，整体级试验费用高昂，试验发次通常只能在个位数，每发试验能得到的测试数据也非常有限。另外，对武器系统关键部件、因素进行等效而设计的简化构型试验，试验发次也较为有限，加之装药系统的非线性行为明显，简化构型试验的结果也难以直接应用到整体级试验的评估中。数值模拟方面，虽然数值模拟能够产生充足的数据，但现实中，开展大量整体级试验的数值模拟工作也受到计算开销与时间周期的限制，难以生成"大数据"。由此可见，需要选用一类对数据样本量要求不是太高的统计评估方法。

在武器装药安全性评估中，通常要求评估证明在给定条件下出现意外点火的概率小于10^{-6}。如果采用经典概率统计方法，例如，可靠性最大熵方法需开展5000余次整体级模拟才能确保点火概率小于10^{-6}，如表5-9所示。2000年前后，美国LANL国家实验室与Lawrence Livermore国家实验室针对武器中普遍存在的有限数据样本量条件下的评估需求，共同提出并发展了裕量与不确定度量化方法（QMU）[119-121]。

表5-9　最大熵评估方法中点火概率与数据样本量等的关联

点火概率	置信度	强化系数	分散性	数据样本量
10^{-3}	0.7	2	0.2	10
10^{-4}	0.7	2.6	0.2	25
10^{-6}	0.7	6	0.2	5591

中国工程物理研究院流体物理研究所的李克武等利用QMU方法对某型战斗部的点火风险进行了评估。在图5-134中，黑、黄、天蓝三条实线为战斗部从10m高度跌落三个算例中炸药点火函数值随时间的变化曲线，从中可以看出点火函数存在一个最大值。上方红色粗实线为通过Steven试验标定的PBX-3炸药卷积点火模型（5.2.4节）点火阈值，其上下两侧红色细实线为点火阈值的不确定度U_1。下方蓝色粗虚线是点火函数最大值的期望，其上下

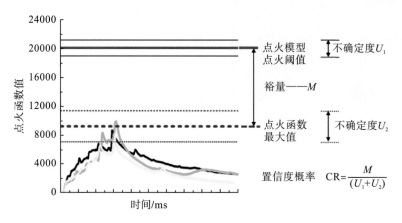

图5-134　利用QMU方法评估武器侧跌的点火风险

两侧蓝色细虚线为期望的不确定度U_2，点火阈值减去点火期望值即为点火裕量M。根据QMU的理念，当裕量大于不确定度之和$U_1 + U_2$，即置信度概率CR $= M/(U_1+U_2)>1$时，可认为战斗部处于不点火的安全范围之内。若裕量M小于或等于不确定度之和U_1+U_2，即点火阈值的不确定度范围与点火期望值的不确定度范围存在一定交叠时，则无法判断战斗部是否点火。QMU方法以非常简单明晰的思路，实现了对有限数据样本量的确信评估。

基于SIERRA（Sandia integrated environment for research and robust analysis）软件平台（图5-135显示了基于该平台的一个算例）[122-125]，Sandia国家实验室的ASC V&V项目（advanced simulation and computing verification & validation progam）和武器工程项目联合建立了W78全系统有限元分析模型，对W78意外跌落下的响应行为进行了数值模拟[126]。该工作共开展了50次跌落试验模拟，获得了W78在不同撞击角度、速度下内部组件和子系统的形变，揭示了可能导致武器安全性失效的损伤机制，该模拟结果被武器系统设计师应用到了W78关键安全部件的QMU评估中。除W78型号外，QMU方法在W80异常力学环境（如跌落事故）下的安全性评估中也得到了应用[127,128]。

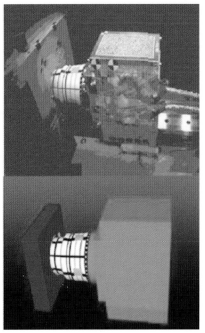

图5-135　SIERRA软件平台计算的装药非线性响应

参 考 文 献

[1] 邹春平, 陈瑞石, 华宏星. 船舶结构振动特性研究[J]. 船舶力学, 2003, 7(2): 102-115.

[2] 陈红永, 范宣华, 王柯颖, 等. 基于大规模并行的高超声速飞行器动力学特性仿真[J]. 系统仿真学报, 2015, 27(8): 1715-1720.

[3] 高天宝, 煤体受迫振动响应及破坏特征试验研究[D]. 北京: 中国矿业大学, 2013.

[4] 孙晓元, 受载煤体振动破坏特征及致灾机理研究[D]. 北京: 中国矿业大学, 2016.

[5] 高淑英, 沈火明. 振动力学[M]. 2版. 北京: 中国铁道出版社, 2016.

[6] 孙宝平, 段卓平, 皮爱国, 等. 弹体侵彻过程中装药温升的近似分析[J]. 爆炸与冲击, 2012, 32(3): 225-230.

[7] 刘波, 杨黎明, 李东杰, 等. 侵彻弹体结构纵向振动频率特性分析[J]. 爆炸与冲击, 2018, 38(3): 677-682.

[8] 郝慧艳, 李晓峰, 孙运强, 等. 侵彻过程弹体结构响应频率特性的分析方法[J]. 振动、测试与诊断, 2013, 33(2): 307-343.

[9] Kim D K, Lee I, Han J H. Dynamic model establishment of deployable missile control fin with nonlinear hinge [J]. Journal of Spacecraft and Rockets, 2005, 42(1): 66-77.

[10] 刘延柱, 陈立群, 陈文良. 振动力学[M]. 3版. 北京: 高等教育出版社, 2019.

[11] Coffey C S, Devost V F. Impact Testing of Explosives and Propellants[R]. NSWCDD/TR-92/280, 1992.

[12] Baker P J. Drop-weight impact initiation of ammonium perchlorate composite solid rocket propellants[D]. Nashville: Vanderbilt University, 1994.

[13] 董海山, 周芬芬. 高能炸药及相关物性能[M]. 北京: 科学出版社, 1989.

[14] 吴会民, 卢芳云. 一种高聚物粘结炸药和 B 炸药的本构关系研究[J]. 高压物理学报, 2005, 19(2): 139-144.

[15] 罗景润. PBX 的损伤、断裂及本构关系[D]. 绵阳: 中国工程物理研究院, 2001.

[16] 李丹, 赵锋, 傅华, 等. PBX 炸药率型损伤本构关系的试验研究[J]. 高压物理学报, 2013, 27(4): 625-632.

[17] Johnson G R, Cook W H. A constitutive model and data for metals subjected to large strains, high strain rates and high temperatures[C]. Proc. 7th Int. Symp. Ballistics., the Netherlands: the Hague, 1983.

[18] Hopkinson B. A method of measuring the pressure produced in the detonation of high explosives or by the impact of bullets[J]. Proceedings of the Royal Society of London, Series A, 1914, 89(612): 411-413.

[19] Kolsky, H. An investigation of the mechanical properties of materials at very high rates of loading[J]. Proc. Phys. Soc. Lond. B 62, 1949: 676-700.

[20] 卢芳云, 吴会民, 王晓燕, 等. 两种炸药材料本构行为的应变率效应分析[J]. 含能材料, 2004, 12(S): 280-285.

[21] 唐志平. 高应变率下环氧树脂力学性能研究[D]. 合肥: 中国科学科学技术大学, 1980.

[22] 唐志平, 田兰桥, 朱兆祥, 等. 高应变率下环氧树脂的力学性能研究[C]. 第二届全国爆炸力学会议论文集. 扬州: 中国力学学会. 1981, 41.

[23] 杨黎明, 朱兆祥, 王礼立. 短纤维增强对聚碳酸酯非线性粘弹性性能的影响[J]. 爆炸与冲击, 1986, 6(1): 1-9.

[24] 王礼立. 冲击载荷下高聚物动态本构关系对粘弹性波传播特性的影响[J]. 宁波大学学报, 1995, 8(3): 30-57.

[25] 朱兆详, 徐大本, 王礼立. 环氧树脂在高应变率下的热粘弹性本构方程和时温等效性[J]. 宁波大学学报, 1988, 1(1): 58-68.

[26] 王礼立, 朱锡雄, 施绍裘, 等. 鸟撞高速飞机风挡若干问题的冲击动力学研究[J]. 航空学报, 1991, 12(2): 27-33.

[27] 郭厉伦. 粘弹性杆中波传播的数值模拟和试验研究[D]. 绵阳: 中国工程物理研究院, 2005.

[28] 李英雷, 李大红, 胡时胜, 等. TATB 钝感炸药本构关系的试验研究[J]. 爆炸与冲击, 1999, 19(4): 353-359.

[29] 周风华, 王礼立, 胡时胜. 有机玻璃在高应变率下的损伤型非线性粘弹性本构关系及破坏准则[J]. 爆炸与冲击, 1992, 12(4): 333-342.

[30] 傅华, 李俊玲, 谭多望. PBX 炸药本构关系的试验研究[J]. 爆炸与冲击, 2012, 32(3): 231-236.

[31] Sargin M. Stress-strain relationships for concerte and the analysis of structural concrete sections[J]. Solid Mechnics, 1971, 6(4): 23-46.

[32] Johnson G R, Cook W H. Fracture characteristics of three metals subjected to various strains, strain retes, temperatures and pressures[J]. Journal of Engineering Fracture Mechanics, 1985, 21(1): 31-48.

[33] Dick J J, Martinez A R, Hixson R X. Plane impact response of PBX 9501 and its components below 2 GPa[R]. LA-13426-MS, 1998.

[34] 傅华, 李克武, 李涛, 等. 非均质结构 PBX 炸药的动态压缩过程模拟[J]. 爆炸与冲击, 2016, 36(1): 17-23.

[35] 顾佳伟. 撞击作用下 PBX 炸药响应过程的宏-细观数值模拟[D]. 北京: 北京理工大学, 2015.

[36] 顾佳伟, 戴开达, 陈鹏万. 动态载荷下 PBX 炸药细观力学行为的数值模拟[C]. 中国力学学会计算力学专业委员会, 中国计算力学大会 2014 暨第三届钱令希计算力学奖颁奖大会, 贵州贵阳, 2014.

[37] Dienes J K. Statistical crack mechanics[R]. LA-UR-83-1705, 1983.

[38] Dienes J K. Foundations of statistical crack[R]. LA-UR--85-3264, 1985.

[39] Dienes J K, Kershner J D. Multiple-shock initiation via statistical crack mechanics[C]. Proceedings of the 11th international Deronation Symposium. Snowmass, CO, USA, 1998: 717-724.

[40] Addessio F L, Johnson J N. A constitutive model for the dynamic response of brittle materials[J]. Journal of Applied Physics, 1990, 67(7): 3275-3286.

[41] Zuo Q H, Addessio F L, Dienes J K, et al. A rate-dependent damage model for brittle materials based on the dominant crack[J]. International Journal of Solids and Structures, 2006, 43(11): 3350-3380.

[42] Bennett J G, Haberman K S, Johnson J N, et al. A constitutive model for the non-shock ignition and mechanical response of high explosives[J]. Journal of the Mechanics and Physics of Solids, 1998, 46(12): 2303-2322.

[43] Clancy S P, Johnson J N, Burkett M W. Modeling the viscoelastic and brittle fracture response of a high explosive in an Eulerian hydrocode[R]. Los Alamos National Lab., NM (United States), 1998.

[44] Rangaswamy P, Thompson D G, Liu C, et al. Modeling the mechanical response of PBX 9501[C]. 14th International Detonation Symposium, 2010.

[45] 郭虎, 罗景润. 基于微裂纹统计模型的 PBX 力学行为[J]. 火炸药学报, 2012, 35(5): 52-57.

[46] 周栋, 黄风雷, 姚惠生. PBX 炸药粘弹性损伤本构关系研究[J]. 北京理工大学学报, 2008, 27(11): 945-947.

[47] 赵四海. 用粘弹性统计裂纹模型模拟高能炸药的力学响应和非冲击点火[D]. 长沙: 国防科技大学, 2011.

[48] Haberman K S, Bennett J G, Asay B W, et al. Modelling, simulation, experimental verification of constitutive models for energetic materials[R]. LA-UR-97-2304, 1997.

[49] Yin L. Generalied inference for Weibull distributions[D]. Louisiana: University of Louisiana, 2010.

[50] Field J E, Swallowe G M, Heavens S N. Ignition mechanisms of explosives during mechanical deformation[J]. Proceedings of the Royal Society of London. A. Mathematical and Physical Sciences, 1982, 382(1782): 231-244.

[51] Field J E, Bourne N K, Palmer S J P, et al. Hot-spot ignition mechanisms for explosives and propellants[J]. Philosophical Transactions of the Royal Society of London A, 1992, 339: 269-283.

[52] Field J E. Hot spot ignition mechanisms for explosives[J]. Accounts of Chemical Research, 1992, 25: 489-496.

[53] 覃金贵. PBX 炸药非冲击点火机制试验及数值模拟研究[D]. 长沙: 国防科技大学, 2014.

[54] Starobin A J, Dienes J K. One-dimensional thermomechanical model for lateral melting and ignition of a thin sheared viscous layer[J]. Combustion Theory and Modelling, 2006, 10(6): 885-905.

[55] Duan Z P, Wen L J, Liu Y, et al. A pore collapse model for hot-spot ignition in shocked multi-component explosives[J]. International Journal of Nonlinear Sciences and Numerical Simulation, 2010, 11: 19-23.

[56] Bai Z L, Duan Z P, Wen L J, et al. Comparative analysis of detonation growth characteristics between HMX -and TATB-based PBXs[J]. Propellants Explosives Pyrotechnics, 2019, 44: 858-869.

[57] Li S R, Duan Z P, Wen L J, et al. Mesoscopic effects on shock initiation of multi-component plastic bonded explosives[J]. Journal of Applied Physics, 2018, 124: 045903.

[58] 温丽晶, 段卓平, 张震宇, 等. 弹粘塑性双球壳塌缩热点反应模型[J]. 高压物理学报, 2011, 25(6): 493-500.

[59] 温丽晶, 段卓平, 张震宇, 等. 刚塑性黏结剂的双球壳塌缩热点反应模型[J]. 北京理工大学学报, 2011 , 31(8): 883-887.

[60] Bowden F P, Mulcahy M F R, Vines R G, et al. The detonation of liquid explosives by gentle impact. The effect of minute gas spaces[J]. Proc. R. Soc. Lond. A, 1947, 188: 291-311.

[61] Bowden F P, Yoffe A D. Fast Reactions in Solids[M]. London: Academic Press, 1958.

[62] Murgai M P. Application of the Hertz theory of impact to explosion phenomena[J]. The Journal of Chemical Physics. 1954, 22(10): 1687-1689.

[63] Balzer J E, Field J E, Gifford M J, et al. High-speed photographic study of the drop-weight impact response of ultrafine and conventional PETN and RDX[J]. Combustion and Flame, 2002, 130: 298-306.

[64] Balzer J E, Proud W G, Walley S M, et al. High-speed photographic study of the drop-weight impact response of RDX/DOS mixtures[J]. Combustion and Flame, 2003, 135: 547-555.

[65] Partom Y. A threshold criterion for impact ignition[C]. Proceedings of the 12nd Symposium on Detonation, Office of Naval Research, San Diego, CA, 2002: 244-248.

[66] Weston A M, Green L G. Data analysis of the reaction behaviour of explosive materials subjected to Susan test impacts[R]. UCRL-12380, 1970.

[67] Camus S, Picart D, Cherouat A, et al. Low velocity impact simulations on HMX-based PBXs using adaptive remeshing[C]. 41th International Pyrotechnics Seminar Toulouse, 2015.

[68] 代晓淦, 韩敦新, 向永, 等. 苏珊试验中弹体形变的测量和模拟计算[J]. 含能材料, 2004, 12(4): 235-238.

[69] 孙承纬. 应用爆轰物理[M]. 北京: 国防工业出版社, 2000.

[70] 卫玉章. 非均匀炸药的冲击起爆综合判据[J]. 爆炸与冲击, 1982, 2(1): 117-121.

[71] Ma D Z, Chen P W, Zhou Q, et al. Ignition criterion and safety prediction of explosives under low velocity impact[J]. Journal of Applied Physics, 2013, 114: 113505.

[72] Gushanov A R, Volodina N A, Belov G V, et al. Numerical simulation of experiments on the low velocity impact on HMX-based HE using explosive transformation initiation kinetics[J]. Journal of Energetic Materials, 2010, 28: 50-65.

[73] Bakhrakh S M, Volodina N A, Gushanov A R. Numerical simulation of explosive transformation initiation in solid HE under low-velocity impacts[C]. International Conference of Shock Waves in Condensed Matter, Saint Petersburg, Russia, 2006.

[74] 代晓淦, 文玉史, 李敬明. Steven 试验中含 TNT 类炸药的响应特性[J]. 火炸药学报, 2011, 34(3): 48-51.

[75] 代晓淦, 申春迎, 文玉史, 等. Steven 试验中不同形状弹头撞击下炸药响应规律研究[J]. 含能材料, 2009, 17(1): 50-54.

[76] Reaugh J E. Hermes: A model to describe deformation, burning, explosion, and detonation[R]. LLNL-TR-516119, 2011.

[77] Hughes C T, Reaugh J E, Curtis J P, et al. Explosive response to low speed spigot impact[R]. LLNL-TR-538312, 2012.

[78] Browning R V. Microstructural model of mechanical initiation of energetic materials[C]. AIP Conf. Proc., 1995, 370: 405-408.

[79] Johnson K L. 接触力学[M]. 徐秉业译. 北京: 高等教育出版社, 1992.

[80] Scammon R J, Browning R V, Middleditch J, et al. Low amplitude insult project: Structural analysis and prediction of low order reaction[C]. Proceedings of the 11 Symposium on Detonation, Office of Naval Research, Arlington, VA, 1998: 111-118.

[81] Browning R V, Scammon R J. Microstructural model of ignition for time varying loading conditions[C]. Proceedings of Shock Compression of Condensed Matter-2001. Furnish M D et al. edited AIP, Melville, 2002, 620: 987-990.

[82] Gruau C, Picart D, Belmas R, et al. Ignition of a confined high explosive under low velocity impact[J]. International Journal of Impact Engineering, 2009, 36: 537-550.

[83] Barua A, Kim S, Horie Y, et al. Ignition criterion for heterogeneous energetic materials based on hotspot size-temperature threshold[J], Journal of Applied Physics, 2013, 113: 649-655.

[84] Kim S, Miller C, Horie Y, et al. Computational prediction of probabilistic ignition threshold of pressed granular HMX under shock loading[J], Journal of Applied Physics, 2016, 120: 1159-1161.

[85] Tarver C M, Chidester S K, Nichols Ⅲ A L. Critical conditions for impact and shock induced hot spots in solid explosives[J]. Journal of Physical Chemistry, 1996, 100: 5794-5799.

[86] Peterson P D, Mortensen K S, Idar D J, et al. Strain field formation in plastic bonded explosives under compressional punch loading[J]. Journal of Materials Science, 2001, 36: 1395-1400.

[87] Liu Z W, Zhang H Y, Xie H M, et al. Shear band evolution in polymer bonded explosives subjected to punch loading[J]. Strain, 2016, 52: 459-466.

[88] Henson B F, Asay B W, Dickson P M, et al. Measurement of explosion time as a function of temperature for PBX 9501[C]. Proceedings of the 11th International Detonation Symposium, Snowmass, CO, 1998: 325-331.

[89] Berghout H L, Son S F, Skidmore C B, et al. Combustion of damaged PBX 9501 explosive[J]. Thermochimica Acta, 2002, 384: 261-277.

[90] Picart D, Bouton E. Non-shock ignition of HMX-based high explosives: Thermo-mechanical numerical study[C]. 14th International Symposium on Detonation, 2010: 191-198.

[91] Tarver C M. Chemical kinetic modelling of HMX and TATB laser ignition tests[J]. Energetic Matcrials, 2004, 22: 93-107.

[92] Tarver C M, Tran T D. Thermal decomposition models for HMX-based plastic bonded explosives [J]. Combustion and Flame, 2004, 137: 50-62.

[93] Gwak M C, Jung T Y, Yoh J J. Friction-induced ignition modeling of energetic materials[J]. Journal of Mechanical Science and Technology, 2009, 23: 1779-1787.

[94] 杨昆, 吴艳青, 金朋刚, 等. 典型压装与浇注 PBX 炸药缝隙挤压损伤-点火响应[J], 含能材料, 2020, 28(10): 975-983.

[95] 陈鹏, 屈可朋, 李亮亮, 等. PBX 炸药剪切流动点火性能的试验研究[J]. 火炸药学报, 2020, 43(1): 69-80.

[96] 李晓. 侵彻过程中 PBX 装药的损伤及点火机制研究[D]. 哈尔滨: 哈尔滨工业大学, 2020.

[97] 乔良, 龚苹, 刘晋渤, 等. 战术导弹战斗部安全性评估方法研究[J]. 战术导弹技术, 2020, (2): 34-39.

[98] Deng X L, Wang B. Peridynamic modeling of dynamic damage of polymer bonded explosive[J]. Computational Materials Science, 2020, 173: 1094-1099.

[99] Silling S A, Askari E. A meshfree method based on th peridynamic model of solid mechanics[J]. Computers and Structures, 2005, 83: 1526-1535.

[100] Silling S A, Epton M, Weckner O, et al. Peridynamic states and constitutive modeling[J]. Journal of Elasticity, 2007, 88: 151-184.

[101] Ha Y D, Bobaru F. Studies of dynamic crack propatation and crack branching with peridynamics[J]. International Journal of Fracture, 2010, 162: 229-244.

[102] Ha Y D, Bobaru F. Characteristics of dynamic brittle fracture captured with peridynamics[J]. Engineering Fracture Mechanics, 2011, 78: 1156-1168.

[103] Bobaru F, Zhang G. Why do cracks branch? A peridynamic investigation of dynamic brittle fracture[J]. International Journal of Fracture, 2015, 196: 59-98.

[104] Diyaroglu C, Oterkus E, Madenci E, et al. Peridynamic modeling of composite laminates explosive loading[J]. Composite Structures, 2016, 144: 14-23.

[105] Silling S A, Parks M L, Kamm J R, et al. Modeling shockwaves and impact phenomena with Eulerian peridynamics[J]. International Journal of Impact Engineering, 2017, 107: 47-57.

[106] 郝莉, 王成, 宁建国. 聚能射流问题的数值模拟[J]. 北京理工大学学报, 2003, 23(1): 19-21.

[107] 陈贤林, 杭义洪, 范中波, 等. 聚能射流侵彻的一种耦合算法[J]. 爆炸与冲击, 1998, 18(4): 317-322.

[108] 庞嵩林, 陈雄, 许进升, 等. 聚能射流对固体火箭发动机的冲击起爆[J]. 爆炸与冲击, 2020, 40(8): 082101.

[109] 强洪夫, 范树佳, 陈福振, 等. 基于 SPH 方法的聚能射流侵彻混凝土靶板数值模拟[J]. 爆炸与冲击, 2016, 36(4): 516-524.

[110] 王成, 恽寿榕, 黄风雷. 大锥角聚能装药射流形成及对多层靶侵彻的数值模拟研究[J]. 爆炸与冲击, 2003, 23(4): 349-354.

[111] 郑军强. 基于多点起爆的聚能射流销毁弹药技术研究[D]. 南京: 南京理工大学, 2015.

[112] 贾继恒. 大口径聚能射流侵彻混凝土靶研究[D]. 北京: 北京理工大学, 2016.

[113] McGlaun J M, Thompson S L. CTH: A three-dimensional shock wave physics code[J]. International Journal of Impact Engineering, 1990, 10: 351-360.

[114] Thomas S A, Veeser L R, Turley W D, et al. Comparisons of CTH simulations with measured wave profiles for simple flyer plate experiments[J]. Journal of Dynamic Behavior of Materials, 2016, 2: 365-371.

[115] Gerassimenko M. The ALE advantage in hypervelocity impact calculations[C]. 1998 Nuclear Explosives Development Conference, Las Vegas, USA, 1998.

[116] Starkenberg J, Dorsey T M. An assessment of the performance of the history variable reactive bum explosive initiation model in the CTH code[R]. Army Research Laboratory, 1998.

[117] Kerley G I. CTH equation of state package: Porosity and reactive burn models[R]. SAND92-0553, Sandia National Laboratories, NM, 1992.

[118] Lawrence W. A computational study of detonation of propagation in PBX-9404 using CTH and LASmerf codes[C]. HPCMP Users Group Conference, 2007.

[119] Eardley D. Quantifications of Margins and Uncertainties (QMU)[R]. Jason Study draft report, Mitre Corporation, 2005.

[120] Pilch M, Trucano T G, Helton J C. Ideas underlying quantification of margins and uncertainties (QMU): A white paper[R]. SAND2006-5001, 2006.

[121] Sharp D H, Wood-Schultz M M. QMU and nuclear weapons certification: What's under the hood[J]. Los Alamos Science, 2003, 28: 47-53.

[122] Meisner R, Simulation OOA. Advanced Simulation & Computing Highlights[C]. ASC Program, March 2004.

[123] Williams A B. SIERRA framework version 4: Solver services[R]. SAND2004-6428, 2005.

[124] Rajan M, Black A, Domino S. Investigation on scaling performance and mesh convergence with Sandia's ASC SIERRA/Fuego code for fire model predictions of heat flux[C]. CUG 2006.

[125] 圣地亚国家实验室, SNL2014 年成就, 国外核武器研究(中国工程物理研究院院内出版物), 2015.

[126] W78 drop impactsensitivity analysis with SIERRA mechanics software[R]. ASC eNews, March 2008.

[127] Sandia's Quantified Margins and Uncertainties assessment of W80 abnormal mechanical nuclear safety[R]. ASC eNews, July 2011.

[128] Validation of W80 Abnormal Mechanical Model to Probabilistically assess nuclear safty[R]. ASC eNews, September 2009.

第6章 热刺激装药点火的响应机制

装药在存储、运输和使用过程中可能遇到各种意外热刺激，包括燃油火灾、高温炙烤、电火花及强光照射等。这些热刺激能量通过外部结构传递给内部炸药，引起炸药发生温升、相变、熔化及热分解等物理化学变化，在极端情况下甚至引发点火和爆炸。与侵彻、跌落等机械刺激引起的脉冲点火方式不同，热刺激引起的装药点火现象属于热点火类型，其发生过程通常需要经历较长时间的热传导和热分解阶段，点火时间尺度可以从毫秒量级跨越到数天量级。火炸药装药热点火行为受到外部载荷、结构传热、炸药与结构耦合作用及炸药化学反应等多种因素的影响，与炸药材料直接受热发生点火具有明显差异。由于热刺激下装药点火过程的复杂性，因此对其点火机制认识仍不足。按照第2章基本理论方法的思路，本章分为3个层次，即按照"装药系统热响应→热载荷下炸药与结构相互作用→炸药材料热响应"递进的方式介绍国内外热刺激下装药点火响应的研究成果。

本章6.1节介绍热载荷下装药系统的响应规律，包括输入装药结构上的热载荷特征及弹体系统的热响应规律，本节重点关注装药系统的热量传递，不考虑热分解和点火过程，将炸药视为惰性材料处理；6.2节介绍炸药材料的热响应特性，包括炸药热物性、热分解及热点火行为，重点关注热刺激下炸药本身的热化学响应机制；6.3节介绍炸药与结构相互作用导致的炸药热点火，包括结构装药的慢烤、快烤及激光超快点火；6.4节介绍热刺激装药点火的数值模拟工作。本章内容覆盖了热刺激下装药点火的全过程，可以为实际装药和工艺热安全性评价提供技术参考。

6.1 热载荷下装药系统的响应规律

尽管异常事故的热刺激产生机制不同，但都可以用热载荷来描述其作用强度、作用区域和持续时间。热载荷是指单位时间内系统与外部环境所交换的净热流量，常用热流或热流密度来表示。热载荷的大小、分布和作用时间与装药所处环境密切相关。正常环境下，火炸药装药的温度随着外部载荷的变化而波动，但变化范围始终处于可控范围。事故环境下，热载荷幅值会明显增大，从而引起装药温度发生失控。首先，事故热刺激能量输入装药结构表面，在结构内部形成温度梯度分布；然后，热量通过结构/炸药界面传递到炸药表面，引起炸药发生温升和化学反应。这种热载荷的输入和传递过程，决定了作用到炸药材料表面的热流大小、分布和持续时间，并最终影响后续的点火和爆炸。

为了评估意外事故下装药热点火的风险，需要确定热载荷特征及传递机制。由于事故发生通常具有较大的随机性，所以很难准确地描述热载荷特征，特殊情况下要判断其量级都很困难。当前，装药热点火的研究思路是先采用试验来模拟某些事故场景，确定事故的热载荷量级，如火烧试验等。在此基础上，研究不同量级热载荷作用下装药的点火行为，如各种慢烤、快烤试验等。本节围绕事故场景下装药系统的响应规律，介绍了典型场景的热载荷输入及传递特征，分析了热载荷下装药系统的热响应规律。

6.1.1　热载荷输入及传递

1. 火灾事故下装药热载荷与传递特性

火灾是一种失去控制的燃烧过程，对装药安全性的影响很大。火灾事故的起因多种多样，与运载工具、使用环境都密切相关，包括运输弹药的飞机维修操作不当、飞机电气老化短路、推进剂燃烧及人为点火等。火灾事故的燃烧物以固体和液体燃料为主。特别是液体燃料的事故非常多，航空煤油火灾事故较为常见。液体燃料火灾按照燃烧方式不同，可以分为池火、闪火和喷射火三种[1]。池火不仅发生率最高，而且危害性也最大。池火灾是指以可燃液体或易熔可燃固体为燃料的火灾。池火在燃烧过程中，可燃液体燃料形成火焰，火焰又产生热辐射和热对流传递给周围空间，与周围环境进行热交换，并形成燃烧热平衡状态。装药面临的火烧危害大多源于燃油池火。

火灾事故中，作用在装药外部的热载荷通常为火焰热辐射和高温气体对流加热[2]。热载荷大小和分布与目标到火焰中心距离密切相关。随着装药与火焰距离的增大，辐射热流和对流热流会明显下降。如果装药处于火焰包覆状态，装药的温升速率会比较快，通常超过10℃/min，这种情况对应典型的快烤场景。如果装药处于邻近火灾区域，装药的温升速率通常较慢，极端条件下温升速率小于10℃/h。美国C-SAFE研究中心Ciro[3-4]总结了火焰包覆状态金属壳体表面的热流密度，如表6-1所示。该结果来源于不同燃料、尺寸的油池燃烧测试，可见在火焰包覆状态下壳体的热流密度在1～10W/cm²量级，并且分布很不均匀。

表6-1　火烧环境下壳体表面热流密度大小[4]

油池火焰尺寸/ m	壳体直径或长宽/m	热流密度/(W/cm²) 底面/顶面/西面/东面
矩形长宽 2.4×4.8	0.2×0.3	12/7.5/4.7/15
矩形长宽 9.1×18.3	1.4×6.5	10.8/8/9.5/9.5
圆形直径 0.6	0.076	5/2/3/3
圆形直径 7.16	1.2×4.6	12.5/6/10/6

由于火焰燃烧与燃料类型、空间开放性、压力和风速等有关，燃烧本身具有不稳定性。火焰能量通过对流和辐射作用到装药壳体，烟灰粉尘等细观颗粒物会影响装药壳体对火焰能量的吸收。因此，火烧事故中装药壳体的热流分布数据通常具有较大的随机性。Ciro[5]研究了火烧环境下烟灰堆积对钢壳表面热流密度的影响。试验样品为圆柱钢壳，采用填充物来代替炸药。钢壳被火焰完全包裹。先测试壳体后表面温度数据，再通过反演热传导方程来获得壳体表面热流。图6-1为火烧环境下壳体表面热流密度随时间变化的试验数据。

可见，热流密度随时间发生了抖动，热流密度达到峰值后随着时间有明显的下降趋势，原因是随着烟灰厚度增加，钢壳表面热流密度明显减小。当烟灰厚度达到1.2mm，钢壳表面热流密度下降了35%，烟灰堆积对火焰加热壳体具有明显的隔热效应。

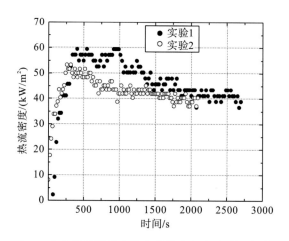

图6-1　火烧场景装药壳体表面热流密度随时间变化[5]

除通过反演热传导方程来获得壳体表面热流外，也可以通过热流传感器(也称热流计或热流量计)来直接测量。但是，热流传感器通常需要水冷装置，火灾场景下特别是火焰包覆状态下很容易烧毁电缆，水冷装置使用也很不方便。近年来，Wickström[6,7]提出了一种简单实用的火烧热流密度测试方法。如图6-2所示，采用标准测温板来代替复杂热流传感器。测温板设计为薄合金钢板，后面黏接隔热层。热电偶焊接在钢板后表面中心。火烧试验中，记录热电偶温度数据，然后通过数据处理得到火焰热流密度。

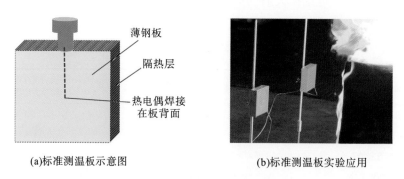

(a)标准测温板示意图　　　　　　　　　　(b)标准测温板实验应用

图6-2　火烧热流试验测试[7]

测试原理[6,7]假定标准测温板的瞬态温度分布在空间上是均匀的，则平板热平衡方程可以按照第2章介绍的集总热容法表示为一维形式

$$\varepsilon_{PT} q_{inc} - \varepsilon_{PT} \sigma T_{PT}^4 + h_{PT}\left(T_g - T_{PT}\right) + K\left(T_g - T_{PT}\right) = C\frac{dT_{PT}}{dt} \tag{6-1}$$

式中，T_{PT}为标准板温度；T_g为燃烧气体温度；h_{PT}为标准板表面的对流换热系数；K为等效热导率；C为等效比热容；ε_{PT}为标准板发射率；σ为斯特藩-玻耳兹曼(Stefan-Boltzmann)

常数；q_{inc} 为入射表面的辐射热流密度。前两项为辐射热流密度，第三项为对流热流密度，第四项为标准测温板前表面向后表面的导热。由于火焰气体温度和标准板的温差较小，第四项数值较小，可以忽略不计。

对方程式(6-1)进行变换处理，得到辐射热流密度表达式，即

$$q_{inc} = \sigma T_{PT}^4 - \frac{1}{\varepsilon_{PT}} \left[\left(h_{PT} + K \right) \left(T_g - T_{PT} \right) - C \frac{\mathrm{d}T_{PT}}{\mathrm{d}t} \right] \tag{6-2}$$

方程式(6-2)写成时间差分形式为

$$q_{inc}^{i+1} = \sigma T_{PT}^4 - \frac{1}{\varepsilon_{PT}} \left[\left(h_{PT} + K \right) \left(T_g - T_{PT} \right) - C \frac{T_{PT}^{i+1} - T_{PT}^i}{t^{i+1} - t^i} \right] \tag{6-3}$$

从式(6-3)可看出，只要知道了标准板温度 T_{PT} 和燃烧气体温度 T_g 就可以计算出辐射热流密度。

热电偶记录了不同时刻的标准板温度 T_{PT}^i，燃烧气体温度可以由标准板附件应用热点偶对环境温度测量获得。

在获得了辐射热流密度后，结构表面的总热流密度 q_{tot} 可表示为

$$q_{tot} = \varepsilon_s \left(q_{inc} - \sigma T_s^4 \right) + h_c \left(T_g - T_s \right) \tag{6-4}$$

式中，T_s 为结构表面的温度；ε_s 为结构表面的发射率；h_c 为结构表面的对流换热系数。该测试方法能够直接测量结构表面的总热流密度(包含了辐射和对流)，从而确定了火灾事故下装药的热载荷特征。

2. 激光辐照下装药热载荷与传递特性

激光通常不被认为是事故来源，但是如果使用不当，激光辐照也会造成炸药安全性事故。特别是，现代武器装备包含了各种先进光学探测装置，意外强光照射是弹药面临的一种安全隐患。在学术研究方面，激光辐照已经广泛用于炸药燃烧和爆炸研究。在固体推进剂燃烧机理研究方面，激光辐照常用于点火热源，可实现快速、精密的热流输入。在炸药热爆炸机理研究方面，激光辐照可以实现炸药装置的快速引爆，这对定量研究热爆炸行为提供了理想的加载手段[8]。在爆轰试验方面，激光常用于照明来获得动态图像。本章后续部分也介绍了激光辐照在装药安全性方面的研究进展。

在激光试验中，通过测试激光出光参数来确定热载荷特征。高能激光系统的出光参数包括能量、功率、光束质量、波前和光谱等。能量、功率和光束质量是衡量高能激光系统出光能力的主要参数，决定了到靶能量、功率和能量集中度。

激光能量测量通常基于全吸收方法。测试原理是利用吸收体来吸收入射激光能量，将温度测试信号转换为电信号，再对电信号进行处理得到激光能量。由于高能激光辐射功率较大，激光能量测试需要解决热效应问题。国内外生产单位研发了水循环式和全固态两种类型的激光能量计。水循环式能量计采用固体吸收和水冷方式，提高系统抗强光破坏能力，具有较高量程。水循环式能量计可以测量兆焦耳级激光能量。全固态能量计采用固态吸收和固态热沉方式，具有结构简单紧凑等优点，多用于中等量程的激光能量测试。

激光光强分布测量通常采用量热阵列(光电阵列探测器)。测试基本原理是高能激光入射到量热阵列上,各单元能量探头吸收入射激光能量并产生温升,由测温热电偶测量背光面温度并输出电压信号,得到各单元背光面的温升曲线,然后计算探头表面沉积的激光能量。

在激光参数测试基础上,可以获得到靶的激光光强的时空分布。激光光强的时空分布又称为靶面激光辐照度时空分布,定义为靶面激光辐照度随空间和时间的变化,是空间坐标和时间的函数。对于理想化的光强分布,可不考虑其随时间的变化情况,可假设为均匀分布、高斯分布和超高斯分布等。考虑两种典型的光强分布,激光束为柱对称分布,在柱坐标系 (r, θ, z) 下光强分布与 θ 无关,将激光能量集中在光斑半径之内考虑。光强均匀分布和高斯分布的表达式为

均匀分布:
$$I(r) = \frac{P}{\pi r_0^2} \tag{6-5}$$

高斯分布:
$$I(r) = \frac{2P}{\pi r_0^2 \left(1 - e^{-2}\right)} \exp\left(-2\frac{r^2}{r_0^2}\right) \tag{6-6}$$

式中,P 为激光总功率;r_0 为激光半径;$I(r)$ 为激光光强分布。

实际光强分布可能比较随机,远距离传输的光强分布受到大气湍流和热晕影响,光束分布也会发生改变。多模光纤激光器光强分布的测试结果如图6-3所示,按照接近理想分布模型的程度,可视为近平顶分布和近高斯分布两种。

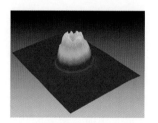 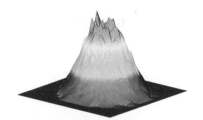

(a)近平顶分布   (b)近高斯分布

图6-3 多模光纤激光器光强分布

激光辐照到材料表面后还涉及吸收问题。激光是一种能量密度高,方向性强及单色性好的电磁波。按照近代物理学观点,激光与物质相互作用是微观粒子的能量交换过程。由于强激光束的光子流量巨大,能量交换的粒子化基本不能察觉。在激光热处理等大多数应用及研究中,可以用经典概念来描述激光与固体材料的相互作用。光能入射到材料表面后,一部分被反射,剩余能量被物体吸收和透射。材料对激光的吸收,与材料类型、表面粗糙度、激光波长、材料温度等因素有关。吸收变化趋势通常是随温度的升高而增大,也存在随温度升高而下降的特殊情况。装药外部结构为金属部件,金属在室温时对激光的吸收率比较低。随着温度升高,金属对激光的吸收率显著增大。

6.1.2　装药系统的热响应特性

确定了热载荷输入及传递之后,本节介绍两种典型场景(模拟火烧和模拟发射)下弹体系统的热响应规律及系统传热行为。需注意的是,由于本节只研究结构装药的系统传热行为,故不关注炸药的热分解和点火,因此炸药均当作惰性材料处理。

1. 模拟火烧场景弹体系统的热响应特性

中国工程物理研究院流体物理研究所的仲苏洋等采用Abaqus有限元软件模拟了火烧载荷下弹体系统的热响应过程,计算模型如图6-4所示。模拟中弹体全长为600mm,外壳直径为100mm,外壳厚度为10mm,炸药直径为80mm,分为两段,下段和上段高分别为262mm和238mm。弹体外壳材料为钢,密度为7.85g/cm^3,比热容为523J/(kg·K),热导率为$\lambda = 51$W/(m·K);炸药密度为1.85g/cm^3,比热容为1020J/(kg·K),热导率为$\lambda = 0.45$W/(m·K)。利用热分析有限元方法[9-11],对弹体系统划分网格进行离散,弹体初始温度为293K,施加的火烧温度边界条件为$T_1 = 1273$K,$T_2 = 873$K,钢外壳同火焰之间的对流换热系数为180W/(m^2·K),计算的弹体传热规律及温度分布演化结果如图6-5所示,典型位置的温度时程曲线如图6-6所示。

由图6-5和图6-6可见,在火烧过程中弹体两侧温度不同,炸药内部始终存在温度梯度。随着火烧的进行,炸药和壳体的温度越来越高,由于火焰温度相对固定,因此火焰与壳体之间的温差越来越小,导致火焰输入弹体的传热功率降低。在时刻$t = 10000$s左右,弹体内部温度基本达到稳态,各点温度不再随时间变化。

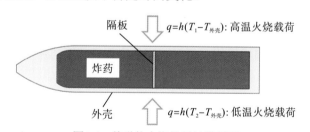

图6-4　某弹体火烧场景计算模型

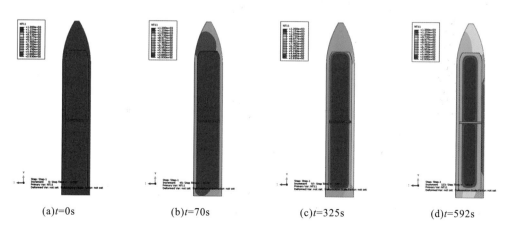

(a)t=0s　　　　(b)t=70s　　　　(c)t=325s　　　　(d)t=592s

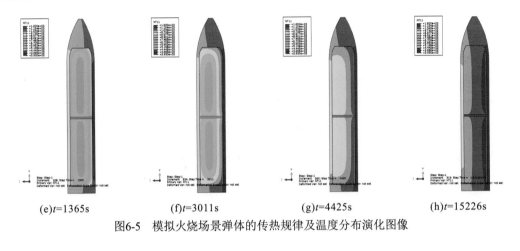

(e)t=1365s   (f)t=3011s   (g)t=4425s   (h)t=15226s

图6-5　模拟火烧场景弹体的传热规律及温度分布演化图像

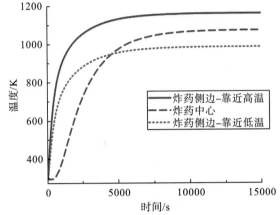

图6-6　模拟火烧场景弹体典型位置的温度时程曲线

　　为进行对比分析，中国工程物理研究院流体物理研究所的仲苏洋等改变了边界条件，对如图6-4所示的弹体在固定外壳温度条件下的传热行为进行了研究。计算中，炸药两侧外壳的温度分别为293K和1073K，弹体初始温度依然为293K，计算结果如图6-7所示。

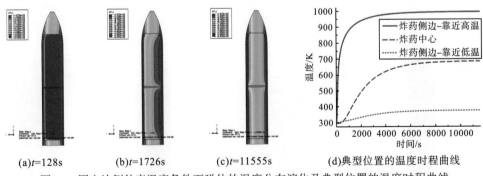

(a)t=128s   (b)t=1726s   (c)t=11555s   (d)典型位置的温度时程曲线

图6-7　固定边侧外壳温度条件下弹体的温度分布演化及典型位置的温度时程曲线

　　从图6-7可看出，在固定外壳温度边界条件下，弹体温度达到稳态的时间比前面固定火焰温度条件下的时间要短。对比图6-6和图6-7(d)可看出，达到稳态后，炸药中心的温度水平分别为1050K和650K，均接近两侧外壳温度之和的一半。

2. 模拟发射场景弹体系统的热响应特性

在火箭或战略导弹发射的过程中，如果遭遇意外情况，那么尾部的推进剂有可能发生爆燃，从而对弹体尾部施加一个持续的热载荷。中国工程物理研究院流体物理研究所的李克武等采用Ansys有限元软件平台的Thermal计算模块，模拟了尾部推进剂燃烧热载荷作用下弹体系统的热响应特性，计算模型如图6-8所示。数值模拟中对弹体进行了缩比建模，弹体全长为59mm，外壳直径为20mm，外壳和隔板厚度为0.5mm，炸药直径为19mm，分为三段，每段高均为15mm。弹体外壳材料为钢，密度为7.85g/cm³，比热容为460J/(kg·K)，热导率为$\lambda = 50\text{W}/(\text{m·K})$；炸药密度为1.9g/cm³，比热容为1050J/(kg·K)，热导率为$\lambda = 0.373\text{W}/(\text{m·K})$。利用热分析有限元方法[8-10]，对弹体系统划分网格进行离散，弹体初始温度为293K，施加的推进剂燃烧温度边界条件为$T_f = 800℃$。钢外壳同推进剂火焰之间的对流换热系数为180W/(m²·K)，其余外壳部分的对流换热系数为13W/(m²·K)，环境温度为25℃。计算得到弹体的传热规律及温度分布演化结果如图6-9所示，典型位置的温度时程曲线如图6-10所示。

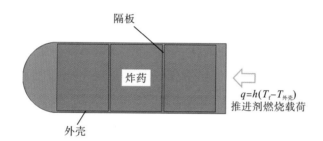

图6-8　某弹体尾部推进剂燃烧热载荷加载计算模型

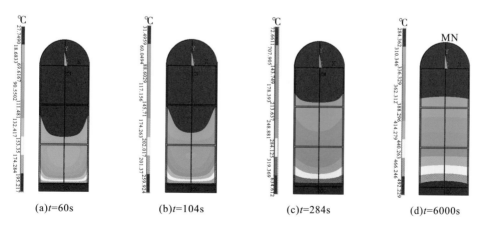

图6-9　模拟发射场景弹体的传热规律及温度分布演化图像

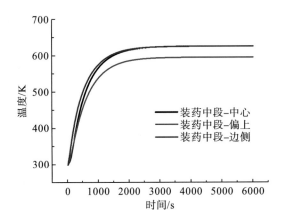

图6-10　模拟发射场景弹体典型位置的温度时程曲线

从图6-9和图6-10可看出，随着弹体尾部传热过程的进行，热流越来越向弹头移动，导致弹头温度逐渐上升。由于弹尾热源温度相对固定，因此弹尾热源与壳体之间的温差越来越小，导致输入弹体的传热功率降低，图6-10表现为温度时程曲线斜率下降。由于隔板及边界对流散热的存在，温度分布初期呈"内凹"型。随着加载过程的进行，当系统趋近于稳态时，温度分布从"内凹"转变为"外凸"，并最终保持下去。从图6-10可看出，在时刻$t = 3000$s附近，可基本认为弹体温度达到稳态，各点温度不再随时间变化。

实际应用中，我们通常需要对不同事故场景下弹体内部炸药的温度水平进行快速估算，以便判断其点火及爆炸风险。采用第2章介绍的热路分析法对图6-8的弹体进行简化热路建模（由于隔板很薄且热导率高，因此建模中忽略了隔板热阻），如图6-11所示。

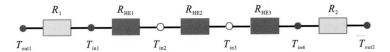

图6-11　弹体热路分析简化建模

图6-11中，R_{HE1}、R_{HE2}和R_{HE3}为3段炸药的传导热阻，导热面积取弹体横截面积，即$A = \pi D^2/4 = 3.14 \times 10^{-4} \mathrm{m}^2$，通过查阅第2章表2-2，可知$R_{HEi}(i = 1,2,3)$表达式为$R_{HEi} = \delta_{HEi}/(\lambda_{HE}A) = 0.015/(0.373 \times 3.14 \times 10^{-4}) = 128 \mathrm{K/W}$。$R_1$、$R_2$分别为弹头和弹尾壳体的传导热阻，那么$R_1 \approx \delta_{弹头}/(\lambda_{外壳}A) = 0.01/(50 \times 3.14 \times 10^{-4}) = 0.64 \mathrm{K/W}$，$R_2 = \delta_{弹尾}/(\lambda_{外壳}A) = 0.003/(50 \times 3.14 \times 10^{-4}) = 0.19 \mathrm{K/W}$。$T_{in1}$、$T_{in2}$、$T_{in3}$和$T_{in4}$分别为弹头与炸药接触面、两个隔板及弹尾与炸药接触面的温度。T_{out1}、T_{out2}分别为弹体两端的外壳温度。利用第2章介绍的热路分析理论，达到稳态后弹体内部热流为

$$q = \frac{T_{out2} - T_{out1}}{R_1 + \sum_{i=1}^{3} R_{HEi} + R_2} \tag{6-7}$$

从而，炸药中心点及靠近弹头处隔板的温度为

$$T_{middle} = T_{out2} - q\left(R_2 + \frac{R_{HE2}}{2} + R_{HE3}\right)$$

$$T_{in2} = T_{out2} - q\left(R_2 + R_{HE2} + R_{HE3}\right)$$

$$(6-8)$$

达到稳态后，弹尾和弹头温度差为$T_{out2}-T_{out1}$ = 791K-557K = 234K。因此，整个弹体的热流为q = 234/(0.64+0.19+128×3) = 0.61W。再代入方程式(6-8)，可得炸药中心点和靠近弹头处隔板温度为T_{middle} = 791-0.61×(0.19+128/2+128) = 674K和T_{in2} = 791-0.61×(0.19+128+128) = 635K。将热路分析法计算结果与图6-10对比发现，数值计算得到的稳态时炸药中心和靠近弹头处隔板温度为T_{middle} = 624K和T_{in2} = 593K，同热路分析法计算结果的误差在13%～15%，且热路分析法的计算温度偏高。分析其原因，是因为数值计算中还考虑了边界壳体的对流散热，而在热路分析法中没有考虑散热，因此温度偏高。从该分析看出，热路分析法用非常简单的公式高效地计算出了炸药内部的温度场，对于武器装药事故现场的炸药温度计算与点火风险评估起到重要支撑作用。

6.2　炸药材料热物性及点火响应机制

6.1节介绍了结构装药系统内部的热量传递过程及温度分布演化规律。事实上，尽管事故条件下热刺激的种类多种多样，装药结构各不相同，热量传递规律也不同，但炸药材料的传热、相变和反应的机制是一样的。炸药热分解和热点火特征是各种热刺激下炸药点火研究的基础。本节介绍热载荷作用下炸药材料的热响应特性，包括炸药热物性、热分解及热点火特征。

6.2.1　炸药热物性

热刺激下，炸药传热、流动和相变等物理行为受到热物性的影响，这些热物性参数包括密度、比热容、热传导系数、热扩散率、黏性和组分扩散系数等。炸药热物性参数与其工艺配方密切相关，不同类型炸药的热物性可能差异较大。按照化学组分不同，炸药可分为单质炸药和混合炸药两类[12]。单质炸药是只含有一种化合物的炸药，在它们的分子内含有爆炸性基团，如最重要的硝基($-NO_2$)。根据硝基基团的连接方式，可分为$C-NO_2$、$N-NO_2$和$O-NO_2$，分别形成硝基化合物炸药(梯恩梯TNT)、硝胺炸药(黑索今RDX、奥克托今HMX)和硝酸酯炸药(太安PETN、硝化甘油NG)。单质炸药热物性参数的影响因素相对较少，可通过试验测试获得。混合炸药的种类繁多，现代武器弹药基本都是混合炸药，混合炸药的热物理性能是这些混合成分的综合体现。下面介绍几个典型炸药的热物性参数。

梯恩梯代号为TNT，化学名称为2,4,6-三硝基甲苯。TNT是一种爆炸威力强且比较安全的炸药。在第二次世界大战结束前，TNT一直是综合性能最好的炸药。TNT晶体为无色针状结晶，工业TNT为淡黄色鳞片状。TNT炸药的热物性参数[12-14]如表6-2所示。TNT是传统熔铸炸药的经典熔融相材料，其熔化温度较低，只有80.9℃。在热刺激下，TNT炸药容易发生熔化和流动现象，熔化吸热和流动会明显改变炸药内部的温度场，影响炸药的点火行为。

表6-2 TNT炸药热物性参数[12-14]

物理量	数值	单位
密度	1510	kg/cm^3
定压比热容	1611	J/(kg·K)
热传导系数	0.4	W/(m·K)
熔化温度	80.9	℃
熔化热	98450	J/kg

黑索今代号为RDX，化学名称为1,3,5-三硝基-1,3,5-三氮杂环己烷或六氢-1,3,5-三硝基均三嗪，也称环三亚甲基三硝胺，分子式为$C_3H_6N_6O_6$，是硝胺类炸药的一种。RDX炸药的热物性参数如表6-3所示[15]。RDX的熔点在205℃附近。

表6-3 RDX炸药热物性参数[15]

物理量	数值	单位
密度	1.8	g/cm^3
定压比热容	$20.32+3.53 \times T$	J/(kg·K)
热传导系数	0.278	W/(m·K)
熔化温度	478	K
固相生成焓	112.02	kJ/mol
液相生成焓	145.88	kJ/mol
熔化焓	33.86	kJ/mol

注：温度 T 单位为K。

奥克托今代号为HMX，化学名称为环四亚甲基四硝胺，分子式为$C_4H_8N_8O_8$。HMX具有较高的爆炸能量，可以作为高能炸药、固体推进剂和发射药的组分。HMX是一种热安定性优良的单质炸药，其熔点达到了278℃，超过了TNT和RDX等。HMX是一种多晶型的物质，具有α、β、γ、δ四种晶型，各种晶型具有各自的物理性质。随着温度变化晶型之间可以相互转化，即发生相变。在115℃以下，β-HMX晶型最稳定，常温下HMX的性能数据均为β-HMX最优。α-HMX是不明显的针状结晶，常温下亚稳定，在115～136℃稳定；γ-HMX是六方晶系的细针状结晶，常温下不稳定，在156～279℃稳定。HMX炸药的热物性参数[16]如表6-4所示。

表6-4 HMX炸药热物性参数[15,16]

物理量	数值	单位
密度	1.8～1.9	g/cm^3
定压比热容	$0.23+6.61 \times 10^{-4} \times T$	cal/(g·℃)

续表

物理量	数值		单位
热传导系数	$1.19\times10^{-3}+11.5\times10^{-7}T$		cal/(cm·s·℃)
熔化温度	548		K
相变温度	β→α	388.5	K
	α→δ	439	
	熔化	548	
相变能	β→α	0.45	kcal/mol
	α→δ	1.9	
	熔化	11.4	

注：温度 T 单位为℃。

近年来，为更精确地描述HMX各晶型的转化，Henson等[17]提出了HMX晶体的β→δ二阶相变模型。试验发现[17]将烤燃后的HMX样品温度降低到δ相稳定温度以下，δ-HMX能完全变回β-HMX，并且晶体表面出现裂纹。Henson使用二次谐波技术SHG[18]，根据SHG信号的强度变化对HMX晶体两相进行了定量分析，建立了二阶相变动力学模型：

$$
\begin{aligned}
&\beta \xrightarrow{\ k_1\ } \delta \\
&\delta \xrightarrow{\ k_{-1}\ } \beta \\
&\beta + \delta \xrightarrow{\ k_2\ } 2\delta \\
&\beta + \delta \xrightarrow{\ k_3\ } 2\beta
\end{aligned}
\tag{6-9}
$$

式(6-9)前两步为一阶相变描述成核过程，后两步为二阶相变描述增长过程，热物性参数 k_1、k_{-1}、k_2和k_3为反应速率常数，具体参数取值可参考文献[19]等的工作。

文献中，混合炸药的配方组成和性能数据比较全面，但爆炸性能(包括密度、爆速、爆压、能量)的数据和信息相对不足，热物性数据则更少。因此，混合炸药的热物性参数需要通过试验进行测试。在缺少实测数据的情况下，其热物性参数可以通过各种近似方法来估算。例如，混合炸药的比热容及热导率可以通过加权平均法[12]近似估算：

$$
c_{\mathrm{p}} = \frac{\sum m_i c_{\mathrm{p}i}}{\sum m_i} = \sum w_i c_{\mathrm{p}i}
\tag{6-10}
$$

$$
\lambda = \frac{\sum m_i \lambda_i}{\sum m_i} = \sum w_i \lambda_i
\tag{6-11}
$$

式中，c_{p}为混合炸药的比热容；$c_{\mathrm{p}i}$为组分i的比热容；m_i为组分i的质量；λ为混合炸药的热导率；λ_i为组分i的热导率；w_i为组分i的质量分数。

6.2.2 炸药热分解

炸药热分解是指在热作用下炸药分子发生分裂形成众多分解产物的现象。热分解是物质普遍具有的现象，当温度高于0K时，多数物质都会以不同速率进行热分解。炸药在任意温度下都在进行着热分解。高温条件下，炸药热分解的速率会加快。炸药热分解包含了复杂的物理和化学过程，通常认为热分解分为三个阶段[20]。

（1）热分解延滞期：炸药受热后，有一段时间没有发生明显分解或者分解速率很低甚至趋近于零，气体产物较少；

（2）热分解加速期：热分解延滞期结束后，分解速率逐渐加快，在某一时刻可达到某一极大值，发生点火；

（3）热分解降速期：当炸药量较少时，反应速率达到某一极大值之后发生下降，直至分解完毕；当炸药量较多时，反应速率可一直增长到发生点火。

按照研究方法分类，炸药热分解可分为唯象动力学研究和细观反应机理研究两种类型。唯象动力学主要基于热分析动力学理论，从宏观角度研究炸药反应速率和反应机理模型，给出热分解的宏观参数。细观反应机理研究重点揭示了热刺激炸药分子的化学反应机理，确定反应通道和产物组分等，并在此基础上构建相应的热分解模型。

1. 热分解的唯象动力学研究

唯象动力学不考虑化学反应的具体形式，炸药热分解反应速率可表示为

$$r = \frac{d\alpha}{dt} = k(T) \cdot f(\alpha) \tag{6-12}$$

式中，r 为反应速率；α 为反应物向产物转化的百分数；$k(T)$ 为温度相关的速率函数；$f(\alpha)$ 为反应机理函数。反应速率函数通常采用经典的阿伦尼乌斯（Arrhenius）定律表示，即

$$k(T) = A \cdot \exp\left(\frac{-E}{RT}\right) \tag{6-13}$$

式中，R 为理想气体常数；A 为指前因子；E 为活化能，T 为热力学温度。将 Arrhenius 方程代入反应速率方程，可以获得炸药的反应速率表达式，即

$$\frac{d\alpha}{dt} = A \exp\left(\frac{-E}{RT}\right) f(\alpha) \tag{6-14}$$

在非等温条件下，假定温升速率（加热速率）恒定，即 $\beta = dT/dt$，反应速率可表示为

$$\frac{d\alpha}{dT} = \frac{A}{\beta} \exp\left(\frac{-E}{RT}\right) f(\alpha) \tag{6-15}$$

唯象动力学研究的重点是获取指前因子、活化能和反应机理函数三部分信息。基于反应动力学数据，就能够计算某一温度、任一瞬间的热分解速率。在实施过程中，唯象动力学基于热分析动力学方法，先对炸药进行热分析试验，获得热分析曲线，再对试验数据进行动力学分析，获得炸药指前因子和活化能，并进行反应机理函数的推断。热分析试验技术包括了最常用的热重分析法（TGA）、差热分析（DTA）和差示扫描量热分析（DSC）等。

1）热分析动力学方法

胡荣祖等[21]总结了热分析动力学理论，归纳了热分析曲线的动力学分析方法，详细介绍了最概然机理函数推断法。热分析曲线的动力学分析方法比较多，可以分为积分法和微分法两类，常用方法包括 Coats-Redfern 法、Kissinger 法和 Ozawa 法等。下面以 Kissinger 法

和Ozawa法为例，简单介绍反应动力学参数的获取方法。

Kissinger法将反应机理函数表示为 $f(\alpha)=(1-\alpha)^n$，代入式(6-15)，可得

$$\frac{\mathrm{d}\alpha}{\mathrm{d}t}=A\exp\left(\frac{-E}{RT}\right)(1-\alpha)^n \tag{6-16}$$

对上式两边微分，可得

$$\frac{\mathrm{d}}{\mathrm{d}t}\left[\frac{\mathrm{d}\alpha}{\mathrm{d}t}\right]=\left[A(1-\alpha)^n\frac{\mathrm{d}\exp\left(-\dfrac{E}{RT}\right)}{\mathrm{d}t}+A\exp\left(-\frac{E}{RT}\right)\frac{\mathrm{d}(1-\alpha)^n}{\mathrm{d}t}\right]$$

$$=\frac{\mathrm{d}\alpha}{\mathrm{d}t}\left[\frac{E\dfrac{\mathrm{d}T}{\mathrm{d}t}}{RT^2}-An(1-\alpha)^{n-1}\exp\left(-\frac{E}{RT}\right)\right] \tag{6-17}$$

在差热曲线的顶峰处，反应速率最大。即当 $T=T_P$ 时，$\dfrac{\mathrm{d}}{\mathrm{d}t}\left[\dfrac{\mathrm{d}\alpha}{\mathrm{d}t}\right]=0$，得到

$$\frac{E\dfrac{\mathrm{d}T}{\mathrm{d}t}}{RT^2}=An(1-\alpha)^{n-1}\exp\left(-\frac{E}{RT}\right) \tag{6-18}$$

式中，T_P 为峰顶温度。

Kissinger方法认为 $n(1-\alpha)^{n-1}$ 与 β 无关，其值近似等于1，因此

$$\frac{E\beta}{RT^2}=A\exp\left(-\frac{E}{RT_p}\right) \tag{6-19}$$

对上式两边取对数，并且考虑不同加热速率 β_i，即可得到如下方程，即

$$\ln\left(\frac{\beta_i}{T_{pi}^2}\right)=\ln\frac{A_kR}{E_k}-\frac{E_k}{R}\frac{1}{T_{pi}} \quad i=1,2,\cdots \tag{6-20}$$

由 $\ln\left(\dfrac{\beta_i}{T_{pi}^2}\right)$ 对 $\dfrac{1}{T_{pi}}$ 作图，便可得到一条曲线，从直线斜率求 E_k，从截距求 A_k。

Ozawa法的优势是避开了反应机理函数的选择而直接求出 E 值，不会因机理函数选择的不同而带来误差。Ozawa法首先对反应速率方程式(6-16)进行温度积分，即

$$\int_0^\alpha\frac{\mathrm{d}\alpha}{f(\alpha)}=G(\alpha)=\frac{A}{\beta}\int_{T_0}^T\exp\left(-\frac{E}{RT}\right)\mathrm{d}T \tag{6-21}$$

式中，T_0 为初始温度。考虑到开始反应时，初始温度较低，可取 T_0 值为零，则式(6-21)简化为

$$\int_0^\alpha\frac{\mathrm{d}\alpha}{f(\alpha)}=G(\alpha)=\frac{A}{\beta}\int_0^T\exp\left(-\frac{E}{RT}\right)\mathrm{d}T \tag{6-22}$$

为了得到上面温度积分的近似解，令 $u = E/RT$，方程式 (6-22) 可变换为

$$G(\alpha) = \frac{AE}{\beta R} \int_{\frac{E}{RT}}^{+\infty} \frac{e^{-u}}{u^2} du \tag{6-23}$$

对上式右边做近似处理，可得

$$\lg \beta = \lg\left(\frac{AE}{RG(\alpha)}\right) - 2.305 - 0.4567\frac{E}{RT} \tag{6-24}$$

因此，活化能 E 可以用下面两种方法获得：

(1) 由于不同温升速率 β 下，各个热峰顶温度处各 α 值近似相等，因此 $\lg\left(\dfrac{AE}{RG(\alpha)}\right)$ 值都是近似相等的，可以根据 $\lg \beta$ 对 $1/T$ 呈线性关系来确定 E 值；

(2) 由于不同温升速率 β 下，选择相同的 α 值，则 $\lg\left(\dfrac{AE}{RG(\alpha)}\right)$ 是恒定值，因此可以根据 $\lg \beta$ 对 $1/T$ 呈线性关系来确定 E 值。

2) 热分析试验研究

基于热分析动力学方法，国内外学者采用热分析试验技术研究了各种含能材料的热分解行为，获得了 TNT、RDX、HMX 及 PETN 等炸药的活化能、指前因子及反应机理函数等。下面以 HMX 为主的硝胺炸药为例介绍相关的热分析研究工作。HMX 热分析研究一直未曾中断，相关结果也很多。但由于试验样品、测试方法和测试条件不同，相关试验数据可能差异较大，有些结果甚至相互矛盾。

Patidar 等[22]开展了不同加热速率下 HMX 热分析试验，设置了 5K/min、10K/min、15K/min 和 20K/min 共 4 组加热速率，获得的 TGA 和 DSC 试验曲线如图 6-12 所示。可见，β-HMX 到 δ-HMX 的相变过程发生在 190℃附近，DSC 曲线有较小的吸热峰。随着温度进一步升高到 260℃以上，开始发生热失重。进一步加热可以观察到 HMX 的熔点约为 280℃，DSC 曲线有明显的熔化吸热峰。在熔点以上，熔融态样品发生快速热失重和分解放热反应。在 5K/min 加热速率下，大约 20%的初始试样发生了升华。在 10K/min、15K/min 和 20K/min 的加热速率下，初始试样的升华量分别为 8%、15%和 3%。在较低的加热速率下，HMX 样品有更多的时间用于升华和固相分解，因此热失重比例较大。在较高的加热速率下，HMX 样品很快提高到熔化温度以上，样品升华和固相分解的时间较短，热失重比例较低。

Burnham 等[23]开展了在较低加热速率下 HMX 的 TGA 和 DTA 试验。通过缓慢加热使得 HMX 在固相状态发生热分解，避免了高温热失稳对动力学曲线的影响。试验加热速率设置为 0.1℃/min、0.2℃/min、1℃/min 和 2.5℃/min 共 4 组。HMX 放热速率和质量变化的反应速率如图 6-13 所示，其中放热速率是相对大小。可见，随着加热速率增大，反应结束温度从 240℃增大到 280℃。当加热速率为 2.5℃/min 时，由于处于熔化点附近，气相反应剧烈，反应速率更快。

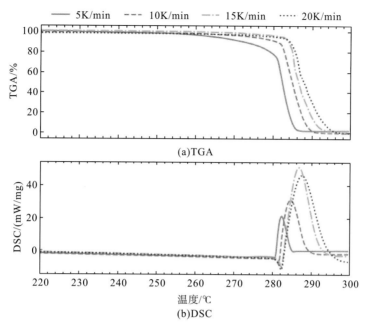

图6-12　HMX的TGA和DSC试验曲线[22]

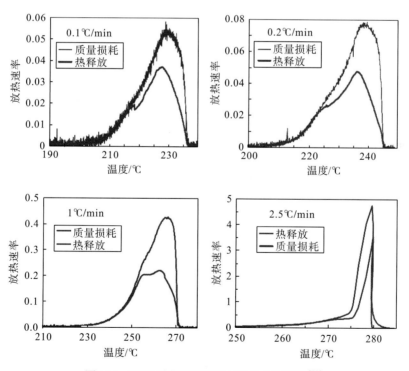

图6-13　HMX放热速率和质量变化反应速率[23]

　　Brill等[24]总结了不同作者获得的HMX分解动力学数据，活化能E的试验值范围为54～278kJ/mol。Brill发现尽管试验条件和样品状态不同，活化能E与指前因子对数$\ln A$之间呈线性关系，数学表达式为

$$\ln A = aE + b \tag{6-25}$$

式中，a和b为补偿参数，a的单位为mol/kJ。这种关系符合动力学补偿效应，即指前因子A对活化能E变化的效应得到部分补偿。动力学补偿效应解释了文献中动力学数据存在较大差异的原因。

Vyazovkin[25]和刘子如等[26]也研究了HMX热分解动力学数据的动力学补偿效应。Vyazovkin[25]认为动力学补偿效应表明E试验值远比A数据稳定。例如，E从200kJ/mol增加到250kJ/mol，只增加了25%；但对应的A从$10^{17}\mathrm{s}^{-1}$增加到$10^{22}\mathrm{s}^{-1}$，共增加了5个量级。因此，Vyazovkin认为应该集中解释活化能的变化规律，而指前因子作为一个相关的次要变量。刘子如[26]用DSC、DTA和TG-DTG技术测定了RDX和HMX热分解的动力学参数。他发现RDX和HMX在不同的分解阶段有不同的动力学参数和机理函数，动力学参数受试验条件、样品状态和试验方法的影响很大，但是这些参数之间存在动力学补偿效应。

邵颖惠等[27]采用全浸式真空安定性试验仪，在接近真空密闭条件下对HMX的等温全分解过程进行实时测量。在200~230℃，固态HMX分解可分为两个阶段，且有不同的动力学机理函数。当分解深度为0~15%时，活化能E = 149.6kJ/mol，$\ln A$ = 24.65s^{-1}；分解深度为15%~70%，活化能E = 145.5kJ/mol，$\ln A$ = 25.5s^{-1}。在较大的反应深度，活化能有所降低，表明反应有所加快。

Fathollahi等[28]研究了HMX炸药颗粒的尺寸对热分解动力学参数的影响。HMX平均颗粒大小为40μm、50μm、90μm、125μm、160μm和350μm。加热速率从5℃/min到20℃/min，采用DSC方法研究了HMX热分解行为。基于Ozawa法和Kissinger法，获得了纯HMX炸药颗粒的热分解动力学参数。结果表明，随着粒子尺寸增大，HMX热分解温度和活化能增加。将Brill固-液-气三相结果、邵颖惠试验结果和Fathollahi炸药颗粒结果进行汇总比较，得到了HMX活化能和指前因子的关系，如图6-14所示。结果表明，不同状态HMX的活化能E与指前因子对数$\ln A$呈线性关系。从HMX热分解的唯象动力学研究来看，活化能、指前因子及反应机理函数与样品热力学状态密切相关，测试条件不同对应着热力学状态不同，获得的热力学参数也会存在差异。即使经过了多年的热分析试验研究，HMX的热分解测试方法仍在逐步完善。

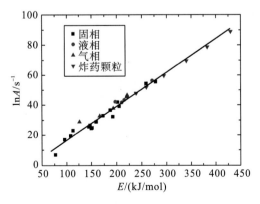

图6-14　HMX活化能和指前因子的关系

2. 热分解反应机理研究

唯象动力学获得的动力学数据能够定量评估热分解过程,但并不能说明具体的反应机理,机理函数只是化学反应的表现形式。采用微观动力学方法,如气相色谱法(GC)、质谱法(MS)及傅里叶变换红外光谱法(FTIR)等,才能具体、真实地分析热分解过程。在了解热分解过程及产物组分的基础上,建立相应的化学反应模型。下面分试验和反应模型两个部分介绍炸药热分解反应机理的研究进展。

1) 热分解反应机理的试验研究

以HMX晶体为代表介绍炸药热分解反应机理的试验研究进展。有关HMX的热分解反应,国内外开展了大量研究工作,归纳起来讨论最多的是四种反应路径[12]。

(1) N—NO$_2$键断裂:

$$(6-26)$$

(2) 消去HONO:

$$(6-27)$$

(3) 环上C—N键协同断裂:

$$(6-28)$$

(4) 环上C—N键断裂:

$$(6-29)$$

Kimura和Kubota[29]较早采用DSC和红外光谱法联用技术研究了HMX的热分解过程。

测试了液相HMX的主要分解产物。认为液相HMX热分解开始于N—NO$_2$键断裂，而不是C—N键断裂。

Palopoli和Brill[30]应用快速热解-快速扫描FTIR联用技术和T-Jump/FTIR(温度跃升/傅里叶变换红外光谱)联用技术，对HMX热分解机理进行了详细研究。根据分解产物的组成，提出了N—NO$_2$键和C—N键同时断裂的竞争机理：

$$HMX \rightarrow 4N_2O + 4CH_2O \tag{6-30}$$

$$HMX \rightarrow 4HNO_2(HONO) + 4HCN \tag{6-31}$$

其中，第一个反应是放热反应($\Delta H = -121.3kJ/mol$)，与C—N键的断裂有关；第二个反应是吸热反应($\Delta H = +117.2kJ/mol$)，与N—NO$_2$键的断裂有关。热分解的主要热源来自后续反应：

$$5CH_2O + 7NO_2 \rightarrow 7NO + 3CO + 2CO_2 + 5H_2O \tag{6-32}$$

Patidar等[22]开展了HMX慢速热分解和快速热分解试验研究。慢速热分解采用传统的TGA和FTIR联合技术，在加热速率为5K/min、10K/min、15K/min和20K/min条件下进行非等温分解试验，测试HMX的热分解曲线和产物的红外光谱特征。快速热分解CRT和FTIR联合技术，CRT是一种新型的快加热技术，能实现对小样品2000K/s的加热速率。快速热分解试验测试主要研究熔点以上290℃、300℃、310℃和320℃状态下HMX的热分解行为。试验发现，快慢加热条件下的分解产物主要是甲醛(CH$_2$O)和一氧化二氮(N$_2$O)，其次才是少量的H$_2$O、HCN、NO、NO$_2$、CO和CO$_2$。Patidar分析认为，HMX液相的初始反应是消去HONO。

综上所述，国内外学者针对HMX的反应机理开展了大量试验工作，揭示了HMX凝聚相、气相的化学反应规律，获得了许多有价值的试验数据。

2) 热分解反应模型

在试验上获取炸药热分解过程及分解产物组分的基础上，可以建立相应的反应模型。1981年，McGuire和Tarver[31]提出了炸药的多步反应模型，将HMX炸药的热分解简化为三个反应步：第一步是环上的C—N键吸热断裂，形成H$_2$C=N—NO$_2$，这是热分解阶段最慢的反应；第二步是速率稍快的分解放热反应，H$_2$C=N—NO$_2$分解为CH$_2$O和N$_2$O或者HCN和HNO$_2$；第三步是剧烈的气相分解放热反应，CH$_2$O+N$_2$O(或者HCN和HNO$_2$)分解成稳定的气相产物H$_2$O、N$_2$、CO和CO$_2$等。HMX炸药的3步热分解反应机制如下所述。

第1步：HMX $\longrightarrow$ H$_2$C=N—NO$_2$

第2步：H$_2$C=N—NO$_2$ $\longrightarrow$ CH$_2$O+N$_2$O

第3步：CH$_2$O+N$_2$O $\longrightarrow$ H$_2$O+N$_2$+CO+CO$_2$

该热分解过程可以用3步4组分反应机制来描述，即

$$A \xrightarrow{\quad1\quad} B \xrightarrow{\quad2\quad} 2C \xrightarrow{\quad3\quad} D \tag{6-33}$$

式中，A为HMX；B为H$_2$C=N—NO$_2$；C为CH$_2$O+N$_2$O或HCN+HNO$_2$；D为最终产物H$_2$O、N$_2$、CO和CO$_2$。

第i步反应的反应速率常数k_i为

$$k_i = Z_i \exp\left(-\frac{E_i}{RT}\right) \qquad (6\text{-}34)$$

以上炸药模型的反应常数可根据试验来确定。式中，Z为频率因子；E为活化能；ΔH为反应焓。

除HMX炸药外，McGuire-Tarver反应模型也可应用于其他炸药。Burnham等[32]总结了HMX、RDX、TNT、TATB共4种炸药的McGuire-Tarver模型参数，如表6-5所示。

表6-5　HMX、RDX、TNT和TATB多步反应的动力学模型参数[32]

炸药类型	反应步	ln$Z$	E/(kJ/mol)	ΔH/(J/g)
HMX （粗颗粒: a，　细颗粒: b）	$A \rightarrow B$	48.7	216.3	+251
	$B \rightarrow 2C$	37.8a 38.2b	185.4	-556.6
	$2C \rightarrow D$	28.1a 28.5b	142.7	-5594
RDX	$A \rightarrow B$	45.5	197.1	+418
	$B \rightarrow 2C$	40.7	184.5	-1255
	$2C \rightarrow D$	35.0	142.7	-5021
TNT	$A \rightarrow B$	57.0	270.2	+209.2
	$B \rightarrow C$	52.8	249.4	+209.2
	$C+C \rightarrow D$	37.5	184.1	-3765
TATB	$A \rightarrow B$	29.5	175.7	209.2
	$A+B \rightarrow C$	45.0	251.0	-3766
	$B+B \rightarrow C$	45.0	251.0	-3975

2004年，Tarver和Tran[33]在原有HMX反应模型的基础上引入了固固相变，形成了5组分4步热分解模型。其中第一步为β-HMX转变为δ-HMX的固固相变，是吸热过程；第二步为δ-HMX反应为产生固相中间产物；第三步为固相中间产物产生气相中间产物；第四步气相中间产物反应为最终气体产物。该热分解模型的4步反应为

第1步：β-HMX——→δ-HMX

第2步：δ-HMX——→固相中间产物

第3步：固相中间产物——→气相中间产物（CH_2O、N_2O、HCN和HNO_2等）

第4步：气相中间产物——→最终气体产物（CO_2、H_2O、N_2和CO等）

每一步反应物及产物的热参数如表6-6所示，反应模型参数如表6-7所示。Tarver将该模型应用到HMX基PBX炸药中，并考虑了黏结剂热分解的贡献，发现粗晶HMX（150μm）比细晶（10μm）的点火时间更长，吸热型黏结剂会延长炸药的点火时间，放热型黏结剂会缩短点火时间，老化会导致部分炸药的点火时间延长。

表6-6　HMX及反应产物热参数[33]

温度	β-HMX	δ-HMX	固相中间产物	气相中间产物	最终气体产物
			初始密度/(g/cm³)		
	1.85	1.70			
			比热容/(cal/(g·K))		
298K	0.24	0.24	0.22	0.24	0.27
373K	0.30	0.30	0.27	0.26	0.28
433K	0.34	0.34	0.31	0.27	0.28
563K	0.40	0.40	0.36	0.29	0.29
623K	0.46	0.46	0.42	0.31	0.30
773K	0.55	0.55	0.50	0.35	0.31
>1273K	0.55	0.55	0.50	0.42	0.35
			热导率/(cal/(cm·g·K))		
298K	1.28×10^{-3}	1.18×10^{-3}	1.08×10^{-3}	9.8×10^{-4}	1.0×10^{-4}
373K	1.09×10^{-3}	1.0×10^{-3}	9.2×10^{-4}	8.8×10^{-4}	1.0×10^{-4}
433K	1.02×10^{-3}	9.2×10^{-4}	8.3×10^{-4}	8.3×10^{-4}	1.0×10^{-4}
563K	8.15×10^{-4}	8.15×10^{-4}	8.15×10^{-4}	8.15×10^{-4}	1.0×10^{-4}
623K	7.5×10^{-4}	7.5×10^{-4}	7.5×10^{-4}	7.5×10^{-4}	1.0×10^{-4}
773K	1.0×10^{-4}	1.0×10^{-4}	1.0×10^{-4}	1.0×10^{-4}	1.0×10^{-4}
>1273K	1.0×10^{-4}	1.0×10^{-4}	1.0×10^{-4}	1.0×10^{-4}	1.0×10^{-4}
			生成热/(cal/g)		
	+61.0	+71.0	+131.0	−2.0	−1339.0

注：1cal = 4.18J。

表6-7　HMX反应模型参数[33]

反应步	lnZ	$E/$(kcal/mol)	反应阶数	反应热/(cal/g)
1	48.13	48.470	1	+10.0
2	48.7	52.7	1	+60.0
3	37.8	44.3	1	−133.0
4	28.1	34.1	2	−1337.0

　　2014年，Hobbs和Kaneshige[34]开展TATB基炸药PBX-9502的热点火试验，发现在密闭与开放两种不同状态下TATB基炸药的点火时间相差很大，密闭状态下炸药的点火时间要明显短于开放状态，环境压力对TATB热分解的反应速率具有明显影响。在此基础上，Hobbs和Kaneshige提出了压力相关的4步TATB热分解模型，考虑了TATB分解气体和水汽对密闭空间压力的影响。热分解模型的4步反应为

　　第1步：水分蒸发$H_2O_a \longrightarrow H_2O_g$

　　第2步：TATB脱水$TATB \longrightarrow MF + H_2O_m$

　　第3步：中间产物分解$MF \longrightarrow 6.52gas_m + 4.18carbon_m$

第4步：TATB热分解：$TATB \longrightarrow 7.5gas_t + 3.9carbon_t$

式中，H_2O_a为吸附水；H_2O_g为蒸发出的水蒸气；H_2O_m为中间产物释放的水蒸气；MF为热分解中间产物；gas_m为MF分解的产物气体；gas_t为TATB分解的产物气体；$carbon_m$为中间产物产生的碳组分；$carbon_t$为TATB分解产生的碳组分。

2016年，Michael和Hobbs[35]等提出了HMX基炸药PBX-9501的压力相关5步热分解模型，考虑了混合炸药各组分的化学反应，包含了压力对反应速率的影响。热分解模型的5步反应为

第1步：水分蒸发$H_2O_a \longrightarrow H_2O_g$

第2步：组分热分解$BDNPA/F \longrightarrow NVR + 4NO_2$

第3步：组分Estane氧化反应$Estane + NO_2 \longrightarrow 7.1Gas_E + 8.1Carbon$

第4步：HMX氧化反应$HMX + NO_2 \longrightarrow 11.5Gas_{x1} + Carbon$

第5步：HMX直接分解$HMX \longrightarrow 10Gas_{x2} + 1.6Carbon$

式中，H_2O_a为吸附水；H_2O_g为蒸发出的水蒸气；BDNPA/F为黏结剂；NVR为中间产物；Estane为分聚氨基甲酸乙酯弹性纤维；Gas_E为Estane氧化反应产生的气体；Gas_{x1}为HMX氧化反应产生的气体；Gas_{x2}为HMX直接分解产生的气体；Carbon为所有反应产生的碳组分。

2019年，Michael[36]等在以往模型的基础上，发展了一种"通用型"热分解模型。模型应用到HMX、TATB、RDX和PETN等4种单质炸药及由它们合成的PBX炸药点火计算。Hobbs模型的反应过程包含了4个反应步：水分蒸发、炸药固相占主导的反应、炸药气相中间产物占主导的反应及黏结剂的热分解反应。相比传统的热分解模型，在每一步的化学反应速率中都强化了温度的影响，考虑了反应过程中活化能的变化，并且在炸药气相中间产物占主导的反应步骤中引入了环境压力对反应速率的影响。该热分解模型的反应步为

第1步：水分蒸发$S \longrightarrow S_g$

第2步：固相炸药主导反应$E \longrightarrow \alpha G_E + \beta C_E$

第3步：气相炸药主导反应$E \longrightarrow \alpha G_E + \beta C_E$

第4步：黏结剂热分解反应$B \longrightarrow \gamma G_B + \delta C_B$

式中，S为吸附气体组分(水分等)；S_g为蒸发气体组分(水蒸气等)；E为炸药；C_E为炸药分解出的碳化合物分解产物；C_B为黏结剂分解出的碳化合物分解产物；G_E为炸药气体产物；G_B为黏结剂气体产物；α为炸药气体产物的计量系数；β为炸药凝聚相产物的计量系数；γ为黏结剂气体产物的计量系数；δ为黏结剂凝聚相产物的计量系数。

6.2.3　炸药热点火

热刺激下炸药发生温升和热分解后，如果局部区域达到热失控状态，则会发生点火。热点火是炸药经过热传导和热分解后达到的热失稳临界状态。迄今为止，炸药热点火研究已经有很长的历史，热点火问题也常称为热爆炸。早期工作重点关注火药和推进剂受热后的爆燃和爆炸现象，研究含能材料发生热爆炸的临界条件，这些工作已经形成了经

典的热爆炸理论[37-39]。关于热爆炸理论，已经在本书第2章做了介绍。事实上，经典热爆炸理论将含能材料的化学反应进行了简化，不考虑热分解的细节问题，只考虑反应放热与热损失的平衡关系，将系统温度无限上升作为临界条件。虽然这种简化处理能够获得某些理想边界下的热爆炸临界温度和点火时间，但是不能给出点火的具体过程。尽管热点火与机械刺激引起的非冲击点火现象存在区别，但Asay[37]认为所有炸药的点火机制本质上都可以归结为热问题。即使炸药处于高压力和大变形状态，只要没有被加热，就不会发生点火。炸药点火不取决于高温状态是怎样实现的，无论通过冲击波、摩擦剪切、电火花或者激光辐照点火，涉及的反应机制都是一样的。机械加载下，炸药发生孔洞塌缩、黏性流动及绝热剪切带等，点火前炸药会发生明显的变形，对炸药传热和化学反应诊断测试非常困难；而在单纯热刺激加载下，点火前炸药处于静止状态，更容易测试炸药发生的传热过程及化学反应产物，确定炸药的点火机制，为非冲击点火行为的研究提供量化数据。

炸药热点火试验方法较多，但大部分加载涉及的热流边界都比较复杂。近年来，国外学者将CO_2激光用于固体火箭推进剂的点火和燃烧机理研究。这种激光点火方式具有很多技术优势。大部分含能材料晶体（RDX、HMX等）对可见、近红外波段激光的吸收都不强，也不易作表面染色或镀膜处理。但是对红外波段的CO_2激光，含能材料的吸收率较大，激光能量能够直接在其表面沉积，便于快速加热。激光辐照是一种非接触且定向能的加载，能够提供精确可测的热流输入，并且不会干扰诊断测试。下面以CO_2激光点火试验为例，详细介绍在热流直接作用下的炸药点火行为，并从反应动力学角度分析炸药的热点火机理，描述热传导、热流动、相变、热分解及建立点火的全过程。

1. 激光点火试验

炸药激光点火试验的代表工作包括：Parr和Hanson-Parr[40-44]持续开展了RDX和HMX的激光点火试验，为点火模型的建立提供了大量的试验数据。利用平面激光诱导荧光法（PLIF）和粒子成像测速法，测量了点火过程中炸药气相产物的温度场和浓度分布。试验发现，通过测试组分CN的浓度及其位置变化可以用来描述火焰的发展变化，较高浓度的组分CN对应着明亮火焰的出现，即点火位置。Lee[45]开展了激光辐照RDX燃烧试验，试验压力在0.1~3.0个大气压，激光功率密度为50~600W/cm^2。通过微型热电偶测试了火焰的温度场分布，利用质谱仪测试了气体产物的浓度分布。试验发现，RDX表层的化学反应存在两种竞争反应，即RDX⟶CH_2O+N_2O和RDX⟶$HCN+HN_2O$；后续反应为CH_2O+N_2O⟶$H_2O+CO+N_2$和$2HONO$⟶$H_2O+NO+NO_2$。该结果为RDX激光模型的建立提供了化学反应数据。

中国工程物理研究院流体物理研究所研究团队也开展了炸药单晶激光点火试验[8]。试验样品和光路设计如图6-15所示，选择HMX和RDX晶体作为试验样品。以往的试验样品多为粉末压制而成的块体，不好确定样品对激光的吸收系数，而炸药晶体对激光能量的吸收为体吸收，吸收率容易精确测量。HMX晶体的尺寸在5~10mm，RDX晶体的尺寸稍大，最大尺寸约为10mm。试验在燃烧容器内进行，容器侧壁设有激光入射窗口，窗口镀有8~

14μm增透膜，便于CO_2激光透过。激光光源为波长10.6μm的CO_2重频激光器，重复频率设置为5kHz，输出能量接近于连续光模式。激光光束完全覆盖样品，入射方式包括水平辐照和垂直辐照两种。

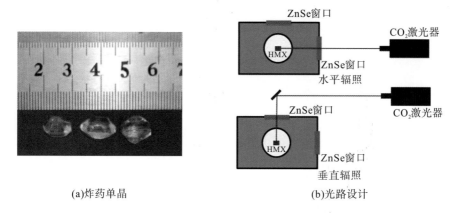

(a)炸药单晶　　　　　　　　　　　　　(b)光路设计

图6-15　激光点火的试验样品和光路设计

HMX激光点火过程的试验结果如图6-16～图6-18所示。激光水平辐照样品，热流密度分别为99W/cm²、298W/cm²和390W/cm²共3种情况。每组第一幅图对应出现亮点的点火时刻，白色竖线是HMX晶体外表面位置。可见，激光点火时刻在毫秒量级，随着激光功率密度的提高而缩短。3种工况的点火位置都是位于晶体外表面的气相区域，即炸药发生热分解后形成大量气体，气体发生化学反应再发生点火。点火后，亮点逐渐变大形成火焰，火焰先迅速向晶体表面靠近，然后再向外扩散，即火焰回传效应，最后形成稳定燃烧。

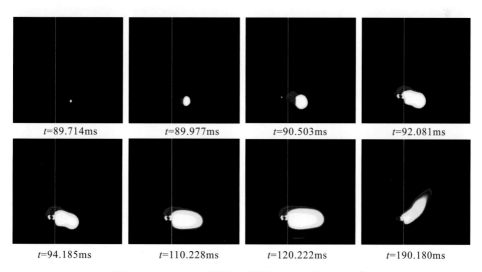

图6-16　HMX点火燃烧过程(热流密度为99W/cm²)

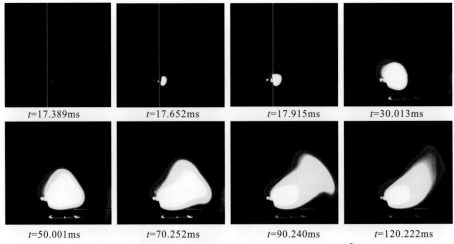

图6-17   HMX点火燃烧过程(热流密度为298W/cm^2)

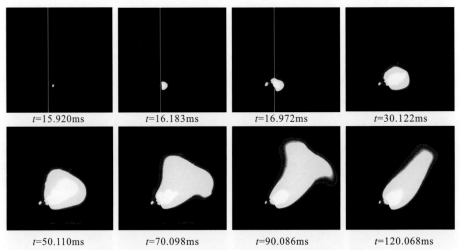

图6-18   HMX点火燃烧过程(热流密度为390W/cm^2)

RDX激光点火过程的试验结果如图6-19和图6-20所示,激光垂直辐照样品。可见,当热流密度为195W/cm^{2}时,点火时刻为39.507ms;当热流密度为382W/cm^{2}时,点火时刻为10.982ms。RDX表面气相区域首先发生点火,火焰发生回传,然后迅速向外扩散形成稳定燃烧。

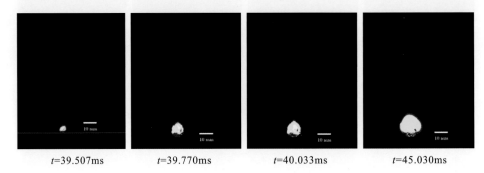

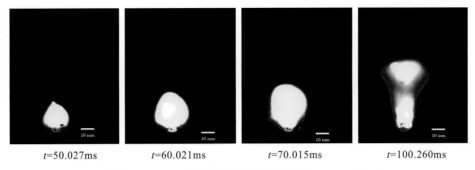

图6-19　RDX点火燃烧过程（热流密度为195W/cm²）

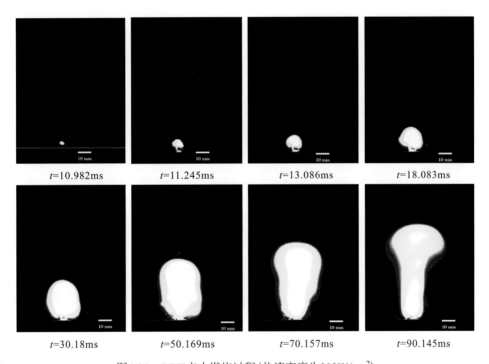

图6-20　RDX点火燃烧过程（热流密度为382W/cm²）

　　试验结束后，对试验样品进行了回收处理。采用光学显微镜比较了HMX试验前后的微观形貌（放大188倍），如图6-21所示。可见，试验前晶体样品的透光性较好，内部没有裂纹。试验后剩余物中心为黄白色的熔融HMX，且边缘区域部分的颜色变深，表明燃烧过程中HMX发生了大面积的熔化。另外，试验还发现燃烧过程中喷溅出来的大量细小固体颗粒。原因是含能材料晶体属于脆性材料，抗压不抗拉，在加热条件下晶体内部会产生热应力，使得晶体发生脆性断裂，向外崩落出固体小颗粒。

2. 热点火的动力学分析

　　在炸药激光点火试验的基础上，国内外学者开展了一系列反应动力学模型研究。从反应细节来看，激光热流作用下RDX的点火过程为：热流作用下固相RDX温度迅速升高，表面达到熔化状态，熔化的RDX和固相RDX颗粒形成固液混合区，即泡沫层；随着辐照时间增加，炸药受热区域变大，液体区域内形成气泡状的气体，一部分蒸发到外部空间，一部分在气泡内部发生热分解反应；在蒸发作用下，大量气体进入外部空间，这些气体产物继续吸收部分激光能量，温度进一步升高，并发生热分解反应，形成小分子气体产物；同时，气相产物组分之间迅速反应，最终在气相区域发生点火，并形成可自持的燃烧。稳定状态的RDX燃烧波结构如图6-22所示。

(a)试验前   (b)试验后

图6-21　试验前后HMX晶体微观形貌

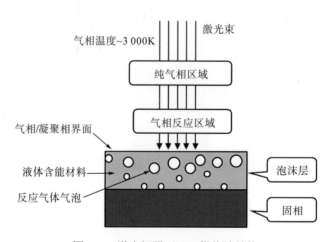

图6-22　激光辐照下RDX燃烧波结构

　　Yang和Liau[46]首先建立了RDX激光点火的详细化学反应模型。模型包括了固相、液相和气相区域，将点火过程分为惰性加热、凝聚相热分解、初级火焰产生、次级火焰形成及稳态燃烧形成。Liau[47,48]后来又对RDX激光点火模型进行了不断发展。基于详细的化学反应机制，Kim[49]模拟了RDX激光点火及HMX/GAP稳态燃烧行为，RDX激光点火模型包括了固相、近表面两相和气相，气相反应包括了45种组分、232个反应机制，获得了不同热流条件下RDX的点火特征。Meredith[50]等在Liau模型的基础上，增加了气相的动量守恒方程和液相的热分解方程，建立了HMX激光点火模型，求解了温度、速度、组分分数随时间和空间的变化关系。

中国工程物理研究院流体物理研究所研究团队也开展了 RDX 激光点火过程的理论研究，建立了一维热-化学-流动的激光点火模型。该模型包含了气相、液相和固相三个区域，如图 6-23 所示。将液体/气体分界线固定为坐标零点。由于激光加热速率快，固相区域的温度变化较小，故可忽略热分解的影响，只考虑液相和气相区域的化学反应。

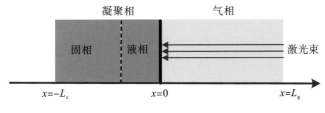

图6-23　激光点火模型

气相区域是由多种组分构成的可压缩混合气体，包括了蒸发 RDX 气体、热分解气体和气相化学反应气体。控制方程包括质量守恒、动量守恒、能量守恒和组分方程。未知变量包括温度、压力、速度和组分浓度分布等。在一维平面条件下，气相控制方程组可表示为

质量守恒：

$$\frac{\partial \rho}{\partial t} + \frac{\partial}{\partial x}(\rho u) = 0 \tag{6-35}$$

动量守恒：

$$\frac{\partial(\rho u)}{\partial t} + \frac{\partial(\rho u u)}{\partial x} + \frac{\partial P}{\partial x} - \frac{4}{3}\frac{\partial}{\partial x}\left[\mu\frac{\partial u}{\partial x}\right] = 0 \tag{6-36}$$

能量守恒：

$$\begin{aligned}
&\rho c_{p}\frac{\partial T}{\partial t} - \frac{\partial P}{\partial t} - u\frac{\partial P}{\partial x} + \rho u c_{p}\frac{\partial T}{\partial x} - \frac{\partial}{\partial x}\left[\lambda\frac{\partial T}{\partial x}\right] \\
&+ \sum_{k=1}^{N}\rho Y_{k}V_{k}c_{pk}\frac{\partial T}{\partial x} + \sum_{k=1}^{N}\dot{\omega}_{k}W_{k}h_{k} - \frac{4}{3}\mu\left[\frac{\partial u}{\partial x}\right]^{2} - Q_{g} = 0
\end{aligned} \tag{6-37}$$

组分方程：

$$\rho\frac{\partial Y_{k}}{\partial t} + \rho u\frac{\partial Y_{k}}{\partial x} + \frac{\partial}{\partial x}(\rho V_{k}Y_{k}) - \dot{\omega}_{k}W_{k} = 0 \tag{6-38}$$

式中，ρ 为混合气体密度；u 为混合气体速度；P 为混合气体压力；T 为混合气体温度；c_{p} 为混合气体定压比热容；μ 为混合气体的黏性系数；λ 为混合气体的热传导系数；h_{k} 为组分 k 的焓值；Y_{k} 为组分 k 的质量分数；W_{k} 为组分 k 分子量；$\dot{\omega}_{k}$ 为组分 k 的摩尔生成速率；V_{k} 为组分 k 的扩散系数；Q_{g} 为气相吸收的激光能量。RDX 气相化学反应机制采用 Yetter 等[51]提出的45组分231反应道模型。

在凝聚相中，物理过程主要是激光辐照下固态 RDX 的快速升温熔化，液态 RDX 表面发生蒸发形成气态 RDX，同时液态 RDX 内部发生分解反应并产生新的物质。固相内的热

交换形式为热传导，而液相内的热交换形式为热传导和对流。凝聚相(液相和固相可以统一为凝聚相求解)的控制方程包括能量方程和质量守恒(组分连续性)方程，即

能量守恒：

$$\rho c_{\mathrm{p}} \frac{\partial T}{\partial t} + \rho u c_{\mathrm{p}} \frac{\partial T}{\partial x} - \frac{\partial}{\partial x}\left(\lambda \frac{\partial T}{\partial x}\right) = \sum_k \omega_k W_k h_k + Q_{\mathrm{c}} \tag{6-39}$$

组分守恒：

$$\rho \frac{\partial Y_k}{\partial t} + \rho u \frac{\partial Y_k}{\partial x} = \dot{\omega}_k W_k \tag{6-40}$$

式中，ρ为凝聚相密度；u为液态速度；T为凝聚相温度；c_{p}为凝聚相的定压比热容；λ为凝聚相的热传导系数；h_k为组分k的焓值；Y_k为组分k的质量分数；W_k为组分k的分子量；$\dot{\omega}$为组分k的摩尔生成速率；Q_{c}为凝聚相吸收的激光能量。

能量方程的左边部分包括了对流和热传导，右边部分为源项目，包括了化学反应热及激光热流。凝聚相对激光的吸收为体吸收，表示为

$$Q_{\mathrm{c}} = \beta \mathrm{e}^{\beta x} q_{\mathrm{c}} \tag{6-41}$$

式中，q_{c}为达到凝聚相表面的热流密度；β为吸收系数。

凝聚相含能材料的化学反应机制采用整体反应机制，即

分解反应：

$$\mathrm{RDX(c) \longrightarrow 3CH_2O + 3N_2O} \tag{R1}$$

分解反应：

$$\mathrm{RDX(c) \longrightarrow 3HCN + 1.5NO + 1.5NO_2 + 1.5H_2O} \tag{R2}$$

蒸发：

$$\mathrm{RDX(c) \longrightarrow RDX(g)} \tag{R3}$$

图6-24给出了在不同功率密度的激光辐照下RDX凝聚相的温度场分布。可见，由于RDX热导率低，凝聚相RDX的温度梯度较大，只有表面很薄的一层发生了明显的升温。RDX的熔点为478K，随着辐照时间的增加，凝聚相RDX表面不断升温，并发生熔化(熔点475K)。在点火时刻，凝聚相表面温度在650K左右。随着激光功率密度的提高，凝聚相的热影响范围变小。

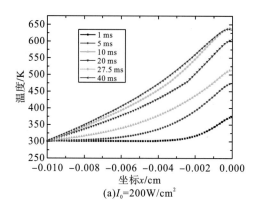
(a)$I_0 = 200\mathrm{W/cm^2}$

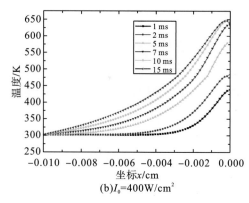
(b)$I_0 = 400\mathrm{W/cm^2}$

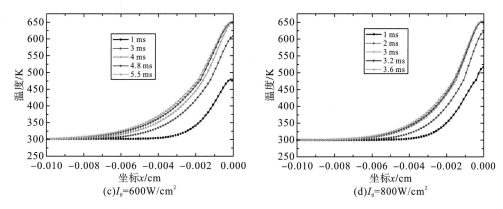

图6-24　RDX凝聚相的温度场分布

图6-25给出了在不同功率密度激光辐照下RDX气相的温度场分布。在初始阶段，气相温度的升高是由热传导造成的；当RDX表面熔化之后，RDX蒸汽和分解产物逐渐进入气相，蒸汽吸收一定的激光能量，使气相温度升高的速率逐渐加快。随着温度升高，气相组分的化学反应逐渐加剧，并进一步促使温度升高，于是气相温度的最大值从2000K左右迅速升高到3380K，气相发生点火。1500K附近的温度平台对应初级火焰，3000K附近的温度平台对应次级火焰。当激光功率密度为10^2W/cm^{2}量级时，RDX点火时刻为毫秒量级。

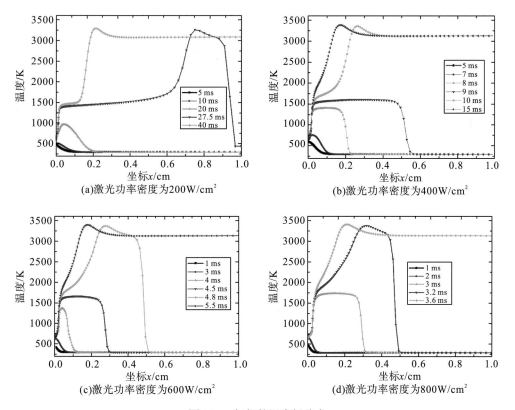

图6-25　气相的温度场分布

在激光点火的过程中，气相组分的浓度变化如图6-26所示。气相区域的初始组分为惰性气体Ar。当激光辐照6ms时，气相表面有少量的RDX蒸发气体，其余气体组分很少，该阶段还属于惰性加热。当激光辐照7ms时，RDX开始大量分解，距表面0.1cm内的RDX完全分解；RDX分解产物为HCN、CH_2O、HONO、NO_2和NO等，表面处的温度为635K，而发生化学反应位置处的温度上升到756K，因此反应轻微放热。在8ms时，气相区域的组分发生了较大的变化。发生了氧化反应，释放出大量能量，温度形成了1500K左右的平台区域，形成初级火焰。CH_2O和NO_2转化为H_2O、NO和CO。在10ms时，HCN和NO转化为N_2、CO、H_2O和H_2，释放出大量的热量，温度迅速上升至3000K以上，形成次级火焰，发生点火。在15ms和20ms时，RDX形成了稳定的燃烧波，只是燃烧火焰的位置会发生移动。15ms时火焰向凝聚相表面回传，20ms时火焰又开始远离凝聚相表面。

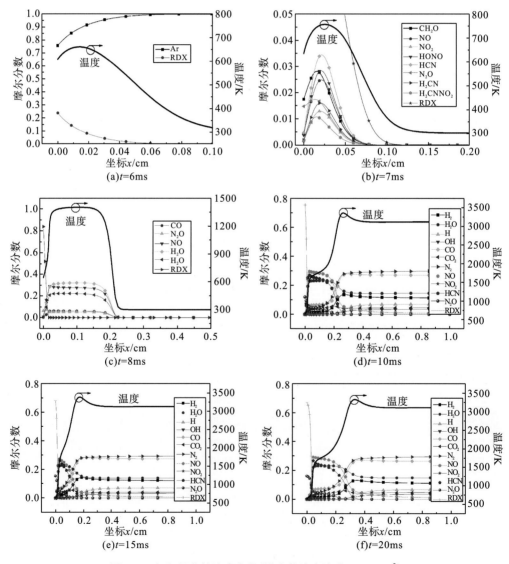

图6-26　气相组分的浓度变化(激光热流密度为400W/cm²)

Litzinger等[52]测量了CO_2激光辐照下RDX气相区域组分的摩尔分数分布，试验激光热流密度为400W/cm^2，大气压力为0.1MPa。将计算结果同该试验结果进行了比较，如图6-27所示。可见，主要组分空间的分布规律一致，个别组分的浓度分布略有差异，这充分证明了计算结果是合理的。

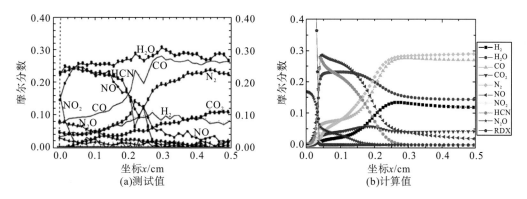

图6-27　RDX气相火焰组分浓度的计算值与试验值比较

将燃烧火焰温度分布的计算结果与试验数据进行了比较，如图6-28所示。可见，火焰温度场的分布是一致的，都存在1500K左右的平台区域，只是计算值稍高。

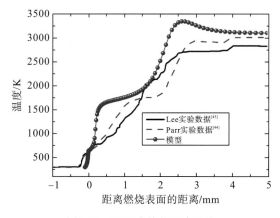

图6-28　RDX火焰的温度分布

Beckstead等[53]总结了固体推进剂燃烧和点火方面的反应动力学理论工作，归纳了文献已有含能材料的固相、液相和气相反应模型。将考虑炸药详细化学反应的模型计算结果与试验数据进行了比较。HMX激光点火数值模拟结果(激光功率密度为400W/cm^2)如图6-29所示。模拟了凝聚相和气相温度场从加热到点火的变化规律。可见，由于炸药热导率低，凝聚相炸药的温度梯度较大，所以只有表面很薄的一层发生了明显的升温。随着加热时间增加，凝聚相炸药表面不断升温，并发生熔化。在点火时刻，凝聚相表面温度超过了熔点。在初始阶段，气相温度的升高是由热传导造成的；当炸药表面熔化之后，蒸汽和分解产物逐渐进入气相，蒸汽吸收一定的激光能量，使气相温度的升高速率逐渐加快。随着温度升高，气相组分的化学反应逐渐加剧，并进一步促使温度升高，于是气相温度最大值从2000K左右迅速升高到3380K，气相发生点火。1500K附近的温度平台对应初级火焰，3000K附近的温度平台对应次级火焰。当外热流密度为10^2W/cm^{2}量级，HMX点火时刻为毫秒量级。

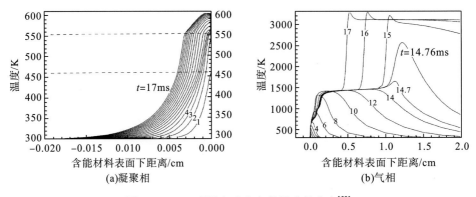

图6-29　HMX凝聚相和气相的温度场分布[53]

Beckstead[53]对RDX和HMX激光点火时刻的计算值与试验数据进行了比较，如图6-30所示。可见，含能材料的激光点火模型考虑了激光加热、凝聚相熔化和热分解、气相流动和化学反应等复杂的物理过程，气体燃烧机制采用了多组分详细化学反应道模型，能比较准确地模拟激光加热下含能材料的点火过程。

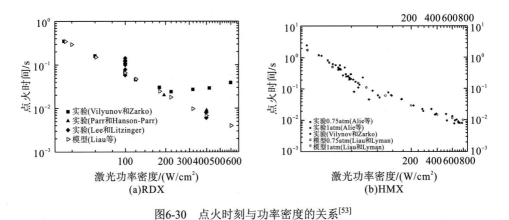

图6-30　点火时刻与功率密度的关系[53]

6.3　热载荷下炸药与结构的相互作用

热刺激下，结构装药的响应过程与单纯炸药材料点火存在明显不同。热载荷不可能直接作用在炸药上，而是必然要经过结构及炸药组件的热量传递过程。热刺激下结构装药的响应过程可分为点火前和点火后两个阶段，如图6-31所示。点火前阶段的持续时间可以是数秒到数天，热刺激作用到装药结构，导致外部结构和内部炸药发生物理化学变化。热载荷首先对壳体进行加热，然后通过壳体/炸药界面对炸药进行加热。在这种加热过程下，固体炸药的温升相变和热分解等相对缓慢。当炸药达到临界温度时，化学反应转变为更快速、放热量更大的气相反应，局部区域发生点火。由于炸药被外部结构约束，炸药点火后的压力迅速增加。压力增加又进一步导致化学反应速率增加，固体炸药产生大量气体产物，使得装药整体大变形，并可能产生压缩波或激波，引起爆燃向更高阶的爆轰转变。而发生点火后，反应持续时间迅速变短，一般在毫秒甚至微秒量级。

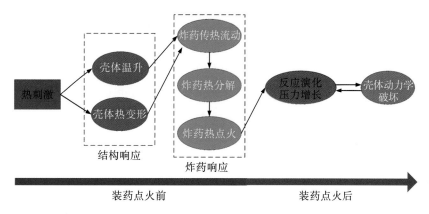

图6-31　热刺激下结构装药的响应过程

从装药的热点火过程来看，其点火行为是装药系统对热刺激的综合响应，炸药与结构的相互作用贯穿了点火全过程。装药热点火不仅机理复杂，而且影响因素众多，包括装药结构的形式、外部热载荷特征、装药和环境的热隔离程度、炸药热物性和炸药化学反应通道等。以加热速率为例，不同加热速率下装药的点火行为可能差异很大：在慢加热条件下，炸药整体几乎被加热到相同的高温状态，炸药加热区域较大，点火位置出现在最早发生热失稳的区域；在快加热条件下，只有炸药外表面发生明显升温，炸药加热区域较小，点火位置位于装药表面。不同加热速率下，装药的点火温度和点火位置可能存在较大差异，但至今没有较好的理论对其进行解释。

本节介绍了不同加热速率下由炸药与结构相互作用导致的点火行为，包括慢烤、快烤和激光超快点火三种典型的热刺激情况。

6.3.1　慢烤点火行为

烤燃是弹药受到外界环境的热刺激，发生点火、燃烧和爆炸事故的现象。根据加热速率或温升速率不同，烤燃分为慢速烤燃和快速烤燃两种。有关烤燃快慢的标准，至今没有公认的定义，Meredith[50]认为慢烤的温升速率在0.001℃/s量级，快烤的温升速率在0.03℃/s量级。在慢烤试验中，通常要求试样的温升速率为3.3℃/h。烤燃试验是用于研究和评估装药热安全性和适应性的一种常用方法，可以根据其响应结果指导炸药配方和弹药结构的设计。通过烤燃试验可获得含能材料的点火时间、点火温度及反应剧烈程度等信息。

由于慢烤试验的温升速率低，炸药整体被加热到相同温度。在点火临界点，炸药整体是反应物、中间产物和最终产物的混合物。因此，慢烤行为与炸药热力学状态、热分解情况密切相关。传统烤燃试验装置大多针对具体弹药，对机理的研究比较少。目前，国内外学者设计了多种慢烤试验装置，这些装置通常尺寸较小、测试项目较多，便于开展慢烤条件下炸药响应机理的研究。下面介绍一维热爆炸、径向烤燃、环形烤燃及强约束慢烤这4种典型的慢烤试验进展。

1. 一维热爆炸试验

尽管多维热爆炸试验更接近真实情况，但是很难精密控制加热速率和约束强度。美国LLNL提出了一维热爆炸ODTX试验，试验为一维球对称加载，炸药外部进行强约束，这样既与热爆炸装药结构的约束强度类似，又便于将试验结果用于校核反应模型。ODTX试验的点火时间尺度范围较大，既能用于秒级短时间热点火，也能进行几十小时的长时间热点火。但由于ODTX试验数据多用于慢烤模型校核，因此本书暂将其归入了慢烤试验。

ODTX试验重点测试了约束状态下炸药点火时间（点火延滞时间、至爆时间）与外部温度边界的关系。Merzhanov和Averson[54]较早基于热爆炸理论研究了固定温度加热条件下的一维热点火问题。他们将点火时间与温度边界、活化能联系起来，点火时间表示为

$$\ln t_{ign} - \ln\left(T_a - T_i\right) = \frac{E}{RT_a} + \ln C \tag{6-42}$$

式中，t_{ign}为点火时间；T_i为炸药初始温度；T_a为固定温度边界；E为活化能；C为与炸药性质和环境温度相关的项。在较小的温度变化区间，$\ln\left(T_a - T_i\right)$和$C$可视为常数，方程简化为

$$\ln t_{ign} = \frac{E}{RT_a} + \ln C \tag{6-43}$$

上述方程的本质是Arrhenius方程，体现了点火时间与反应速率成反比的关系。几种常用炸药的ODTX试验结果如图6-32所示。可见，点火时间对数与边界温度倒数近似呈线性关系，满足公式(6-43)。热刺激下TATB比大多数单质炸药都稳定，直径为1.26cm的压装药球在230℃以下不会爆炸。在相同温度边界下，TNT和HMX的点火时间比较接近。PETN比TATB、TNT、HMX和RDX都敏感，在160℃固定温度边界下，PETN只需300s就会爆炸，

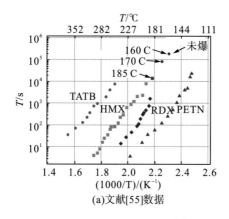

(a)文献[55]数据

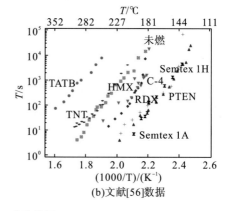

(b)文献[56]数据

图6-32　ODTX试验结果

而TATB、TNT、HMX和RDX不会爆炸。混合炸药的热感度与组分密切相关，例如，C-4炸药(RDX与黏结剂组成)的ODTX试验数据与主要成分RDX非常接近。ODTX试验结果常用于校核炸药多步化学反应模型，将模型计算的炸药点火时间与时间进行比较，就可以对模型的化学反应步进行修正。

2. 径向烤燃试验

美国LANL[37]设计了径向烤燃试验。试验装置如图6-33所示。壳体材料为铝，炸药为PBX-9501。两个直径为25.4mm、高度为12.7mm 的药柱叠加在一起，炸药中间布置热电偶。对铝壳结合处进行密封，使得气体泄漏降至最低。药柱两端设计足够的空腔，以利于炸药热膨胀和β-δ相变体积膨胀。采用加热丝对铝壳外部进行加热。当外部壳体加热至178℃时，在该温度下恒温一段时间，以完成β-δ相变；再以5℃/min 的速率加热至205℃，然后保持该温度值，直至炸药发生点火。壳体两端安装绝热帽来减小轴向的温度梯度，实现近似的二维轴对称加热，使得中心点的温度最高。

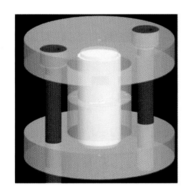

图6-33　径向烤燃的试验装置[37]

各测试点的温度演化历程如图6-34所示。初始时，约束壳体表面温度最高，当壳体温度达到205℃以后，随着炸药放热反应的逐步推进，炸药内部温度高于壳体表面温度，且最高温度点逐渐向炸药中心移动。点火过程大概可以分为三个阶段：初始热分解阶段，主

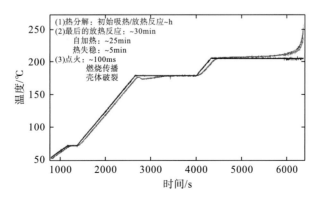

图6-34　炸药中间温度梯度的演化历程[37]

要是HMX初始吸热的分解过程，时间尺度在小时量级；分解放热反应阶段，包括自持加热约25min，热失稳约5min；点火阶段，形成热点火并发生燃烧传播，大约为100μs。从炸药的温度曲线来看，点火过程与HMX多步反应模型是一致的。

在接近点火时刻，炸药中心区域的温度测试结果图6-35所示。温度数据来源于热电偶和光学测温。在炸药点火前，其表面形成了类似燃烧面的温度区间结构。炸药表面温度约为400℃，表面以上依次是800℃左右的黑区及2000℃以上的亮区。在100μs内，炸药中心区域温度从约为400℃提升到2000℃，发生了点火。

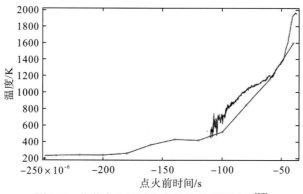

图6-35　炸药中心区域点火前的温度测试值[37]

径向烤燃试验表明，烤燃的初始加热过程相对缓慢，主要是温升、相变、热损伤及热分解等。在达到某个温度时，炸药被点燃，炸药反应转变为更快速、放热量更多的气相化学反应。如果炸药被外部结构约束，压力会陡然增加，导致炸药和约束壳体发生大变形，从而可能产生压缩波或激波，引起爆燃向更高阶的爆轰转变。炸药慢加热时间尺度在小时量级，被点燃后的阶段持续在毫秒甚至微秒量级。

3. 环形烤燃试验

美国LANL[37,57]设计了大尺寸环形烤燃试验装置，用于研究PBX-9501炸药在环形轴对称约束下的烤燃行为。基于该试验装置，美国LANL研究人员开展了一系列慢烤试验。烤燃装置结构如图6-36所示[37,57]，其由同轴的内外圆柱壳体组成，壳体之间通过端盖和锁紧

(a)结构示意图　　　　　　　　　　　　　　　　(b)装配实物

图6-36　环形烤燃的试验装置[37,57]

环连接固定。壳体材料包括铜和黄铜两种。由于试验需要研究内层壳体的坍塌变形，所以外层壳体厚度要比内层壳体厚。装置外表面缠绕加热带进行加热。整个装置水平悬挂在真空容器内，最大限度地降低了环境气体对流对装置表面温度的影响。装置不是气密的，气体可以通过盖板或者外层壳体的6个小孔泄露出去，小孔用于测温热电偶的穿入连接。装置包括了A和B两种不同大小的结构，部件尺寸如表6-8所示。

表6-8　环形烤燃装置的部件尺寸[57]

部件尺度	装置 A /cm	装置 B /cm
PBX-9501 长度	10.16	20.32
PBX-9501 内半径	4.45	10.16
PBX-9501 外半径	7.94	13.65
外层壳体厚度	1.27	1.27
内层壳体厚度	0.64	0.64

美国LANL[37,57]开展了8组环形装药烤燃试验。试验温升的加载历程相似：按照2℃/min加热速率从环境温度加热到150℃，保持恒温1h以上，使整个装置的温度均接近150℃；然后加热到180℃，保持恒温直到炸药发生点火爆炸。

试验发现，所有小尺度装药都发生了高烈度反应，而两个大尺度装药发生了压力爆炸，其中一个烈度相对较高，而另一个反应非常温和。从高速摄像来看，小尺度装置的轴对称坍塌和非轴对称坍塌都存在。点火后的大尺度装置破坏形貌如图6-37(a)所示。可见，反应是从炸药顶端开始，沿着轴向传播，当少量炸药消耗后，端盖和内外圆柱发生脱离，压力被释放，反应终止。装置A装药都发生了高烈度反应，而尺寸稍大的装置B发生了压力型爆炸，其中一个烈度相对较高，而另一个反应非常温和。装置部件的温度-时间曲线图6-37(b)所示，数据来源于第6组试验。部件包括了外层壳体、端盖、内层壳体和PBX-9501炸药，温度为多个热电偶数据的平均值。可见，炸药温度曲线在172℃附近出现了HMX晶体β→δ相变区域。该相变为吸热过程，使得炸药温度出现了下降。相变开始时间对应2.5h，结束时间对应3.5h。试验进行了约5.7h后，炸药点火爆炸，对应点火温度大约为191℃。

(a)点火后回收情况

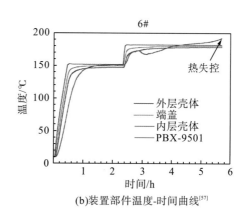

(b)装置部件温度-时间曲线[57]

图6-37　环形装药烤燃试验结果

内层壳体坍塌高速摄影结果如图6-38所示。研究人员最初设想的是获得轴对称的点火结果，因为加热方式和装药结构都是对称的。但实际结果表明，大尺寸装药壳体和炸药之间不同的装配间隙导致传热差异，实际装药温度场分布并不是对称的。

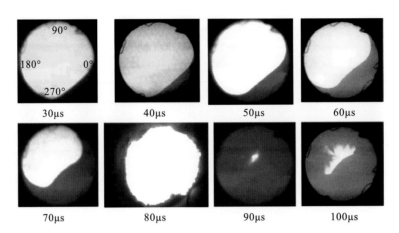

图6-38　内层壳体坍塌的高速摄影结果[57]

点火时间和点火位置的试验统计结果如图6-39所示。可见，对不同壳体材料的装药装置，点火时间和点火位置的差异都较大。试验装置外壳材料为纯铜和黄铜两种。LANL[57]研究人员认为，点火时间的差异不能由这两种材料热物性的差异来解释，材料热扩散系数对热传导行为的影响尺度在秒级而不是小时量级，装置尺寸效应对点火时间的影响也没有这么大。LANL研究人员将这种差异归结为不同材料装置的约束强度。第5组和第6组试验对应的装置结构和约束条件是完全一致的，但是温度数据的差异较大，点火时间相差了28%。装药约束情况影响了慢烤气体密闭性及压力对温升速率的影响，从而影响最终的点火临界状态。

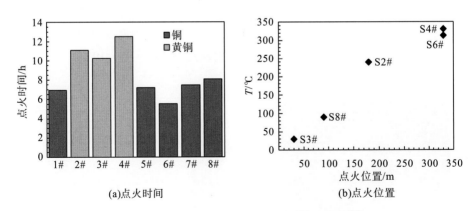

图6-39　点火时间和点火位置的试验统计结果[57]

4. 强约束慢烤试验

中国工程物理研究院流体物理研究所团队开展了PBX-1炸药强约束慢烤试验。试验装置如图6-40(a)所示，装置参考了径向烤燃试验设计，重点研究强约束下的装药烤燃行为。将2个Φ25mm×10mm的PBX药柱叠加在一起，使用30CrMnSiA钢壳进行约束。炸药上表面设置黄铜密封圈，使得装置完全密闭。在密封圈与炸药之间保留了空腔，空腔体积占到了炸药体积的0、12.8%和19.2%，装置分别记为试验A、试验B和试验C。设置空腔是为HMX晶体β→δ相变预留膨胀空间。

应用热电偶测量炸药内部不同位置及约束壳体表面的温度历程，高温PDV探头测量炸药点火反应后约束壳体的运动速度，高速相机拍摄炸药点火后的反应演化图像。热电偶安装在2个药柱中间平面的不同位置。炸药内部热电偶分别记为T1、T2、T3及T4，分别距炸药中心0、3.2mm、6.4mm、9.6mm；约束壳体表面安装2个热电偶，分别记为T5和T6。装置四周布置4个高温PDV探头，用于测量炸药点火后壳体径向的运动速度，探头高度与两个药柱之间的中心平面基本平齐。数字高速相机用于拍摄炸药点火后的反应演化图像，PDV测试系统及高速摄影通过探针触发。炸药内部热电偶及PDV布置如图6-40(b)所示，试验现场实物如图6-41所示。

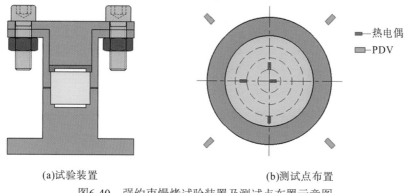

(a)试验装置　　　　　　　　　　　(b)测试点布置

图6-40　强约束慢烤试验装置及测试点布置示意图

试验加热历程曲线为：整个试验装置和测试辅助件放置于慢烤试验箱中进行，在45min内将试验箱的温度升至HMX相变前温度，然后保温45min，确保炸药内部温度基本达到平衡状态；再以0.25℃/min的温升速率升温，直至炸药发生点火反应。慢烤试验箱采用电热丝加热空气，通过电机将加热后的空气输送至试验装置安装腔体内，试验装置外部为透明玻璃罩，便于高速摄影拍摄。

图6-41　试验加载图

装置A的温度试验结果如图6-42所示。试验发现，在150℃之前，约束壳体表面温升的最快，壳体表面温度最高，炸药中心温度最低，但是壳体和炸药的温差较小。在150℃附近保温45min后，装置以0.25℃/min的温升速率加热。由于温升速率较低，各测点温度几乎相等；当炸药中心点温度达到168℃时，炸药内部温度出现短时间的平台，表明该时间段内炸药中心可能发生吸热相变，温度平台持续时间约10min。当约束壳体表面的温度达到208℃后，由于炸药热分解作用，炸药中心点的温度高于外部温度。在点火时刻，壳体表面2个测点的温度均为221℃，炸药中心至边缘的4个热电偶测得的温度分别为236℃、230℃、228℃及225℃；当壳体表面温度达到208℃直至炸药发生点火，该段时间内炸药中心点的温度均为最高，因此推断炸药点火位置位于中心。装置A壳体的4个PDV探头测得点火后壳体的最大速度分别为251m/s、238m/s、210m/s和277m/s。根据壳体的运动速度可看出，炸药点火后发生了剧烈反应。

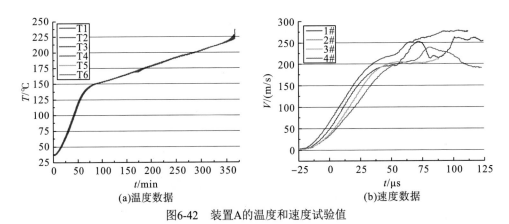

(a)温度数据   (b)速度数据

图6-42   装置A的温度和速度试验值

点火后，装置A炸药反应及壳体膨胀如图6-43所示。可见，热电偶穿线孔在点火后释放出大量气体产物，并伴有火光。从穿线孔发出火光至整个试验装置环向发出火光，时间约为60μs。

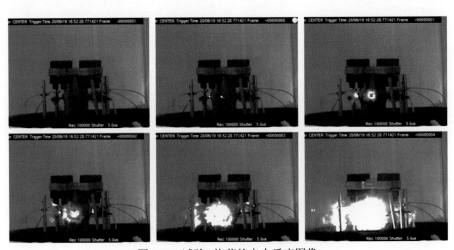

图6-43   试验A炸药的点火反应图像

装置B的温度试验结果如图6-44所示。温升曲线与装置A类似，不同之处在于：当炸药中心点温度达到167℃时，温度出现明显的平台，温度平台持续时间约21min。表明该时间段内炸药发生了吸热相变，试验装置B中的空腔体积比试验装置A大12.8%，试验A中的温度历程表明部分HMX发生相变，且HMX在高温下相变的体积膨胀约为6.7%，因此可推测试验B中HMX完全发生相变。发生点火时，壳体表面的2个热电偶测得的温度分别为214℃和216℃。装置B壳体的4个高温PDV测得壳体径向最大速度分别为291m/s、261m/s、217m/s和212m/s。

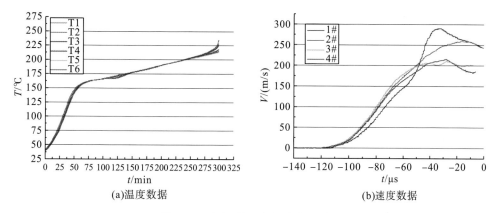

(a)温度数据　　　　　　　　　(b)速度数据

图6-44　试验B的温度和速度试验值

装置B炸药反应及壳体膨胀如图6-45所示，动态破坏过程与装置A类似，从热电偶穿线孔发出火光至整个试验装置环向发出火光，时间大约为45μs。

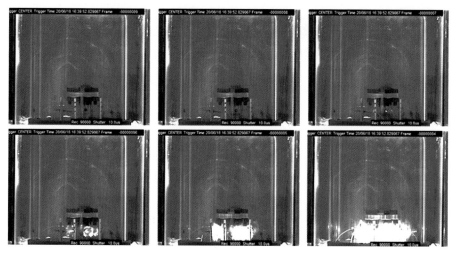

图6-45　试验B炸药的点火反应演化图像

装置C的温度试验结果如图6-46所示。温升曲线与装置A和装置B类似。当炸药中心点温度达到168℃时，温度出现明显的平台，表明该时间段内炸药发生了吸热相变，温度平台持续时间约24min，与试验B相当，并且试验装置C中的空腔体积最大，因此可推炸药中的HMX完全发生相变。装置C的4个高温PDV测得壳体径向最大速度分别为375m/s、410m/s、428m/s和408m/s。对比装置A和装置B，装置C壳体的最大速度明显增大。

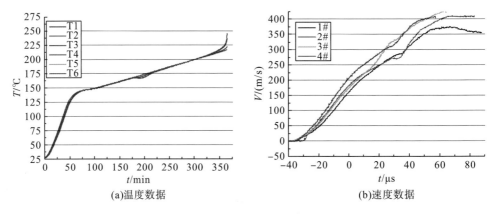

(a)温度数据　　　　　　　　　　　　(b)速度数据

图6-46　试验C的温度和速度试验值

装置B和装置C回收样品如图6-47所示。回收样品只剩下了壳体材料，炸药完全反应。可见，点火后壳体下段发生了明显的剪切断裂，螺栓连接保持完整。装置C炸药点火后壳体损伤更严重，反应烈度更高，与速度测试结果相符。

(a)装置B　　　　　　　　　　　　　　　　(b)装置C

图6-47　回收试验样品

6.3.2　快烤点火行为

快烤试验主要用于研究类似火烧快加热条件下装药的安全性。与慢烤相比，快烤工作非常少，大部分仅是弹药的快烤试验测试，并不涉及机理研究。美国C-SAFE研究中心Ciro等[3]开展了较为系统的装药快烤点火行为研究。Ciro利用丙烷燃烧和电加热两种方法来实现快加热，设计了C-SAFE快烤装置。装置结构及传感器布置如图6-48所示，应用热电偶来测试炸药和壳体的温度数据，应用压力传感器来测试炸药内部反应气体的压力。

Ciro等[3]针对HMX基炸药开展了一系列快烤试验，试验点火时间设计在3min量级。通过试验发现，快烤过程中金属壳体与炸药之间的界面热阻对点火行为具有重要影响，界面接触导致点火时间比预估得更长。快烤试验回收的壳体和炸药如图6-49所示，试验工况对应电加热3min12s后炸药装置发生了爆炸。装置壳体侧面产生了裂口，只有少部分炸药发生了化学反应，大部分炸药都处于未爆状态，炸药反应烈度不高。基于C-SAFE快烤试验，Ciro总结了快烤点火过程：外部热源加热炸药与壳体，炸药局部点火或燃烧生成的产物对壳体产生压力，在燃烧产物的作用下壳体发生膨胀和破裂。

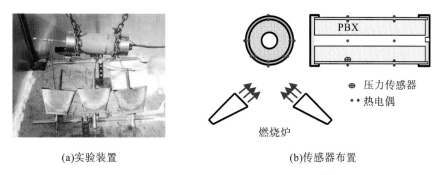

(a)实验装置　　　　　　　　　　　　　　　　(b)传感器布置

图6-48　C-SAFE试验装置及传感器布置[3]

图6-49　快烤试验回收的壳体和炸药[3]

　　Ciro对快烤过程中壳体/炸药界面接触情况进行了研究，采用三种方法来获得炸药表面热流密度。第一种方法是杜哈梅尔叠加积分方法，假设材料的热物性参数为常数，根据壳体和炸药界面处的温度测试值来获得界面处的热流密度。第二种方法为热传导反演方法，根据实测的温度数据，通过数值方法或近似解析解计算出炸药表面热流。第三种方法是建立热反应模型，HMX基炸药化学反应采用用三步反应模型，对快烤过程进行数值模拟，得到热流密度、温度和到点火时间等结果。在烤燃过程中，电热丝缠绕在壳体外表面，对圆柱形装药进行类似轴对称热加载。由于烤燃温升快，估算圆柱表层炸药的热扩散深度只有4.7mm，内部炸药没有明显升温。因此，Ciro将炸药装置简化为一维半无限热反应模型，通过有限差分法模拟热化学反应过程。电加热快烤典型试验结果如图6-50所示。炸药表面热流密度是上述三种方法计算，"Model"表示热反应模型结果，"Duhamel"表示杜哈梅尔叠加积分结果，"IHC"表示热传导反演方法结果。可见，钢壳与炸药表面之间存在着明显的温度差，炸药表面的热流密度随时间变化。当钢壳表面的热流密度为76kW/m^{2}时，炸药表面热流密度平均值仅为9.4kW/m^2。

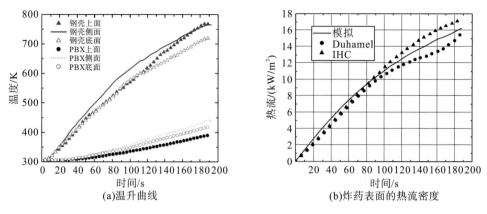

(a)温升曲线　　　　　　　　　　(b)炸药表面的热流密度

图6-50　电加热快烤试验结果(金属壳体热流密度76kW/m²)[3]

　　Ciro认为壳体和炸药之间的气隙直接影响着热传导和点火过程。根据壳体和炸药的热膨胀系数及实测温度曲线，计算了快烤燃过程中气隙尺寸的变化，如图6-51(a)所示。可见，气隙的初始尺寸与装药条件有关，气隙尺寸随时间的变化与温度和材料的热膨胀系数相关。气隙中压力的实测结果和热反应模型计算结果如图6-51(b)所示，计算结果和试验结果吻合较好。在开始加热的较长时间内，压力变化比较缓慢，只有在接近点火时刻，压力才开始迅速增加。

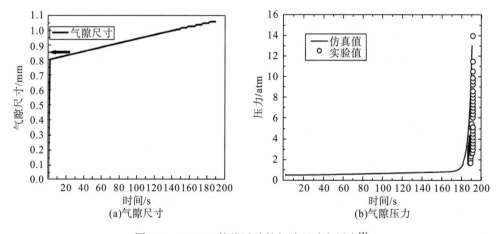

(a)气隙尺寸　　　　　　　　　　(b)气隙压力

图6-51　C-SAFE快烤试验的气隙尺寸和压力[3]

　　针对C-SAFE快烤试验，Meredith[50]和Matthew等[58]进行了理论分析工作。Meredith比较了激光点火和快烤的物理过程，认为激光点火是在自由空间下的点火燃烧过程，而快烤是在密闭空间内的点火爆炸过程。尽管这两个过程存在差异，但炸药受热温升、反应和点火过程是相似的，遵循相同的反应动力学模型。因此，Meredith将经过试验校核的HMX激光点火模型应用到快烤研究，建立了HMX一维快烤反应模型。该模型包括凝聚相、气相和壳体三部分，凝聚相的热分解为两阶段反应模型，气相反应采用45种组分、232个反应的详细反应模型。Meredith分别计算了C-SAFE试验的3min、30min和60min快烤过程，得到了气相中的压力和温度发展历程。将HMX材料激光点火试验与HMX快烤试验进行汇总比较，Meredith发现使用炸药表面热流而不是装置外部热流，点火时刻才能与外热流拟合得较好，说明在快烤过程中炸药表面的热流密度决定了热化学反应过程。

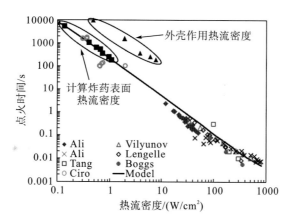

图6-52　HMX点火时间与外热流的关系[58]

6.3.3　激光超快点火行为

激光超快点火试验是利用激光辐照来实现装药的快速点火。相比火烧、电加热等传统烤燃方式，激光辐照能够提供精确可测的外热流，加热速率更快，可以实现秒级、毫秒量级的装药热点火，比普通烤燃更具有"超快"特征。中国工程物理研究院流体物理研究所的张家雷开展了激光辐照装药试验研究。激光试验选用连续光纤激光器，激光器中心波长为1070nm，最大输出功率为3.5kW，光斑直径为12mm，光强的空间分布为高斯分布。激光辐照的装药样品由药柱、壳体盖板、壳体底座、密封圈和螺栓等组成，如图6-53所示。炸药为HMX基PBX-1，直径为20mm，高度为5mm。壳体材料包括30CrMnSiA钢和2A12铝两种。激光辐照面为壳体盖板，该部分壳体厚度为2mm。为了防止试验中壳体提前泄压，在壳体底座和壳体盖板之间安装了密封圈。壳体盖板后表面和炸药表面粘贴热电偶，用于测试壳体和炸药的温度(壳体1为壳体后表面中心，壳体2为壳体后表面离中心5mm位置，爆炸1为炸药表面中心，爆炸2为炸药表面离中心5mm位置)，试验测试壳体/炸药界面的温度数据。

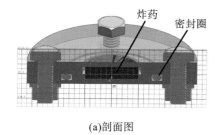

(a)剖面图　　　　　　　　　　　　　　(b)部件图

图6-53　激光辐照的装药样品

1. 钢壳装药试验

本节开展了两种热流密度下钢壳装药点火试验。激光辐照的热流密度设置为 159W/cm² 和 265W/cm² 两种，加热区域直径为 12mm。试验场景如图 6-54 所示，激光垂直正入射装置表面，激光能量一部分被壳体吸收，一部分发生了反射。下面标注的热流密度为激光辐照总热流密度。

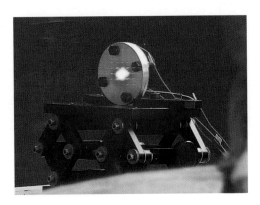

图 6-54　激光辐照装药试验场景

热流密度为 159W/cm² 钢壳装药的试验结果如图 6-55 所示。试验发现，钢壳发生了局部鼓包现象，螺栓发生弯曲，但是壳体没有发生断裂，炸药反应烈度不高。拆开回收样品后发现，炸药前表面发生了点火和反应，但是反应体积非常小，未爆炸药没有明显的物理和化学变化，也没有出现裂纹。从装药的温升曲线来看，由于激光加热区域较小，壳体后表面中心和边缘温度相差仍然比较大，壳体后表面中心温度的最高温度 476℃，装药在激光辐照到 53s 时发生点火。在辐照 50s 时，炸药表面温度达到 316℃，然后在 3s 内温度迅速升高，发生点火。从钢壳装药激光点火试验来看，壳体和炸药界面存在明显的温度间断，壳体后表面温度能够远超过炸药点火所需高温，但是由于存在间隙，炸药表面温度明显偏低，这也会造成点火延迟。

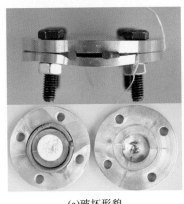

(a)破坏形貌

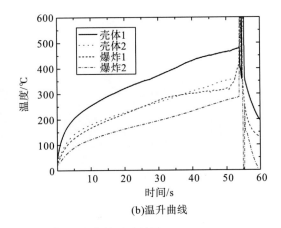

(b)温升曲线

图 6-55　热流密度 159W/cm² 钢壳装药的试验结果

热流密度为265W/cm²工况的试验结果如图6-56所示。钢壳发生了局部鼓包现象，螺栓发生弯曲，但是壳体没有发生断裂，壳体激光辐照区域表面发生了烧蚀。拆开回收样品后发现，装置点火后是从密封圈处发生泄气，炸药表面发生了化学反应，反应部分被喷射出去。从壳体装药的温升曲线来看，壳体后表面中心的最高温度800℃。在辐照15s时，胶层与炸药表面发生了脱落，热电偶测试的是壳体/炸药界面温度。该工况的热刺激强度较大，壳体温升快，壳体/炸药界面的温度间断更加明显。试验表明，在激光超快点火过程中，炸药热扩散深度非常小，只有表层炸药参与了热分解，大部分炸药没有明显升温。

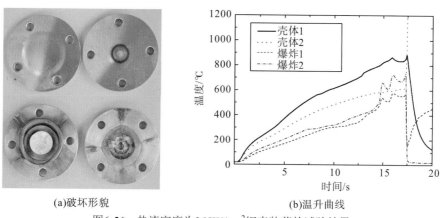

(a)破坏形貌　　　　　　　　　(b)温升曲线

图6-56　热流密度为265W/cm²钢壳装药的试验结果

激光辐照下钢壳装药的点火过程如图6-57所示。点火过程与炸药热分解状态相对应。激光辐照的初始阶段，炸药化学反应不明显，属于惰性加热阶段。随着辐照继续，内部炸药发生热分解，从壳体缝隙处喷出气体。然后，炸药气相反应越来越剧烈，大量气体释放。最后，内部炸药发生点火，炸药装置发生结构动力学破坏。整个激光点火过程持续了十几秒，在点火之前均出现了气体释放现象。

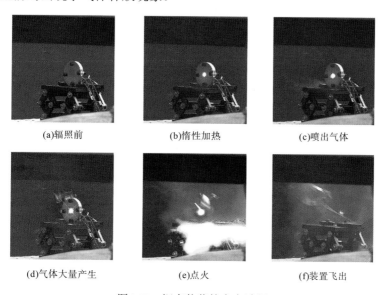

(a)辐照前　　　　　　(b)惰性加热　　　　　　(c)喷出气体

(d)气体大量产生　　　　(e)点火　　　　　(f)装置飞出

图6-57　钢壳装药的点火过程

2. 铝壳装药试验

本节开展了不同热流密度下铝壳装药点火试验。激光辐照功率密度分别为265W/cm²、729W/cm²和1857W/cm²三种，辐照区域直径为12mm。通过改变热流密度大小，研究不同热刺激强度下装药的点火特征。

热流密度为265W/cm²铝壳装药的试验结果如图6-58所示。可见，铝壳破坏模式与钢壳装药完全不同，铝壳在壳体底座的密封圈处破坏，该部分壳体厚度较薄，对应装药结构的薄弱环节。壳体底座被切割出一个圆形破片。炸药只有部分发生了化学反应，但是反应体积明显比钢壳多。从装药的温升曲线来看，由于激光功率密度较低，铝壳对激光能量的吸收率约为20%，壳体温升速率较慢。金属铝的热扩散系数高，铝壳中心和四周温度相差较小，壳体后表面和炸药表面的温度存在间断，但是间断值较小。当PBX炸药温度接近HMX的熔点时，装药发生了点火。

(a)破坏形貌   (b)温升曲线

图6-58　热流密度为265W/cm²铝壳装药的试验结果

热流密度为729W/cm²铝壳装药的试验结果如图6-59所示。可见，铝壳装药的破坏模式与前面工况类似，也是壳体底座在密封圈处发生了断裂，剪切出了一个圆片。炸药只有部分发生了化学反应，回收到的炸药局部有明显的颜色变化，说明经历了高温反应阶段。由于增加了激光热流密度，装药壳体的温升速率更大，装药在158s发生点火，点火后壳体

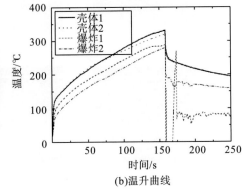

(a)破坏形貌   (b)温升曲线

图6-59　热流密度为729W/cm²铝壳装药的试验结果

热电偶连接完好，两个热电偶温度很快下降为几乎相同问题。点火前，从139~158s，炸药表面温度出现了平台区域，该平台对应HMX熔点附近。试验说明，PBX炸药点火前温度接近熔点，熔化吸热可能有明显影响。

　　热流密度为1857W/cm²铝壳装药的试验结果如图6-60所示。由于激光的热流密度较大，壳体温升非常快。装药点火和破坏过程与前面试验有较大区别。装药在41.8s发生了点火爆炸；壳体破坏后，内部炸药继续燃烧。从装药的破坏形貌来看，激光辐照面的壳体中心出现了小孔，内部炸药燃烧后形成黑色残余物。从温升曲线来看，从31~41.8s，炸药表面的温度一直维持在278℃左右。在41.8s装药点火后，内部炸药燃烧，炸药温度升高到1300℃以上。PBX炸药经过约30s才完全燃尽。由于激光热流密度较大，铝壳后表面和炸药表面温度存在明显的间断。

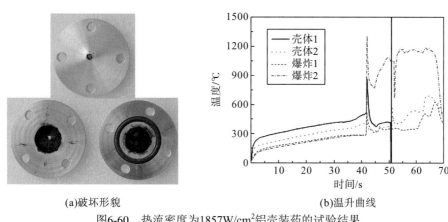

(a)破坏形貌　　　　　　　　　　　　　　　(b)温升曲线

图6-60　热流密度为1857W/cm²铝壳装药的试验结果

　　激光热流密度为1857W/cm²，铝壳装药的点火燃烧过程如图6-61所示。可见，当热流密度较高时，铝壳装药出现了点火、爆炸及继续燃烧的现象。在初始阶段，炸药的化学反

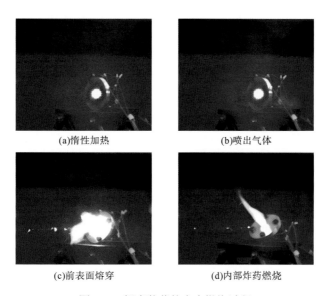

(a)惰性加热　　　　　　　　　　　　(b)喷出气体

(c)前表面熔穿　　　　　　　　　　(d)内部炸药燃烧

图6-61　铝壳装药的点火燃烧过程

应较慢，属于惰性加热阶段。在临近点火的2s之前，炸药的化学反应加速，出现了明显的气体产物，气体从壳体缝隙喷出。然后，装药发生了点火爆炸，有明显的爆炸声音。壳体前表面出现小孔后，内部炸药发生燃烧，形成了明显的火焰。

从激光超快点火试验来看，激光辐照能够提供稳定的外热流输入，可以较好地控制装药的温升速率，实现不同加热速率下装药的快烤点火。试验结果表明，在激光超快加热条件下装药点火行为与外热流特征、壳体材料、壳体/炸药接触状态及壳体密封性等多种因素相关。在快加热条件下，壳体和炸药界面存在明显的温度间断，导致炸药表面热流密度远低于外壳热流密度，从而使得炸药点火延迟。另外，试验表明快速加热条件下结构装药的点火温度明显高于慢烤点火温度。

6.4   热刺激装药点火的数值模拟

本节数值模拟重点关注慢烤、快烤点火响应及火烧事故场景下装药点火的风险评估。火烧主要源自军用飞机和车辆等运输载具的事故，载具的燃油、推进剂等在事故中燃烧并形成直接包裹装药的火焰。慢烤主要源自大规模火灾，这些火灾通常都要几十小时的时间才能扑灭，弹药在这期间将受到环境高温的长时烘烤。快烤对应装药直接被火焰加热事故场景。目前，弹药火烧的直接数值模拟仍有很大难度。火烧热载荷的随机性很大，这使得壳体和炸药温升曲线抖动，数值模拟很难准确描述这种火烧随机性。文献工作通常是将试验测量的壳体、装药温升曲线作为边界条件设定，进而开展火烧点火模拟。近年来，国内外学者设计了多种类型的烤燃试验装置来研究装药的烤燃特性，并开展对应的数值模拟工作。这些计算与试验研究密切联系，通过预测结果与试验比较来修正模型，甚至设计专门的烤燃试验来校核模型参数。但是，由于装药烤燃涉及热、力和化学的耦合过程，因此烤燃的数值模拟仍面临较大挑战。

本节的第1～2部分介绍了慢烤、快烤装药点火的数值模拟工作，第3部分介绍火灾事故中装药点火的风险边界数值评估方法。

6.4.1   慢烤装药点火的数值模拟

针对慢烤数值模拟，文献工作大多数都不考虑炸药组分的真实分解、液体流动及气体膨胀等过程。计算过程中，壳体热响应控制方程为热传导方程，炸药热-化学响应控制方程为热传导方程和反应动力学方程。炸药热分解模型多采用单步模型或者多步模型。采用有限元、有限差分等方法求解控制方程。由于不涉及炸药产物运动的流体动力学方程，故控制方程的求解并不难。目前，国内外慢烤数值模拟工作非常多，典型代表可以参考Hobbs[59]、Baer[60]、McClelland[61]、Erikson[62]和Jorenby[63]等的工作。图6-62为McClelland模拟的ODTX计算与试验结果的对比图，通过数值计算与试验结果比较来校核模型。近年来，随着计算能力的提升，慢烤数值模拟开始考虑炸药产物运动、壳体热变形等复杂问题，建立了热、力学、化学耦合的多物理场慢烤模型。例如，McClelland[61]将ALE3D计算程序应用到烤燃数值模拟，实现了烤燃多物理场仿真。总的来说，慢烤数值模拟面临的一个主要问题是热分解模型的有效性和可靠性，这决定了点火时间和点火温度的预测精度。

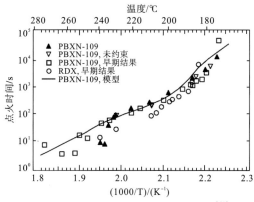

图6-62 ODTX计算与试验结果对比[61]

2006年，Jorenby[63]开展了PBX-9501炸药热分解模型的有效性评估工作。将现有热分解模型用于模拟四类慢烤试验，比较点火时刻和点火位置计算结果与试验数据的差异。PBX-9501炸药热分解模型包括了Jaeger[64]、McGuire-Tarver[28]及Dickson[65]模型，这三个模型都是美国LLNL发展的关于炸药热分解的代表性模型，常用于装药烤燃点火数值模拟。1980年，Jaeger在未约束PBX-9501球烤燃试验的基础上提出了单步热分解模型。1981年，McGuire和Tarver提出了HMX的3步4组分热分解模型，并将该模型用于分析ODTX试验结果。1999年，Dickson在烤燃试验的基础上提出了PBX-9501的4步5组分热分解模型。选取了四类慢烤试验用于模型验证工作，包括缩比热容爆炸试验(STEX)、ODTX试验、圆球烤燃试验、约束圆柱烤燃试验。数值计算基于COYOTE热-化学有限元程序。根据轴对称性，四类慢烤装置有限元模型均建立1/4装药结构，如图6-63所示。

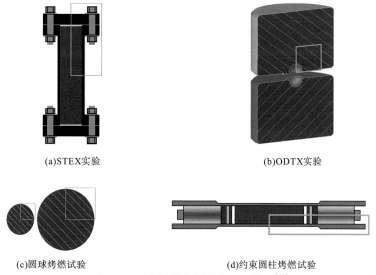

(a)STEX实验

(b)ODTX实验

(c)圆球烤燃试验

(d)约束圆柱烤燃试验

图6-63 四类慢烤装置的有限元模型[63]

烤燃计算结果与试验数据的比较如图6-64所示。Jorenby发现所有上述模型均不能完全模拟这四类慢烤试验。由于ODTX试验不测试温升曲线，其余三类试验的比较结果如下。

（1）如图6-64（a）所示，STEX试验需要近90h达到点火状态。计算过程中，点火状态定义为温度接近500K、温升速率超过1K/s。McGuire-Tarver模型计算的点火时刻与试验最接近，Dickson反应模型的点火时刻比试验数据稍小，Jaeger反应模型在450000s计算时间内没有点火。总的来说，多步分解模型计算的点火时间与试验数据比较接近，McGuire-Tarver模型点火时间的计算与试验数据的差异在1%以内。

（2）如图6-64（b）所示，圆球烤燃试验是将炸药圆球缓慢加热到点火，圆球周围没有约束壳体。计算发现三种反应模型的计算结果与试验数据都相差很大，可能原因是圆球试验有气体产物溢出现象，而当前模型没有考虑分解产物的运动问题。

（3）如图6-64（c）所示，Jaeger模型和Dickson模型能够较好地预测约束圆柱烤燃试验点火时刻，McGuire-Tarver模型与试验数据有一定偏差。

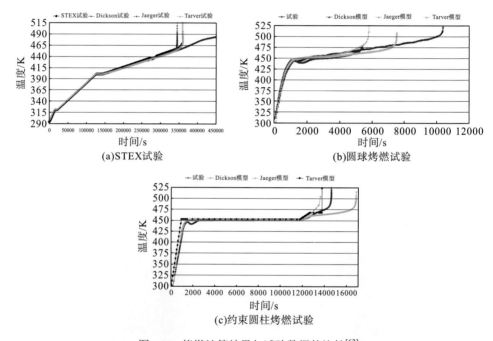

图6-64　烤燃计算结果与试验数据的比较[63]

Jorenby还比较了不同模型预测的点火位置。图6-65为约束圆柱点火位置的预测结果，可见点火位置预测也很不一样。由于试验是对称加载，点火位置应该出现在装药中心。Dickson模型预测的点火位置在模型中心，Jaeger模型和McGuire-Tarver模型预测的点火位置都偏上。

Jorenby研究表明，文献已有的代表性热分解模型并不完善。多步反应模型简化了热分解过程，将炸药复杂的中间产物简化为几个主要产物。这些模型尽管使用方便，但缺乏清晰的炸药热分解物理图像，不能给出炸药产物组分的变化规律。确定的热分解模型参数通常带有经验成分。因此，炸药热分解模型还需要进一步改进和完善。

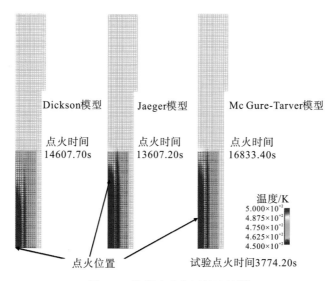

图6-65 烤燃点火位置的比较[63]

Tarver等[33,66]基于ODTX试验数据，对McGuire-Tarver热分解模型进行了持续改进。前期的PBX炸药热分解模型没有考虑黏结剂、增塑剂及钝感剂等配方的影响，但ODTX试验表明这些配方组分可能会影响炸药的点火时刻。如图6-66(a)所示，X-0298只含有2.5%的油，放热量不是很大，其点火时间与纯HMX非常接近；而PBX-9404配方含有3%硝化棉，该组分的放热量大且很不稳定，所以PBX-9404的点火时间显著变短。吸热型黏结剂会延长炸药的点火时间，放热型黏结剂会缩短点火时间。因此，Tarver在原热分解模型的基础上增加了放热黏结剂的分解方程，应用Chemical TOPAZ程序重新计算ODTX试验工况。计算和试验比较结果如图6-66(b)所示。可见，经过模型修正，PBX炸药热分解模型能够较好地模拟ODTX试验结果。

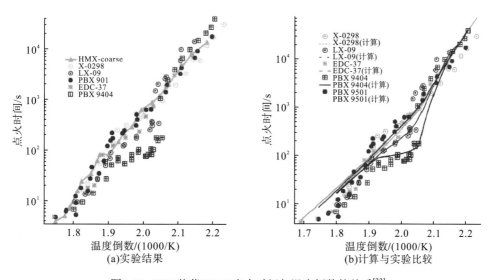

图6-66 PBX装药ODTX点火时间与温度倒数的关系[33]

老化会导致部分炸药的点火时间延长。Tarver等[33,66]研究了LX-04、PBX-9501和PBX-9404老化的原因,对老化问题和约束问题进行了模型修正,模拟结果如图6-67所示。从图中可看出,修正后的模型能够较好地反映ODTX试验中老化炸药样品的点火行为。

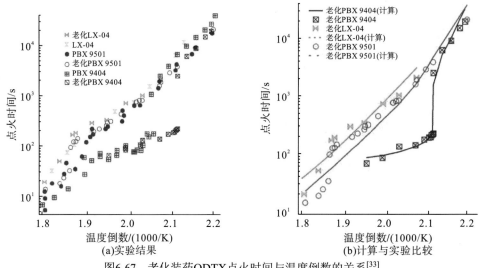

图6-67　老化装药ODTX点火时间与温度倒数的关系[33]

Tarver等[33,66]通过ODTX试验发现壳体约束对炸药的点火行为具有明显影响。对于HMX基炸药,放热过程在气相化学反应阶段。如果约束压力减小或者处于自由空间状态,由于气体中间产物还没有反应生成最终产物,这些气体就发生逃逸或者膨胀,所以炸药产生的热量减少,从而点火时刻增加。而TATB基炸药则不同,热分解主要发生在凝聚相,气体逃逸的影响较少,约束和未约束TATB炸药的ODTX试验点火时间几乎相等。Tarver针对上述物理过程进行了热分解模型修正。经过模型修正后,约束和未约束PBX-9501炸药的ODTX计算结果与试验结果相吻合,结果如图6-68所示。

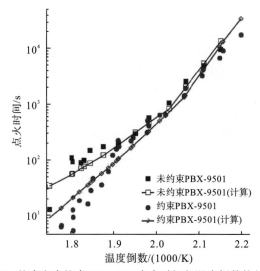

图6-68　约束和未约束PBX-9501点火时间与温度倒数的关系[33]

压力及由压力引起的微结构信息变化都是影响炸药慢烤点火的关键因素，所以必须考虑压力因素以对炸药热分解模型加以改进。中国工程物理研究院流体物理研究所的胡平超等基于以前的SITI试验，设计了预留空隙和不留空隙的慢烤对比试验，研究压力对烤燃过程的影响。结果发现预留间隙时：温度历史有平台，点火时间较短，点火温度较低，如图6-69所示。从图中可以看出，预留孔隙会使炸药所承受的压力减小，从而使HMX的吸热β→δ相变顺利进行，从而出现外部热流和内部吸热平衡的情况，即出现装置A中温度历史中的平台阶段。反观装置B，由于压力抑制相变的发生，所以无温度平台出现；由于未发生相变，故炸药仍然处于感度较低的β相，从而导致点火时间更长，点火温度更高。但实际上装置A和装置B由于孔隙结构的不同，不同传热过程也可能导致不同的温升历史和点火情况，这需要数值模拟加以检查。

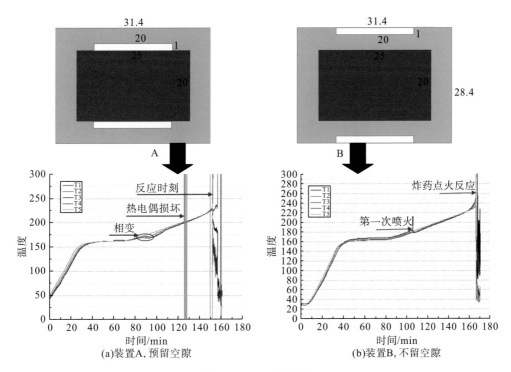

图6-69　SITI对比试验

基于上述试验结果，中国工程物理研究院流体物理研究所的郑松林等计算了装置A和装置B中的温升历史，只考虑传热结构的不同，结果如图6-70所示。从图中可以看出，传热结构的不同对结果的影响较小，两装置的温升历史曲线基本重合。改进原来的热分解模型，采用Henson等[67]使用二次谐波（SHG）得到HMX晶体的可逆相变模型，利用含压力项的相变速率来描述相变，再结合Perry等[68]的后续反应模型，模拟了装置A和装置B中炸药的温升历史，如图6-71所示。此模型中，有效地计算压力是试验模拟的关键因素，但在此次初步计算中认为装置A无应力，装置B中的应力按照状态方程给出，与温升成正比。这种应力设置也能初步说明试验装置A和装置B中压力的影响。计算结果显示：装置A中发生相变，而装置B中无相变发生，故装置A中存在相变吸热，温度历史有平台；相变后炸药的感度上升，由此点火时间较短，点火温度较低。80～120min这段时间的各相质量分数的演化证实了装置A中发生相变，而装置B中无相变发生。此模拟结果成功地定性描述了试验结果，从理论上证实了是压力对炸药相变的影响导致了对比试验结果的不同，表明温度压力相关的相变对于点火的重要性。

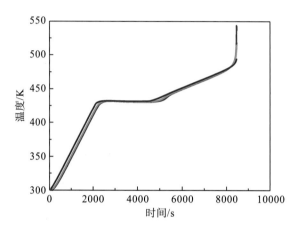

图6-70　只考虑传热构型对于A、B装置温升的影响

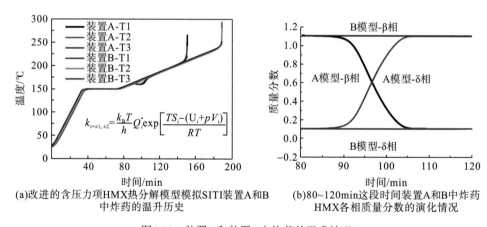

(a)改进的含压力项HMX热分解模型模拟SITI装置A和B中炸药的温升历史

(b)80~120min这段时间装置A和B中炸药HMX各相质量分数的演化情况

图6-71　装置A和装置B中炸药的温升情况

6.4.2　快烤装药点火的数值模拟

国内外装药快烤试验的工作较少，相应的数值模拟工作更是寥寥无几。但是，武器弹药在存储、运输和使用过程中容易遭遇快烤事故，装药被火焰快速加热，在十几分钟甚至几分钟内发生点火和爆炸。快加热条件下装药点的火数值模拟，能够预测危险场景下炸药的点火风险，为武器的安全性评估提供技术指导。描述快烤过程的数值模型与慢烤有很大差异。对慢烤来说，点火前炸药整体形成均匀分布的温度场，长时间加热后产生了气体产物，炸药内部具有均匀分布的气体孔洞。而对快烤来说，点火前只有很少的炸药被加热到分解状态，大部分炸药的热物理状态保持不变。快烤点火和激光辐照点火都属于快加热装

药点火行为,点火时刻量级比较接近,炸药热响应和化学反应机制是相同的。因此,下面统一介绍快烤点火和激光辐照点火的数值模拟工作。

Meredith[16,50]将HMX激光点火模型推广到快烤问题,在一维激光点火模型的基础上增加了约束钢壳,从细观反应方面模拟了快烤点火过程,计算值与试验结果吻合较好。田占东等[69]将RDX激光点火模型用于快烤研究,采用整体反应模型进行了RDX激光快烤计算,将问题简化为钢壳、气隙和炸药部分,给出了激光辐照下RDX升温熔化热分解及气相点火的过程。但是,由于没有考虑激光与壳体材料的耦合规律及激光对材料的烧蚀效应,计算与实际激光与金属的相互作用存在较大差异。中国工程物理研究院流体物理研究所团队[8]在田占东工作的基础上,进行了激光快烤条件下装药点火的数值计算,并与试验结果进行了比较。

上述快烤模型均考虑了炸药凝聚相和气相的传热、流动和化学反应过程,具有一定的相似性。如图6-72所示,快烤模型[8]包括金属壳体、炸药气相和炸药凝聚相三部分。外热流包括电加热热流、激光辐照热流、火烧热流等。外部热流直接作用到金属壳体表面,然后通过壳体/炸药物理界面再对炸药进行加热。壳体为炸药气相部分施加了非流动边界条件,壳体能量方程为一维热传导方程。气相区域是由多种组分构成的可压缩混合气体,包括蒸发气体、热分解气体和气相化学反应气体,控制方程包括质量守恒、动量守恒、能量守恒和组分连续方程,具体形式可参见公式(6-35)~式(6-38)。凝聚相的控制方程包括能量方程和质量守恒方程,具体形式可参见公式(6-39)和式(6-40)。

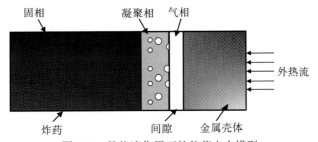

图6-72 外热流作用下的装药点火模型

RDX气相反应采用9种组分6反应道机制,该机制能够反映RDX气相反应的主要特征。该机制具体描述为

$$RDX + M \longrightarrow 3H_2CNNO_2 + M \tag{M1}$$

$$H_2CNNO_2 \longleftrightarrow N_2 + CO + H_2O \tag{M2}$$

$$H_2CNNO_2 \longleftrightarrow H_2 + CO_2 + N_2 \tag{M3}$$

$$CO_2 + H_2 \longleftrightarrow CO + H_2O \tag{M4}$$

$$CO + H_2O \longleftrightarrow CO_2 + H_2 \tag{M5}$$

$$OH + H + M \longleftrightarrow H_2O + M \tag{M6}$$

凝聚相采用单步反应机制描述为

$$RDX \longrightarrow 3H_2CNNO_2 \tag{M7}$$

通过有限差分方法求解上述控制方程，模拟了在激光快烤条件下的装药点火过程，将计算结果与激光辐照试验进行了对比。激光辐照试验为固体激光辐照结构装药点火试验，壳体为30CrMnSiA钢，厚度为4mm，炸药为压装RDX基炸药，壳体和炸药之间的气隙尺寸为0.2mm，壳体与炸药之间没有填充物。激光功率密度为350W/cm²，辐照时间为10s。壳体和炸药的初始温度均为300K。炸药壳体的温升曲线计算与试验对比如图6-73所示。可见，炸药点火时刻与试验相吻合，但试验点火时刻更长。

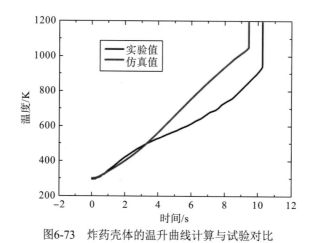

图6-73 炸药壳体的温升曲线计算与试验对比

炸药不同区域温升的计算结果如图6-74所示。可见，由于炸药与壳体之间存在空气间隙，所以炸药表面温度升高比较缓慢。随着RDX温度升高到熔点，固体炸药表面发生了熔化和缓慢热分解，熔化吸热使得熔点附近的温度保持了1.0s左右(对应熔点附近)。然后，对流和蒸发效应使得温度-时间曲线发生震荡。在热点火时刻，液态炸药温度在600K附近。气相中心区域的温度缓慢升高，最后气相温度超过了3000K，发生点火。

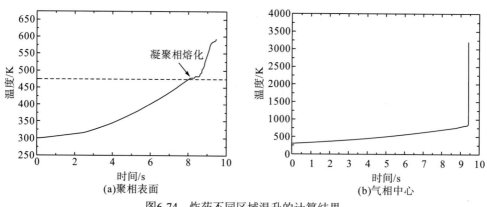

图6-74 炸药不同区域温升的计算结果

炸药凝聚相的温度分布随时间的变化如图6-75所示。与激光直接辐照的炸药相比，凝聚相的表面热流密度较小，温升较缓慢，需要几秒的时间材料达到熔点。由于RDX比热容大而热导率低，所以热扩散影响区域大概在几个毫米附近，发生熔化区域在1mm以内，形成了很薄的熔化层。计算表明，凝聚相内部温度的准确测试非常困难，热电偶埋置深度的影响很大，而辐射测温等非接触测温方法又不适合壳体内部环境。

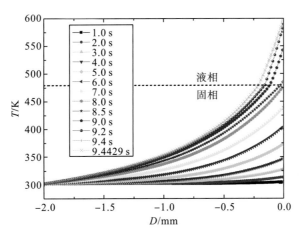

图6-75　凝聚相温度分布随时间变化

　　从加热到点火，炸药气相的组分浓度分布变化如图6-76所示。为了便于区分RDX的分解产物，假定初始时刻壳体/炸药间歇内部为惰性气体AR。由图可见，当辐照时间小于8s时，RDX还处于惰性加热阶段，RDX凝聚相表面没有发生熔化，也没有蒸发产物和分解产物进入气相；当时间为8.6s，部分RDX液体蒸发进取气相；当时刻为8.9s，RDX蒸发气体的摩尔浓度增大，这些气相RDX又热分解为H_2CNNO_2；当时刻为9.4s，惰性气体含量很少，大量RDX分解为H_2CNNO_2；当时刻为9.44423s，对应化学反应M2和M3，H_2CNNO_2分解为小分子气体；点火时刻，对应M4、M5和M6反应，小分子气体发生剧烈反应，放出大量热量，导致RDX气相点火。基于模型，模拟了激光辐照下装药点火过程的惰性加热和快反应两个阶段，惰性加热时间较长，快反应阶段很短。炸药发生熔化和蒸发需要吸收热量，而进入快反应阶段后，炸药气体组分发生了剧烈化学反应，释放出大量热量，最终发生热失稳。

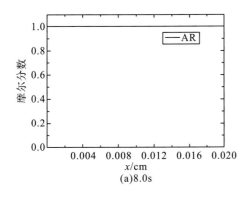

(a)8.0s

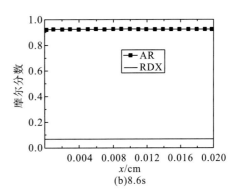

(b)8.6s

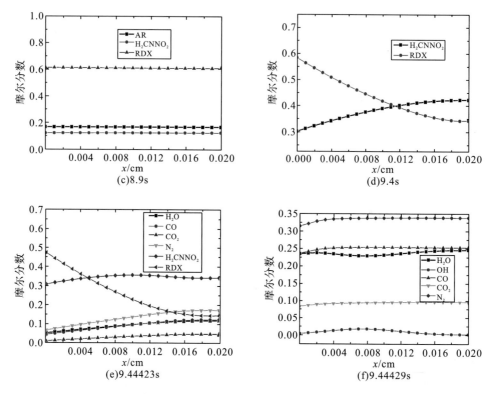

图6-76　炸药气相的浓度分布随时间变化

6.4.3　火灾事故中装药点火的风险边界数值评估

火灾事故发生概率很高，其火焰的最高温度可超过2300K，平均温度也超过了弹药壳体材料的熔点；对火灾的显式模拟是数值计算的一大挑战。火灾模拟的难点在于，既需要考虑火焰的结构与演化及其热传导、热对流、热辐射效应，又需要描述战斗部壳体中的薄弱环节(如盖板、维修孔等)在长时高温作用下的熔化、气化、脱落行为及由此导致的火焰窜入弹体内部等过程。

美国Sandia国家实验室的Sierra软件平台中Fuego、Syrinx、Calore程序包是模拟弹药火灾响应的代表性程序[70]，如图6-77所示。Fuego代码用于求解湍流、浮力驱动的低马赫数流、热传输、质量传输、燃烧及烟灰模型；Syinx用于求解多方参与的介质热辐射力学；Clore用于求解密封辐射模块的热传导力学。火灾程序包的计算还严重依赖于Sierra软件平台提供的核心算法以实现大规模并行、自适应求解及非结构网格中的力热耦合等。火灾程序包划分了四重网格：Fuego使用流体网格；Syrinx使用辐射网格；Calore的热导网格设置在弹体之上，且划分得最为精细；此外还有结果输出网格，用于在指定位置统计演化结果。耦合方程组的复杂性、计算网格的庞大数量、火灾的长时演化等都对计算能量提出了巨大挑战，相关计算只能在超级计算机上运行。

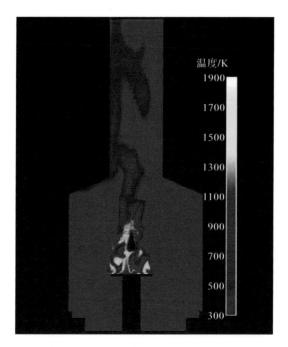

图6-77 Sandia国家实验室火烧试验模拟

基于火灾程序包及装药的热分解点火模型，美国Sandia国家实验室已开展了多种弹药的异常热响应与安全性评估工作，如图6-78所示。首次将SIERRA火灾模拟与DAKOTA不确定性量化与优化软件工具包耦合起来使用，以确定在特定火灾事故中弹药所能承受的最大加热条件，加深了对异常热环境下弹药响应机理的理解。

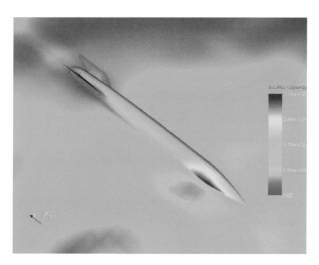

图6-78 Sandia国家实验室模拟弹药在火灾环境中的力热响应

2008年，美国Sandia国家实验室的ASC V&V项目使用了SIERRA模拟软件的热分析能力（加入了新的反应速率化学模型）和DAKOTA软件的不确定性量化能力，对火灾场景中的单元进行了QMU研究。研究结果提供了针对武库系统的首次异常热QMU分析，这项研究中所用的热分析方法和QMU方法将作为模板应用于未来其他武库系统的异常热QMU分析。

参 考 文 献

[1] 庄磊. 航空煤油池火热辐射特性及热传递研究[D]. 合肥: 中国科学技术大学, 2008.

[2] 马昕昕. 开放空间稳态矩形池火热辐射模型[D]. 北京: 中国石油大学, 2017.

[3] Ciro W, Edding E G, Sarofim A. Fast cookoff tests report[R]. CSAFE internal report, Salt Lake City: Center for the Simulation of Accidental Fires and Explosions, 2003.

[4] Ciro W. Heat transfer at interfaces of a container of high-energy materials immersed in a pool fire [D]. Salt Lake City: The University of Utah Graduate School, 2005.

[5] Ciro W, Edding E G, Sarofim A. Experimental and numerical investigation of transient soot buildup on a cylindrical container immersed in a jet fuel pool fire[J]. Combustion Science and Technology, 178（12）: 2199-2218.

[6] Ingason H, Wickström U. Measuring incident radiant heat flux using the plate thermometer[J]. Fire Safety Journal , 2007, 42: 161-166.

[7] Wickström U, Anderson J, Sjöström J. Measuring incident heat flux and adiabatic surface temperature with plate thermometers in ambient and high temperatures [J]. Fire and Materials, 2019, 43: 51-56.

[8] 张家雷. 激光辐照下约束炸药热爆炸机理研究[D]. 绵阳: 中国工程物理研究院, 2017.

[9] 杨东生, 张盛, 李云鹏, 等. 基于 SiPESC 平台的传热问题有限元分析系统[J]. 大连理工大学学报, 2013, 53（6）: 794-802.

[10] 曹树声, 姜贵庆, 王淑华. 有热解的轴对称烧蚀体传热有限元计算[J]. 空气动力学学报, 1991, 9（2）: 218-225.

[11] 李迎, 俞小莉, 李婷, 等. 活塞-缸套瞬态耦合传热的有限元仿真[J]. 浙江大学学报（工学版）, 2007, 41（2）: 347-351.

[12] 舒远杰, 霍冀川. 炸药学概论[M]. 北京: 化学工业出版社, 2011.

[13] Gregory T L, Brittany A B, Charles A W. Autocatalytic thermal decomposition kinetics of TNT[J]. Thermochimica Acta, 2002, 388: 175-181.

[14] 陈朗, 王沛, 冯长根. 考虑相变的炸药烤燃数值模拟计算[J]. 含能材料, 2009, 17（5）: 568-573.

[15] Hanson-Parr D M, Parr T P. Thermal properties measurements of solid rocket propellant oxidizers and binder materials as a function of temperature[J]. Journal of Energetic Material, 1999, 17: 1-49.

[16] Meredith K V. Ignition modeling of HMX in laser-induced and fast-cookoff environments[D]. Provo UT: Brigham Young University, 2003.

[17] Smilowitz L B, Henson B F, Asay B W. The β→δphase transition in the energetic nitramine-octahydro-1, 3, 5, 7-tetranitro-1, 3, 5, 7-tetrazocine: Kinetics[J]. Journal of Chemical Physics, 2002, 117（8）: 3789-3798.

[18] Levitas V I, Henson B F, Smilowitz L B. Solid-solid phase transformation via internal stress-induced virtual melting, significantly below the melting temperature. Application to HMX Energetic Crystal[J]. J. Phys. Chem. B, 2006, 110: 10105-10119.

[19] Wemhoff A P, Burnham A K, Nichols Ⅲ A L. The application of global kinetic models to HMX beta-delta transition and cookoff processes[R]. UCRL-JRNL-226711, 2006.

[20] 楚士晋. 炸药热分析[M]. 北京: 科学出版社, 1994.

[21] 胡荣祖, 史启祯. 热分析动力学[M] . 北京: 科学出版社, 2001.

[22] Patidar L, Khichar M, Thynell S T. A comprehensive mechanism for liquid-phase decomposition of 1, 3, 5, 7-tetranitro-1, 3, 5, 7-tetrazoctane（HMX）: Thermolysis experiments and detailed kinetic modeling[J]. Combustion and Flame, 2020, 212: 67-78.

[23] Burnham A K, Weese R K. Thermal decomposition kinetics of HMX[R]. UCRL-CONF-210681, 2005.

[24] Brill T B, Gongwer P E, Willliams G K. Thermal decomposition of energetic materials 66. Kinetic compensation effects in HMX, RDX and NTO[J]. J Phys Chem. 1994, 98: 12242-12247.

[25] Vyazovkin S. Model-free kinetics Staying free of multiplying entities without necessity[J]. Journal of Thermal Analysis and Calorimetry, 2006, 83（1）: 45-51.

[26] 刘子如, 阴翠梅, 刘艳, 等. RDX 和 HMX 的热分解 II. 动力学参数和动力学补偿效应[J]. 火炸药学报, 2004, 27（4）: 69-71.

[27] 邵颖惠, 刘文亮, 张冬梅, 等. 全浸式真空安定性法研究固态 HMX 的热分解动力学[J]. 火炸药学报, 2012, 35（4）: 33-36.

[28] Fathollahi M, Pourmortazavi S M, Hosseini S G. Particle size effects on thermal decomposition of energetic material[J]. Journal of Energetic Materials, 2007, 26（1）: 52-69.

[29] Kimura J, Kubota N. Thermal decomposition process of HMX [J]. Propellants and Explosives. 1980, 5: 1-8.

[30] Palopoli S F, Brill T B. Thermal decomposition of energetic materials 52. on the foam zone and surface chemistry of rapidly decomposing HMX[J]. Combustion and Flame, 1991, 87: 45-60.

[31] McGuire R R, Tarver C M. Chemical decomposition models for the thermal explosion of confined HMX, TATB, RDX and TNT explosives[C]. The 7th International Detonation Symposium, Annapolis, Maryland, 1981.

[32] Burnham A K, Weese R K, Wemhoff A P. A Historical and current perspective on predicting thermal cookoff behavior[J]. Journal of Thermal Analysis and Calorimetry, 2007, 89（2）: 407-415.

[33] Tarver C M, Tran T D. Thermal decomposition models for HMX-based plastic bonded explosives[J]. Combustion and Flame, 2004, 137: 50-62.

[34] Hobbs M L, Kaneshige M J. Ignition experiments and models of a plastic bonded explosive（PBX 9502）[J]. The Journal of Chemical Physics, 2014: 140.

[35] Michael L. Hobbs, Michael J. Kaneshige, William W. Erikson. Modeling the measured effect of a nitroplasticizer（BDNPA/F）on cookoff of a plastic bonded explosive（PBX 9501）[J]. Combustion and Flame, 2016,（173）: 132-50.

[36] Michael L H, Michael J K, William W E. A "universal" cookoff model for explosives[C]. 50th International Annual Conference of the Fraunhofer ICT Convention Center, Karlsruhe, Germany（Jun 25-28, 2019）.

[37] Asay B W. Non-Shock Initiation of Explosives[M]. Heidelberg: Springer, 2010.

[38] 金韶华, 松全才. 炸药理论[M]. 西安: 西北工业大学出版社, 2010.

[39] 冯长根. 热爆炸理论[M]. 科学出版社, 1988.

[40] Parr T P, Hanson-Parr D M. Nitramine flame structure as a function of pressure[C]. Proceedings of the 26th JANNAF Combustion Committee Meeting, CPIA Publication 529, Vol. I, 1989: 27-37.

[41] Hanson-Parr D M, Parr T P. RDX laser assisted flame structure[C]. Proceedings of the 31st JANNAF Combustion Subcommittee Meeting, CPIA publication 620, Vol. II, 1994: 407-423.

[42] Hanson-Parr D M, Parr T P. RDX flame structure[C]. 25th Symposium（international）on Combustion. The Combustion Institute, Pittsburgh, PA, 1994: 1635-1643.

[43] Parr T P, Hanson-Parr D M. RDX, HMX, and XM39 Self-deflagration flame structure[C]. Proceedings of the 32nd JANNAF Combustion Meeting, CPIA publication 631, Vol. I, 1995: 429-437.

[44] Parr T P, Hanson-Parr D M. RDX ignition flame structure[C]. The 27th Symposium (International) on Combustion. Pittsburgh: The Combustion Institute, 1998: 2301-2308. .

[45] Lee Y, Tang C, Thomas A. A study of the chemical and physical processes governing CO_2 laser-induced pyrolysis and combustion of RDX[J]. Combustion and Flame 1999, 117: 600-628.

[46] Yang V, Liau Y C. A Time-accurate analysis of RDX monopropellant combustion with detailed chemistry[C]. In: 32nd JANNAF combustion meeting, CPIA No. 631, 1995: 57-68. .

[47] Liau Y C, Kim E S, Yang V. A comprehensive analysis of laser-induced ignition of RDX monopropellant[J]. Combust Flame, 2001, 126(3): 1680-1698.

[48] Liau Y C, Lyman J L. Modeling laser-induced ignition of nitramine propellants with condensed and gas-phase absorption[J]. Combustion Science and Technology, 2002, 174(3): 141-171.

[49] Kim E S. Modeling and simulation of laser-induced ignition of RDX monopropellant and steady-state combustion of HMX/GAP pseudo-propellant [D]. State College: The Pennsylvania State University, 2000 .

[50] Meredith K V. Ignition modeling of HMX in laser-induced and fast-cookoff environments[D]. Provo UT: Brigham Young University, 2003.

[51] Yetter R A, Dryer F L, Allen M T, et al. Development of gas-phase reaction mechanism for nitramine combustion[J]. Journal of Propulsion and Power, 1995, 11(4): 683-697.

[52] Litzinger T A, Fetherolf B L, Lee Y J, et al. Study of the gas-phase chemistry of RDX: Experiments and modeling [J]. Journal of Propulsion and Power, 1995, 11(4): 698-703.

[53] Beckstead M W, Puduppakkam K, Thakre P. Modeling of combustion and ignition of solid-propellant ingredients [J]. Progress in Energy and Combustion Science, 2007, 33(6): 497-551.

[54] Merzhanov A G, Averson A E. The present state of thermal ignition theory[J]. Combust Flame, 1971, 16: 89-124.

[55] Hsu P C, Strout S, Sokolove C, et al. Low temperature time-to-explosion experiments in the LLNL's ODTX/P-ODTX system[R]. LLNL-TR-766198, 2019.

[56] Hsu P C, Hust G, Howard M, et al. The odtx system for thermal ignition and thermal safety study of energetic materials[R]. LLNL-CONF-425264, 2010.

[57] Guillermo T, Francisco J S, Robert F S, et al. Data analysis, pre-ignition assessment, and post-ignition modeling of the large-scale annular cookoff experiments[R]. LA-14190, 2005.

[58] Matthew L G, Trevor D H, Karl V M. Considerations for fast cook-off simulations[J]. Propellants, Explosives, Pyrotechnics, 2016, (41): 1036-1043.

[59] Hobbs M L, Baer M R, Gross R J. Thermal, chemical, and mechanical cookoff modeling[R]. SAND-94-0395C, 1994.

[60] Baer M R, Gross R J, Gartling D K, et al. Multidimensional thermal-chemical cookoff modeling[R]. SAND-94-1909C, 1994.

[61] McClelland M A, Tran T D, Cunningham B J, et al. Cookoff response of PBXN-109: Material characterization and ALE3D model[R]. UCRL-JC-138878, 2000.

[62] Erikson W W, Schmitt R G, Atwood A I, et al. Coupled thermal-chemical-mechanical modeling of validation cookoff experiments[R]. SAND2000-2926C, 2000.

[63] Jorenby J W. Heat transfer analysis and assessment of kinetics systems for PBX 9501[R]. LA-14259-T, 2006.

[64] Jaeger D L. Thermal response of spherical explosive charges subjected to external heating[R]. Los Alamos Scientific Laboratory, Aug. 1980 (LA-8332), 1980.

[65] Dickson P M, Asay B W, Henson B F, et al. Measurement of phase change and thermal decomposition kinetics using the Los Alamos radial cookoff test[R]. Los Alamos National Laboratory, LA-UR-99-3272, 1999.

[66] Tarver C M, Koerner J G. Effects of endothermic binders on times to explosion of HMX-and TATB-based plastic bonded explosives[J]. Journal of Energetic Materials, 2014(26): 1-28.

[67] Smilowitz L, Henson B F, Asay B W, et al. The β-δ phase transition in the energetic nitramine-octahydro-1, 3, 5, 7-tetranitro-1, 3, 5, 7-tetrazocine: Kinetics[J]. The Journal of Chemical Physics, 2002, 117(8): 3789-3798.

[68] Perry W L, Gunderson J A, Balkey M M, et al. Impact-induced friction ignition of an explosive: Infrared observations and modeling[J]. Journal of Applied Physics, 2010, 108(8): 084902.

[69] 田占东, 卢芳云, 张震宇, 等. RDX 的一维快烤燃模型及计算[J]. 高压物理学报, 2012, (6): 367-372.

[70] Domino S P, Moen C D, Burns S P, et al. KAMESIERRA /Fuego: A multi-mechanics fire environment simulation tool[C]. 41st AIAA Aerospace Sciences Meeting, 2003: 149.

第7章　装药的燃烧反应演化

历史上，在各类武器系统事故中可观察到在特定结构中的装药会发生不同程度的反应。其中，最严重的就是发生爆炸，甚至爆轰反应。早期，研究者们虽然区分了燃烧和爆轰的概念，但在对高烈度爆炸的描述上，还存在机制认识不清的问题，特别是经常与爆轰的概念相混淆。随着研究的深入，人们发现在低速撞击、火烧等非冲击点火事故下结构装药发生的高烈度反应并不同于稳定传播的爆轰反应。

结构装药的这类高烈度反应，本质上与低烈度爆燃或燃烧一样，都是一种装药局部高温热分解点火后引发的持续燃烧反应，其能量传递机制以热传导表面逐层传播为主，即所谓的热传导燃烧或层流燃烧。当燃烧反应压力经过积累提高后，高温产物会沿结构缝隙或装药裂缝形成快速对流传热作用，由于缝隙燃烧表面积的增加，可引发较多装药参与反应（所谓的对流燃烧过程），最终可能转变为高烈度的爆炸反应现象。考虑裂纹扩展的声速限制，上述燃烧反应是一种典型的亚声速过程。由于声速扰动始终影响未反应区域，因此燃烧反应的演化过程必然会与结构响应相耦合。相比之下，经典的超声速传播的爆轰过程受结构约束和边界条件的影响较小，对于敏感炸药来说甚至可以忽略。具体来说，结构对于装药燃烧反应的影响体现在以下两个方面。

一是装药结构具有一定的承压强度，这使得热传导燃烧的环境压力大大提高，在高压下的燃烧速率可比常压的高4个数量级。另外，承压强度也代表了结构约束的强弱，对装药最终的反应烈度起着决定性的作用，例如，当约束由弱变强时，装药出现剧烈爆炸的可能性也极大增加。但相比于强约束，弱约束更利于装药的整体变形，对于脆性装药变形裂纹表面积的增加，会改变燃烧反应压力的演变趋势。

二是结构状态对燃烧反应也会有影响，例如，结构间隙会影响HMX晶体可产生损伤裂纹的热致相变过程，由此改变后续缝隙的对流燃烧发展过程和最终的反应烈度[1]；结构中的金属隔断同样会影响装药对流燃烧扩展的传播过程；当结构装药由高密度变为破碎状态时，最终的反应烈度也会大大增强；结构装药燃烧反应的尺寸效应同样明显，在慢烤条件下小尺寸装药会发生高烈度反应，而大尺寸构型装药只发生低烈度反应[2]。

尽管在非冲击点火反应主控机制的认识上取得了较大进展，但鉴于装药燃烧反应的复杂性，到目前为止还没有一个统一的理论或方法，可以完全解释并预测结构约束下缝隙的对流燃烧传播、基体燃烧裂纹扩展演化、结构变形破裂与燃烧反应耦合作用等一系列复杂问题。

为能进一步深入认识结构装药燃烧反应的演化过程，本章对已有的研究进展进行了综合介绍。首先介绍了考虑结构约束高压环境条件下炸药材料的燃烧特性，包括热传导燃烧测量试验、拼缝对流燃烧试验、反应裂纹扩展试验。其次介绍了结构约束对装药反应演化的影响，包括不同结构约束装药的反应演化和考虑特定构型的装药反应演化试验。最后还简要介绍了对结构装药反应烈度表征方面的工作。

7.1　炸药材料的燃烧特性

广义的材料燃烧是一组原子或分子从具有较高化学势能的反应物到较低势能的产物的化学反应放热过程。材料反应物由亚稳态分子或燃料和氧化剂的混合物组成，当提供足够的热量时，能造成反应物化学键断裂而发生燃烧反应的最小能量称为活化能。燃烧过程可以有很多表现形式，包括丙烷-空气混合爆燃、高能炸药爆轰、煤炭闷燃等。

本节介绍的炸药材料的燃烧特性主要包括热传导燃烧和对流燃烧两方面的内容。热传导燃烧主要通过传导过程的热扩散，由放热反应区提供能量来支持燃烧的传播，其常压下的燃烧速率极慢，如PBX-3的速率约为0.2mm/s。根据结构装药的反应特征，这里讨论的热传导燃烧压力范围区别于常压燃烧，对10MPa到接近1GPa的压力范围内的燃烧速率进行诊断分析，可观测到的最大燃烧速率约为1m/s。炸药沿表面传播的燃烧被认为是局部过程，仅有少量关于传播速度的试验研究工作。结构约束造成的高压使得高温产物气体可以沿结构缝隙或装药裂缝进行快速流动，通过流动预热后缝隙大面积燃烧，以形成反应物快速消耗的对流燃烧过程，典型炸药的对流燃烧速率一般超过100m/s。

7.1.1　热传导燃烧

一般地，采用浇铸或压装工艺形成的炸药，其材料内部的孔隙可忽略或孔隙基本不连通，炸药表面燃烧产生的高温气体产物难以渗入孔隙对未反应炸药进行预热。在该情形下，可以认为燃烧仅维持在炸药表面，燃烧反应以炸药逐层消耗的方式沿燃烧面法线向炸药基体内部传播。在该过程中，有明确的固-气分界反应阵面，反应物和未反应物之间主要通过热传导的形式传递能量，称为热传导燃烧(conductive burn)。其燃烧速率依赖气态反应产物的压力，燃烧阵面向基体中以亚音速推进。

炸药燃烧反应的快慢主要通过燃烧速率(也称退移速率)来表征，影响热传导燃烧传播速率的因素有很多，其中炸药的热导率α(热传导系数与比热容的比值)是燃烧传播过程中最主要的因素[1]：

$$\alpha = \frac{\lambda}{\rho C} \tag{7-1}$$

式中，λ为热传导系数；ρ为材料的密度；C为比热容。显然，反应区结构内的温度梯度也会影响热量的传递过程。

高能炸药的燃烧速率受到包括温度和压力在内的外界条件的强烈影响。在固体炸药的燃烧过程中，燃烧面的炸药被持续消耗，我们通常采用试验手段来测量炸药燃烧面的退移速率，将其作为环境压力、温度、材料物性等参数的函数，并以此研究炸药燃烧行为的发展规律。

1. 压力的影响

炸药燃烧过程中主要的化学反应都发生在气相区,气相压力的变化会显著影响反应区内的气相密度和空间尺度,因而热传导的燃烧速率对环境压力具有很强的依赖性。一方面,气相压力的增大可使反应区内的分子碰撞更加频繁, 从而增加了其反应速率;另一方面,气体反应区的宽度被有效压缩(图7-1),使反应产生的热量能够更快地传递至固体表面的反应区,使炸药被更快地加热至气态,最终导致固体炸药消耗速率(燃烧速率)的加快。

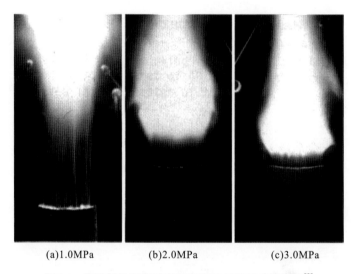

(a)1.0MPa   (b)2.0MPa   (c)3.0MPa

图7-1　推进剂的燃烧反应区宽度随气相压力的变化[2]

针对不同的推进剂和炸药, 研究者们通过试验收集了大量的燃烧速率-压力数据。在有限的压力范围之内, 发现固体炸药的燃烧速率r可以较好地满足经验公式(也称为Vielle定律或Saint Robert燃烧率方程):

$$r = aP^n \tag{7-2}$$

式中, a、n为材料的特征常数;P为炸药的气相压力。压力指数n通常称为燃烧指数,其代表了燃烧速率随压力的增长速率。当燃烧指数小于1时, 表明燃烧过程能够保持相对稳定的状态(如绝大部分固体推进剂);当燃烧指数大于1时, 气相压力的增加可能导致燃烧反应的爆发式增强,易产生破坏性高压[2](如部分高能炸药)。在相对密闭的装药结构中,由于约束结构的存在,燃烧反应形成的高压气体产物难以迅速逸出或突破约束形成压力释放。对于大部分装药非冲击点火反应的早期,炸药的燃烧反应是在一定压力条件下进行的,而炸药燃烧生成的气体产物又使气相压力继续得到增强。因此,炸药燃烧行为随气相压力的发展规律是装药非冲击点火反应烈度的重要影响因素之一。

Mallard和Le Châtelier利用热、层流火焰理论(thermal, laminar-flame theory), 首次确认了从反应区到预热区的热量输运是燃烧能够持续传播的基础[1]。利用该理论对炸药的燃烧过程进行简化分析,可以更好地帮助我们理解压力对固体炸药燃烧速率的影响。考虑高能炸药中稳定地传导燃烧,如第2章所述,反应区中所释放的热量向下游传导进入预热区,使未反应的炸药升温到分解或汽化温度。如图7-2所示，Mallard和Le Châtelier的理论将燃烧过程分解为两个随炸药燃烧波阵面稳定传播的独立区域：预热区和反应区。在预热区中，材料以室温T_0进入，被加热升温后以点火温度T_i排出。在本模型中，将温度T_i作为预热区和反应区分界线的温度，即假设在低于温度T_i时没有反应发生而高于温度T_i之后反应马上开始。进入反应区中，开始有显著的放热化学反应发生。假设反应的厚度为δ_r，出口处的气体温度为T_f，该温度即为最终的反应温度。

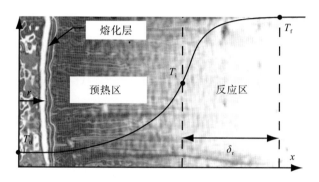

图7-2　基于热理论的火焰示意图[1]

预热区内的能量平衡由室温材料进入时的能量输入和相邻反应区的热量传递构成。穿过界面的热流量可以利用线性温度分布近似表示，并按照傅里叶定律表示为

$$\text{flux} = \frac{\lambda\left(T_f - T_i\right) A}{\delta_r} \tag{7-3}$$

那么，预热区内的能量平衡方程为

$$\dot{m} C_s T_0 + \frac{\lambda\left(T_f - T_i\right) A}{\delta_r} + \dot{m} Q_d = \dot{m} C_p T_i + \dot{m} Q_{pc} \tag{7-4}$$

式中，参数C_s和C_p分别表示固体炸药和气体反应物的比热容；A为固体炸药的横截面积；热源Q_d为预热区内分解反应所释放的热量；Q_{pc}为反应物从固态到气态相变所吸收的热量。方程左侧表示控制体能量的输入，右侧表示能量的输出。

$\dot{m}$为质量流率，与材料状态无关，其满足关系：

$$\dot{m} = \rho_s r A = \rho_g u_g A \tag{7-5}$$

式中，ρ_s和ρ_g分别为凝聚相反应物和进入反应区的气相反应物的密度；相应的流入和流出控制体的速度分别为r和u_g，r也就是前面所述的固体炸药的退移速率。

求解上述方程组得

$$r = \frac{\lambda}{\rho_s}\left(\frac{T_f - T_i}{C_p T_i - C_s T_0 + Q_{pc} - Q_d}\right)\frac{1}{\delta_r} \tag{7-6}$$

尽管上式显示炸药燃烧的退移速率与温度相关而与压力无关，但实际上压力的影响隐含在反应区宽度δ_r上。

为了建立同反应区厚度的变化关系，假设反应区中的反应速率有限。假设反应区宽度

是气体流入速度与化学反应时间的乘积，而化学反应时间又与反应速率呈倒数关系[1]，即

$$\delta_r = u_g \tau_r \sim \frac{u_g}{\dot{\omega}} \tag{7-7}$$

反应速率可表示为

$$\dot{\omega} = A e^{-E_a/RT} \omega^k P^{k-1} \tag{7-8}$$

式中，k 为有限化学反应的量级。

结合理想气体方程，消去反应区宽度 δ_r，可得

$$r^2 \sim \frac{\lambda}{\rho_c^2 RT} \left(\frac{T_f - T_i}{C_p T_i - C_s T_0 + Q_{pc} - Q_d} \right) A e^{-E_a/RT_f} \omega^k P^k \tag{7-9}$$

由上式可以看出，固体炸药的燃烧速率对温度的依赖性相对较弱，而对压力的依赖性相对较强。实际上，燃烧速率对压力的主要依赖关系为

$$r \propto P^{\frac{k}{2}} \tag{7-10}$$

在Vielle定律中，$k \approx 2n$。该式表明所有炸药的燃烧速率都依赖于压力(除非其燃烧指数为0)，且压力指数越高表明其燃烧速率对压力的变化越敏感。

在炸药的燃烧过程中，压力的变化不仅影响固体炸药的退移速率，在极端条件下还可能使燃烧熄灭。这主要是由压力的变化使预热区内固相和气相之间的时间尺度不相匹配所造成的。一般地，固态预热区的时间尺度 $\tau_r = 100\text{ms}$，气态预热区的时间尺度 $\tau_g = 0.1\text{ms}$，可见气相的各种变化要比固相快得多。

图7-3是两种不同压力下的温度曲线，两种压力下也存在着两种不同的燃烧速率。高压时气相区宽度较小，较大的燃烧速率在界面上具有更高的热流量。由傅里叶传导定律可得

$$\frac{dQ}{dt} = -\lambda A \nabla T \tag{7-11}$$

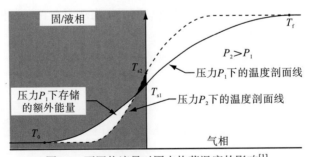

图7-3　不同热流量对固态炸药温度的影响[1]

因此，反应区宽度的减小会导致温度梯度的增大。较大的热流向凝聚相传递能量会更快，并且在固相中引起更陡的温度梯度，使温度曲线变陡。压力的降低使燃烧速率下降，增大了气相区宽度，从而导致流入固体的热量变慢。原料速度和能量输运速度的降低让热量渗入固体的时间更长，温度曲线变缓。

通过对比两条温度曲线可以发现,低压时固态炸药的温度曲线比高压时具有更多的能量(图7-3中淡阴影与深阴影之间的差)。因此,当压力上升时,固态材料被部分预热,导致燃烧速率暂时加快。压力下降之后,固态反应物要吸收额外的能量以适应变慢的燃烧速率,使蒸发速率低于稳定状态。因此,当压力缓慢下降时,固态反应物的吸能过程使燃烧速率变慢;而当压力快速下降时,气相反应物的突然减少则可能会使火焰熄灭。

2. 燃烧速率测量的试验方法

对炸药燃烧速率的试验研究主要是利用密闭燃烧容器,通过测量固体炸药在不同条件下燃烧面的退移速率,以此来获得炸药的燃烧特性。炸药燃烧速率的测量方法有传统的断丝法和近年来所发展的瞬态太赫兹多普勒测速技术(TDV)。

美国LLNL的研究者设计了高压线燃烧装置(high pressure strand burner)[3],如图7-4所示,其设计压力达1GPa,可利用Ar气实现5～400MPa的初始压力条件。试验中采用9个直径为6.4mm、厚为6.4mm的炸药样品黏结形成测试药柱,每个样品之间布一根金属丝,当燃烧面到达样品界面时,金属丝被烧断并给出电信号。自然地,相邻金属丝断裂的间隔时间即为燃烧面经过单个样品厚度所需的时间,结合相应时刻的气体产物压力可获得不同压力状态下炸药的燃烧速率。另外,该装置还可以通过添加环形热电偶对炸药样品进行预加热,从而研究炸药的初始温度对燃烧行为的影响。为了阻止炸药侧面被引燃,保证样品燃烧面沿轴向线性传播,需要采用环氧树脂对炸药样品周围进行包裹,如图7-4所示。

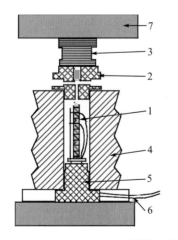

图7-4　高压线燃烧装置示意图[3]

1. 炸药样品；2. 压力传感器；3. 负载电池；4. 压力容器；5. 底部基座；6. 测速金属丝；7. 约束质量块

尽管LLNL的研究者利用高压线燃烧装置已经开展过大量试验,并且取得了丰富的试验数据,但采用断丝法测量炸药的燃烧速率仍存在两个主要的弊端。一是断丝法所获取的数据量有限,且所得速率实际上是某一小段炸药样品在燃烧过程中的平均速率,而该过程中的燃烧应该是随气相压力持续变化的,难以获取某些细节信息;二是断丝法属于侵入式测量,将金属细丝铺于每段样品之间,燃烧在相邻样品界面间的传播必然会受到一定的干扰。此外,Koerner等[4]对高压线燃烧试验数据的准确性进行了分析,指出在燃烧过程中飞散的炸药碎片或窜入炸药裂缝中的火焰还可能引起测速金属丝的提前断裂，从而造成试验数据失真。

为了改善传统燃烧速率试验中有效测速点少、测试精度不高的问题，中国工程物理研究院流体物理研究所对该试验进行了改进，他们采用瞬态太赫兹多普勒测速技术代替传统的断丝法进行测速。太赫兹波段的微波具有对多数有机聚合物炸药穿透性好的特点，基于多普勒干涉效应，可以实现对炸药燃烧面进行非破坏式的诊断，从而获得位移/速度等运动信息。

试验装置如图7-5所示，装置材料为高强度钢，其装置主要由上端盖、筒体、下端盖三部分组成，通过螺栓进行整体连接。装置上端和下端均嵌有蓝宝石玻璃，分别作为激光的点火窗口和太赫兹测速窗口。通过调整筒体空腔体积的大小，可实现对不同燃烧产物压力增长历程的测量。若关注较低压力范围内的燃烧速率，则需要适当增大空腔体积，从而减小压力峰值、减慢增压速率；而要获得较高压力范围内的燃烧速率，则需要适当减小空腔体积。该装置采用激光替代点火头对药柱进行点火，采用高精度的太赫兹测速技术对炸药燃烧面的退移速率进行测量。无论是点火方式还是测速方法均为非侵入式，不需要在燃烧空腔内布置任何元器件或线路，保证了炸药在整个燃烧过程中处于无干扰状态。此外，试验中可以选择整体加工成型的药柱，从而避免了因药柱黏结缝隙所导致的燃烧传播干扰。利用该装置，单发试验测速压力范围可从1MPa量级过渡到100MPa量级，可获得上千个测速数据。

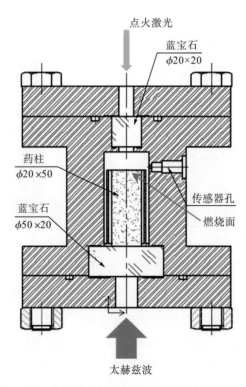

图7-5　块状炸药的密闭燃烧试验装置示意图(单位：mm)

试验中的点火激光从上方点火窗口进入点燃药柱的上端面。药柱随后发生自持燃烧，燃烧面从上往下移动，太赫兹波从底部窗口进入并穿透药柱获得燃烧面的移动速度。药柱燃烧生成气体产物，使密闭空腔内的压力不断上升，由压力传感器记录下腔内压力的动态变化。为了防止药柱端面点火后火焰将药柱侧面引燃，保证燃烧面沿药柱轴线向下传播，可将药柱置于聚四氟乙烯套筒内，并采用环氧树脂对其间隙进行填充封装。

3. 燃烧速率特性

在炸药燃烧速率的测量试验中，随着密闭燃烧室内产物气体压力的升高，未反应炸药基体的裂纹不断发展，燃烧火焰进入炸药裂缝中并随之传播，甚至使炸药基体发生结构破坏，出现裂解式燃烧。因此，当燃烧环境的压力升高时，炸药的燃烧阵面已经难以保持理论上的平面形态，无论采用断丝法还是TDV测速法，所获得燃烧面的退移速率实际上都隐含了对流燃烧的传播。考虑到以上因素，试验中所测得炸药的燃烧速率实际上是表观的热传导燃烧速率，该表观燃烧速率在低压状态下更能准确反映炸药热传导的燃烧特性，压力越高其受裂纹燃烧的影响就越大。由于试验过程中难以严格地分离开单纯的热传导燃烧与对流燃烧，因此将表观燃烧速率随压力的发展规律进行拟合分析，并将其作为炸药燃烧特性的重要指标。若无特殊说明，试验中所测的燃烧速率均指炸药的表观燃烧速率。

来自美国LANL的Son等[5]在密闭燃烧装置中采用断丝法对包括HMX、TATB、PBX-9501、PBX-9502等在内的多种高能炸药和高氮推进剂开展了燃烧速率测量试验，他们发现在小于30MPa的气相压力条件下，HMX炸药与TATB炸药的燃烧指数n约为0.85，但HMX炸药的燃烧速率r要比TATB大一个量级。由于黏结剂的使用，PBX炸药的燃烧速率要低于HMX单晶炸药。同时，美国LLNL的研究者利用高压线燃烧装置进一步拓宽了炸药燃烧的压力条件范围，针对多种以HMX、TATB为基的高能固体炸药开展了高压燃烧速率试验[3,4,6-10]。

在众多炸药材料中，LX-04（85% HMX+15% Vilton A）表现出了较好的对数线性增长特性（$r = 0.97P^1$），其拟合线常被用作参考线，如图7-6所示。但是，大部分炸药在高压段的试验数据都或多或少地表现出了一定的随压力非线性增长的特性。Maienschein等[6]开展的PBXN-109（65% RDX+21%铝+14% HTPB）炸药的燃烧速率试验结果显示，当压力小于135MPa时，燃烧指数大于1（$n = 1.32$）；当进入高压阶段时，燃烧指数降低到了0.85（图7-7）。而对于LX-07（90% HMX+10% Vilton A）、LX-10（95% HMX+5% Vilton A）、PBX-9501（95% HMX+2.5% Estane+2.5% BDNPA/F）等炸药，其燃烧指数在200MPa以后出现了明显增大。不同类型炸药的燃烧速率随压力变化的规律之所以会出现上述明显差异，主要是由于在燃烧产物压力增长的过程中，炸药基体会随之发生多种变化，这些变化相互竞争、同步发展，最终共同影响炸药的燃烧行为。在炸药的燃烧过程中，一方面，增大的产物气体压力可能对未反应炸药形成二次压实（repressurize）的作用，增大了未反应炸药的密度，从而使材料的热导率下降，最终导致热传导燃烧的传播变慢；另一方面，产物气体压力的增大使炸药基体出现裂缝，高压气体可能渗入缝隙中，进一步造成炸药的物理性破坏或直接引燃炸药缝隙表面，这使参与燃烧的面积迅速扩大，最终表现出燃烧指数的显著增大。至于炸药燃烧行为最终表现出哪一种情形，还与炸药本身的材料类型、黏结剂含量、颗粒度分布等有着密切的关系。例如，当HMX炸药中黏结剂含量较高(质量分数达到15%)时，其燃烧的发展将相对平稳；当黏结剂含量较低时，其表观燃烧速率将增大10～100倍[11]。进一步地，当压力达到100～200MPa时，低黏结剂含量(<10%)的炸药基体甚至可能发生结构的解体，从而导致燃烧速率的大幅增长[3]。

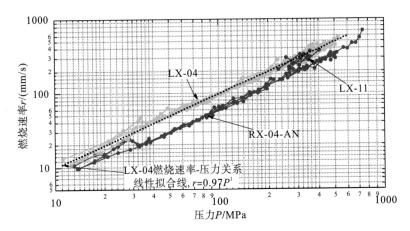

图7-6　LX-04燃烧速率与压力的关系[7]

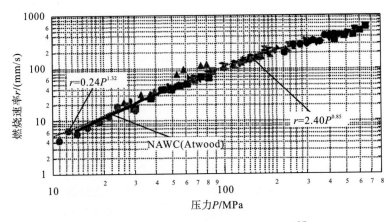

图7-7　PBXN-109燃烧速率与压力的关系[6]

近年来，考虑到炸药燃烧行为规律在装药化爆安全性研究中的重要基础作用，国内学者开始针对固体炸药的燃烧速率开展试验研究。来自中国工程物理研究院化工材料研究所的姚奎光等[12]采用密闭燃烧容器对PBX-1炸药(HMX含量95%)开展了燃烧速率试验。类似断丝法测速，试验中在炸药样品之间布置可快速响应的热电偶来监测燃烧火焰阵面的时间-位置信号，从而获得燃烧面的退移速率。其试验结果显示，当压力低于100MPa时拟合的燃烧指数$n = 1.08 \pm 0.06$；当压力超过100MPa后，燃烧速率出现了突跃，作者认为此时的燃烧模式发生了转变，不再是稳态的热传导燃烧。

中国工程物理研究院流体物理研究所的黄熙龙等利用激光辐照点火和TDV测速技术，分别对PBX-1和PBX-3两种压装炸药的燃烧速率-压力关系进行了测量。试验中，PBX-3炸药的最大测试压力为490MPa、PBX-1炸药的最大测试压力为240MPa。由于PBX-1中HMX的含量更高且钝感剂含量略低，因此其燃烧指数高于PBX-3。与PBX-1相比，PBX-9501同样含有95%的HMX，但在相同的压力范围内(<240MPa)其燃烧指数更小[7]。这可能是由于PBX-9501含有2.5%的硝基塑化剂，而塑化剂的存在对燃烧的快速发展有一定的阻碍作用。另外，PBX-1的测试压力范围涵盖了低压区域(<20MPa)，压力范围的差异也可能造成拟合数据存在差异。

值得注意的是，在较宽的压力范围内，无论是采用断丝法还是TDV，试验测得PBX炸药的燃烧速率-压力关系均呈现出明显的非稳定增长特性[3,7-9]。为进一步探究该现象，根据燃烧速率随压力增长的发展过程，将试验结果分为4个阶段，如图7-8和图7-9所示，其不同阶段拟合得到的燃烧指数见表7-1和表7-2。从中可以发现，两种炸药燃烧速率的增

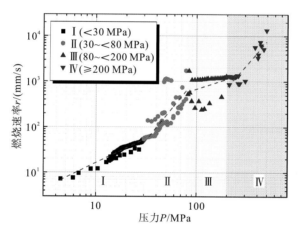

图7-8　炸药PBX-3的燃烧速率随压力的发展 $[\, r = (0.339 \pm 0.020) P^{1.54 \pm 0.02} \,]$

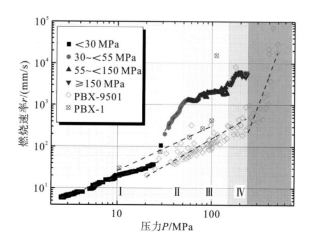

图7-9　炸药PBX-1的燃烧速率随压力的发展 $[\, r = (0.639 \pm 0.028) P^{1.66 \pm 0.02} \,]$

长过程均表现出了4个典型的特征阶段:稳定发展(Ⅰ)、突发式增长(Ⅱ)、增长率减缓(Ⅲ)和爆发式增长(Ⅳ)。各阶段拟合得到的燃烧指数也从定量上符合以上发展阶段的划分。需要说明的是,PBX-1在阶段Ⅳ的燃烧指数偏低,这主要是该阶段拟合数据的压力分布范围较小所造成的。将其与PBX-9501进行对比,在Ⅱ~Ⅳ阶段(30~240MPa),两者的燃烧指数几乎一致,当压力超过240MPa后,燃烧指数大幅增大。因此可以合理地推测,在压力超过240MPa后PBX-1也将表现出类似的特征。

表7-1　炸药PBX-3在不同阶段拟合的燃烧指数n

	压力增长阶段			
	Ⅰ	Ⅱ	Ⅲ	Ⅳ
压力P/MPa	<30	30~<80	80~<200	≥200
n	1.08±0.01	2.73±0.13	0.73±0.40	2.56±0.28

表7-2　炸药PBX-1在不同阶段拟合的燃烧指数n

		压力增长阶段				
		Ⅰ	Ⅱ	Ⅲ	Ⅳ	Ⅴ
压力P/MPa		<30	30~<55	55~<150	150~<240	≥240
n	PBX-1(IFP)	0.848±0.004	3.35±0.05	0.69±0.04 1.34±0.03	1.19±0.19	-
	PBX-1(ICM)	1.08±0.06		-		-
	PBX-9501(LLNL)	-		1.33±0.13		6.22±1.12

在阶段Ⅰ中,由于压力较小,PBX炸药能够较为稳定地燃烧,且燃烧速率随压力的增长呈现出较好的线性特征,其增长斜率较小。当气体产物的压力接近炸药的抗压强度(30~40MPa)时,固体炸药基体开始出现裂纹损伤,高温气体产物进入裂纹并引燃裂纹表面,由于燃烧面积的增大,表现出燃烧指数的迅速增大(阶段Ⅱ)。随着气体产物压力的进一步增大(~50MPa),未反应的炸药基体受到二次压实,燃烧的传播变得相对困难,因此燃烧指数明显降低(阶段Ⅲ)。当压力增长到高压区时(>150MPa),炸药基体开始出现结构性破坏,使燃烧面积再一次扩大,最终出现燃烧速率的爆发式增长(阶段Ⅳ)。由于PBX-1的力学强度小于PBX-3,故在燃烧速率发展后期(Ⅲ、Ⅳ阶段),前者的起始压力值均小于后者,说明材料的力学强度对燃烧的发展有着重要影响。

此外,针对同一类炸药(95% HMX)的不同试验数据(图7-9),3个试验所得的燃烧速率具有一定的差异:化工材料研究所的结果略高于LLNL的试验结果,而在压力增加到一定程度以后(30MPa),中国工程物理研究院流体物理研究所得到的燃烧速率明显更大。分析其原因,猜测可能是3个试验所用炸药样品的截面尺寸不同所导致的。其中,美国LLNL所用样品直径为6.4mm,化工材料研究所采用样品直径为10mm,中国工程物理研究院流体物理研究所采用样品直径为20mm。样品截面的增大可能导致有更多的裂纹产生并发展,故所测得的燃烧速率更容易受到裂纹燃烧的影响。损伤裂纹的发展,可导致炸药参与燃烧的表面积增加，最终表现为试验所测得的表观燃烧速率出现异常。为了研究炸药裂纹燃烧表面积的变化，Koerner等[4]提出了可定量评估炸药燃烧表面积的公式：

$$\frac{S}{S_0} = \left(\frac{1}{P^n} \frac{dP}{dt} \right) \frac{L}{a(P_f - P_0)} \tag{7-12}$$

式中，S为炸药的总燃烧面积；S_0为热传导的燃烧面积（在该燃烧速率试验中即为药柱点火端面的面积）；L为药柱的燃烧长度；P_f、P_0分别为燃烧装置内的最终压力和初始压力。当燃烧比表面积$S/S_0 = 1$时，表明炸药为稳定的热传导燃烧；当$S/S_0 > 1$时，表明炸药开始出现对流燃烧。利用该公式对试验中药柱燃烧面积的变化进行了估算，如图7-10所示。炸药PBX-3均出现了燃烧比表面积(S/S_0)的快速增长（最大达到了60），且其快速增长出现在40~100MPa的压力阶段（阶段Ⅱ），符合前面对阶段Ⅱ中燃烧速率"突发式增长"的描述。随后燃烧比表面积出现了下降，主要是由于炸药自身的消耗，燃烧表面积减少。与PBX-3估算结果不同，炸药PBX-1计算得到的燃烧比表面积增长并不大，其中原因还需要通过设计特定的试验进一步探究。

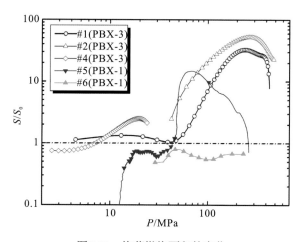

图7-10 炸药燃烧面积的变化

综合以上众多的试验证据可以发现，在无约束（或弱约束）条件下，当气相压力增长到某一程度后，PBX炸药难以保持稳定的燃烧增长率。随着气体产物压力的增长，炸药基体依次出现裂纹萌生和扩展、二次压实、结构破坏等，其燃烧模式向对流燃烧转化，甚至会出现解体式的爆燃(deconsolidative deflagration)。除了压力，温度也是影响炸药燃烧速率的重要因素。一般常压下炸药的燃烧速率随温度的变化由燃烧温度敏感性参数σ_P表示：

$$\sigma_P = \left(\frac{\partial \ln r}{\partial T} \right)_P = \frac{1}{r} \left(\frac{\partial r}{\partial T} \right)_P \tag{7-13}$$

式中，r为燃烧速率；T为环境温度；P为环境压力。特别地，对于火箭发动机这种反应压力相对稳定的场景，推进剂的反应速率主要受到发动机内部反应温度的影响，因此推进剂的σ_P值对预测火箭发动机的性能非常重要。尽管在武器装药反应中，由于反应压力的变化较快，反应温度产生的影响相对较小。但是在某些意外事故场景下，装药点火反应前通常会受到外部环境的加热，从而以较高的初始温度开始发生反应，最终对后续反应行为产生重要影响。因此，在装药化爆安全性的基础研究中，炸药燃烧的温度敏感性也是不可忽视的重要。对推进剂中 σ_P 值的研究已经较为丰富[2,5,13,14]，相较而言，炸药的可用数据就要少得多。初始温度对炸药燃烧反应的影响主要体现在以下两个方面。

一方面，炸药初始温度的升高将使炸药更容易发生反应。自然地，若提高炸药材料的初始温度，未反应的炸药将更快地被加热到反应温度，最终表现出燃烧速率的增大。当然，此处所讨论的炸药初始温度并未达到引发烤燃反应的水平。

另一方面，温度的升高会对炸药基体造成一定程度的损伤，从而导致炸药燃烧面积的增加。文献[15]和文献[16]对HMX炸药和RDX炸药的燃烧速率对温度敏感性的试验研究发现，当炸药的初始温度改变50～100K时，其燃烧速率可以相差高达30%。对于高黏结剂含量、小晶体粒径的HMX炸药（如LX-04）而言，当初始温度增加到440K时，HMX晶体将发生β→δ相变，晶体密度将降低约8%，最终造成微裂纹的生成，使得燃烧火焰进入裂纹中传播[11]。当温度进一步升高，炸药晶体甚至会出现熔化，炸药基体进一步发生破坏。例如，PBXN-109炸药[6]，当其被加热到443～453K时，燃烧速率增大了10倍（图7-11）。特别是在反应产物压力较低的情况下，燃烧速率对温度更为敏感，在某些情况下炸药的燃烧速率可增大到常温条件下的1000倍。而当温度未达到HMX晶体的相变温度时，温度对燃烧速率的影响则相对较小[3]。但是，不同的炸药类型对预加热环境的燃烧响应并非完全一致。例如，初始温度的改变对LLM-105炸药的燃烧速率就几乎没有影响[10]。

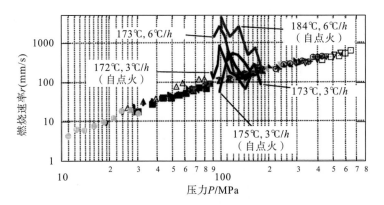

图7-11 预加热PBXN-109炸药的燃烧速率-压力关系试验结果

作为PBX炸药的重要组成部分，黏结剂对炸药燃烧速率的温度敏感性也具有重要影响。为了研究因长时间暴露在高温环境下所形成的炸药热损伤对燃烧行为的影响，美国LLNL的研究者针对炸药加热至点火的情况进行了大量的试验研究[9]，发现硝基塑性黏结剂的使用会增强炸药的温度敏感性。与初始常温状态炸药的燃烧速率试验结果不同，预加热后炸药的燃烧速率随压力的增长呈下降趋势，针对该现象作者提出了两个可能的原因：一是黏结剂对HMX晶体δ→β逆相变起到了催化作用；二是熔化后的黏结剂填充进了原有的热损伤裂纹中，从而阻止了燃烧的快速传播。因此，高温下黏结剂与炸药的力学强度变化可能是造成燃烧行为显著改变的一个重要原因[10]（图7-12）。

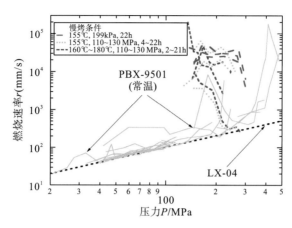

图7-12　预加热PBX-9501炸药的燃速-压力关系试验结果[9]

7.1.2　对流燃烧

传统定义的对流燃烧概念是,多孔炸药中燃烧阵面的高温产物在高气压驱动下,穿透进入燃烧阵面前炸药微介观孔隙,使反应阵面推进速度急剧上升的反应形态[1]。对流燃烧的主要特征是火焰渗入孔隙和利用火焰面前面的高温气体预热孔隙。图7-13是对流燃烧过程的示意图。

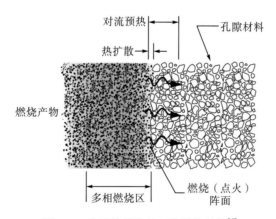

图7-13　多孔炸药中的对流燃烧结构[6]

由于高密度压装炸药孔隙很小而一般不会发生对流燃烧,但其存在反应产物沿结构间隙、炸药裂纹的对流迁移及随后炸药表面燃烧的过程,这虽然不同于传统定义下的对流燃烧,但与主要靠热传导传播的燃烧相比,这种新模式的燃烧传播速度通过高温气体产物对流得到了极大的增强,因此我们仍然称为对流燃烧。在对流燃烧中热传导燃烧仍然存在,并且在炸药的反应中起重要作用,因为产物对流通过提供额外的能量传递过程,极大地提高了炸药的总燃烧消耗速率。

1. 对流燃烧的特性

对流燃烧利用高温气体产物通过多孔渗透传播，在渗透过程中预热未反应材料。很多形成对流燃烧的条件也都是造成反应通过连通孔隙传播的原因。通常，一旦燃烧渗入炸药的孔隙之中，它就会持续蔓延至整个可以达到的空穴。试验现象表明，要发生对流燃烧，高温气体产物必须渗入炸药中的空穴或孔隙，点火必须发生在这些空穴之内，而且这些点火必须持续渗入空穴来保证在传导燃烧面前面。后来的试验继续研究裂纹和多孔介质中对流燃烧现象的发生，结果证实了传播速度的增加是因为当火焰的平衡距离（由气相预热区和气相反应区组成）相对孔隙尺度变小时火焰渗入孔隙之中。

在早期多孔炸药床的研究中，研究人员观察到药床中爆燃传播速度的间断跳跃[17-19]，得到的燃烧速率为100cm/s量级，比预想的传导速率1cm/s快几个数量级。此外，在含有裂纹或缺陷的燃烧炸药中也观察到了类似现象[20,21]，只有达到临界压力P_c燃烧才能渗入小裂纹。Godai[22]对固体推进剂狭细裂纹中火焰的传播进行了试验研究，它指出存在一个临界的裂纹宽度，在这个宽度之下火焰不能传播进裂纹腔中，并且临界裂纹宽度是推进剂燃烧速度的函数。

苏联学者通过研究分析后认为是高温燃烧气体在燃烧引起的压力梯度下进入孔隙中。Bradley和Boggs[23]表示Belyaev和Andreev首先提出和量化了这个概念：传导燃烧只能发生在炸药孔隙缺陷小于某个反映燃烧过程的临界尺度的情况下。Margolin和Margulis[24]定义了An，称为Andeev数，它与多孔装药的密度、孔直径、热传导系数和燃烧速率有关。当An大于临界值时，燃烧气体产物很容易窜入裂纹腔中。Belyaev等[25]发现裂纹缝隙中火焰的传播速度和压力梯度是裂纹宽度的函数，并且在一个盲端裂纹中，火焰的传播速度开始增速，然后达到一个恒定值，最后在裂纹尖端附近减速。

在裂纹中的火焰传播和对流燃烧方面，国内外研究者通过一系列的固体推进剂和炸药试验及理论研究，取得了不少有价值的成果。

Krasnov等[26]结合理论建模，研究了火焰窜入炸药张开孔中的速率，发现热气体的窜入速度大于点燃面的传播速度，气体窜入速度与点燃速度之比随孔径的增大而减小，并且在孔径大于2mm后达到一个恒定值。

Smirnov[27]建立了一个固体推进剂裂纹对流燃烧模型，他不考虑固体推进剂的变形，忽略了裂纹的扩展和真实气体的效应，并假设固体推进剂是线弹性的，气相是无黏性的、不导热的及绝热的，以此求解了气-固相守恒方程。

Kuo等[28-30]在研究裂纹缝隙内的点火、火焰传播和燃烧过程中，暂不考虑断裂的发生和裂纹的扩展，他们通过在压力载荷的作用下计算固相的变形并同气相分析相耦合的过程，建立了一个一维瞬态流场模型，并在推进剂表面划分出一个很薄的火焰层。研究表明，靠近裂纹进口处点火的火焰峰的扩展速率增大并达到最大值，然后在靠近裂纹顶点处减速，最大火焰峰的传播速度随着燃烧室增压速率（或随推进剂燃烧速率）的增大而增大。研究还表明，裂纹腔中的最大压力随着燃烧速率的增加而增大，但是却随着裂纹间隙宽度的增大而减小。

Lu[31]采用准一维流动模型,考虑推进剂为简单的线性黏弹材料和燃烧产物遵循稠密气体状态方程,对燃烧引起的装药裂纹进行了试验研究和理论分析。研究表明,裂纹顶端的压力总是最高的,它是引起裂纹持续扩展的原因之一;裂纹的传播速度是燃烧室增压率与应变能释放率的单调递增函数;燃烧速率压力指数的增加对引起裂纹的不稳定性有最明显的影响,故增加推进剂的断裂韧性能有效地阻止裂纹的不稳定性。

韩小云和周建平[32-34]研究了固体推进剂裂纹的对流燃烧和扩展,他们发现压力波和裂纹顶端的拍击作用使得裂纹顶端的压力、温度突然升高,这也是造成裂纹顶端发生超前点火的原因。裂纹顶端的点火延迟时间随燃烧室增压率的增大而缩短。另外,裂纹表面的粗糙度越大,点火延迟时间越短。

李江等[35]对固体推进剂裂纹缝隙内对流燃烧的流场进行了数值模拟研究,发现裂纹尖端的压力高于出口压力,而尖端压力正是裂纹扩展的一种驱动力,裂纹长度越长,高度越小,则裂纹尖端压力越高。

图7-14展示了缝隙在炸药中的对流燃烧扩展过程[1]。由热传导燃烧引起的压力梯度强迫高温气体进入炸药中出现的每个缝隙。然后在空穴中发生点火并开始向整个缝隙扩展。在大纵横比缝隙中,内部气体产物的生成速率超过排出速率,进而引起内部压力的积累。当缝隙内压力上升超过外部压力时,进入孔隙的气流将会倒流,高温气体开始流出缝隙。腔内增压反过来加速了燃烧速率并使缝隙增压更快。如果不受限制,这个正反馈循环能使燃烧速率和压力趋于无穷。然而,炸药壁(通常机械强度不高)将会出现变形甚至破裂形成小面积缺陷,从而降低增压速率。含裂纹缺陷壁面的退行可通过增加气体产物的排放量,这在一定程度上减缓了增压效应。

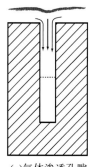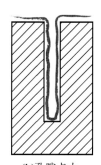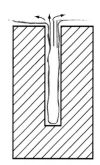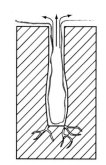

(a)气体渗透孔隙　　　(b)孔隙点火　　　(c)孔隙增压和回流　　　(d)持续加压导致变形和破裂

图7-14　对流燃烧的发展过程[1]

后续,一旦燃烧渗透进入炸药中的小面积缺陷,燃烧的表面积就突然增加,因此燃烧消耗的速率也突然增加。Belyaev等[36]在试验中发现,狭细裂纹中推进剂的燃烧将导致裂纹中压力的急剧上升,表明裂纹缝隙中发生了热传导燃烧效应。对于孔隙连通程度很高并且约束很强的材料,火焰进入孔隙时会出现持续的燃烧加速。在这些情况下,燃烧加强是因为不但增加了炸药的燃烧面积,而且孔隙中高温气体产物的生成比溢出快。对于多孔材料狭窄裂纹,孔隙内反应生成的气体在黏性效应和气动壅塞的影响下很难溢出。在充分约束下，容纳的气体增加了当地孔隙的压力，将高温产物进一步推到燃烧之前并进入未反应炸药，最终引发更多的炸药参与燃烧反应，造成压力的快速上升。

大多数现有对流燃烧扩展演化过程的研究工作，主要着眼于含能颗粒装填的简单狭窄直管道或统计学多孔床组成的简单结构，提出了有关多孔透气性推进剂对流燃烧的代表性理论。例如，1981年，Kuo等[30]基于高孔隙率(高达38%)的颗粒填充推进剂以恒速燃烧的假定，提出了经典的一维对流燃烧理论。该理论认为，点火后部分反应气体流入未燃区，以对流机制传递能量给未燃推进剂。在燃烧的传播过程中，通过保持燃烧端的压强恒定可获得恒速燃烧波，其速度强烈依赖于跨越波的压力梯度、药柱透气性、孔隙率、点火温度和燃烧比表面积。1981年，Kooker和Anderson借鉴了燃烧转爆轰的理论，对低孔隙率(20%以下)的多孔含能材料提出了一维两相流燃烧理论，强调了应力对燃烧波传播的重要作用。其基本观点是，对流燃烧中热气体的透气性系数与压力梯度呈线性关系，并假定多孔固体有足够的强度，其能经受所需的压力梯度。大多数试验数据证明，透气系数与密度是一种指数关系，随着对结晶密度的接近，透气系数迅速减小。1989年，Frolov和Korostelev对孔隙率在20%以下的多孔透气性推进剂提出了一维非均匀燃烧理论，他认为透气性凝缩体系的稳定层流燃烧和对流燃烧之间存在扰动燃烧区，需要考虑反应气体透入孔后的燃烧扩展，及固相在极限压强下的离散等因素，基于此他们提出了周期性变化的外部压强以获得稳定燃烧速率的观点，其理论计算与试验结果保持一致。

上述这些一维理论可以实现复杂对流燃烧演化过程的数学描述，在推进剂燃烧分析中得到了一定的应用。但随着研究的不断深入，研究者们逐步意识到忽略真实的缝隙对流燃烧过程在理解真实过程上的不足，由此构建的理论模型也是在不断发展的，从最早的简化恒速燃烧波，到考虑透气性压力相关性的两相流燃烧，再到气体透入缝隙的非均匀燃烧。最近美国LANL实验室的研究者们正在尝试构建新的对流燃烧反应模型，强调需要考虑真实的主导机制和敏感因素，特别是要处理裂纹扩展和后续燃烧耦合的关键过程。

2. 对流燃烧试验

1) 拼缝试验

Dickson等[37]在烤燃试验中发现了炸药的裂纹损伤与反应的关系，研究结果证明，热损伤炸药在有约束的情况下其点火后能够形成多条裂纹，增加反应的表面积，从而导致发生剧烈的化学反应。Taylor等研究了边界条件对火焰穿过多孔床的影响，并采用三种不同形貌的丙烯酸树脂管开展火焰传播试验，结果表明火焰在前端收缩的管道中传播最快，在底端封闭的管道中传播最慢，这表明孔隙中气体产物的生成和约束能提高对流燃烧速率。

Berghout等[38,39]将两块长条炸药拼在一起，通过试验观测，研究了对宽度(w)为80μm、长度(L)分别为4.06cm和19.1cm的炸药预置裂缝中的燃烧演化过程。结果表明，裂缝长宽比能够极大地影响燃烧反应的烈度：当长宽比由短裂缝的$L/w = 508$增加到长裂缝的$L/w = 2388$时，约束解体前裂缝中的最高压力由15MPa增加到700MPa，火焰传播速度由60m/s增加到超过1500m/s。Jackson等[40]提出了一个简化的模型以预测高能炸药狭缝(用来模拟炸药中的裂纹)中失控反应发生的临界条件，以狭缝开口处发生气动壅塞为基础来预测狭缝增压，预测结果与 Berghout 等强约束、高纵横比裂纹燃烧的试验结果一致。

中国工程物理研究院流体物理研究所的尚海林等[41,42]也建立了相似的拼缝对流燃烧试验方法。试验装置如图 7-15(a) 所示，将两块试验样品拼在一起形成一个长度为 200mm 和特定宽度的裂缝；裂缝一端封闭，另一端与点火腔相通，点火腔的体积约为 8.5cm³，点火方式为电点火头加 1g 黑火药；约束外罩材料为合金钢 30CrMnSi，尺寸为 340mm×131mm×93mm，前、后约束罩通过 26 个 12.9 级强度的 M10 螺栓紧固。炸药样品为 HMX 基 PBX-1，HMX 的质量分数为 95%；样品尺寸为 200mm×15mm×5mm；质量为 (27.9±0.03) g。

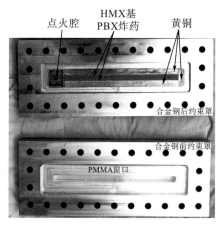

(a)实验装置　　　　　　　　　　　　　(b)压力传感器布局

图7-15　裂缝燃烧试验

在裂缝的一侧设置了透明窗口，可通过该窗口实时观测裂缝中燃烧反应发展的全过程。在装置背面裂缝的另一侧正对裂缝处安装了 6 个压力传感器，如图 7-15(b) 所示，其中编号为 1 的压力传感器用来测量点火腔内的压力，编号 2～6 的压力传感器距离裂缝开口端分别为 4mm、52mm、100mm、148mm、196mm，用来测量裂缝不同位置的燃烧压力。

为研究裂缝宽度对燃烧演化的影响规律，分别开展了 50μm、100μm 和 200μm 三种宽度的预置裂缝燃烧试验。

在裂缝宽为 50μm 的燃烧试验中，高速相机拍摄到不同时刻的裂缝燃烧过程图像如图 7-16 所示。压力传感器记录到的裂缝中不同位置的压力曲线如图 7-17 所示，根据图 7-17 中压力曲线的演化特征并结合燃烧过程图像可将裂缝燃烧过程划分为 4 个不同的阶段，其压力变化范围分别为 0～5MPa(阶段 Ⅰ)、5～30MPa(阶段 Ⅱ)、30～250MPa(阶段 Ⅲ) 和 250～0MPa(阶段 Ⅳ)。

通过图 7-16 获取不同时刻火焰尖端的位置，做位置-时间曲线，并对曲线开展分段线性拟合，得到火焰在靠近点火端的传播速度约为 3.27m/s，而在后段的速度约为 384.3m/s，如图 7-18 所示。通过图 7-17 中阶段 Ⅱ 的压力上升时刻获取燃烧波阵面到达时刻，在位置-时间曲线中进行线性拟合(图 7-18)，得到其传播速度约为 423m/s。

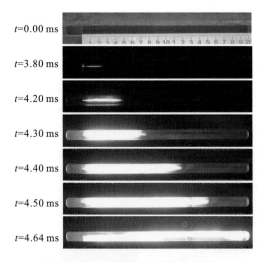

图7-16 50μm宽裂缝的燃烧过程照片

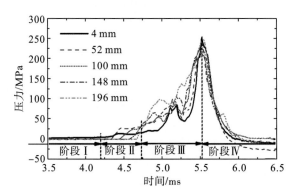

图7-17 50μm宽裂缝燃烧的压力曲线

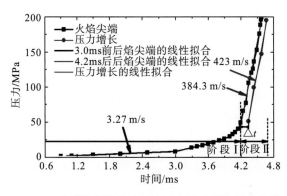

图7-18 50μm宽裂缝燃烧的火焰尖端及波阵面位置和传播速度

　　由图7-18可以看出,在裂缝中的同一位置,火焰总是先于波阵面到达,这是因为火焰到达裂缝某个位置后,要先对炸药壁面加热,炸药壁面在持续的热流加热作用下需要一定的时间才能发生点火燃烧,因此高速相机记录到的火焰尖端与压力传感器记录的波阵面位置并不同步,而是有一定的时间差,这个时间差在裂缝宽50μm的试验中约为110μs。

裂缝宽度分别为50μm、100μm和200μm的燃烧试验结果对比见表7-3。从中可以看出，随着裂缝宽度的增加，对流燃烧的速度逐渐升高，火焰尖端和压力波阵面到达的时间差逐渐降低，而装置解体前裂缝中燃烧产生的峰值压力逐渐降低。

表7-3　不同裂缝宽度的试验结果对比

裂缝宽度/μm	阶段Ⅱ火焰传播速度/(m/s)	阶段Ⅱ压力波阵面传播速度/(m/s)	阶段Ⅱ火焰尖端和压力波阵面到达的时间差/μs	阶段Ⅲ峰值压力/MPa
50	384.3	423	110	253
100	467	469.3	95	210
200	479.1	477.8	80	183

截取图7-17中某时刻各位置的压力值，做该时刻裂缝中压力-位置分布曲线，由同一阶段中不同时刻的压力分布曲线得到该阶段中压力空间分布随时间的变化趋势，如图7-19所示。

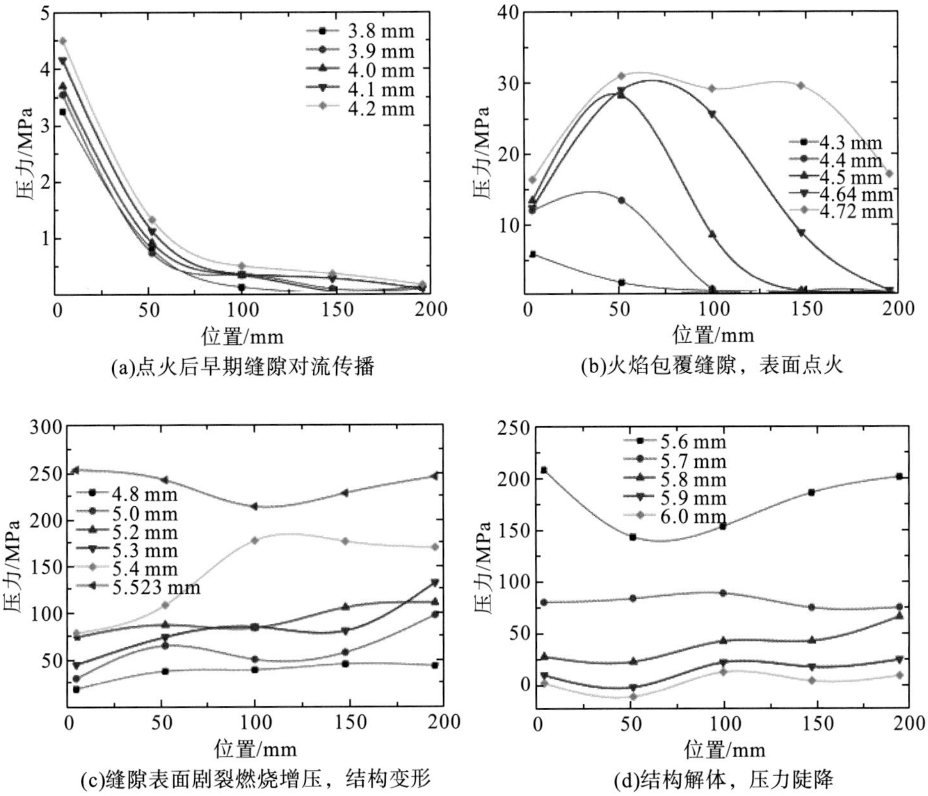

(a)点火后早期缝隙对流传播

(b)火焰包覆缝隙，表面点火

(c)缝隙表面剧裂燃烧增压，结构变形

(d)结构解体，压力陡降

图7-19　不同阶段不同时刻压力沿裂缝长度的分布曲线

阶段Ⅰ点火腔中黑火药燃烧产生的高温气体进入裂缝，炸药表面由于热流输入时间不够尚未发生燃烧反应，此外，由于狭窄裂缝中壁面的黏性阻力作用，裂缝中的增压速率及气体的对流传播速度都相对缓慢，压力小于5MPa。

阶段II中燃烧产物沿着裂缝以相对稳定的超声速度传播，经过一定的延迟时间之后裂缝表面沿着长度方向开始燃烧，并逐渐将裂缝中的压力升高到30MPa左右，且在裂缝中部（52~148mm）形成了一个压力平衡区域。

阶段III中裂缝上、下表面的持续燃烧导致裂缝内部压力不断升高，当压力达到某个特定值之后约束壳体开始变形，裂缝宽度增加，炸药块体受压变形和破裂，燃烧火焰进入炸药内部新生成的裂纹及炸药与壳体的结构间隙中，致使燃烧进一步加剧，裂缝内部压力急剧升高，峰值压力甚至超过了250MPa。

阶段IV在燃烧造成的极端高压作用下，约束壳体发生破裂，未反应炸药在高压产物气体的作用下四处分散，裂缝中的压力也随之迅速下降。

此外，不同约束强度的拼缝试验结果表明，随外部结构约束强度的增加，炸药从一端燃烧点火到整体结构解体的响应时间从~15ms降至~5ms，最大压力峰值呈现从~50MPa到~300MPa的数倍变化，且在全部反应过程中，参与反应的炸药份额仅数百分点。

炸药预置裂缝燃烧试验呈现了密实炸药在密闭结构内，先期燃烧反应的高压产物气体沿炸药结构缝隙传播和反应烈度增长的特征物理图像，缝隙中产物对流、裂缝表面燃烧点火和反应烈度剧烈增长、结构变形解体时序关系清楚，回收残药试样也证明了炸药基体未参与反应。

为深入理解炸药裂缝燃烧演化过程中的压力增长行为，提升对事故点火下武器装药向高烈度反应转变机制的认识水平，尚海林等[43]基于炸药预置裂缝燃烧演化压力历程分析，对PBX-1炸药裂缝燃烧的增压过程开展了理论计算。

前面分析的阶段II和阶段III中裂缝燃烧的演化示意图如图7-20所示。其中L和w分别为裂缝的长度和宽度；v_x为燃烧波阵面的传播速度；$\dot{m}_{in}$为单位时间内由壁面燃烧流入裂缝控制体（虚线标示内）的气体质量；$\dot{m}_{out}$为单位时间内由裂缝开口端流出裂缝控制体（虚线标示内）的气体质量。

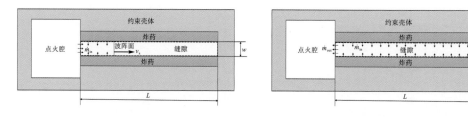

图7-20　阶段II和阶段III中裂缝燃烧的演化示意图

该模型将裂缝沿长度方向分成若干个长度为ΔL的微元体（图7-21），假设微元体内部处于平衡状态，气体流动只发生在微元体之间的界面上。由于壁面燃烧产生的气体首先由壁面附近进入微元体，且速度较低，因此假设在每个时间步dt之内，壁面燃烧产生的气体对微元体状态的影响可忽略，将界面上气体沿裂缝长度方向的流动简化为一维定常绝热流动，则沿流线满足伯努利方程，进而获取微元体的界面气体流量为

$$\dot{m}_n = P_{n-1} Ma \left(\frac{\gamma}{RT_{n-1}} \right)^{\frac{1}{2}} \left(1 + \frac{\gamma-1}{2} Ma^2 \right)^{\frac{1+\gamma}{2(1-\gamma)}} \tag{7-14}$$

式中，γ 为气体绝热指数；R 为气体常数；Ma 为马赫数，采用下式计算：

$$Ma = \left[\frac{2}{\gamma-1} \left(\left(\frac{P_{n-1}}{P_n} \right)^{\frac{\gamma-1}{\gamma}} - 1 \right) \right]^{\frac{1}{2}} \tag{7-15}$$

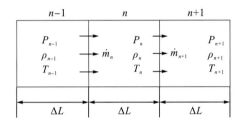

图7-21　裂缝中气体一维流动示意图

若 $\dfrac{P_{n-1}}{P_n} \geqslant \left(\dfrac{\gamma+1}{2} \right)^{\frac{\gamma}{\gamma-1}}$，气流速度达到声速后不再继续增加，直接将 $Ma=1$ 代入式(7-14)计算流量。

由于黏性约束效应会随着裂缝宽度的减小而增加。因此在50μm、100μm和200μm三种不同宽度的裂缝中，200μm宽裂缝的燃烧演化过程受到壁面黏性阻力的影响最小，作者基于200μm宽裂缝的燃烧试验结果开展了分析和理论计算。

取波阵面到达52mm位置的时刻为计算起始时刻，波阵面的传播速度采用实测速度，此时点火腔压力为5MPa，4mm位置压力为3MPa，假设52mm位置左侧压力都为3MPa。为了方便计算，假定一个时间步长dt内波阵面刚好从一个微元体的左界面传到右界面，因此用微元体的长度除以波阵面速度即可得到时间步长dt。产物气体的绝热系数为1.3，气体常数为243J/(kg·K)，比定容热容为716J/(kg·K)，固体炸药的密度为1830kg/m³，燃烧热为2×10⁶J/kg，点火药燃烧进入裂缝的气体初始温度为2700K，点火腔的体积为8.482cm³。

计算结果与试验结果的对比如图7-22所示。从中可以看到，在裂缝燃烧的阶段Ⅱ和阶段Ⅲ，计算得到的压力增长趋势与试验结果大体符合，建立的简化一维理论模型能定性地预测炸药裂缝燃烧的增压过程，为理解炸药裂缝燃烧的增压行为提供了一种理论解释。

2)裂纹扩展试验

裂纹的生成与扩展极大地影响着意外事故条件下武器装药点火后的反应演化进程，中国工程物理研究院流体物理研究所尚海林等[44]采用对薄片炸药预置缺口点火的方式开展了炸药裂纹动态扩展试验，研究燃烧演化与裂纹动态扩展的耦合特性，加深了对炸药意外点火后反应进入裂纹形成对流燃烧引发高烈度反应的机制认识。

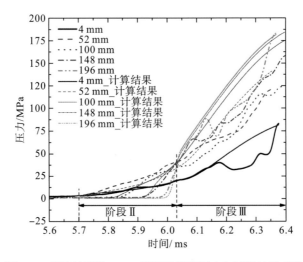

图7-22 理论计算的200μm宽裂缝燃烧压力与试验结果对比

试验所用炸药为PBX-1，样品为100mm×100mm×5mm带缺口的薄片炸药，缺口位于炸药的中心线上，宽度为15mm，深度约13.3mm，缺口两边夹角为45°。试验装置如图7-23（a）所示，将炸药样品安装在约束外罩中，通过点火基座对炸药缺口点火，如图7-23（b）所示。采用电点火头加3g黑火药的点火方式，点火头引燃黑火药后，高温高压气体从点火基座预留的出口流出，对缺口处炸药进行加热加压，随后炸药缺口处产生裂纹并在燃烧产物的驱动下快速扩展。

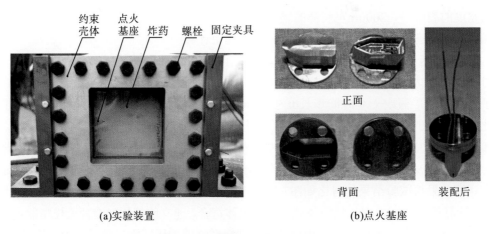

(a)实验装置　　　　　　　　　(b)点火基座

图7-23 炸药裂纹的动态扩展试验

约束外罩材料为合金钢30CrMnSi，尺寸为220mm×180mm×83mm，其中前约束罩和后约束罩的厚度分别为40mm和43mm；前、后约束罩通过22个12.9级强度的M10螺栓紧固。样品的正面安装了JGS1石英玻璃窗口，尺寸为150mm×120mm×30mm，透过该窗口采用高速相机拍摄炸药从缺口点火到燃烧产物驱动裂纹扩展的全过程。采用带缺口的PBX-1炸药开展了2发炸药裂纹的动态扩展试验，试验样品的尺寸、点火方式、约束条件、测试设置都保持一样，试验结果如下。

　　第1发试验通过高速相机拍摄到缺口炸药点火后燃烧产物驱动裂纹的扩展过程,如图7-24所示。同步机给出点火信号之后大约1.54ms,黑火药的燃烧产物从点火基座缺口流出,对炸药缺口加热;1.66ms缺口尖端出现裂纹,并向右扩展;1.75ms裂纹开始快速扩展,直到2.10ms;2.18ms石英玻璃窗口出现破裂;2.25ms石英玻璃窗口已完全破碎。

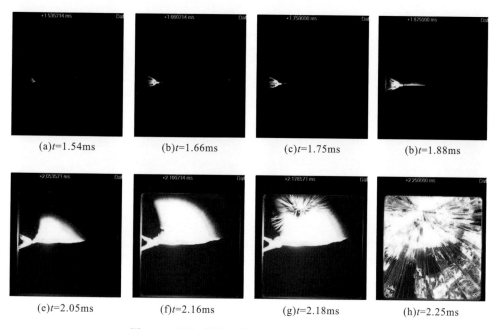

(a)t=1.54ms　　　　　(b)t=1.66ms　　　　　(c)t=1.75ms　　　　　(b)t=1.88ms

(e)t=2.05ms　　　　　(f)t=2.16ms　　　　　(g)t=2.18ms　　　　　(h)t=2.25ms

图7-24　试验1燃烧产物驱动裂纹扩展过程图像

　　对高速摄影图像进行分析,得到不同时刻裂纹尖端的位置,作出裂纹尖端位置-时间曲线,并对曲线进行分段线性拟合,得到不同阶段的裂纹扩展速度,如图7-25所示。从中可以看到,1.75ms之前,裂纹在刚开始萌生阶段其传播得较慢,此阶段的拟合速度为17.8m/s;此后裂纹以相对恒定的速度向右传播,拟合速度为145.6m/s。

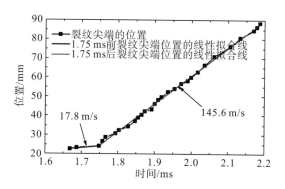

图7-25　试验1中同时刻裂纹尖端的位置和传播速度

　　第2发试验缺口炸药点火后,燃烧产物驱动裂纹的扩展过程如图7-26所示。同步机给出点火信号之后大约1.43ms,黑火药的燃烧产物从点火基座缺口流出,对炸药缺口加热;

1.5ms缺口尖端出现裂纹，并向右快速扩展；1.625ms之后裂纹向下方偏转，偏转角度约为25°；1.91ms石英玻璃窗口出现破裂；2.00ms石英玻璃窗口已完全破碎。

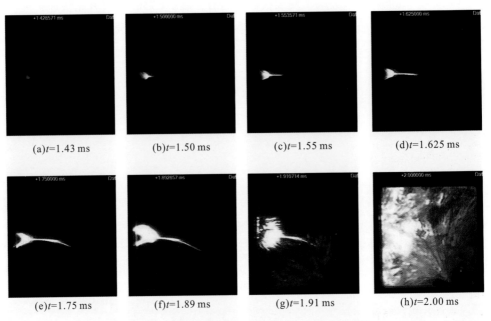

(a)t=1.43 ms　　(b)t=1.50 ms　　(c)t=1.55 ms　　(d)t=1.625 ms

(e)t=1.75 ms　　(f)t=1.89 ms　　(g)t=1.91 ms　　(h)t=2.00 ms

图7-26　试验2中燃烧产物驱动裂纹扩展过程图像

对高速摄影图像进行分析，得到不同时刻裂纹尖端的位置(由于1.625ms之后裂纹向下方偏转，因此之后的裂纹尖端位置根据偏转角度做了相应的修正，用裂纹的实际长度代替水平方向的投影长度)，作出裂纹尖端位置-时间曲线，并对曲线进行线性拟合，得到裂纹的扩展速度，如图7-27所示。从中可以看到，裂纹在炸药缺口处生成之后以相对恒定的速度向右传播，拟合速度为147.8m/s，与试验1中后期裂纹的稳定传播速度145.6m/s非常接近。

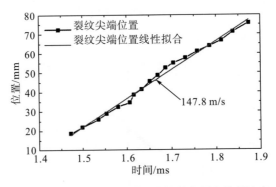

图7-27　试验2中同时刻裂纹尖端的位置和传播速度

通过开展炸药裂纹动态扩展耦合特性的试验研究，获取了燃烧产物驱动裂纹扩展的动态物理图像，结果表明裂纹的传播路径由于炸药存在的细观非均匀性并不完全相同，但是其传播速度基本一致，在本书试验条件下的裂纹平均扩展速度为146.7m/s。

7.2 结构约束对装药反应演化的影响

在研究实际的装药反应演化过程中，除要认识前面介绍的对流燃烧在缝隙中的气体动力学过程和快速传热后的表面燃烧过程外，还需要理解结构耦合响应对燃烧过程的影响。这种影响具体是指，结构耦合响应决定了装药损伤裂纹及其扩展与分叉状态，从而决定了可参与燃烧的面积，后续急剧增长的反应压力可能造成剧烈的爆炸输出，也有可能受限于结构约束失效后的泄压效应，从而造成燃烧速率降低后表现为低速燃烧甚至反应熄灭的现象。

已有固体推进剂的相关研究结果已经表现出裂纹在燃烧过程中的扩展与发动机结构的响应密切相关，其体现的主要影响因素有燃烧室的压力梯度、结构变形下推进剂的受载条件等。Jacobs等[45]通过试验发现推进剂药柱和机匣壳体的机械变形会形成脱黏腔，腔内的气体压力能引起脱黏腔局部封闭，在摩擦效应和燃气压缩效应下裂纹和脱黏腔内会产生较高压力。Wu等[46,47]和Lu[48,49]对发动机脱黏腔内的异常燃烧现象的研究表明，壳体膨胀是造成脱黏的主要原因。邢耀国等[50,51]、熊华[52]、沈伟[53]、王立波[54]针对推进剂试件进行了大量的燃烧试验，并利用黏弹理论对裂纹和脱黏的扩展条件进行了数值分析，得出了燃气的增压梯度、壳体刚度和缺陷的几何尺寸是影响裂纹和脱黏面扩展的主要因素的结论。但是到目前为止，已有的结构装药反应演化的试验和理论，大都侧重于研究反应发展早期的对流燃烧和裂纹扩展过程，而对后期裂纹严重分叉和大面积燃烧反应增长方面更多地停留在定性的现象描述上。

为进一步认识结构约束下装药反应的演化机制，中国工程物理研究院流体物理研究所根据武器系统的典型特征结构，并以此设计不同的试验装置，同时结合燃烧反应演化的关键过程参数的有效诊断分析研究。当结构处于弱约束状态时，燃烧反应产生的数十至数百兆帕、以毫秒时间持续的内部压力足以造成结构解体，而这制约了反应烈度的进一步增长。同时，热传导燃烧会因陡然降压而熄灭，剩余较多的装药碎块，这在后面介绍的薄壁弱约束爆燃管试验中得到了证实。当装药结构约束较强时，反应压力可以大幅度升高，造成装药基体变形、严重损伤破碎，燃烧表面积的大幅增加将加剧烈度增长的正反馈趋势，形成高烈度反应同时伴有较大能量的输出，这在后面介绍的厚壁约束球形装药反应试验中得到了证实。当兼具厚壁约束和较长发展的结构中，高密度装药燃烧反应的增长会由表面燃烧引发的应力波的压力增长因燃速限制而很难在装药基体中形成强冲击波和急剧体积压缩引发DDT，这在近期开展的系列厚壁大长径比DDT管试验得到了证实。除此之外，若装药的燃烧速率对压力敏感，脆性特征明显或已提前极度碎化，装药反应可以在相对较弱的结构约束中，在足够短的时间内快速增长到高烈度反应的状态，这个特殊的高烈度反应过程在构型装药试验中得到了很好的展现。

7.2.1 典型结构约束装药的反应演化

1. 薄壁约束装药的爆燃反应

在给定约束强度下炸药非冲击点火后的反应烈度依赖于其层流燃烧速率-压力关系[1-2]，但是其反应行为上限则决定于不断增加的产物气体压力与约束结构响应的耦合作用。对于给定的低黏结剂含量的HMX基黏结炸药，其层流燃烧速率对压力敏感，高烈度感应并不总是能够发生。对于传统DDT管试验类似的装置，装药点火、反应的传播和烈度的演化都强烈地依赖于结构约束响应，薄壁弱约束爆燃管装置在常温下对其端面点火后，高温产物气体主要沿着约束结构和炸药基体之间的缝隙传播，当产物压力超过结构的失效强度时约束破坏，反应熄灭，最终温和爆燃反应是其典型的特征行为。

为了研究压装PBX炸药在管状约束结构下的反应行为，最早由美国LANL的Blaine Asay和Guillermo Terrones根据爆轰圆筒试验概念设计了爆燃管试验。爆燃管试验和爆轰圆筒试验一样，都是在铜管中装入炸药块，然后在一端点火。爆轰圆筒试验着重于在室温下对炸药进行爆轰的性能测试，而爆燃管试验属于炸药的热安全性测试，将炸药均匀升温到临界温度，通过电热丝点火或直接烤到炸药自点火。爆燃管试验和DDT管试验既属于同一类，但也有差别，不同之处在于在爆燃管试验中，可通过管壁的运动来推断出管状系统内部的流动结构[55]。

近年来，Hill等[55-57]通过对压装PBX-9501炸药开展爆燃管试验，采用PDV测量铜管壁的运动［图7-28(a)］，分析PBX-9501炸药在铜管内的烤燃行为。研究结果表明，约束铜管内压装PBX炸药的燃烧反应只发生在炸药表面，PDV测得的速度最大不超过220m/s，明显低于PBX-9501爆轰时的格尼速度3.5km/s。试验后，铜管破裂成几大块［图7-28(b)］。建立的分析理论也表明铜管内仅有少量炸药参与反应。

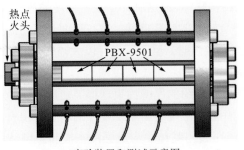 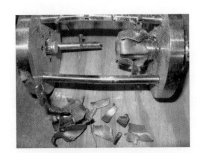

(a)实验装置和测试示意图   (b)试验回收的装置碎片

图7-28 爆燃管装置示意图和试验回收的装置碎片

中国工程物理研究院流体物理研究所化爆安全性研究团队近年也开展了爆燃管试验[58]，在装置设计上排除了约束结构连接弱环和测试开孔，通过对柱壳材料强度的选择和壁厚控制轴向和环向的约束强度。薄壁圆筒试验装置由点火基座、约束铜管、固定套筒组成（图7-29）。铜管是内径为20mm的无氧铜TU1。为了确保铜管内炸药燃烧反应发展到一定程度，将铜管设计为变截面管，控制铜管从中间破裂，薄壁圆筒的壁厚为1.5mm。圆筒填充4块Φ20mm的药柱，配合间隙约为0.08mm。样品是以HMX为基的压装PBX炸药，HMX含量为95%，密度为1.86g/cm³。圆筒顶端垫有1mm厚的聚四氟乙烯片。点火方式采用电点火头加黑火药，黑火药的药量为1.4g。

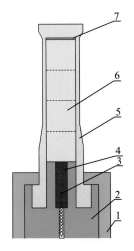

图7-29　爆燃管试验装置示意图

1. 固定套筒；2. 点火基座；3. 电点火头；4. 点火药；5. 约束铜管；6. 炸药柱；7. 聚四氟乙烯片

　　试验测试布局如图7-30(a)所示。采用高速相机，利用前照明技术拍摄铜管膨胀变形和铜管破裂后的发光图像。采用两台夹角为90°的X射线机，在高速相机两侧，拍摄铜管内炸药的燃烧反应情况和后期烟雾遮挡下的炸药碎块和壳体碎片。采用2个超压传感器，对称分布在高速相机两侧，测量炸药反应后空气中的冲击波。采用激光干涉测速测量管壁的径向膨胀速度，如图7-30(b)所示。

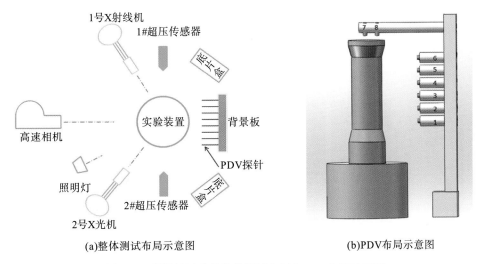

(a)整体测试布局示意图　　　　　　　　　　(b)PDV布局示意图

图7-30　爆燃管试验的整体测试布局和PDV布局示意图

高速相机拍摄的典型试验结果如图7-31所示(相机幅频为50000fps)。从图中可以看出，非冲击点火后，管壁的膨胀变形过程大致可以分为3个阶段：首先是管壁由下往上逐渐增粗的阶段，管壁从点火端开始逐渐变粗，经过0.12ms后，管壁顶端出现膨胀变形；其次是管壁径向膨胀到局部破裂的阶段，管壁主要沿径向膨胀，中间变粗成鼓状，经过0.14ms后，管壁局部破裂，出现小裂口(图中蓝圈所示)；最后是管壁破裂飞散的阶段，管壁破裂后，产物气体从裂口溢出，炸药碎块和管壁碎片往外飞散，大约2ms后，炸药燃烧反应熄灭。

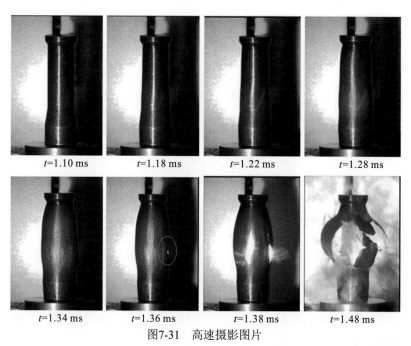

$t=1.10$ ms　　　$t=1.18$ ms　　　$t=1.22$ ms　　　$t=1.28$ ms

$t=1.34$ ms　　　$t=1.36$ ms　　　$t=1.38$ ms　　　$t=1.48$ ms

图7-31　高速摄影图片

X射线拍摄的典型图像如图7-32所示。图7-32(a)是膨胀过程中的X射线照片，管壁与炸药之间出现缝隙。图7-32(b)是局部破裂时附近的X射线照片，炸药基体中出现裂纹，并清晰可见炸药块的端面分离。图7-32(c)是管壁完全破裂以后，烟雾遮挡下的X射线照片，从中可看到飞散过程中的铜管碎片和悬浮在空中的炸药碎块。

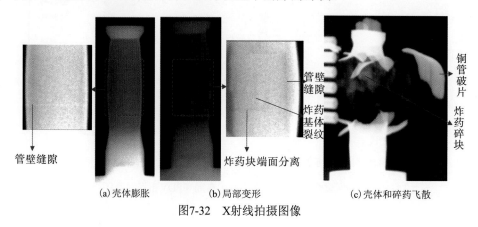

图7-32　X射线拍摄图像

典型的PDV测速结果如图7-33所示，其与图7-31是同一发试验。对应高速摄影中观察的3个阶段：第一阶段，PDV探针测得的最大径向膨胀速度为27.2m/s；第二阶段，PDV探针测得管壁破裂时的最大径向膨胀速度为53.6m/s；第三阶段，管壁破片的最高速度超过100m/s。通过PDV探针起跳时间，管壁由下往上增粗的平均速度为870m/s，与缝隙中的气体传播有关。

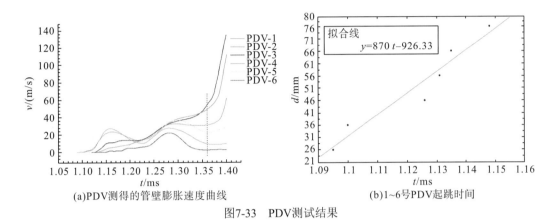

(a)PDV测得的管壁膨胀速度曲线　　　　　　(b)1~6号PDV起跳时间

图7-33　PDV测试结果

对1~6号PDV速度曲线积分可获得管壁的径向膨胀位移。假定初始阶段炸药基体的变形不大，管的横截面积不变，根据径向膨胀位移，可得到不同时刻的管壁轮廓如图7-34所示。从图中可以看出，随着反应进行，管壁轮廓膨胀变形与高速摄影中第一阶段观察到的现象一致。

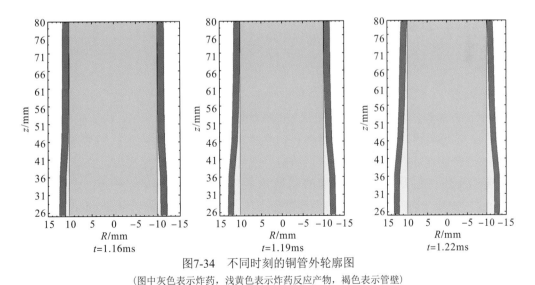

图7-34　不同时刻的铜管外轮廓图

(图中灰色表示炸药，浅黄色表示炸药反应产物，褐色表示管壁)

试验测得的最大超压峰值为44KPa，换算成TNT当量为2.3g。试验后回收的装置和未反应炸药如图7-35所示。铜管断裂成两部分，残留了大量炸药碎块。

图7-35　试验回收的装置碎片和未反应的炸药碎块

通过开展薄壁圆筒试验，利用高速摄影、激光测速、脉冲X射线照相、压力测试组成的测试系统，对压装PBX炸药在薄壁圆筒内的非冲击点火反应行为进行试验研究，得到以下结论。

(1)通过高速摄影观察到非冲击点火后弱约束管壁膨胀过程中的三个阶段：第一阶段，管壁由下往上逐渐增粗、径向膨胀到局部破裂、破裂飞散，整个膨胀过程持续约3ms；第二阶段，管壁中间膨胀成鼓状；第三阶段，炸药碎块和管壁碎片向四周飞散。

(2)通过X射线图像可观察到管壁与炸药之间的缝隙，炸药基体碎裂，炸药块的端面分离。

(3)PDV测得管壁破裂时的最大径向膨胀速度为53.6m/s。管壁破裂后，压力降低，燃烧反应熄灭。

(4)从回收的大量未反应的炸药碎块和超压结果可知，圆筒内只有少量炸药发生了燃烧反应。

2. 厚壁约束装药的爆炸反应

本书设计的强约束厚壁球形装药试验装置如图7-36和图7-37所示，分为带窗口和全钢结构两种。带透明窗口的装置用于对炸药响应的直接观测，由固定基座、透明窗口、套筒、约束环、阻挡块和球形装药组成，全钢结构中则将窗口改为具有更强约束的钢半球壳。其中，球形装药材料是以HMX为基的脆性压装PBX炸药(HMX含量为95%)，密度为1.86g/cm³，由两个直径为110mm的半球黏结而成，一个半球预留了直径6mm的通孔；窗口为有机玻璃，径向特征厚度为40mm，钢半球的径向厚度为20mm；套筒为两半式卡槽结构，保证了装置的轴向约束，约束环用于保证装置的径向约束，阻挡块的目的是减少引线孔的气体排出量。试验中，在球形装药预留的中心孔中进行中心点火，装填的黑火药质量约为1g。

试验的测试项目包括：高速摄影采用数字化高速相机，在未加照明的条件下对带窗口装置的球壳装药裂纹燃烧扩展及其反应发光图像进行拍摄，在全钢结构中则对壳体破裂反应发光图像进行拍摄；采用3个激光干涉测速探头对球形炸药表面和约束结构壳体运动进行测量；采用2个高量程压力传感器，在固定基座或钢半球底端对球壳装药反应压力进行测量；采用2个超压传感器，距离装置中心1.5m，对装药反应造成的空气冲击波超压进行测量。

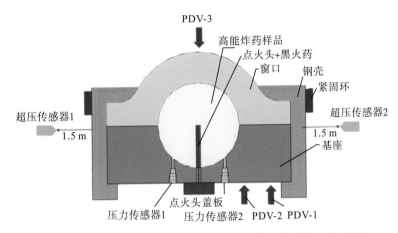

图7-36　带窗口厚壁约束的球形装药试验装置及其测试布局示意图

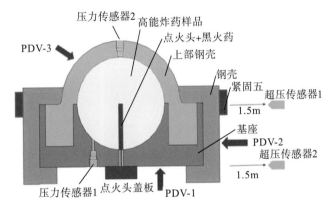

图7-37　全钢结构厚壁约束的球形装药试验装置及其测试布局示意图

带窗口的试验装置中心点火后，高速摄影拍摄带窗口的试验装置在整个反应裂纹扩展的演化过程如图7-38所示。高速摄影图像的时序定义为当点火头激发为零时，此时黑火药开始点火燃烧。

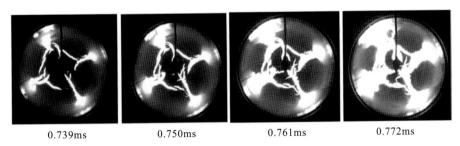

0.739ms　　　　　0.750ms　　　　　0.761ms　　　　　0.772ms

图7-38　反应裂纹扩展演化早期阶段Ⅱ的高速摄影图像(幅频18000fps)

根据高速摄影图像分析，中心点火后球形装药的反应演化过程大致可以分为以下4个阶段。

阶段Ⅰ为初始反应发展过程，此时点火已经发生，但由于炸药块体不透明，视场中仍然是一片黑暗，持续时间为0.678ms。

阶段Ⅱ为裂纹传播到达壳壁界面及后续扩展过程，持续时间约为0.13ms，观察到裂纹的反应发光现象：开始，四条裂纹基本呈近似对称方式从药球赤道附近向极点方向传播，该过程约为32μs；随后，在距极点一定位置处的纬线方向出现裂纹环向发展并贯通的现象，该过程约为40μs；最后，径向裂纹和环向裂纹逐渐变宽，直到发光火焰包覆球形炸药表面，该过程60μs。四条对称裂纹的细节演化过程如图7-38所示，这种沿初始预制孔扩展的裂纹应与球形结构和外部约束条件密切相关。

阶段Ⅲ为剧烈爆炸过程，在球形装药范围的视场中呈现出一片强烈的白光，持续时间约为60μs。

阶段Ⅳ为有机玻璃窗口的变形破裂过程，可观察到有机玻璃破碎和后续反应的发光现象，直到反应熄灭。

在全钢结构下壳体破裂与反应发光图像如图7-39所示，虽然无法观察到前期对流燃烧的裂纹扩展过程，但可以观察到后期压力测试孔破坏、反应产物喷出、壳体大面积破裂及反应发光现象，大致对应于带窗口试验的阶段Ⅳ。

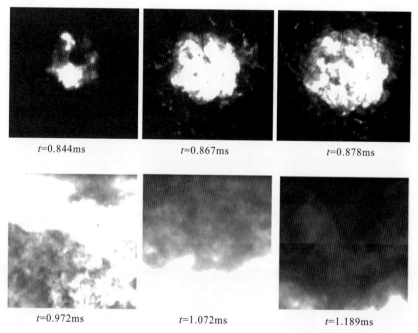

图7-39　全钢结构试验装置的壳体破裂反应发光过程的高速摄影图像(幅频18000fps)

约束壳体的变形速度和内部压力由图7-40给出，图示标出了高速摄影图像对应的阶段划分。有机玻璃窗口界面的速度起跳时间(PDV-3)要比钢壳体变形速度(PDV-1和PDV-2)

的起跳早约0.07ms,由于有机玻璃窗口具有较低的强度,炸药表面裂纹出现在几乎相同的时间,表明由炸药裂纹内部反应造成的应力水平与约束结构达到平衡。固定在基座上的压力传感器记录到气体压力在10μs的短时间内快速增长到1GPa量级,这对应于0.85ms阶段Ⅲ的压力爆发时刻。

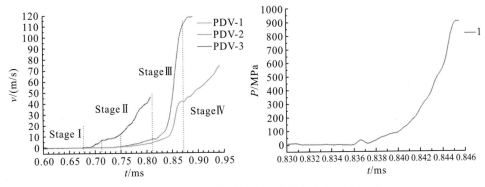

图7-40 带窗口试验装置的壳体速度和内部压力历程

在全钢结构试验中,压力传感器和PDV测速计记录到早期阶段的反应演化信息(图7-41)。压力和速度维持在一个较低的幅值,即在100μs内压力小于200MPa,随后出现一个快速的反应爆发。在阶段Ⅲ中20~40μs内压力超过1GPa,壳体速度超过500m/s。相比于气体型的压力传感器,由PDV测速结果更能反映约束壳体内部的等效压力。

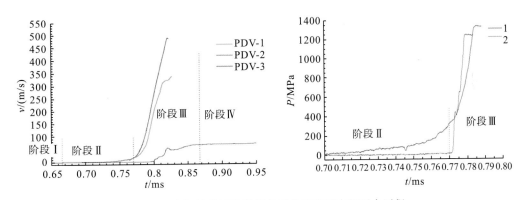

图7-41 全钢结构试验装置的壳体速度和内部压力历程

图7-42给出了全钢结构试验中回收的固定基座碎片。从中可以看出,固定基座容腔边缘断裂成大块,基座中间带的压力传感器测试孔和点火头引线孔处碎裂成小块,特征尺寸为20~40mm。

图7-43给出了带窗口的超压传感器测得的空气冲击波超压信号,峰值为135kPa,根据标准爆轰超压计算公式,估算得到的TNT当量为354g,约为总当量的21%。在全钢结构中,2个超压传感器测得的峰值为122kPa和117kPa,根据标准爆轰超压计算公式,对应估算得到的TNT当量分别为307g和289g,平均值约为300g,约为总当量的18%。

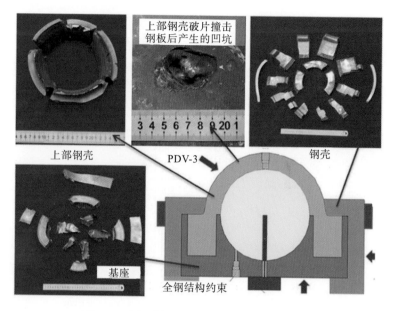

图7-42　全钢结构试验中回收的壳体碎块残骸

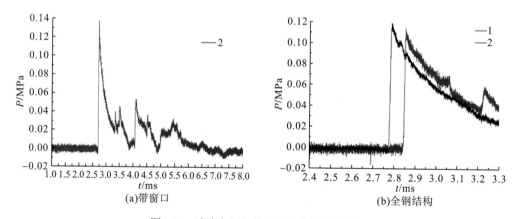

图7-43　试验中测得的空气冲击波超压波形

这些试验研究的焦点是脆性炸药中的反应产物在压力驱动下的裂纹扩展演化过程。初始激发的是非冲击点火的方式，采用电点火头和1g左右黑火药，在中心点火后可产生100MPa左右的压力[7]。

在给定约束下，1g黑火药的燃烧估计在600μs后引发点火预留孔并产生裂纹。约束对初始裂纹形成的影响需要被评估，因为中心部分的应力场可以平衡，如果裂纹尚未瞬时产生，那么炸药损伤和断裂特性强烈依赖于约束的环向应力。

如图7-44所示，炸药表面出现裂纹是在黑火药燃烧结束后。点火系统的气体产物在早期裂纹的形成和扩展传播阶段可能扮演重要角色，这是因为气体对流后其裂纹表面的热传导燃烧具有一个诱导时间，即点火系统和炸药反应产物高温加热到点燃的时间。对于新形成的裂纹表面，点火反应是在对流物质到达后经过数十微秒或是更长的数百微秒时间延迟后才发生的[5,8]。在高速摄影中看到的裂纹发光现象并不意味着裂纹表面已经点燃[8]，而可能是热的气体产物先进入裂纹。最后反应的快速爆发是在发光完全覆盖整个外表面一定时间后才发生的。

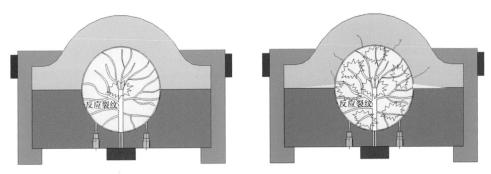

图7-44　反应过程示意图

在中心点火后的反应演化过程中，烈度增长最敏感的因素是反应燃烧表面积速度的增加[9,10]。炸药块体在最终爆发的一段时间前，可能存在一个灾变式的破碎过程，由此引发足够多的裂纹表面积参与最后的反应。当不发生裂纹或破碎时，类似于经典厚壁DDT管试验一样[11]，最后阶段即在壳体破裂前反应给出较为稳定的1GPa量级压力和200μs左右较长脉冲的特征。

强约束为反应烈度增长到剧烈反应创造了条件，特别是炸药反应裂纹驱动的块体破碎，但是约束壳体小于1GPa的内部失效压力限制了最后阶段剧烈反应的进一步增长，最终此类反应消耗的总质量仅相当于20%左右的等效爆轰反应药量[6,7]。经典的DDT概念[12]不能考虑为强约束压装PBX炸药非冲击点火反应演化的主导机制，即使是在后期约束壳体破裂前的剧烈反应演化过程。

3. 结构装药的燃烧转爆轰

对于在较强约束条件的压装PBX炸药在经历非冲击点火后反应是否会从燃烧转为爆轰（deflagration to detonation transition，DDT），仍然是一个非常有争议的话题。

1959年Maček[59]采用应变计和电离式探针研究了铸装HMX炸药的DDT过程，并提出了"一维假定"下的波聚合物理模型。Maček认为被点燃的炸药在端面上不断产生的应力波在炸药柱中传播，经过一段成长距离之后在炸药基体内汇聚形成了冲击波，对波阵面前未反应的炸药进行冲击起爆，从而发生DDT，因而在从炸药点火至发生爆轰的位置存在一定长度的"到爆轰距离"。这一理论被认为是高密度固体炸药DDT的主要机制，Tarver等[60]对其进行了改进，他描述了材料的燃烧过程。但与此同时遭到了Jacob[61]的强烈反对，而Asay[1]在密实装药DDT的介绍中对Maček的观点评述仍然十分谨慎。

压装炸药点燃后反应产物中的气体无法透过炸药基体，则其会在装药约束的结构缝隙中以对流形式传播，并经一定热传导感应时间诱发下游位置炸药表面燃烧。认识到这一点后，则不能简单认为探针记录到的导通信号代表炸药反应传播的位置，更不能认定为是炸药基体内部发生了反应。

　　各种迹象表明,高密度的固体炸药在传统DDT管及其类似的长管强约束条件下在一端点火后,Maček在一维假定下的波聚合物理模型不能很好地解释其反应行为。而炸药表面点火产生的高温高压气体产物在装药结构的宏观缝隙中由对流传播引起的炸药表面燃烧及压力增长可能在反应向剧烈演化的方面扮演了重要的角色。

　　为了研究固体压装炸药在长管厚壁柱壳约束条件下一端点火后的真实反应演化过程,探究其在更强的约束条件下,密实压装炸药PBX-1是否会发生DDT,中国工程物理研究院流体物理研究所化爆安全性研究团队[58]在特定的装药及约束条件下用电点火头加黑火药的方式对以HMX为基的密实压装炸药PBX-1进行单端引燃点火试验。试验装置设计上排除了结构连接弱环;为保障高烈度反应段的晚期行为,测量柱壳壁面上不开测试孔道,避免其形成结构变形、断裂的主导因素;柱壳壁上带测试开孔的试验,仅用于获取早期数据。

　　试验装置如图7-45所示,钢柱壳管材为45号钢,内径为20mm,外径为60mm,装置总长度为600mm。为保持结构完整对称在管壁上不设置探针孔,避免在高压下因应力集中在结构弱环处而造成装置提前解体,以保证腔体内炸药不被意外中断反应;端头外加厚重压盖,防止端头被冲出而导致反应中断;外端压盖和管壁连接处设置厚度渐进的圆台,防止管壁膨胀后在接触位置造成剪切破裂,其同样是防止反应提前终止。试验使用的密实低孔隙率压装炸药PBX-1含有95% HMX,密度为1.860g/cm³(理论密度为1.889g/cm³)。装填的药柱总长度为440mm,由多个药柱拼接而成,药柱与管壁之间存在的装配缝隙为70～120μm。点火药为小粒黑火药,其质量大约1.75g,点火系统的响应时间约为4ms。

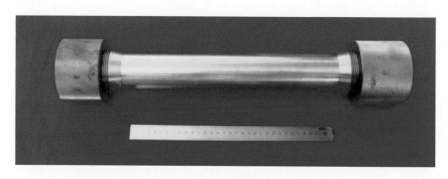

图7-45　DDT管试验装置

　　在试验中将使用PDV测速仪、数字式高速相机、应变测试仪及空气冲击波超压传感器对试验过程进行监测。数字式高速相机用于拍摄记录反应过程图像;PDV测速仪用于监测试验装置在不同位置的壳体膨胀速度历程;应变测试仪用于监测试验装置在不同位置的形变。延时同步机用于触发试验装置点火、时间间隔记录仪和数字示波器。

　　PDV探针及应变片的测点位置如图7-46所示,均以点火座与炸药交界面为基准点(0mm处)。其中PDV探针2～7号测点分别垂直于管壁,测量管壁径向的运动情况;1号和8号测点垂直于装置尾端盖平面,用于测量装置尾端盖处的轴向运动情况。

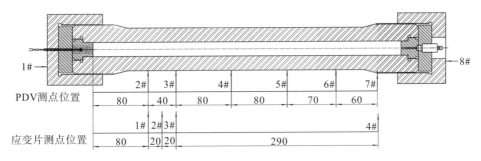

图7-46　PDV探针及应变片测点位置(单位：mm)

　　为比较炸药在引燃条件下与在直接起爆条件下的试验现象及对应过程物理状态的区别，在爆轰标定试验中以雷管代替引燃点火装置，直接起爆试验装置中的炸药，使用转镜式分幅相机及PDV测速仪进行监测。

　　两次试验的典型高速摄影图像如图7-47所示。在爆轰标定试验中炸药反应产物驱动柱壳破片向外飞散，炸药反应沿着起爆方向以爆速稳定传播，总反应时间约为60μs；而在点火试验中，在点火信号发出后8.22ms(即点火药点火后约4ms)时首次在近点火端出现明显火光，同时在下游位置出现管壁膨胀凸起，且凸起形状在周向上并不均匀。在8.26ms、8.27ms时分别可见两处裂纹生成，8.29ms时管壁出现另一处火光，8.40ms后火光覆盖整个装置，表明炸药的总反应时间约为4ms，远大于爆轰标定试验中的炸药反应时间。

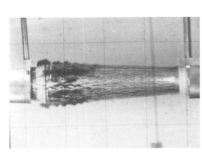　　

　　　　(a)爆轰反应　　　　　　　　　　　　　　　　(b)点火反应

图7-47　试验过程的典型图像

　　两次试验都通过PDV测得试验装置各处的运动速度历程曲线，如图7-48所示。在爆轰标定试验中，径向测点位置膨胀的最高速度大于400m/s，波形有明显爆轰波阵面传播形成的Von Neuman尖峰特征。而在点火试验中，从反应的时间历程上来看，管壁上开始出现膨胀变形的时刻是点火信号发出后的8.14ms，随后在数百微秒的时间里整个装置管壁数个位置发生膨胀变形直至破裂，装置解体。壳体管壁上沿轴向各测点运动的启动顺序为2—3—5—4—6—7，反映出试验装置中各个位置的炸药发生剧烈反应的起始时间和位置呈现随机性，而非爆轰或DDT过程中反应阵面的一维传播特征。从速度脉冲波形来看，在管壁破裂前各测点位置的脉冲前沿长达几十至几百微秒，且各处测点的速度曲线斜率接近，可以视为管内各测点位置的压力水平相近,根据加速度可估算管壁破裂前内部的最大压力约为1108MPa。

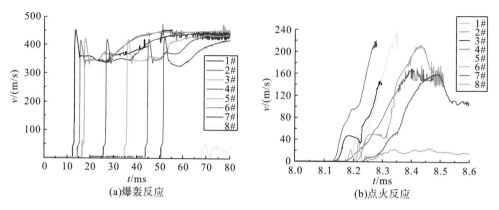

(a)爆轰反应　　　　　　　　　　(b)点火反应

图7-48　PDV测得试验装置各处的运动速度历程

点火试验中在管壁不同位置处的应变曲线如图7-49所示,可知管壁中不同位置的应变片测得的变形发生时间与PDV测得的管壁膨胀变形发生时间基本一致。

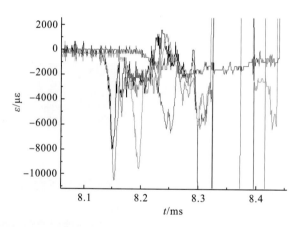

图7-49　点火试验应变片的测试结果

点火试验测得的空气冲击波超压结果如图7-50所示,在距离装置中心1.5m处的两个空气冲击波超压传感器,分别在点火后9.87ms、10.1ms测得空气冲击波的峰值压力分别为0.135MPa、0.163MPa,换算得等效TNT当量为390g,表明大部分炸药发生了反应。需要注意的是等效TNT当量是以裸药球爆炸计算所得的,而本书试验结果中空气冲击波超压产生的条件是在特定的约束条件下,因此不能简单与TNT当量做比较,仅可作为参考数据。

两次试验回收的试验装置碎片如图7-51所示。爆轰加载形成的碎片较小、呈细长条状。尺寸、形状分布较均匀。点火试验回收的碎片与爆轰加载形成的碎片相比,尺寸明显更大,形状、尺寸分布不均匀;部分碎片的内表面有更明显的燃烧痕迹,没有爆轰加载形成的层裂痕迹;也并没有出现典型DDT过程形成的从点火端到远端的碎片从大到小的演化特征。

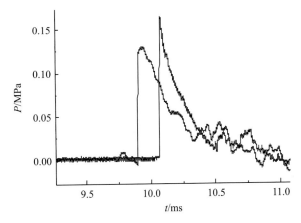

图7-50　点火试验反应后远区测得的空气冲击波超压曲线

(a)爆轰反应

(b)点火反应

图7-51　回收的试验装置碎片

通过试验结果结合文献分析，得到以下结论。

(1)压装炸药PBX-1在长管强约束条件下单端引燃后未发生典型的DDT现象，反应烈度为爆燃或爆炸级。从反应压力的增长历程可反映出炸药基体内没有形成冲击波，因而无法实现从冲击到爆轰的转变。

(2)炸药表面点火后先期反应产生的高温高压气体产物会以对流形式在炸药与柱壳壁面间的缝隙中传播，诱发下游位置炸药表面燃烧与反应的进一步传播，这一过程是约束条件下的密实炸药点火反应演化的主导机制。

7.2.2　模拟结构装药的反应演化

在武器结构中，炸药的损伤状态会极大影响非冲击点火条件下炸药的反应演化过程，并影响最终的反应烈度。严重破碎炸药(碎化炸药)可能是刻度非冲击点火条件下武器反应烈度上限的重要参考依据。

本书设计了环形结构的碎化炸药试验，模拟在高速碰撞事故条件下炸药碎化点火后的反应演化过程。环形装置结构各部分之间通过8个M6的螺钉连接。试验炸药为PBX-3碎化炸药，其特征尺度在10mm以内，炸药的装填高度为200mm，装药量为2.57kg，装药密度为1.16g/cm³。

试验测试项目主要有：PDV测速、高速摄像、空气冲击波超压测量。数字式高速相机用于拍摄记录反应过程尤其是内、外壳的运动图像；PDV测速仪用于监测试验装置在不同位置的壳体膨胀速度历程，内、外层分别布置三圈(每圈四个，间隔90°)PDV探头，每圈之间的距离为50mm；超压传感器用于测量装置反应后产生的冲击波超压，距离装置约3m。

试验采用激光点火方式点燃炸药。试验采用功率为250W，波长为1080nm的连续光纤激光器，试验时功率为225W。光纤芯径为400μm，光纤直接接触炸药表面，光纤与铜端面之间用硅胶黏结牢固。

典型试验结果见图7-52。外壳的膨胀过程则在距离点火点约125mm处最先出现明显变形，随着压力增高，在点火端连接处出现亮光和气体泄漏，但是反应继续发展直至装置解体。

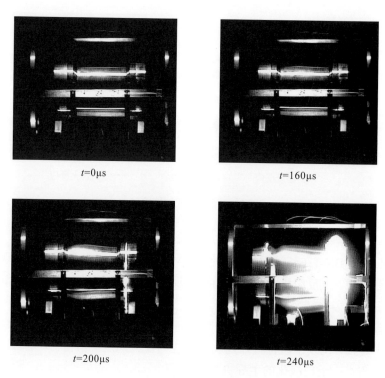

$t=0\mu s$ $t=160\mu s$

$t=200\mu s$ $t=240\mu s$

图7-52　外壳的膨胀变形情况

PDV测试的外壳速度见图7-53和图7-54。外壳由于强度较高，其(能观测到明显速度)响应时间滞后约50μs。位于下侧的加速度最大，速度最大，位移也最大，点火点对面测点的加速度最慢，速度最小，位移也最小。下侧速度和位移更大可能是受到重力影响。

轴向速度的对比情况见图7-55和图7-56，外壳膨胀的响应时间差别较微弱，这主要是由内、外层材料强度相差较大所致。外壳膨胀的加速过程为外4＞外8＞外12；而膨胀变形的总体情况为外8＞外4＞外12。

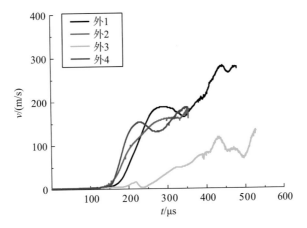

图7-53 外壳的环向速度对比

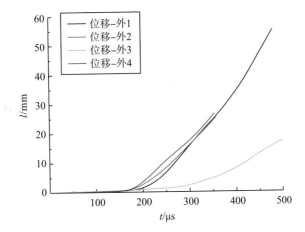

图7-54 外壳的环向位移对比

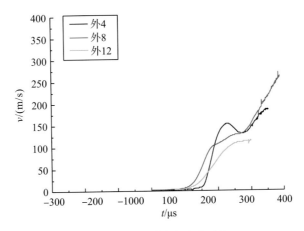

图7-55 外壳的轴向速度对比

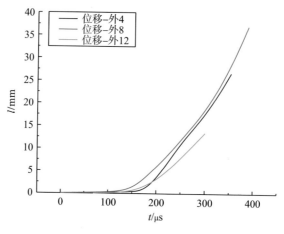

图7-56　外壳的轴向位移对比

超压测量结果(图7-57)表明炸药爆炸的TNT当量约为450g,其能量释放率约为11.7%。

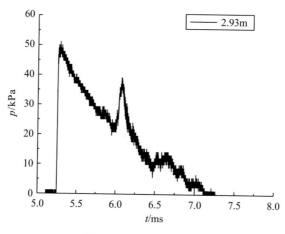

图7-57　超压测量结果

通过对壳体破片的回收发现,外层钢壳破裂为比较大的破片,破片内表面有未反应的炸药粉末,说明炸药点火后的爆炸反应不完全。

在上述过程中,当严重损伤或破碎的装药发生点火后,初始时少量反应的产物压力较低,装药中的裂纹或孔隙不会影响燃烧过程,主要的热传递机制是传导和辐射,形成缓慢的层流燃烧。随着燃烧的发展,反应产物的压力不断积累上升,产物气体开始向孔隙网络渗透。但由于孔隙分布的随机性,气体在各个方向的渗透性存在一定差异,某些方向的渗透可能受到抑制。当达到或超过临界压力时,火焰开始进入可能已经被预热的损伤装药中,裂纹或颗粒间的孔隙将提供可供燃烧的表面,最终积累的燃烧总面积出现剧增,装药进入快速、高燃耗反应状态,在较弱的结构约束下仍然可以达到高压水平,这使得对流快速传热下的亚音速层流燃烧仍能呈现爆炸级表象。

7.3 结构装药反应烈度的表征

在装药化爆安全性研究中,描述装药反应烈度等级的术语有燃烧、爆燃、爆炸、爆轰等,其可对装药整体的反应过程特征及后果概括描述,也可用于定性描述与毁伤效应密切相关的后果输出,在武器弹药安全性评估中得到了广泛应用。对于装药反应演化过程来讲,上述定性分级无法准确刻画反应演化的进程状态,由此需要对装药的反应烈度进行量化表征,故可以对特定的反应等级进行更为细致的划分,如现在状态跨度较大的爆炸反应。

7.3.1 装药反应的等级划分

对以压装PBX为代表的密实炸药,其作为含能材料可能发生的化学反应的最基本形式不外乎以下三种:

(1)分解反应,其涵盖老化及温升条件下炸药基体中各部位炸药晶体的持续缓慢分解,不存在反应波阵面,各部位炸药的反应速率取决于当地温度,通常借助Arrhenius方程来表征;

(2)燃烧反应,指以热传导机制主导、以亚声速向炸药基体中传播并转化为气态产物的反应阵面,故称为热传导燃烧、层流燃烧,高压下的层流燃烧反应也称为爆燃,其燃烧速率即反应阵面传播速度,其主要依赖于波阵面上反应产物的压力,而气态反应产物的压力主要取决于其周边结构的约束状态;

(3)爆轰,由高强度冲击波引导并在炸药基体中以超声速传播的化学反应,炸药在跨越波阵面的瞬间被压缩并完成反应,高压反应产物以亚声速逆向膨胀飞散,爆轰定常传播的速度和压力与结构约束原则上无关,它仅取决于炸药基体的密度。

在炸药安全性研究领域,描述炸药基本反应行为的术语如燃烧、爆燃、爆轰,与弹药事故反应烈度评价的术语如燃烧、爆燃、爆炸、爆轰的外在形式相同。前者针对作为含能材料的炸药,用于描述特征反应事件在反应阵面上的瞬时进程状态,对应特定反应速率的物理-数学模型;后者针对装药结构,是对作为弹药的炸药装药的整体反应过程特征及整体后果的概括描述,侧重表征后果输出即毁伤效应分级。在美国LANL、LLNL和SNL三大实验室,将爆燃以上烈度的反应又统称为剧烈反应,包含前面分级中的爆炸及爆轰,其中爆炸涵盖了除微量炸药反应、不形成显著超压和危险碎片的有限烈度反应以外的各类相对剧烈反应,状态跨度极大,通常还有系列细化分等,如轻度爆炸、剧烈爆炸等,但无严格的量化判别标准。

美国和北大西洋公约组织将装药的反应等级划分为5个:爆轰Ⅰ、部分爆轰Ⅱ、爆炸Ⅲ、爆燃Ⅳ、燃烧Ⅴ和不反应Ⅵ。标准中使用破片尺寸、破片速度、冲击波超压、见证板变形与穿孔、余药、炸坑尺寸、爆炸火团及爆炸声音等准则作为评判装药反应等级的依据。这些评判准则都是定性的,人为因素较大,难以对反应等级进行量化评估。

我国参照了美国和北大西洋公约组织标准,根据自身弹药任务剖面和使用场景的特点做出分类,例如,《海军弹药安全性试验与评估规范》中将全弹、战斗部、发动机(含固体和液体)意外刺激的反应等级分为爆轰(Ⅰ)、爆炸(Ⅱ)、爆燃(Ⅲ)、燃烧(Ⅳ)、不反应(Ⅴ)五个等级,其反应等级评判依据如表7-4所示。

表7-4　装药反应等级评判依据

反应等级	判据				
	壳体破裂程度、膨胀速度及破片速度	冲击波超压	见证板	含能材料和地面炸坑	影像和声音
Ⅰ (爆轰)	壳体全部破裂成小破片,散布距离远;壳体膨胀速度及破片速度与静爆试验结果相当	冲击波超压与静爆试验结果/理论计算值相当	穿孔、凹坑、塑性变形	无剩余含能材料,地面产生大炸坑	有明显的爆炸火团和爆炸声音
Ⅱ (爆炸)	壳体破裂形成大块或中等破片,散布距离远;壳体膨胀速度及破片速度显著低于静爆试验结果	出现显著的冲击波超压,但明显低于静爆试验结果/理论计算值	穿孔、凹坑、塑性变形	可能会剩余部分含能材料,地面有明显但较小的炸坑	有明显的爆炸火团和爆炸声音
Ⅲ (爆燃)	壳体可能出现裂缝但不破碎形成破片,端盖冲出,残渣散布于附近区域;壳体膨胀速度低于静爆试验结果的10%	可能出现极小压力	无穿孔、无明显凹坑和塑性变形	剩余部分甚至大部分含能材料,地面无炸坑	有较弱的爆燃火团,伴随含能材料或端盖等的喷出,可能推动试验部件移动,有响声但显著弱于爆炸声
Ⅳ (燃烧)	壳体除燃烧熔化外不以其他形式破坏,所有材料散布距离不超过15m;测不到壳体膨胀速度	无压力	无穿孔、凹坑和塑性变形	可能剩余部分含能材料,地面无炸坑	有明显的持续燃烧火焰,无爆炸声音信号
Ⅴ (不反应)	端盖可能脱离,结构发生不同程度变形和机械破碎;测不到壳体膨胀速度	无压力	无穿孔、凹坑和塑性变形	剩余全部含能材料,地面无炸坑	无爆炸火团和燃烧火焰,无爆炸声音信号

7.3.2　装药反应烈度的表征

构型装药发生撞击爆炸后,爆炸产物对周围介质的作用取决于该过程中装药释放的能量和能量释放率。对于极端情况下的爆轰反应来说,装药释放的总能量由爆热决定,能量释放率由爆压和爆速决定,炸药正常爆轰的功率可达1.9GW[1]。对于缓慢燃烧反应来说,装药释放的总能量虽然与爆轰反应相当,但燃烧的压力和速率要低多个数量级,由此反应的能量释放率也极低,如推进剂正常燃烧的功率在10kW量级[1]。

已有研究结果表明,构型装药爆炸后以较高的速率释放能量,会造成壳体的破坏和运动。壳体的破坏和运动是主要反应产物膨胀做功造成的,体现了装药爆炸的近距离破坏作用,与当地的能量释放率密切相关。因此,我们借鉴了美国LANL武器实验室Asay等[1]建立的烤燃试验反应烈度表征方法,计算得到爆炸释放的能量和能量释放率,以正常爆轰情况下的能量与能量释放率为参照,获得这两个相对值的乘积,最终给出装药爆炸的反应烈度的量化值。

装药爆炸释放的总能量由反应产物的内能和动能、壳体破片动能两部分组成。根据能量守恒定律,系统内能的改变是系统对外做功和交换热能之和,即

$$\Delta E(t) = Q(t) + W(t) \tag{7-16}$$

系统内能改变又是装药爆炸反应热焓、压力体积乘积的改变与气体动能之和,即

$$\Delta E(t) = -H(t) + \frac{\Delta[P(t)V(t)]}{\gamma-1} + KE_{g}(t) \tag{7-17}$$

系统交换的热能为

$$Q(t) = -Ah\Delta Tt \tag{7-18}$$

系统做功为弹体动能和气体膨胀做功之和，即

$$W(t) = -KE_{f}(t) - \int_{V_0}^{V(t)} P(t)\mathrm{d}V(t) \tag{7-19}$$

装药爆炸随时间变化的反应热焓为

$$H(t) = KE_{g}(t) + KE_{f}(t) + \int_{V_0}^{V(t)} P(t)\mathrm{d}V(t) + \frac{\Delta[P(t)V(t)]}{\gamma-1} + Ah\Delta Tt \tag{7-20}$$

破片质量可根据内壳裂口的大小估算，破片的动能为

$$KE_{g}(t) = \frac{1}{54} m_{e}\left[u_{g}(t)\right]^2 \tag{7-21}$$

反应装药的质量可根据超压峰值估算，反应产物气体的动能为

$$KE_{f}(t) = \frac{1}{6} m_{f}\left[u_{f}(t)\right]^2 \tag{7-22}$$

对于半球形构型装药而言，由撞击引发的燃烧/爆炸反应在空间上呈一定分布，且伴随着壳体破片的飞散过程整个爆炸反应的释能过程较为复杂，因此很难直接测量在反应烈度定量化表征中计算出所需的各个物理量随时间的变化历程。因此，我们根据测得的爆炸反应冲击波超压波形和破片速度及总的能量随时间的变化，基于试验中爆炸反应过程的观测，通过进行合理的假定，间接给出了装药爆炸的反应压力和破片速度随时间的变化关系。

具体的假定如下。

假定破片在半球壳内完成了驱动加速过程，由试验测得的破片速度为恒定值，期间速度是随时间以线性增长的方式达到测得的最终速度150m/s的，通过高速摄影估算的破片加速时间为500μs，试验中反应产物的速度高于破片速度，近似考虑为2倍破片速度，最终的速度随时间变化的表达式分布为

$$u_{f}(t) = 1.5 \times 10^5 t \tag{7-23}$$

$$u_{g}(t) = 3 \times 10^5 t \tag{7-24}$$

假定爆炸产物的反应压力在空间上以距离的三次方衰减，试验中超压传感器布置的距离为1.1m，半球装置的内径尺寸为56mm，压力峰值衰减了7600倍，根据空气冲击波超压波形乘以衰减的倍数得到反应压力波形；假定装药爆炸的主要反应过程是在球壳体积内部完成的，那么反应在球壳以外的能量贡献则很小。通过正弦波形近似拟合反应压力历程，根据公式即可求出反应热焓随时间的变化历程。

构型装药在撞击爆炸下反应的能量E约为341J（在完全爆轰条件下1g PBX-3装药的爆炸能量E_{d}为4.8kJ），通过微分得到能量释放率的最大值W为2.2MW（装药爆轰的能量释放率W_{d}为1.9GW）。参考Asay等的方法，并综合考虑反应释能和释能速率，则反应烈度的相对

量化值L的表达式为

$$L = \frac{E}{E_d} \cdot \frac{W}{W_d} \tag{7-25}$$

最终装药反应的烈度相对于正常爆轰的相对量化表征值为8.1×10^{-5}，可以看到在低速撞击下爆炸反应的烈度应介于爆轰和低速燃烧之间(图7-58)。

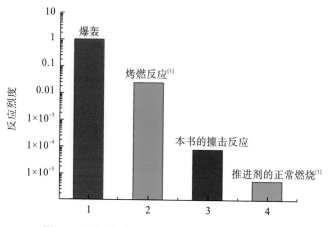

图7-58　不同条件下反应烈度的相对量化表征值

7.4　装药反应演化的数值模拟

反应演化的模拟需要宏观计算程序与微细观亚格子模型的紧密配合。鉴于这一多物理强耦合问题的复杂性，在模型或程序的一方给予过多的负担都会导致建模难以突破，因此在反应演化建模中对程序与模型进行恰当分工是非常重要的。

7.4.1　高烈度反应的唯象模型及其不足

在武器事故反应的数值模拟研究中，早期主要关注由最高烈度的爆轰反应所造成的严重后果。爆轰模拟可以利用流体动力学程序结合爆轰模型、状态方程等进行很好地描述。当转而关注相对较低烈度的爆燃、爆炸时，现在已知的流体动力学方法无法有效地描述装药中的裂纹扩展、产物对流、断面燃烧等备受关注的过程。这既和使用习惯与对机制认识不充分有关，也与开发建立新的相适宜的计算方法的巨大挑战有关，大多数的研究者在开展武器装药的反应演化模拟时仍然会选择流体动力学方法作为宏观计算程序。在微细观的建模方面，一开始在试验上还未揭示反应演化的多物理强耦合机制时，只把其简化看作一种"弱爆轰"状态，试图通过对爆轰模型的简单修改来描述反应演化，最后遭遇了失败。在对试验上的认识取得突破后，许多学者尝试通过模型来全面描述断裂、对流、燃烧的强耦合过程；但这又为模型建立带来了过大的压力，使得模型负担了很大一部分本该由程序完成的工作。

　　美国LANL的Baer等[62]提出BN模型，Illinois大学Powers等[63,64]提出PSK模型，他们均以对流燃烧为基础，在气相和固相各自守恒方程的基础上，考虑了化学反应的产气率、两相间的气动阻力和通过两相间的对流换热计算的两相之间的质量、动量和能量交换。

　　美国NAWC实验室Atwood等[65]主要针对颗粒炸药提出了基于理想波阵面的燃烧反应模型。其中包括一个压力波和对流燃烧波，唯象燃烧速率是采用类似于发射药燃烧的计算方法，生成产物由压力相关的层流燃烧结合燃烧面积相关的形状函数来共同决定，最后由密度相关的指数型状态方程来计算气体产物的压力。

　　美国的Ward等[66]建立了块体对流燃烧的WSB模型，并应用于三维模型的稳态燃烧，主要通过密度梯度的方向和反应物的质量计算燃烧的表面积；同时，当燃烧波阵面可渗透进入未反应炸药时，即压力超过一定值，可转变为对流燃烧计算；当压力超过5.3GPa时则认为可转化为爆轰。

　　美国LLNL的Reaugh[67]在HERMES安全性综合模型中提出了燃烧反应模型。他将不同路径与速度的对流燃烧简化为相对较低的等效传播速度(如设为300m/s)，点火时间可以在未变形结构中计算；假定燃烧阵面是一个薄的温度不平衡的气体(3000K)和固体(300K)的界面，固体炸药采用JWL状态方程，产物是以Cheetah程序计算的压力和比内能作为密度和温度函数的列表式状态方程；他还采用了燃烧发展时气体产物增长的模块，即表面积和孔隙度随着剪切变形而增加，孔隙度随着压强而减小；反应物的瞬时质量分数转化为产物；最近还将CREST冲击点火模型作为子程序嵌入其中，试图模拟爆燃转爆轰的过程。

　　美国LLNL的Tringe等[68]提出了MCBM燃烧反应模型，其可区分气体产物和固相反应物的状态，包括不同的温度和速度，损伤炸药中的对流加热、点火和燃烧临界条件。模型计算开始于瞬时点火，预点火颗粒的等效半径、温度分布和压力都来源于试验。颗粒的等效半径可用于表征损伤、确定对流加热和追溯固相燃烧；对流传热系数依赖于颗粒直径、气体热传导率、对流换热程度的努珊数等；对流加热可改变表面温度，而非块体温度。他们采用了两步燃烧模型，第一步是凝聚相放热反应转化为中间气体产物，第二步是气相反应从中间产物到终态产物。

　　美国LANL的Chang等[69]指出了其未来反应模型应该具备的特点：目前他们在化学组分输运、隐式化学动力学和不同温度混合物热传导等方面已取得显著进展；但不同流速的流体动力学格式和产物的状态方程还在研发中，最为困难的裂纹对流燃烧建模还尚未开始。

　　由于仅注重建立反应演化的唯象模型而未发展宏观计算方法，以上报道的唯象模型在应用于宏观计算时普遍存在一些不足之处。如图7-59(a)所示，美国LLNL等单位开发的多种唯象模型中均假定装药局域非冲击点火后以燃烧波的形式向四周扩散燃烧[70]。但以爆燃管试验为例，如图7-59(b)所示，燃烧通常仅发生在炸药裂纹之中及装药与壳体的缝隙之中；再如图7-59(c)所示，当壳体膨胀破裂后，中部区域仍可观察到大尺寸的炸药碎块，而非图7-59(a)中燃烧波后方炸药已充分反应并消耗。通过对比可知，首先，模型计算给出的反应演化的内部过程图像与试验不符；其次，模型计算给出的装置在解体时炸药的反应分数远大于实际分数；再次，计算中燃烧波的传播速度或其相关参数需要通过试验标定，但试验结果对壳体约束、炸药韧性等多种因素敏感，且表现出强非线性行为，故模型的预测能力非常有限。

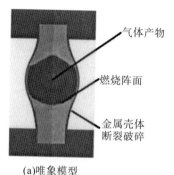

(a)唯象模型　　　　　　　(b)产物导致的壳体膨胀　　　(c)破裂壳体、未反应炸药飞散

图7-59　模型与试验的对比

7.4.2　基于试验认识的裂纹燃烧计算建模

由于一味依赖模型而回避算法程序的开发，所以反应演化的计算长期未能取得实质性突破。2017年，美国LANL对外报道了"常规高能炸药系统大挑战"计划，一方面开展装药穿刺（case penetration）、燃烧驱动裂纹（combustion generated fracture test）、球形大质量炸药中心点火（center-ignited spherical mass explosion，CISME）三试验以增进对反应演化与烈度等级的认识；另一方面要发展并建立新的能够有效模拟裂纹扩展、产物对流与断面燃烧的"综合反应流"计算代码（comprehensive reactive flow code）[69]。当时的计算建模年度进展包括：已完成或基本完成化学组分输运计算、化学反应动力学隐式计算、流体动力学计算、混合物间热传导计算等模块的开发。但报道也指出，后续还面临着适合气相产物的状态方程、从慢烤到冲击的流体动力学框架、混合物的热对流与热辐射计算、炸药脆性断裂计算、裂纹中气相对流计算等一系列的建模难题（图7-60）。

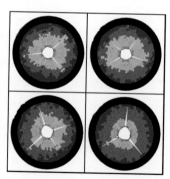

图7-60　美国LNAL早期的反应演化计算建模及与试验观测的对比[71]

中国工程物理研究院也长期关注反应演化的程序开发进展。从前面的介绍可见，不论是以美国LLNL为代表的唯象建模，还是以美国LANL为代表的程序开发，其共同面临的最大难点均是有效描述装药中由气相增压驱动的裂纹萌生与扩展，故在程序开发前首

先需要选定适宜的裂纹扩展的计算方法。使用基于网格的连续介质力学方法描述断裂等非连续性行为的能力有限；基于内聚力模型的有限元方法可以模拟拉伸型断裂，但在描述剪切型断裂及裂纹面挤压摩擦时算法将非常复杂；扩展有限元被专门发展用于裂纹扩展模拟，但目前在处理高速裂纹(扩展速度与材料声速可比拟)、多裂纹与破碎、三维裂纹时仍存在一定困难。为应对材料断裂与破碎的模拟需求，离散元/格子模型、物质点法、近场动力学、最优输运无网格等多种无网格/粒子类计算方法在近年得到了蓬勃发展。其中，离散元/格子模型最早应用于岩石、炸药等非均质脆性材料的断裂与破碎模拟，且算法程序最为简单，易于扩展并耦合产物的对流与燃烧反应。

在选定离散元/格子模型后，能与其实现耦合计算的气相建模方法包括：类似水力压裂计算，在裂纹面上施加均匀的静态压强 P；采用微观粒子图像进行建模，利用大量气相微粒的随机碰撞形成宏观统计压力；基于气体Boltzmann方程，采用格子气自动机、格子Boltzmann方法等；采用固相离散元的变体——气相离散元(简称气相元)，再结合装药反应演化的具体特点分析裂纹中强度分布不均匀且随时间的快速变化；大量气相微粒随机碰撞可描述气相压强作用，但气相的热力学状态需要大量统计才能获得，不便于计算每个气相微粒的温度、热传导、燃烧反应等；格子Boltzmann方法对气相的描述准确可信，但出于简化程序开发难度的考虑，目前选择了与离散元同源的气相元方法。

燃烧过程的计算模拟方法包括微观直接数值模拟、介观尺度的大涡模拟、宏观尺度的反应流模拟等。但考虑到根据断裂、对流、燃烧建立统一计算框架的巨大挑战，目前选择了利用唯象的亚格子模型描述炸药微元的燃烧过程，并嵌入描述裂纹扩展与产物对流的计算程序之中。燃烧的亚格子模型负责描述炸药微元从固相点火，然后经历一个气固共存相，最后烧尽并完全转变为气相的过程。其中需要计算固相消耗的化学反应速率，以及气固共存相的温度、压力状态等。

2012年，中国工程物理研究院王文强、于继东、尚海林等以描述脆性断裂的离散元方法为基础，结合描述气相膨胀与气固耦合的气相元方法及描述炸药微元燃烧反应的唯象WSB燃烧模型，初步开发了可以耦合描述装药裂纹扩展、产物对流、断面燃烧的反应演化计算程序。图7-61为该计算模型中反应演化的典型算例：炸药试样中预设有一条倾斜裂纹，在撞击加载下，由应力波压缩导致裂纹面滑移并生长出翼裂纹；由摩擦升温引发裂纹面附近炸药微元发生点火燃烧，燃烧产物膨胀驱动翼裂纹进一步向前扩展。相关结果已经捕捉到了装药反应演化的一些主要特征，但由于当时计算方法的定量模拟能力不足，计算结果难与试验直接对比。

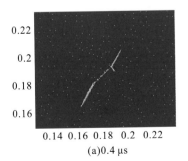
(a)0.4 μs

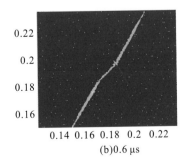
(b)0.6 μs

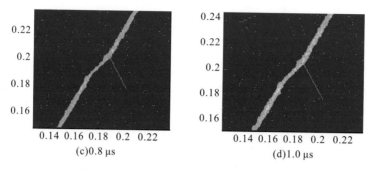

(c)0.8 μs   (d)1.0 μs

图7-61　炸药翼裂纹中反应演化的定性模拟

2019年，中国工程物理研究院喻寅等在前期工作的基础上，深度改进了反应演化的计算程序。常用的离散元/格子模型在力学计算中关于相互作用力的参数设定带有经验性，通常只能定性描述材料的变形与断裂。对此，他们引入了以有限元作为媒介的定量参数映射方法，可保证格子模型在变形计算中取得与线性有限元相同的精度，而在断裂模拟中又回避了有限元的困难。前期使用的离散元方法将气相微元简单假设为大小不一的球形，在统计气相体积时将遗漏球形微元之间的大量缝隙，进而导致压强、气相微元排斥力等计算中存在巨大误差。对此，他们改进发展了多面体形的气相微元，实现了气相微元间体积与接触面积的严格定义，进而支撑了压强、法向排斥力、切向黏性力等的可靠计算。图7-62为中国工程物理研究院新一代反应演化程序的典型算例及与试验的对比。其中，图7-62（a）为对炸药上端点火后缓慢层流燃烧的定性模拟及与试验照片的对比；图7-62（b）为燃烧产生的高温高压气体从炸药左侧切口处驱动裂纹萌生扩展并对流进入裂纹缝隙的定性模拟，以及与中国工程物理研究院对应试验的对比；图7-62（c）为在强冲击加载下非均质炸药内部孔洞塌缩、热点生成与反应增长的定性模拟，以及与美国LANL基于X射线自由电子激光开展的炸药晶体内部预制孔洞冲击塌缩过程成像结果的对比。

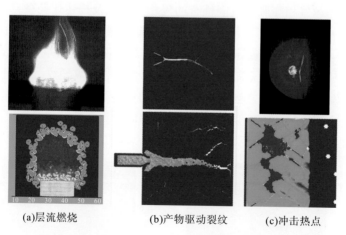

(a)层流燃烧   (b)产物驱动裂纹   (c)冲击热点

图7-62　反应演化计算建模的典型算例及与试验的对比

对比可见，新的反应演化计算程序已具备了与试验结果进行定性对比的能力。但要实现定量模拟与预测，则仍有相当多的工作需要开展。近期的改进计划包括：在格子模型中引入超弹性-双线性断裂模型，定性实现非线性响应与黏弹塑性复杂断裂行为的模拟；在气相元模型中引入更准确的燃烧产物状态方程，改进并实现基于应力波理论的气相动态相互作用计算；在燃烧唯象模型中考虑微元损伤、气体压强、多步热分解反应等对燃烧速率的影响。

7.4.3　结构约束下装药反应演化的数值模拟

在宏观的三维复杂构型中实现对装药反应演化的预测性模拟是武器弹药烈度等级评估与事故后果预估中亟待建立的能力。在目前能够开展的对装药反应演化的宏观模拟的两类途径中，基于高烈度反应唯象模型的流体动力学计算完全依赖试验标定，不具备预测能力；基于试验认识的裂纹燃烧计算建模原则上可以具备一定的预测能力，但发展还较为初步，主要以开展二维演示性计算为主。

Lawrence Livermore国家实验室在ALE3D流体动力学软件中嵌入了描述燃烧阵面传播的唯象反应模型。其形式类似于描述爆轰波阵面传播的DSD（爆轰冲击动力学）亚格子模型，区别在于DSD描述超声速爆轰波，而这里将波速降低以描述亚声速燃烧阵面。如图7-63所示，Lawrence Livermore国家实验室建立了中空球形装药的模型，内、外铝壳的厚度均为1cm，中间炸药的厚度为2cm。在下方极点处的炸药中部设置较高的初始温度，以触发燃烧判据，并根据设定的燃烧速率公式计算向四周传播的燃烧波[72]。计算中设定的燃烧速率正比于$P^{0.78}$，式中P为压强，单位为Mbar。图中经过200μs计算后的燃烧阵面大约推进了约45°，外壳出现了明显膨胀，内壳也有一定塌陷。继续计算时其产物压力不断攀升，从而导致燃烧速率快速增长，以至于接近爆轰波速度，此时计算不再具有参考意义。

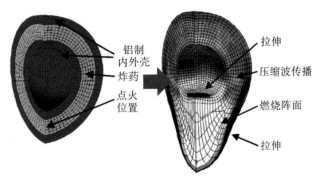

图7-63　中空球形装药的反应演化唯象建模与流体动力学模拟

中国工程物理研究院喻寅等利用反应演化元格子模型计算复现了由Los Alamos国家实验室开展的三组经典裂纹燃烧试验。试验中样品为直径12.7mm或25.4mm的PBX-9501炸药薄片。图7-64(a)中的试验于2004年被报道，其中炸药受到较强约束并被加热至200℃，然后利用一根100μm厚的导线点燃炸药盘的中心，并通过高速摄影记录裂纹的燃烧过程。重复试验中观察到很强的规律性，总是有3~5根主裂纹从中心扩展至边缘，裂纹的扩展速度为数百米每秒；约束越强时炸药中的增压越快，观测用窗口就越早破碎并变得不透明。

为克服光学窗口破碎的影响，2008年利用高能质子照相观测的裂纹燃烧过程被报道[71]。如图7-64(b)所示，试验中对炸药施加强约束，并通过慢烤让炸药自发点火；强约束下的高温自发点火可导致大量裂纹扩展，观测到的最快裂纹扩展速度达1270m/s，接近了炸药的瑞利波速；观测到裂纹中产物的最快对流速度约200m/s[73]。2018年，"常规高能炸药系统大挑战"计划中新的裂纹燃烧试验被报道[74]。如图7-64(c)所示，炸药环向只施加弱约束，通过激光在炸药中心人工点火；通过控制激光功率调节点火条件。从图中可以发现极具特征性的三叉形裂纹，三条裂纹的扩展速度平均为209m/s。

 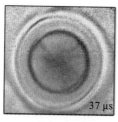 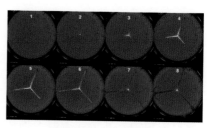

(a)强约束（高速摄影）　　(b)强约束（质子照相）　　(c)弱约束（高速摄影）

图7-64　圆盘形炸药中裂纹燃烧的试验观测

反应演化的格子模型在相近条件下的模拟结果如图7-65所示。模拟中炸药直径均为12.7mm，环向无约束，在中心0.3mm直径内人工设置高温，使炸药发生点火。模拟发现当点火温度较低时，炸药中形成两条裂纹；当点火温度过高时，形成多条裂纹；但在相对较宽的一个点火温度范围内，都能形成与图7-64(c)相似的特征性的三叉形裂纹。图7-65(a)中的初始点火温度设为700K，形成了三条裂纹，但其中两条扩展较快，有明显张开的趋势并与产物对流；左下角一条演化慢，没有充分张开，产物也基本没有流入；统计三条裂纹的平均速度约为490m/s，向上和向右下角的两条裂纹中产物对流的平均速度约为55m/s。图7-65(b)中的初始点火温度设为750K，三条裂纹的发展较为平衡，平均扩展速度约为625m/s，产物对流速度约为85m/s。图7-65(c)中的初始点火温度设为800K，三条裂纹的平均速度约为965m/s，产物对流速度约为110m/s；其中左侧裂纹在扩展过程中发生了分叉。

 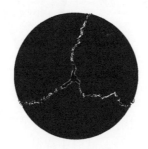 

(a)初始点火700K　　　(b)初始点火750K　　　(c)初始点火800K

图7-65　圆盘形炸药中裂纹燃烧的数值模拟

总体而言，模拟中定性地重现了试验的主要特征，包括三叉形裂纹萌生扩展、高温高压产物气体在裂纹中的对流、裂纹断裂、因产物高温传导而引发的点火燃烧、裂纹贯穿后产物泄压及温度骤降导致的燃烧熄灭等。由于采用了简单的弹脆性断裂模型，裂纹易于扩展、韧性低，模拟中的裂纹扩展速度明显高于图7-64(c)中的试验，但速度仍处于图7-64(b)中试验所限定的合理范围之内。模拟结果很好地展示了反应演化过程中随机性与必然性的共存：裂纹扩展的方向、扩展路径中的弯折都与局域的炸药微结构直接相关，充满随机性；但在较宽的点火温度范围内总是形成夹角约120°的三叉形裂纹，这又体现了中心点火后炸药膨胀的对称性与裂纹萌生时其自组织(与应力松弛相关)的必然性。

参 考 文 献

[1] Asay B W. Non-Shock Initiation of Explosives[M]. Heidelberg: Springer, 2010.

[2] Kubota N. Survey of rocket propellants and their combustion characteristics[J]. Progress in Aeronautics and Aeronautics, 1984, 90: 1-52.

[3] Maienschein J L, Wardell J F, DeHaven M R, et al. Deflagration of HMX-based explosives at high temperatures and pressures[J]. Propellants, Explosives, Pyrotechnics, 2004, 29(5): 287-295.

[4] Koerner J, Maienschein J, Black K, et al. LX-17deflagration at high pressures and temperatures[R]. UCRL-CONF-225607, 2006.

[5] Son S F, Berghout H L, Bolme C A, et al. Burn rate measurements of HMX, TATB, DHT, DAAF, and BTATz[C]. Proceedings of the Combustion Institute, 2000, 28(1): 919-924.

[6] Maienschein J L, Wardell J F. Deflagration behavior of PBXN-109 and composition B at high pressures and temperatures[R]. UCRL-JC-145710, 2002.

[7] Maienschein J L, Wardell J F. Deflagration behavior of HMX-based explosives at high temperatures and pressures[R]. UCRL-CONF-201132, 2003.

[8] Maienschein J L, Koerner J G. EDC-37 deflagration rates at elevated pressures[R]. LLNL-TR-400989, 2008.

[9] Maienschein J L, Koerner J G. Deflagration behavior of PBX 9501 at elevated temperature and pressure[R]. W-7405-ENG-48, 2008.

[10] Glascoe E A, Maienschein J L, Lorenz K T, et al. Deflagration rate measurements of three insensitive high explosives: LLM-105, TATB, and DAAF[C]. Secondary Deflagration Rate Measurements of Three Insensitive High Explosives,14th International Detonation Symposium, IDS, 2010.

[11] Maienschein J L, Chandler J B. Burn rates of pristine and degraded explosives at elevated temperatures and pressures[R]. UCRL-JC-127993, 1998.

[12] 姚奎光, 赵学峰, 樊星, 等. 高压下 PBX-1 炸药的燃速-压力特性[J]. 爆炸与冲击, 2020, 40(1): 114-118.

[13] Reaugh J E, Maienschein J L, Chandler J B. Laminar burn rates of gun propellants measured in the high-pressure strand burner[R]. UCRL-JC-127556, 1997.

[14] Kubota N. Propellants and Explosives: Thermochemical Aspects of Combustion[M]. New Jersey: Wiley-VCH, 2015.

[15] Zenin A A, Finjakov S V. Characteristics of RDX combustion zones at different pressures and initial temperatures[J]. Combustion, Explosion, and Shock Waves, 2006, 42(5): 521-533.

[16] Zenin A A, Finjakov S V. Response functions of HMX and RDX burning rates with allowance for melting[J]. Combustion, Explosion, and Shock Waves, 2007, 43(3): 309-319.

[17] Bobolev V K, Karpukhin I A, Chuiko S V. Combustion of porous charges[J]. Combustion, Explosion, and Shock Waves,1965, 1(1): 31-36.

[18] Bobolev V K, Karpukhin I A, Chuiko S V. Stability of normal burning of porous systems at constant pressure[J]. Combustion, Explosion, and Shock Waves, 1966, 2(4): 15-20.

[19] Taylor J W. The burning of secondary explosive powders by a convective mechanism[J]. Trans. Faraday Soc., 1962, 58: 561-568.

[20] Prentice J L. Flashdown in solid propellants[R]. U.S. Naval Ordance Test Station, China Lake, CA NOTS TP 3009, 1962.

[21] Prentice J L. Combustion in solid propellant grain defects: A study of burning in single-and multi-pore charges[R]. U.S. Naval Ordance Test Station, China Lake, CANWC TM 3182, 1977.

[22] Godai T. Flame propagation into the crack of a solid propellant cracks[J]. AIAA Journal, 1970, 8: 1322-1327.

[23] Bradley H H, Boggs T L. Convective burning in propellant defects: A literature review[R]. Naval Weapons Center, China Lake, CANWC-TP-6007, 1978.

[24] Margolin A D, Margulis V M. Penetration of combustion into an isolated pore in an explosive[J]. Combustion, Explosion and Shock Waves, 1969, 5: 15-16.

[25] Belyaev A F. Transition of combustion of condensed system to detonation: Development of burning in a single pore[R]. Sandia Laboratories, 1973.

[26] Krasnov Y K, Margulis V M, Margolin A D, et al. Rate of penetration of combustion into the pores of an explosive charge[J]. Combustion, Explosion and Shock Wave, 1970, 6: 78-84.

[27] Smirnov N N. Convective burning in channels and cracks in solid propellants[J]. Fizika Goreniyai Varyva, 1985, 21: 29-36

[28] Kuo K K, Chen A T, Davis T R. Convective burning in solid-propellant cracks[J]. AIAA Journal, 1978, 16: 600-607.

[29] Kumar M, Kuo K K. Ignition of solid propellant crack tip under rapid pressurization[J]. AIAA Journal, 1980, 18: 825-833.

[30] Kumar M, Kovacic S M, Kuo K K. Flame propagation and combustion process in solid propellant cracks[J]. AIAA Journal, 1981, 19: 610-618.

[31] Lu Y C. Combustion-induced crack propagation process in a solid-propellant crack cavity[D]. State College: The Pennsylvania State University, 1992.

[32] 韩小云, 周建平. 固体推进剂裂纹对流燃烧和扩展的研究分析[J]. 推进技术, 1997, 18: 42-45.

[33] 韩小云, 周建平. 固体推进剂燃烧断裂边界一维流场特性[J]. 推进技术, 1998, 19: 92-96.

[34] 韩小云, 周建平. 固体推进剂燃烧断裂边界二维流场特性[J]. 推进技术, 1998, 19: 20-23.

[35] 李江, 何国强, 蔡体敏. 固体推进剂裂纹燃烧流场的数值模拟[J]. 推进技术, 1999, 20: 36-39.

[36] Belyaev A F. Development of combustion in an isolated pore[J]. Combustion, Explosion and Shock Waves, 1969, 5: 4-9.

[37] Dickson P M, Asay B W, Henson B F, et al. Observation of the behaviour of confined PBX 9501 following a simulated cookoff ignition[C]. 11th International Detonation Symposium, 2000: 606-611.

[38] Berghout H L, Son S F, Asay B W. Convective burning in gaps of PBX 9501[J]. Proceedings of the Combustion Institute, 2000, 28: 911-917.

[39] Berghout H L, Son S F, Hill L G, et al. Flame spread though cracks of PBX 9501[J]. J. Appl. Phys. 2006, 99: 1149-1151.

[40] Jackson S I, Hill L. Predicting runaway reaction in a solid explosive containing a single crack[C]. Shock Compression of Condensed Matter, 2007: 927-930.

[41] 尚海林, 杨洁, 胡秋实, 等. 炸药裂缝中的对流燃烧现象试验研究[J]. 兵工学报, 2019, 40(1): 99-106.

[42] 尚海林, 杨洁, 李涛, 等. HMX 基 PBX 炸药裂缝中燃烧演化试验[J]. 含能材料, 2019, 27(12): 1056-1061.

[43] 尚海林, 胡秋实, 李涛, 等. 炸药裂缝燃烧增压过程的一维理论[J]. 爆炸与冲击, 2020, 40(1): 114-117.

[44] 尚海林, 马骁, 程赋, 等. 炸药燃烧产物驱动裂纹动态扩展耦合特性[J]. 含能材料, 2019, 27(10): 819-823.

[45] Jacobs H R. An experimental study of the pressure distribution in burning flaws in a solid propellant grains[G]. AFRPL-TR, 1972.

[46] Wu S R, Lu Y C, Kuo K K, et al. Anomalous combustion of solid propellant in a propagation debond cavity[G]. AIAA 92-0770, 1992.

[47] Wu S R. Combustion-induced crack/debond propagation in a metalized propellant[G]. AIAA 92-3506, 1992.

[48] Lu Y C, Wu S R, Yang V, et al. Modeling and numerical simulation of combustion process inside a solid-propellant crack cavity[G]. AIAA 92-0102, 1992.

[49] Lu Y.C. Crack propagating process in a burning AP-Based composite solid propellant[G]. AIAA 93-2168, 1993.

[50] 邢耀国, 熊华, 董可海, 等. 聚硫推进剂燃烧条件下裂纹扩展过程研究[J]. 推进技术, 2000, 21（3）: 71-74.

[51] 邢耀国, 王立波, 董可海, 等. 燃烧条件下影响推进剂脱黏面扩展的因素[J]. 推进技术, 2001, 22: 77-80.

[52] 熊华. 固体推进剂裂纹燃烧时扩展条件的试验研究与理论分析[D]. 烟台: 海军航空工程学院, 1999.

[53] 沈伟. 固体推进剂裂纹燃烧与扩展的研究[D]. 烟台: 海军航空工程学院, 2000.

[54] 王立波. 燃烧条件下脱黏面扩展过程的试验研究与理论分析[D]. 烟台: 海军航空工程学院, 2000.

[55] Hill L G, Dan H, Pierce T. Analysis of the mini-deflagration cylinder test: Inference of internal conditions from wall motion[C]. AIP Conference Proceeding, 2012, 1426（1）: 697-700.

[56] Hill L G, Morris J S, Jackson S I. Peel-off case failure in thermal explosions observed by the deflagration cylinder test[J]. Proceedings of the Combustion Institute, 2009, 32（2）: 2379-2386.

[57] Hooks D E, Hill L G, Pierce T H. Small-scale deflagration cylinder test with velocimetry wall-motion diagnostics[C]. 14th International Detonation Symposium, Coeurd' Alene, 2010: 789-798.

[58] 郭应文. 有壳体约束中心点火燃烧产物驱动炸药断裂演化[D]. 绵阳: 中国工程物理研究院, 2017.

[59] Maček A. Transition from deflagration to detonation in cast explosives[J]. J. Chem. Phys. 1959, 31（1）: 162-167.

[60] Tarver C M, Goodale T C, SHAW R, et al. Deflagration-to-detonation transition studies for two potential isomeric cast primary explosives[C]. 6th Symposium（International）on Detonation, Coronado, CA, 1976.

[61] Jacobs S. Personal communication with C. M. Tarver[C]. 6th Symposium（International）on Detonation, Livermore, CA, 1976.

[62] Baer M R, Hertel E S, Bell R L. Multidimensional DDT modeling of energetic materials[S]. Sandia National Laboratories, SAND95-0037C, 1995.

[63] Powers J M, Stewart D S, Krier H. Theory of two-phase detoantion-part I: Modeling[J]. Combustion and Flame, 1990, 80: 264-279.

[64] Powers J M. Two-phase viscous modeling of compaction of granular materials[J]. Physics of Fluids, 2004, 16（8）: 2975-2990.

[65] Atwood A, Friis E K, Moxnes J F. A mathematical model for combustion of energetic powder materials[C]. 34rd International Annual Conference of ICT, Karlsruhe Federal Republic of Germany, 2003.

[66] Ward M J, Son S F, Brewster M Q. Steady deflagration of HMX with simple Kinetics: A gas phase chain reaction model[J]. Combustion Flame, 1998, 114: 556-568.

[67] Reaugh J E. HERMES: A model to describe deformation, burning, explosion, and detonation[R]. Lawrence Livermore National Laboratory, LLNL-TR-516119, 2011.

[68] Tringe J W, Kercher J R, Springer H K, et al. Numerical and experimental study of thermal explosions in LX-10 and PBX 9501: Influence of thermal damage on deflagration processes[J]. Journal of Applied Physics, 2013, 114: 435-439.

[69] Chang C, Scannapieco A J. Ingredients for a comprehensive reactive flow code for CHE GC briefing[R]. Los Alamos National Laboratory: LA-UR-17-31327, 2017.

[70] Yoh J J, McClelland M A, Maienschein J L. Simulating thermal explosion of cyclotrimethylenetrinitramine-based explosives: Model comparison with experiment[J]. Journal of Applied Physics, 2005, 97: 835-839.

[71] Asay B W. Shock Wave Science and Technology Reference Library[M]//Non-Shock Initiation of Explosives. New York: Springer, 2010, 5: 420.

[72] Nichols A L, McCallen R C, Aro C, et al. Modeling thermally driven energetic response of high explosives in ALE3D[R]. Lawrence Livermore National Laboratory, UCRL-JC-122140, 1998.

[73] Smilowitz L, Henson B F, Romero J J, et al. Direct observation of the phenomenology of a solid thermal explosion using time-resolved proton radiography[J]. Physics Reveiw Letters, 2008, 100(22): 2283-2285.

[74] Holmes M D, Parker G R J, Broilo R M, et al. Fracture effects on explosive response[R]. Los Alamos National Laboratory, LA-UR-18-29694, 2018.